森棲みの社会誌

アフリカ熱帯林の人・自然・歴史 II

木村大治・北西功一［編］

京都大学学術出版会

1970年代の中部アフリカの人類学的調査は，ザイール（現コンゴ民主共和国）東部の狩猟採集民の調査から始まった。彼らは長い間農耕民と関係を持ってきたが，樹皮を叩いて作った樹皮布をまとうなど，森からの採集物に深く依存して暮らしていた。クズウコン科の植物の葉で葺いた小屋は今も使われる。写真は，アンディーリのエフェ・ピグミー。1978年撮影。

1980年，市川光雄の2度目のザイール東部・イトゥリ訪問。1975年の初回訪問以降に生まれたピグミーの子どもたちと。子どもたちは学校には行かず，異なる年齢の子どもたちからなる「小さな社会」の中で，森についての知識を学び，社会の中で生きていくマナーを身につける。森の恵みは豊かだが，一方，森の植物からつくる自家製の薬だけでは乳幼児の感染症に対応しきれず，5才までにはおよそ3人に1人の子どもが命を落としていた。

熱帯雨林の中で，野生植物の調達が難しいといわれる乾季に採集だけで食糧を賄うことができるか。バカ・ピグミーのモロンゴ（狩猟採集行）に同行して調査を行う安岡宏和。以前の計測はバネ秤だったが，近年は軽くて小型のデジタル秤を使うようになった。2005年撮影。

カメルーン東部州バティカ村では，プランテン・バナナが毎日食卓に上る。二次林を循環的に利用した持続的なバナナ栽培について調査する四方篝。女性がほぼ毎日行うバナナの収穫を試させてもらう。2001年撮影。

マレア・アンシアン（カメルーン）のバカたちの罠猟キャンプに同行する服部志帆。彼らは8月には，村から10キロメートルほど離れたキャンプで，罠猟をしたりイルビンギア・ナッツを採集して暮らす。一緒に森歩きをして，キャンプで一休みしながら森の話を聞かせてもらう。泊まるのは，彼らの小屋とよく似た小型テント，食べるのは彼らに分けてもらった野生動物のシチュー。2004年撮影。

カメルーンは，中部アフリカの中では例外的に道路網が整っているが，雨期になると，未舗装の道路はぬかるんだり倒木で遮られたりで，予定通りには進めない。車がスタックすると，近隣の人に総出で引っ張り上げてもらうことになる。割礼儀礼「ベカ」の衣装をつけた男性が居合わせて見物している。ドンゴーモルンドゥ間，2007年撮影。

コンゴ民主共和国は，1990年代の内戦の影響で道路網が寸断され，エクアトール州の調査地に入るには，エンジンつきの丸木船でコンゴ川を1週間以上さかのぼるか，飛行機をチャーターするしかない。2005年，バンドゥンドゥ州セメンドア空港で，木村大治。

京都大学大学院アジア・アフリカ地域研究研究科では2008年から，地域間比較の視点を取り入れつつ実践的な地域研究ができるように，アジア・アフリカ各地で学ぶ大学院生に「フィールドスクール」を行っている。カメルーンでは，2009年に，森林保護や農業開発についてのツアーを実施した。

カカオやコーヒーは相場の変動が大きいため不安定な収入源だが、ときに大儲けできることがある。2002年、コートジボワールの内戦の影響で、カメルーンのカカオの値段が倍以上に跳ね上がった。年配者は板壁の家に建て替え、若者はバイクを買ってバイクタクシーで小遣い稼ぎをするようになった。2006年撮影。

近年、カメルーン東部州では、バカの文化にも配慮した初級向けの小学校が設けられている。ここでは、フランス語の読み書きや計算を習うとともに、時間に従うこと、整列、行進、先生のいうことには服従、など、これまでのバカの文化とは違った生活習慣を身につける。小学2年生以上の教育を受ける子どもはまだ少ない。2004年撮影。

バカの人たちに起こったもう一つの変化は、教会へ通うようになったことである。写真は、日曜日に着飾って教会に向かう女性と子どもたち。この習慣を受け入れても、キリスト教の教義をどこまで受け入れているかについては議論の余地がある。1997年撮影。

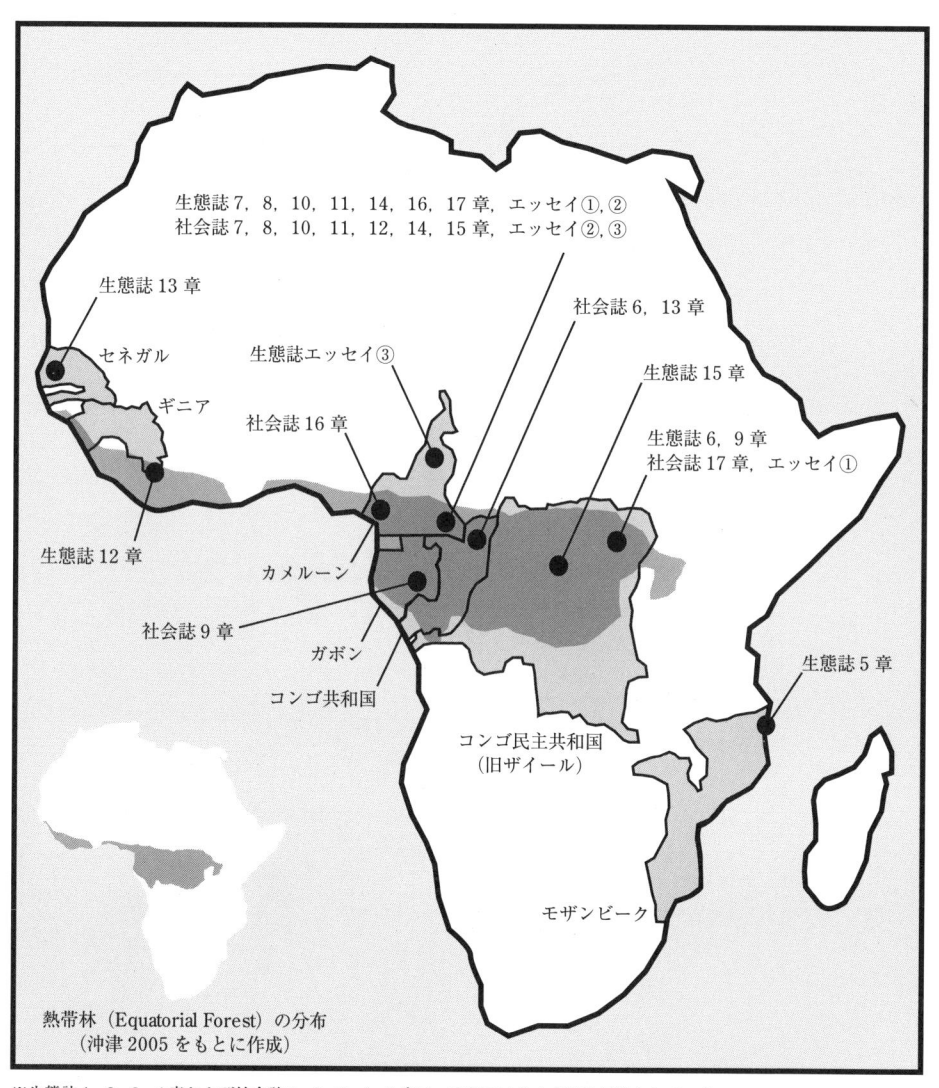

地図1　各論文の調査地の位置

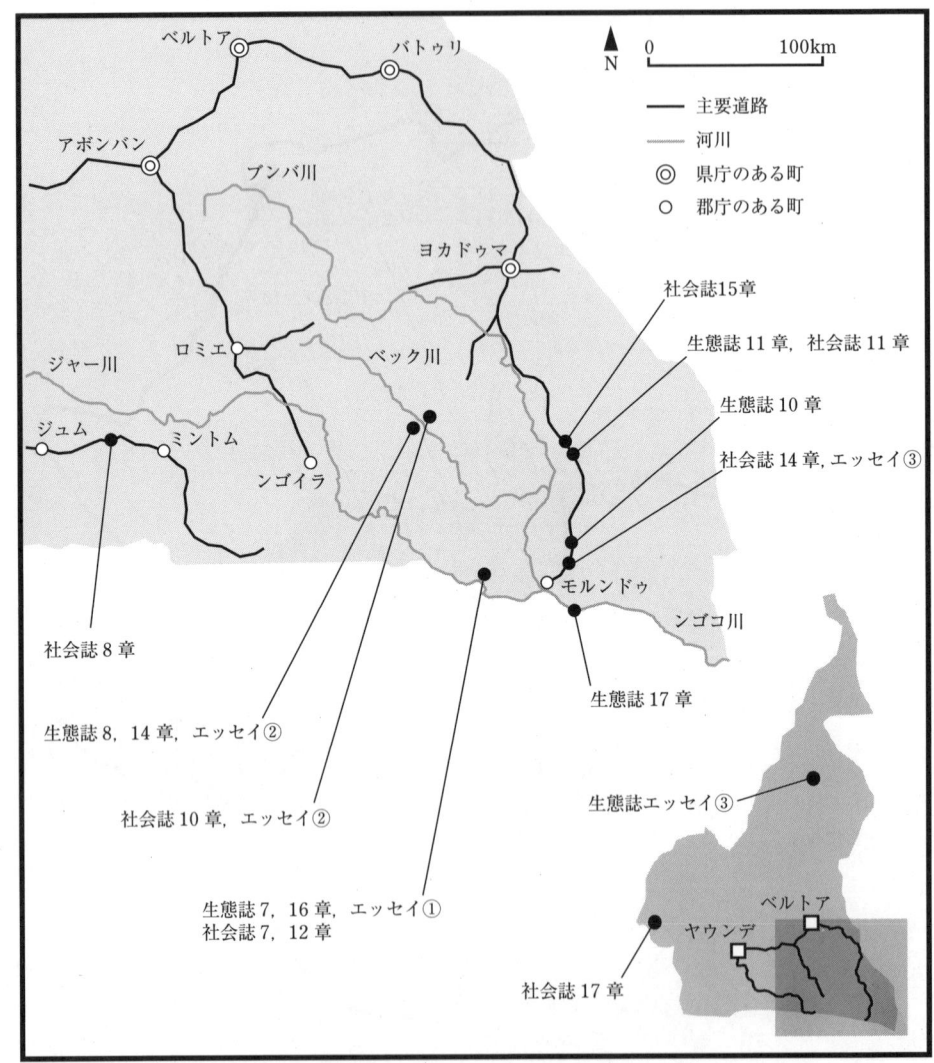

地図2 カメルーンにおける調査地

まえがき

　本書は，京都大学を中心とする研究者によって行われているアフリカ熱帯林研究の中の，社会・文化に関する最近の成果を集めたものである。目次を一見して分かるように，本書に収められた論文は実に多様なテーマにわたっている。しかし，読者が注意深く読んでいくならば，そこには一貫した研究の方向性が見て取れるはずである。ここではこの地域の研究史を振り返りつつ，その方向性について概観してみたい。

ピグミー社会からの出発

　わが国のアフリカ熱帯林研究は，ザイール（現・コンゴ民主共和国）のイトゥリの森におけるピグミーの研究から始まったといってよいだろう。初期の調査は，人類社会の進化の解明を目指す生態人類学的研究が中心であった。それらの研究は，原子令三，丹野正，市川光雄，寺嶋秀明などによって進められ，熱帯雨林という環境における狩猟採集活動の詳細が明らかになった。生態人類学といえば，「ものを計る」研究というイメージがつきまとうかもしれない。上記の研究においても狩猟採集活動が定量的なデータに基づいて徹底的に分析されている。しかし，それらの研究には多くの社会・文化的な研究の契機が含まれていたのである。たとえば，原子令三はムブティ・ピグミーにおける子どもの遊びや宗教的世界の研究を行っており，この分野の先駆として評価されている。

農耕民社会への展開

　ピグミー社会の調査の過程でもう一つ明らかになってきたのは，ピグミーは隣接する農耕民社会と密接な関係を保ちつつ生活しているという事実であった。両者の関係の歴史的変化やその生態学的意味の研究も行われたが（本書姉妹編『森棲みの生態誌』参照），それ以外にも，相互依存と対立，協力と支配・服従といった様々な形

で現れる両者の関係は，人類学者の興味を引いて止まなかった。本書第III部「ピグミーと隣人たち」および北西（本書第2章）には，こういった両者の関係性に関する論考が集められている。

また，アフリカ熱帯林に住む農耕民を研究しようという機運も，1970年代中盤から高まってきた。佐藤弘明，武田淳，木村大治などによって農耕や狩猟といった生業活動の調査が行われ，ジェネラリストとしての農耕民の側面が明らかになった。農耕民研究はこのように，当初はピグミー研究と同じく，生態人類学的志向性が強かったのだが，その後，本書の第II部に収められているような様々なテーマの研究が行われるようになった。そこでは農耕民社会を静的なものとみるのではなく，そのダイナミズムに注目して，その社会の構成原理を明らかにすることが目指されている（小松 本書第1章；塙 本書第6章）。

相互行為論

上記のピグミー研究では，まず，類人猿社会と人類社会をつなぐリンクを探るために，ピグミーの集団構造の解明が目指された。ピグミーの社会は，複雑な制度や構造を持たない，いわゆる単層的な社会である。市川や丹野らは，綿密な居住集団の調査によって，離合集散やメンバーの入れ替わりを頻繁に起こしつつも，まとまりを維持している集団の仕組みを明らかにした。また，他の人に強制力を発揮する長の不在や，徹底した食物分配といった，かれらの対人関係のあり方は「平等主義 egalitarianism」と呼ばれ，多くの狩猟採集民に共通する特徴とされているが，この点に注目した研究も市川，丹野，寺嶋などによって行われている。

複雑な制度なくやっていくということは，実は簡単なことではない。それは逆に，その中で人びとは何に頼って行動しているのか，という深刻な問題を投げかけるのである。こういったピグミー社会の特徴は，いまだ完全に理論化され納得されたとはいえず，むしろ分配論や相互行為論に新しい刺激を与え続けている。それらは本書では，木村（本書第5章），および第IV部「相互行為の諸相」の中の諸論文で論じられている。

具体的なものを見ること

フィールドにおける人びとの社会・文化の研究といったならば，それは社会人類学，文化人類学に属することであるともいえるだろう。しかし，本書に収められた諸研究は，一般にいわれている社会・文化人類学とは一線を画す，ある種の風合いを持っている。それはひとことでいうと，「目の前にあることを具体的な形でつかまえる」という研究姿勢であろう。そのもっとも直截な形は，「かれらが食べてい

るものを計る」というやり方だが，本書に収められた諸論文では，たとえば，川を遡り漁撈キャンプを回ってその位置を記録する，人びとのいったことをそのままの形で転記する，あるいは何時間にもわたって踊り手の行動を書き記す，などといった様々なバリエーションで，そういった調査姿勢が実践されているのを見ることができるだろう。

実際我々は，フィールドから帰って成果を報告するゼミで，「それはデータで示せるんか？」「お前本当に見たんか？」といった厳しい問いを，常に投げかけられ続けてきたのである。こういった方向性は，ともすれば抽象化，思弁化に走りすぎた社会・文化人類学が置き去りにした生々しいフィールドの感覚を書き記す，愚直だが確かな方法だと我々は信じている。

本書の構成

本書は以下のような構成をとっている。

まず第Ⅰ部「総説」の諸論文では，アフリカ熱帯林の社会・文化を理解する上での基本的な知識・研究・文献が紹介されている。それらには，この地域の研究者のあいだでは常識といえるような内容も含まれているが，これまで邦文でまとまった形で紹介されたことはなかった。また，これらの総説論文は，あとに続く論文がどのような位置付けになるのかを理解する手助けになるだろう。

第Ⅱ部「バントゥーの社会」には，バントゥー系農耕民を主人公とした農耕民の社会・経済に関する研究が配置されている。一方，第Ⅲ部「ピグミーと隣人たち」では，コンゴ盆地の熱帯雨林のもう一方の主役であるピグミーに軸足を移している。とはいえ，両者は密接な関係を形成しており，かれらの社会・文化を記述するときに，もう一方の存在を省いて説明することは不可能である。農耕民とピグミーのそれぞれの視点から両者の関係を見ることによって，さらに理解が深めることができるだろう。

第Ⅳ部「相互行為の諸相」では，「具体的にものを見る」という研究姿勢に立脚した，ピグミーたちの日常的な相互行為の姿が描かれる。また，第Ⅴ部「見えない世界」所収の論文では，クロス・リヴァー諸社会の人びとにとっての「音」，エフェ・ピグミーにとっての「死者」が，森という生活環境で持っているリアリティに迫っている。

なお本書では，各「部」の間に，三つの「フィールドエッセイ」を掲載している。論文にはなかなか書きにくい，我々の調査の舞台裏や現地の人たちの印象に残る姿を垣間見ていただければ幸いである。

姉妹編『森棲みの生態誌』

　本書と同時に，アフリカ熱帯林の生態人類学的研究をまとめた『森棲みの生態誌』が刊行されている。本書と「生態誌」はそれぞれ独立の論文集ではあるが，共通の問題意識を持って同時に編集されており，巻をまたいでの相互引用が多くなされているので（本書の中では「木村ら「生態誌」第 15 章 参照」などという形で引用している），ぜひ併読されることをお勧めしたい。

木村大治・北西功一

目　　次

巻頭図　　i
まえがき　　iii

第 I 部　総　　説

第 1 章　アフリカ熱帯林の社会（1）
―― 中部アフリカ農耕民の社会と近現代史 ――　　　小松かおり　3

- 1-1　熱帯雨林の住人たち　3
- 1-2　バントゥー系言語集団の起源と森林への移動　4
- 1-3　西バントゥー諸社会の特質　6
- 1-4　社会の多様な展開　9
- 1-5　ヨーロッパの到来と大西洋交易　11
- 1-6　植民地下の社会　13
- 1-7　独立後の社会体制　15
- 1-8　紛争とエスニシティ　18

第 2 章　アフリカ熱帯林の社会（2）
―― ピグミーと農耕民の関係 ――　　　北西功一　21

- 2-1　支配と従属 vs. 協力　搾取 vs. 相互依存　21
- 2-2　「ピグミー」とは？　23
  「ピグミー」をひとまとめにしてよいのか？／「ピグミー」という言葉の意味とその使用
- 2-3　言　語　31
- 2-4　生態学的，経済的な関係　32
  交換される物とサービス／獣肉と農作物の交換：生態学的な相互依存関係？／鉄の交換から工業製品の交換へ／両者の間の交換様式：贈与交換と物々交換／両者の交換の歴史的変遷と多様な展開
- 2-5　社会的な関係　37

　　　　　ピグミーと農耕民の間の通婚／擬制的親族関係／儀礼における関係
　2-6　今後の課題　45
　　　　　多様性はなぜ生じるのか？／両者の感情をどう理解したらいいのだろう？

第3章　ピグミー系狩猟採集民における文化研究　　　都留泰作　47
　3-1　エスノ・サイエンス　49
　3-2　遊びへのまなざし　50
　3-3　社会的心性　52

第4章　アフリカ熱帯林における宗教と音楽　　　分藤大翼　55
　4-1　ピグミーの歌と踊り　55
　4-2　「発見」された人びと　56
　4-3　「発見」された世界観　57
　4-4　森と人と精霊　58
　4-5　音（楽）と精霊　59
　4-6　農耕社会の儀礼研究　61
　4-7　かわること，かわらないこと　64

第5章　農耕民と狩猟採集民における相互行為研究　　　木村大治　67
　5-1　アフリカ熱帯林における相互行為研究の源流　67
　　　　　霊長類学から：インタラクションを見るということ／生態人類学から：「聞き書き主義」の対質／狩猟採集民研究から：「社会構造」では記述できない社会
　5-2　研究史と本書の論文の位置付け　72

　　　　　　　　　　第Ⅱ部　バントゥーの社会

第6章　熱帯雨林のローカル・フロンティア
　　　　── コンゴ共和国北部，バントゥー系焼畑農耕民の事例 ──
　　　　　　　　　　　　　　　　　　　　　　　　　　　塙狼星　77
　6-1　分節社会と「部族」社会　77
　6-2　移動と移住の歴史　79
　　　　　エスニシティの状況／モタバ川流域小史
　6-3　家族的な社会編成　84
　　　　　家族と同族／親族と擬制的親族

6-4　焼畑農耕と集団編成　89
　　　生業複合と開拓志向／土地所有と集団編成
6-5　中部アフリカにおけるローカル・フロンティアの社会像　94

第7章　森の「バカンス」
　　　── カメルーン東南部熱帯雨林の農耕民バクウェレによる漁撈実践を
　　　事例に ──　　　　　　　　　　　　　　　　　　　大石高典　97

7-1　はじめに　97
　　　定住村と漁撈キャンプ：二つの社会的なモード／バクウェレ社会における漁撈キャンプとバカンス／生業実践の空間的広がりとその社会学的な意味
7-2　調査地と人びとの概要　102
　　　ドンゴ村／バクウェレ／自然環境と生業暦
7-3　バクウェレによる漁撈実践　105
　　　タンパク源としての魚／熱帯雨林水系の特徴と漁撈技術／移動しながらの漁撈生活／燻製加工された魚のゆくえ
7-4　漁撈キャンプにおける社会関係の諸相　114
　　　村から森へと向かう心理／森での食物探し／森の恵みに対する態度／まとめ
7-5　考察：森棲み感覚と「バカンス」　123
　　　森を楽しむ／バクウェレの森棲み感覚：アンビバレントなセルフイメージ

第8章　中部アフリカ熱帯雨林カカオ生産における労働力利用
　　　── カメルーン南部に暮らすバントゥー系農耕民ファンを
　　　事例として ──　　　　　　　　　　　　　　　　　坂梨健太　129

8-1　中部アフリカの労働力問題　129
8-2　ファンの経済活動　132
　　　調査地域と調査方法／経済活動／狩猟採集
8-3　世帯外からの労働力確保　139
　　　労働形態と労働内容／焼畑農耕とカカオ生産における労働力確保
8-4　カカオ収穫期における労働実態　142
　　　ファンとバカの「雇用」関係／報酬の実態
8-5　カカオ生産と熱帯雨林　147
　　　社会関係に依存したカカオ生産／農業労働をめぐる闘争

Field essay 1　イトゥリの森の3兄弟
　　　　　　　　　　　　　　　　　　　　　　　　　　　市川光雄　151

第Ⅲ部　ピグミーと隣人たち

第9章　ピグミーと農耕民の民族関係の再考
　　　── ガボン南部バボンゴ・ピグミーと農耕民マサンゴの
　　　「対等な」関係 ──　　　　　　　　　　　　　　　松浦直毅　159

9-1　一風変わったピグミーとの出会い　159
9-2　ピグミーと近隣農耕民の関係　160
　　アンビバレント（両義的）な共生関係／民族関係の変容
9-3　バボンゴとマサンゴの関係　163
　　調査地の概要とバボンゴの生活／言語と社会制度の受容／儀礼の共有／通婚／訪問活動
9-4　関係形成の過程　174
9-5　なぜ「対等な」関係が築かれてきたのか　176

第10章　森の民バカを取り巻く現代的問題
　　　── 変わりゆく生活と揺れる民族関係 ──　　　　　服部志帆　179

10-1　うつろな眼差し　179
10-2　調査地と方法　184
10-3　バカの生活とその変容　186
　　居住形態／生業活動／食生活／家財道具／家計
10-4　外部社会との関係　197
　　伐採会社との関係／森林保護の推進者との関係／観光狩猟会社との関係
10-5　変わりゆく生活と揺れる民族関係　201
　　これまでの生活と民族関係／これからの生活と民族関係

第11章　カメルーン熱帯雨林地帯の「障害者」
　　　── 身体障害を持つ人びとの生活実践とその社会的コンテクスト ──
　　　　　　　　　　　　　　　　　　　　　　　　　　戸田美佳子　207

11-1　「隠された障害者」という神話　207
　　カメルーンでの体験／ローカル・コミュニティにおける「障害者」
11-2　調査地域に暮らす人びと　212
　　調査のはじまり／狩猟採集民バカと近隣農耕民の生活様式／村における機能障害への対処／「障害」と「病気」／外部者による障害者への取り組みとその影響
11-3　身体障害者の生活実践とその社会的コンテクスト　220
　　農村の身体障害者の生計／身体障害者の生業活動の社会的コンテクスト／生活実

践における世話人
　11-4　考察　226

***Field essay 2*　仲なおりの魔法**
　　　　　　　　　　　　　　　　　　　　　服部志帆　231

第Ⅳ部　相互行為の諸相

第12章　バカ・ピグミーは日常会話で何を語っているか
　　　　　　　　　　　　　　　　　　　　　木村大治　239

　12-1　フィールドにおける会話分析　239
　　　　「かれらどうしの会話」をみること／会話データの採集と分析
　12-2　狩猟採集民的心性　241
　　　　眼前への関心／森との関わり
　12-3　他者たちとの関係　249
　　　　対人関係の話題／民族間関係／グローバル化のなかで
　12-4　会話から覗く社会　260
　　　　コンテクスト性／日常会話と「現実」

第13章　所有者とシェアリング
　　　　── アカにおける食物分配から考える ──　　　　北西功一　263

　13-1　狩猟採集民の所有・分配・平等の研究における課題　263
　13-2　調査地とそこに住む人びと　266
　13-3　食物分配における所有者の役割　267
　　　　食物分配の過程／所有者の役割／食物の量，集団サイズと食物分配／分配における秩序と所有者
　13-4　シェアリングと平等　272
　　　　シェアリングとは？／アカの食物分配とシェアリング／シェアリングと二者関係のネットワーク
　13-5　物のやりとりとその解釈　277
　13-6　今後の課題　279

第14章 「子どもの民族誌」の可能性を探る
―― 狩猟採集民バカにおける遊び研究の事例 ――　　　亀井伸孝　281

14-1 「子どもの民族誌」は可能か　281
14-2 子どもという「異民族」に出会う　282
　　子ども集団への参与観察／狩猟採集社会における遊び＝教育論／教育されるつもりのない子どもたち
14-3 バカの子どもたちの遊びの実際　284
　　遊びの概要／おとなの文化要素との類似性／おもちゃの素材／遊び場の特性／遊びの精神／性別と役割／おとな文化との接続
14-4 子どもの民族誌の視点と技法　292
　　子どもの眼差しをもつ：文化相対主義の適用／子どもの文化を定義する：文化の古典的定義の再活用／子ども集団に入り込む：参与観察調査の技法
14-5 子どもの民族誌から多様なサブグループの民族誌へ　294

第15章　ピグミー系狩猟採集民バカにおける歌と踊り
―― 「集まり」の自然誌に向けて ――　　　都留泰作　297

15-1 「規範なき社会」でヒトはなぜ集まるのか？　297
　　集団で生きられる音楽／狩猟採集民・ピグミーの社会／群れとしての集団／「集まりの自然誌」に向けて
15-2 バカの「べ」と社会的背景　302
　　社会的背景／「べ」の実施／合唱
15-3 「べ」の比較分析　306
　　「べ」の種類／精霊パフォーマンス／円舞パフォーマンス／ンガンガのパフォーマンスと操作への意図
15-4 「個のコネクション」が集団を産出する？　317
　　集団のコントロールと，精霊による集団統合／ピグミー系集団における「社会秩序」

Field essay 3　音響空間としての森と子どもたち
　　　矢野原佑史　323

第Ⅴ部　見えない世界

第16章　音声の優越する世界
　　　── 仮面結社の階梯と秘密のテクスト形態 ──　　　佐々木重洋　329

- 16-1　熱帯雨林における生活と人間の五感　329
- 16-2　クロス・リヴァー諸社会の「豹」結社　331
- 16-3　「豹」結社における階梯と秘密のテクスト形態　333
　　　結社の階梯（*ngimi*）／開示される秘密のテクスト形態
- 16-4　音声の優越，生態環境としての熱帯雨林　336
　　　音声の優越／生態環境としての熱帯雨林
- 16-5　熱帯雨林におけるコミュニケーション形態　340
- 16-6　視覚の制限と想像力　342
- 16-7　音声の優越する世界　344

第17章　エフェにおける死生観の変遷を考える
　　　　　　　　　　　　　　　　　　　　澤田昌人　347

- 17-1　死後の世界　347
　　　夢，歌，体験談から／夢で会う死者／歌に歌われる死者／死者との遭遇／まとめ：死後の世界の特徴
- 17-2　死者との距離　356
　　　植民地時代から1980年代までの居住パターン／1990年代前半の居住パターン／1990年代後半から2000年前後までの居住パターン／死者の住む山
- 17-3　死生観のゆくえ　361
　　　遠くなる死者の世界／死生観への衝撃：「道路」のもたらしたもの
- 17-4　死生観の激変　364

あとがき　367
引用文献　369

第Ⅰ部
総　　説

第1章

小松かおり

アフリカ熱帯林の社会 (1)
── 中部アフリカ農耕民の社会と近現代史 ──

1-1 ▶ 熱帯雨林の住人たち

　中部アフリカの熱帯雨林は，コンゴ川とその支流を中心に広がっている。現在の国でいえば，コンゴ共和国，ガボン共和国，赤道ギニアの大部分と，コンゴ民主共和国の約半分，カメルーンの約三分の一，中央アフリカ共和国とアンゴラのごく一部を含んでいる（巻頭地図参照）。この地域に住む人びとの社会はいくつかの点で非常に似通った社会・文化的特質を持っている。焼畑移動耕作を中心として，漁撈・狩猟・採集を組み合わせた複合的な生業システム，分権化した社会政治組織，集村の居住形態などである（Vansina 1990）。これらの特徴を持つ集団の中心は，バントゥー系の言語集団で，なかでも，J. ヴァンシナが西バントゥー (Western Bantu) と呼ぶ言語を話すグループである[1]（Vansina 1990）。

　バントゥー (Bantu) とは，現在，アフリカの赤道以南のほとんどの場所にその話者が分布している，非常に近縁性の高い言語グループである。歴史的拡散過程は次の節で述べるが，その祖語と現在の言語のほとんどで，「人びと」を表す単語が，複数形を表す ba と人を表す語幹である ntu の組み合わせから成り立っていることがバントゥーと呼ばれる理由だと言われる[2]。

1）西バントゥーを話すグループは，熱帯雨林の南側にも広がっているが，ここでは熱帯雨林に住む人びとだけを対象とする。

2）アフリカの言語分類の単位は筆者や著書によって異なるが，現在はグリーンバーグの分類 (Greenburg 1963) を基礎としたものが多い。本章の記述では，B. ウォールド (2000) の分類を用いた。バントゥーは，ニジェール・コンゴ大語族，その下位区分のベヌエ・コンゴ語派に含まれる。カメルーンなどで西バントゥー系諸語の北方に分布するアダマワ語派と，熱帯雨林の北縁沿いに分布するウバンギ語派は，ニジェール・コンゴ大語族に含まれるが，前者はバントゥー諸語に近縁であり，後者は類縁関係が遠い。これらの二つの言語は，アダマワ・イースタン語派，またはアダマワ・ウバ

この章では，西バントゥー系の言語を話す社会を中心に，中部アフリカ熱帯雨林の社会の歴史を概観する。西バントゥー系言語集団以外でこの地域に居住しているのは，北方のサバンナから森林の北部にかけて居住するウバンギ系，アダマワ系，スーダン系の言語集団と，南部のサバンナとの境界域と東部に居住する東バントゥー系の諸集団である（ウォールド 2000）。また，この地域には，祖先を同じくするが，現在では異なる系統の言語を話す，いわゆるピグミー系の集団が散在する。かれらの社会は，さまざまな言語グループに属する農耕民の集団と社会的・経済的に多様な関係を築いてきた。これらの関係に関しては，北西（本書第 2 章）を参照されたい。

　この地域に限らず，アフリカの多くの地域で，言語集団は必ずしも政治の単位とは一致しないし，エスニシティと言語のあいだにも相当ひらきがあることは十分注意しなくてはならない（ウォールド 2000）。

1-2 ▶ バントゥー系言語集団の起源と森林への移動

　バントゥー系の言語の祖語であるプロト・バントゥーの起源については複数の説があるが，現在最も支持されているのは，J. H. グリーンバーグの説（Greenburg 1963）である。グリーンバーグは，言語系統の分析から，プロト・バントゥーは現在のナイジェリアとカメルーンの国境あたりで生まれたと考えた。

　初期のバントゥーの歴史は，文字資料がなく，口語伝承もほとんど残っていないので，言語学的な分析と，部分的な考古学的資料，現在の集団の社会的特徴によって再構成するしかない。これらの資料を駆使して，現在最も総合的な西バントゥーの歴史の見取り図を提供している歴史家がヴァンシナである。ヴァンシナは当初，言語学的な分岐の分析によって，プロト・バントゥーから東バントゥーと西バントゥーが分岐したのは紀元前 3000 年頃だと計算した。東バントゥーの集団が，熱帯雨林の北縁を東進し，その後，さらに東へ向かったグループや南下したグループなど東・南アフリカに広域に広がった一方，西バントゥーの人びとは，起源前 2000 年頃から南と東に向かって森林に分布を広げたという見取り図を描いたのである（Vansina 1990: 49）（図 1-1）。しかし，1995 年の著作では，ヴァンシナはバントゥーの初期の移動に関する説を大きく修正している。新しい見取り図は次のようなものである。紀元前 3000 年頃に生まれたプロト・バントゥーのグループが，紀元前

ンギ語派としてまとめられることもある。また，熱帯雨林の東部に分布する中央スーダン語派は，ナイル・サハラ大語族に含まれ，系統的には非常に遠い（ウォールド 2000）。他の分類方法については，アフリカの言語集団については G. P. マードック（Murdock 1959），バントゥーについては M. ガスリー（Guthrie 1967）参照。

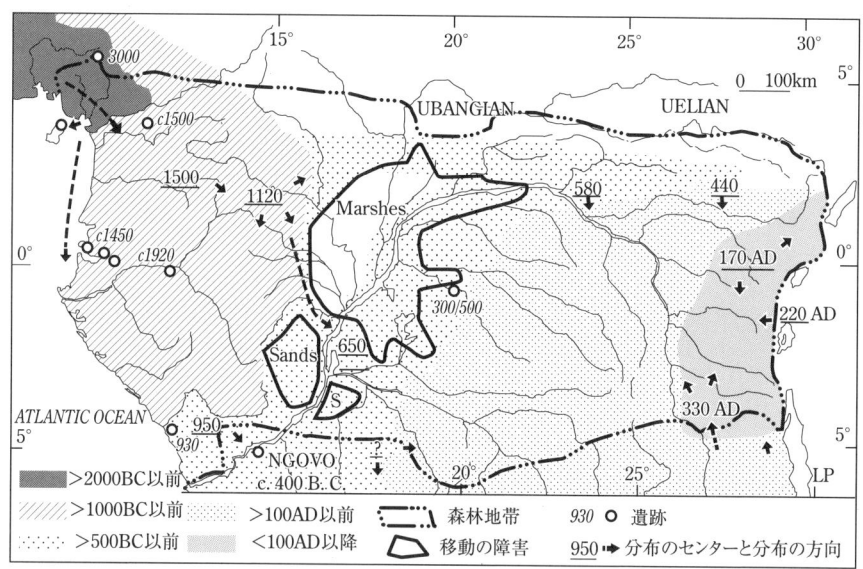

図 1-1 中部アフリカにおける西バントゥーの拡大 (Vansina 1990: p. 51; 一部改変)

1700年頃，熱帯雨林の北縁を，サバンナ側と熱帯雨林側の両方にまがたって東進した。サバンナ側を移動したグループは，穀物とヤムを栽培し，狩猟と罠猟も重要な生計手段としていた。一方，平行して熱帯雨林側を移動したグループは，アブラヤシを中心とする樹木作物と根栽作物を栽培し，罠猟，採集，漁撈を営んでいた。ヴァンシナはこのプロト・バントゥーのグループ全体を北バントゥー（North Bantu）と呼んだ。紀元前1500年から紀元前1000年くらいにこの移動は終わり，その間に言語はだんだんに分岐していった。そのあと，二つの新たな分岐の中心点が現れる。現在のコンゴ共和国（国名が頻繁に変わるので，以降，コンゴ・ブラザヴィルと呼ぶ）北部からガボン東部と，コンゴ民主共和国（以降，コンゴ・キンシャサと呼ぶ）東部のウガンダとの国境地域である。ヴァンシナは前者をプロト西バントゥー，後者をプロト東バントゥーと呼んだ。プロト西バントゥーは，コンゴ盆地の森林地帯と，南のサバンナ，さらにはその南のウッドランドや乾燥地域へ広がり，プロト東バントゥーは南と東に広がり，東はインド洋，南は大陸の先端まで行き着いた (Vansina 1995)。

プロト・バントゥーが故地から移動を始めた理由は明らかではないが，紀元前2000年頃は，熱帯雨林の乾燥化が始まった頃といわれ，環境の変化が最初の移動を引き起こすきっかけになった可能性がある（宮本，松田編 1997)。

西バントゥーの祖先は，紀元前には森林のほとんど全体に広がった。森林にはすでに，狩猟採集民と漁撈民が住んでいたと考えられる。バントゥーの集団は，狩猟

採集民や漁撈民と様々な関係を築きながら，また，言語の分化を続けながら，熱帯雨林に分布を広げ，500年頃には，熱帯雨林のほぼ全域に西バントゥー系の言語グループが広がった。1000年頃までには，カメルーン南部とガボン北部以外は，おおよそ現在の言語グループに近い分布になっていた。

この過程で，西バントゥーの集団は，他の様々な言語グループと接触した。初期には，熱帯雨林の北縁でウバンギ系のグループ，北東部でスーダン系のグループと，1世紀頃には，東部の高地で，穀物栽培と牛の飼育を行っていた東バントゥーの集団と出会った。熱帯雨林への適応を飛躍的に高めたバナナは，北東部でスーダン系のグループから受け取った可能性がある（Vansina 1990）。

熱帯雨林全域におおよそ分布が広がった紀元後1000年の後は，小グループによる移動が続いた。そのあいだも，北方からウバンギ系やスーダン系のグループの南進，南からの東バントゥー系グループの北進など，この地域で様々なグループの共存，融合，衝突があった。このような関係の中で，言語的，社会的にお互いに大きな影響を与えあい，ときには，隣接するグループの言語を丸ごと受け入れながら，小規模な移動を繰り返して現在にいたっている。

1-3 ▶ 西バントゥー諸社会の特質

「歴史なき未開社会」と考えられてきたアフリカ社会の社会構造について最初に総括的に論じたのは，構造機能主義の人類学者であるM. フォーテスとE. E. エヴァンス＝プリッチャードによって1940年に発表された『アフリカの伝統的政治体系』（フォーテス，エヴァンス＝プリッチャード 1972）の序文である。かれらは，アフリカの社会を集権化された権威，行政機構，司法制度を有する原始国家群と，それ以外の無国家社会群に分類した。中部アフリカ熱帯雨林の多くの社会が含まれる無国家社会は，きわめて規模の小さな社会（たとえば，ピグミー系の諸社会のような）を除けば，単系出自集団であるリネージが政治の基本単位であり，入れ子状に重なったいくつかのレベルの同型の政治単位が，必要に応じて統合と分節を繰り返し，これらの集団のバランスの上に政治体系が成り立つ分節リネージシステムをもつと見なされた。

分節リネージシステムは，社会人類学の基本的な概念となったが，その後，それが社会的事実なのか，当該社会での理念型なのか，人類学者の創造物に過ぎないのかをめぐって議論を呼び，実社会の複雑さや，社会の変化を説明できないことなどから多くの批判が行われた（リーチ 1990; Kuper 1982）。アフリカ研究者からも，発表直後から，社会の実情にあっていないとして反論があった（Richards 1941）。中部アフリカの熱帯雨林の社会史の全体像を示したヴァンシナも，この地域を分節リ

ネージシステムとして見ることの問題点を指摘している（Vansina 1983: 75）。

ヴァンシナは，様々な民族誌と現存の言語を用いて，この地域の歴史を，社会の拡大と分裂，消滅の絶え間ないダイナミクスとして描いた。ヴァンシナによれば，この地域の社会の基本的な単位は，西バントゥーの言葉でガンダ（-gandà）と呼ばれるハウス（house）であり，ハウスとその様々な発展型が，西バントゥーの社会・経済・政治の単位であるという。ハウスは，親族，傍系親族，姻族，奴隷や客人を含む共住集団で，消費や生産の経済単位でもある。熱帯雨林という空間を，ハウスと村を単位とした紐帯がどこまでも続く網の目（mesh of an unbounded net）のようにつないでいるのが，この地域の社会・政治的地理だったという。村は，ハウスの連合によってできるが，ハウスは大きさも構成も非常に多様で変わりやすいものだったし，連合が変わったり，ハウスや村が移動したり，さらに大きな政治的連合が変化することで，この地域は，分節リネージシステムが示す機械的な分裂と統合の歴史観よりずっとダイナミックで複雑な政治的歴史の舞台であったとヴァンシナは考えた（Vansina 1983, 1990）。

ヴァンシナが示した社会のダイナミクスをさらにアフリカ全体で論じたのが，I. コピトフの内的フロンティア論（Internal African Frontier）である（Kopytoff 1987）。コピトフもまた，アフリカは，絶え間ない移動の社会であり，分節・無頭社会であっても集団内には必ず先住の優越性を根拠にした階層性があるので，その力学を無視した分節リネージシステムのモデルは不適当だと主張する。コピトフは，他の大陸よりもサブサハラのアフリカの文化・社会的共通性が高いのは，紀元前2500年頃のサヘル地域の乾燥化によって人びとが南下し，その後バントゥーが拡大するまで，現在サブサハラに住む人びとの祖先の多くが共通のサハラ―サヘル地域の文化を共有していたためだと考え，共通性の高さを「部族性」に求めるのは間違っていると主張した。そして，それらの社会の社会的特質のひとつが，フロンティア性であると考えた。コピトフは，アメリカのフロンティア論の祖，ターナーが示した，新たな価値観を生み出すフロンティア像を批判する。フロンティアはむしろ，かれらが逃れてきたはずのメトロポール（中心地）の理念を再生する場所だという。ただし，アメリカとアフリカのフロンティアには大きな違いがある。アメリカのフロンティアが一方向への連続的な移動であったのに対し，アフリカのそれは，地理的・政治的「すきま」であるローカル・フロンティアへの絶え間ない移動の繰り返しである。

コピトフは，アフリカのフロンティアのダイナミクスを以下のように論じた。フロンティアの集団は，親族のイディオムを駆使して集団を大きくし，先住者（first comer）であるという歴史的語りを通して階層的な集団を統治する。ただし，すきまに移動するフロンティアである以上，「先住」の語りにはいくつものパターンがあり得るので，ときどきの力関係によって，採用される語り，つまり権威の正統性

も変わりうる。集団内部の異質性が原動力となって階層性が生まれ，それが政治集団を変化させる原動力となり，ダイナミクスを生み出す。集団は，親族のイディオムを利用した親族的集団のレベルから，支配者—被支配者の階層性が明確になったレベル，王に神聖王権を付与した王国レベル，王国が征服によって拡大する帝国まで，拡大や併合，分裂，衰退，新たなフロンティアの創出を繰り返す。その中で，前者ふたつのレベルが，フロンティアと呼べる。このようなフロンティア社会が植民地によって固定化されたのが，現在のアフリカの社会であるとコピトフは主張する。アフリカのフロンティアの大きな特徴は，権力の正統性が「先住」性と，メトロポールとの起源上の繋がりにあることで，そのため，文化的価値が連綿と受け継がれてきたとコピトフは考えた。

コピトフが描いた社会のダイナミクスは，ヴァンシナと共通するところが多い。ヴァンシナもまた，中部アフリカ熱帯雨林の社会の基本的な特徴を，親族のイディオムを利用した集団の拡大と分裂の繰り返しと，小規模な集団の恒常的な移動性にあると考えた。しかし，言語学を中心とし，考古学など周辺領域の援用によって，中規模の地域における歴史の再構成をめざす実証主義のヴァンシナは，必ずしも資料に基づかない安易な一般化は問題であるとしてコピトフを批判した。さらに，コピトフが，アフリカの人びとが物理的な土地に対して（人の集団に対するほどは）帰属感 (rootedness) を持っていない，と見なしたことも批判している (Vansina 1990)。

ヴァンシナのハウス理論は，個々の社会の研究にも取り入れられた。コンゴ・キンシャサの東部に居住し，両者共にスーダン系言語の話者である農耕民レッセとピグミー系狩猟採集民エフェの関係を論じたR. R. グリンカーは，ハウス内のエスニシティとして，両者の関係を描いている。グリンカーは自分の議論の対象は1980年代の「現在」に限ると述べており，ヴァンシナが植民地化によって自律性を失ったと考えるハウスの現在の姿を描いている (Grinker 1994)。

これらの研究の一方，日本人の研究者によって，生態やサブシステンスとの関係からアフリカの社会と歴史を考える視点も提起されてきた（塙 2008）。市川光雄は，紀元前のサハラーサヘルの気候変動から，農耕文化の発生とバントゥーの移動を説明し（市川 1999），掛谷誠は，東南部のウッドランドやサバンナの地域の社会構造を生態条件や生業様式と結びつけて論じている（掛谷 1999）。塙狼星はこれらの論を引きながら，ヴァンシナに依拠しつつ，中部アフリカ熱帯雨林の歴史を自然環境と生業との関係で論じ，コンゴ・ブラザヴィルの北縁に近いモタバ川流域の村々を事例に，現代のローカル・フロンティアの姿を描いている。塙は，ヴァンシナが1920年代に「死んだ」と表現した熱帯雨林の「伝統」[3]が辺境の地に生き残っている

---

3) ヴァンシナによれば，「伝統」とは，自律的プロセスのことである。観念だけではなく，そこに現れるものであり，プロセスであり，継続性と変化の複合体であり，実践する人間の心の中にその定義があるものである (Vansina 1990)。

様子を描き，その理由を，「人間と熱帯雨林のサブシステンスを通じた密接な相互関係，すなわち家という共同体を基本とした自律的な生態システムの中に，西バントゥーの主体性と想像力の起源がある」と述べている（塙 2008）。このように，この地域の社会を生態との関係で論じる視点は，生態人類学の系譜を引く本書の著者に共有された視点であり，塙（本書第 6 章），大石（本書第 7 章）にも共通している。

1-4 ▶ 社会の多様な展開

　アフリカ熱帯雨林地域の個々の社会についての記録は，比較的大きくて政治制度の整った集団の民族誌と，植民地下の住民把握のための調査報告が中心である。集団の単位が小さく，エスニシティの不安定な社会については記録は少ない。この節では，ヴァンシナに依拠して，植民地期以前の熱帯雨林の西バントゥーの社会のダイナミクスをもう少し詳しく見ておこう（Vansina 1983, 1990, ヴァンシナ 1992）（図1-2）。

　先述したように，社会の基本的な単位はハウスである。それぞれのハウスには中核となる系統があり，父系で継承されることになってはいるが，中核の系統は変わりやすく，変則的な継承がめずらしくなかった。長の地位を得た者によって，系譜が作り直され，正当化されることもあった。実際の血縁関係の有無にかかわらず，様々な親族関係のイディオムを用いて新たな成員を獲得することで，集団の継続性を表現した。理念上の共通の祖先をもつクランも存在したが，実際は非血縁者も含み，単系の出自集団というより，同盟のための操作的な集団で，しばしば人為的に作り上げられ，歴史性を付与されたものであった。分節リネージシステムの概念の中でリネージの上位区分として用いられるような継続的，実体的なものではないとヴァンシナは主張する。

　一方，居住地の基本単位は村である。村は，複数のハウスから成り立つことが多く，その内部では大きさにも構成にも大きな変異があるハウスが，権力をめぐって競合関係にあった。一部のハウスの離村や，村全体の移動によって，村の消滅や生成が頻繁におこった。村の間には，交易や贈与のネットワークがあり，婚姻や戦闘における同盟関係を組むところもあったが，同盟関係はゆるやかで，固定的なものではない。大規模な戦争に発展することはほとんどなかった。漁撈民，農耕民，狩猟採集民のあいだでは分業が見られ，また，資源に恵まれた地域では，塩，鉄，カヌー，アブラヤシなどの特産物によって，村間の分業が進んだ地域もあった。

　ほぼ同じようなサイズの 4, 5 の村が軍事などを目的に同盟を結ぶと，村のクラスターになる。クラスターは，有力な一家を核とした家系の物語の共有によって結ばれる。村のあいだ，家のあいだは不平等で権力関係は変わりやすいが，いくつか

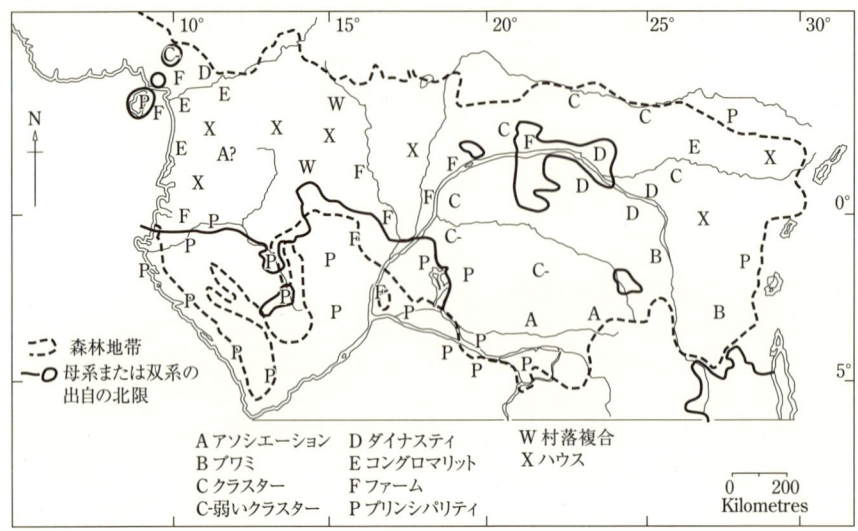

図1-2　19世紀後半の中部アフリカの政治組織（Vansina 1983: p, 90; 一部改変）

のクラスターは安定的に継続した。これらのクラスターがよく知られている地域は，ウバンギ川流域とその最上流部でコンゴ・キンシャサ東部のウエレ川流域，コンゴ川屈曲部と，その上流部のアルウィミ川流域などである。このようなクラスターは，最も小さい地域集団，ディストリクトを構成する。のちに植民地政府によってエスニック・ラベルを与えられた集団の中で最小のものは，これらのディストリクトである。村はハウスの移動によって消滅することも多いが，ハウスはそれまでの近隣との関係を保つためにディストリクト内で移動することが多かったので，ディストリクトの範囲は相対的に安定していた。

　さらに複雑化した政治組織がコングロマリットである。コングロマリットは，成功したハウスが発展して，他のハウスに貢ぎ物を求め，クラスターより大きな権力と安定性を得た組織である。長くは続かないことも多いが，一方で，18世紀には，1代でコングロマリットが王国にまでなった例もある。コングロマリットがより制度化して，有力なハウスが支配下にある入植地にヘッドマンをおき，貢ぎ物と賦役を要求するようになると，ダイナスティ（王朝）と呼ばれる。コングロマリットやダイナスティは，支配の正当性を説明する論理が欠如しているところが政治組織としての弱点であるとヴァンシナは考えた。

　その弱点を克服する一つの方法は，ダイナスティまでの祖先崇拝に変わって，聖性を持つ首長に対する崇拝を生み出すことで，この論理を獲得したものがプリンシパリティ（公国）となる。プリンシパリティでは，行政や法などの組織が集権化し，

領域的な権威が生まれ，個人としての首長の成功を世襲制に転化する可能性が生まれる。プリンシパリティはまた，強いエスニシティ感覚を生み出す。このようなプリンシパリティは，1400年頃，キンシャサの北東に位置するマイ・ンドンベ湖周囲で生まれた例をはじめに，その周囲や，西側のティオ，ボマ，南側のカサイなどでも見られた。

　プリンシパリティが発展すると，各地に首長をおいてそれを王が統治するキングダム（王国）になる。森林の中の王国の例としては，19世紀のコンゴ・キンシャサ東北部のマンベトゥがあるが，南のサバンナとの境界地帯では，1600年までにおおよその輪郭を整えたクバ王国が20世紀まで続き，交易の中心地として栄えた。森林の西南部のサバンナとの境界地域ではさらに早く，14世紀までには，コンゴなどの王国が成立していたと考えられる。これらの地域ではその後，大西洋交易と，キャッサバ，トウモロコシといったアメリカ起源の新たな農産物による生産力の向上によって，プリンシパリティから，ロアンゴなどいくつかの王国が生み出されることになった。

　そのほかの政治的統合としては，少年の加入儀礼や治療結社，首長の通過儀礼を伴い，成員の複雑なヒエラルキーを特徴とするアソシエーション（結社）がある。大西洋岸では1600年までに生まれたが，1880年代までには，大西洋岸からコンゴ川，ウバンギ川にいたる地域で多く見られるようになった。このようなアソシエーションは，コンゴ・キンシャサのマニエマ地方で様々なタイプがみられ，中でも東バントゥー系の言語を話すレガのブワミ結社はよく知られている。

　中部アフリカの熱帯雨林の政治組織は，このように様々な統合の段階があるのだが，プリンシパリティやキングダム，アソシエーションのような，集権的でヒエラルキーが発達した組織は，森ではむしろ例外的で，外界，特に南のサバンナ地帯からの影響を受けたものである可能性が高い。多くの社会では，ハウスと村を基本単位として，クラスターが組織されたり，さらに統合度の高い組織が作られることもあるが，常に統合と集権に向かうわけではなく，ハウスと村の自律性が，分裂と分権をもたらすこともあり，全体として社会組織の流動性が高い地域であった。

　このような社会の組織の原理に加え，これらの社会は，邪術の存在や領地の支配者による豊穣儀礼，地域や先祖の霊の重要性，占い師や治療師に対する尊敬，といった文化的共通性を持っていた。

1-5 ▶ ヨーロッパの到来と大西洋交易

　15世紀末のヨーロッパの到来は，この地域の社会に大きな影響を与えた。ポルトガルの船隊がコンゴ川河口に到達したのは，1483年（Vansina 1990）で，それから，

中部アフリカの森林地帯は徐々に大西洋交易の中に組み込まれ，大きな変動を経験した。

関係が始まった当初は，ヨーロッパとアフリカのあいだに一時的に平和な時代もあり，1490年に，ポルトガル王とコンゴ王のあいだに対等な兄弟王としての関係が築かれたが，まもなく，ヨーロッパ・アフリカ・アメリカの三角貿易が本格化し，奴隷狩りが拡大するに連れて，両者の関係は悪化の一途をたどった。

奴隷貿易は大きく三つの時期に分かれる。第一期の1500年から1660年頃まではヨーロッパとアフリカがお互いの必要と価値を確認する時期で，影響を受けたのは，沿岸部と，コンゴ川本流を遡ってカサイ川の南岸までとマイ・ンドンベ湖に至る川筋の一部までであった。第二期の1660年以降1830年頃までは，奴隷貿易の最盛期で，人口・経済・社会に最も影響を与えた時期であり，その影響は，内陸部とコンゴ川の湾曲部まで広がった。カメルーン沿岸部は比較的遅く，1650年にドゥアラ港が開かれるまではほとんど記録にないが，1750年頃から奴隷貿易の中継地点となり，奴隷貿易の禁止後も長く奴隷が取引された。第三期の1830年頃からは，ヨーロッパの産業革命の影響を受け，奴隷から象牙などへ商品が変わって，奴隷貿易が下火になる時期である。象牙に加え，アブラヤシなどのプランテーション型農業や木材伐採なども盛んになった。この頃，カメルーン中南部も，クリビ港を中心として貿易システムに組み込まれた。1880年代には，コンゴ・ブラザヴィルの最奥，ウェッソまで交易圏が届いた (Vansina 1990)。このような交易圏の拡大の影響で，南カメルーン，ガボン，コンゴ川の下流では，人口の大移動が起こった。

19世紀までに大西洋を渡ったアフリカ人奴隷の数は，1200万人から2000万人程度といわれる（宮本，松田編1997）。1500年から1900年までに，ロアンゴなど中部アフリカの港からアメリカに向けて積み出された奴隷の数は150万人と見積もられるが，その一部はサバンナから連れてこられた人びとであり，港到着までの死者数の不明を考慮すると，正確な人口の損失を測定することは難しい。

西からだけではなく，東からも強い力が加わった。18世紀，19世紀には，アザンデの圧迫によってスーダンから大きな人口の移動があり，森林地域の北東部にも，バントゥー以外の言語集団が多く流入する。また，1860年代からは，東部にイスラームの文化を持ったスワヒリ・トレーダーがやってきて，森林地域は，西部と東部から，世界経済にさらされることになった (Vansina 1990)。

この時代には，ポルトガルが南米から持ち込んだ各種の作物が普及し（小松「生態誌」第3章），労働集約的農法が行われ，女性の労働が増加するなど農村の労働にも大きな変化があった。南西部ではヨーロッパ人の到来以前から交易や市場があり，地域による分業も存在していたが，15世紀以降，内陸部も加わり，銅，象牙，各種の農産物，陶器など，地域による特産品が強化され，地域を越えた経済圏に統合されることになった (Vansina 1990)。

社会そのものにも大きな変化があった。最初に大西洋交易の主体となったのは，コンゴ，ロアンゴのような，大規模な社会組織だったが，コンゴ王国が1665年に実質上ポルトガルに滅ぼされ，ロアンゴ王国も1750年頃までに実効支配を失った。一方，交易に触発される形で，大西洋岸に近いガボンやカメルーンのウリ川流域で，漁業も兼業していたハウスから，交易を主生業とするファーム（商会）が生まれ，親族のイディオムで繋がった交易パートナーを持つ新たな社会組織として発達した。ファームを単位とするこれらの社会組織は，下流では母系，上流では父系といった系譜の違いなどの変異を持ちつつも，交易のための日常的な交流が，コンゴ川流域に非常に均質性の高い文化を作り上げた。17世紀半ばには，現在のキンシャサが生まれるなど，村から町へ人口が移動するという現象が起こった。19世紀後半までには，森林地域のほぼ全域が，大西洋交易圏に含まれた。コンゴ川流域では，交易に触発されて多くの交易都市が生まれ，19世紀には1万人以上の人口を擁する街も5か所ほど生まれた（Vansina 1990）。交易はまた，ヨーロッパのモノ，特に布と銃が普及し，その流通がヨーロッパの価値を伝え，地域の力のバランスを変える過程でもあった。

1-6 ▶ 植民地下の社会

19世紀になると，ほかの地域に遅れて，中部アフリカでもヨーロッパ人による探検が行われ，1844年から47年にスタンレーが東アフリカからコンゴ川河口まで横断したのち，ヨーロッパ人による内陸の「探検」が本格化し，「闇の奥」は次々と開かれていった。1840年代から始まったドイツとフランスのミッションによるキリスト教の布教は，西バントゥーの人びとの世界観を大きく変えていった（Vansina 1990）。さらに，1894-1895年のベルリン会議によって各国の支配領域が確認され，ヨーロッパによるアフリカの支配の体制が整った。20世紀までに，フランスがおおよそ現在のガボン，コンゴ・ブラザヴィル，中央アフリカ，チャドの領域を植民地とし，1890年には，仏領赤道アフリカ（AEF）として一括統治した。一方ベルギーは，当初レオポルド2世の私有地である「コンゴ自由国」として，1908年からはベルギー領として，コンゴ・キンシャサを統治した。カメルーンはドイツの保護領となったが，南部に支配権が及んだのは1911年のことであり，第一次世界大戦を経て，1916年には東部10分の9がフランスに，西部10分の1がイギリスの委任統治領統治となった（宮本，松田編 1997）。

これらの政治情勢が中部アフリカの，特に熱帯雨林の社会に与えた影響を簡単に見ておこう。

フランスは，理念的には同化と直接統治を唱えていたものの，仏領赤道アフリカ

ではその理念は実行されず，地域を分割して特許会社に開発の権利を与えるコンセッション方式をとった。第一次世界大戦時には，食糧の供出や強制売り渡しも行われた（宮本，松田編 1997）。特に影響が大きかったのは 1921 年から 1930 年に建設されたブラザヴィルとポワン・ノワールを結ぶコンゴ＝オセアン鉄道で，12 万人以上の労働者が強制労働に従事し，10 分の 1 以上が死亡したと言われ，これらの搾取の影響で，人口が減少した。森林地域で経済的に期待されたのは，当初は野生ゴムと象牙で，のちに木材が主な輸出物となり，カカオとアブラヤシの栽培も行われた（Austen & Herdrick 1983）。一方，コンゴ＝オセアン鉄道を除くインフラ，教育，医療などの対策は他地域に比べても非常に遅れ，1945 年の段階で仏領赤道アフリカの学齢児童の就学率は 6％だったとされている（宮本，松田編 1997）。

カメルーンは委任統治領として仏領赤道アフリカとは別に経営され，アブラヤシ，カカオ，コーヒーなどの強制栽培で，仏領赤道アフリカの数倍の生産を上げた（Austen & Herdrick 1983）。また，キリスト教会系のミッションによって，仏領赤道アフリカより遙かに高い程度で初等教育が普及し，就学率は 15％であった（宮本，松田編 1997: 84）。

このような政治的変容の中で，植民地期以前の権力の一部は，フランス植民地システムの末端の行政と連結されて温存された。中には，地方行政官と姻戚関係になることで力を守ろうとした人びともいたが，行政官の頻繁な転任によって，その権力は長続きしなかった。アフリカ人の商業は発達せず，事務員，教師，看護師などあらたなエリート階層が生まれ，伝統的なチーフとの対立も起きた（Austen & Herdrick 1983）。

この時代で重要なのは，エスニシティの政治化である。教育の普及は，特定のエスニックな繋がりを通じて行われたので，かつて交易に携わっていたグループが行政官を多く輩出するなど，エスニシティが新たな階層となることがあった。現地語による聖書の作成も，言語の差別化や標準化に繋がり，エスニシティに影響を与えた。一方で，エスニック・グループが植民地体制への抵抗の単位となることもあった。都市では人口の流入によって新たなエスニック・グループが生まれたり，エスニックな集住化という傾向も生まれたりしたが，都市はまだ非常に小さく，仏領赤道アフリカで最も大きなブラザヴィルでも 1939 年に 4 万 5000 人程度であった（Austen & Herdrick 1983）。

一方，ベルリン会議でレオポルド 2 世の私有地としてのコンゴ自由国となったコンゴ・キンシャサ内では，1892 年につくられた二つの特許会社を中心に支配が始まった。植民地化の影響はコンゴ川流域から始まり，コンゴ盆地の中央まで影響が及ぶのは遅くなってからである（Jewsiewicki 1983）。暴政に国際的な非難が集まって 1908 年にベルギー領コンゴとなるまで，土地の強制収容と特許会社への配分，コンゴ川河口からスタンレー・プールまでの鉄道建設に伴う強制労働，ゴムと象牙の

取引の独占，ゴムの採集のための強制労働，ノルマが達成できなかったときの過酷な懲罰など，「コンゴ自由国」は悪政の限りを尽くしたといわれる。またこの時代，コンゴ人は「部族 (tribe)」単位で「シェフェリ」とよばれる集団に再編成された。ベルギー領コンゴとなってからは，「部族」の首長をシェフェリの長に任命し，行政機関の末端として，人口調査，税の徴収，政府命令の伝達などの義務を課すとともに，慣習法の枠内の司法権を与えるなどの権限を与えた。シェフェリの数は，しだいに増え，1919 年には 6095 に達した (宮本，松田編 1997: 69)。しかし，これらの植民地の政策は，地方の社会の基本構造にはほとんど影響を与えなかったという見方もある (Jewsiewicki 1983)。

　教育面では，おもに政府の補助を受けたカトリック教会によって，初等教育はアフリカ有数の就学率を誇ったが，高等教育はほとんど行われなかった。宗教の面では，1921 年に奇蹟を行う救世主とみなされたキンバングを指導者としたキンバンギズム運動がバコンゴ（コンゴ川下流地域）で起こり，これを最初として，黒人独立教会のメシア的解放運動が中部アフリカ各地でいくつも組織され，独立運動に繋がっていった (小田 1986)。

　経済的には，1910 年に導入された人頭税によって，徐々に現金経済化が進んだ。当初はゴムと象牙を中心としていた植民地経済は，しだいに，アブラヤシのプランテーションと，カタンガの鉱物に比重を移していった。行政区，カトリック教会，経済圏の変化などによって，新しくいくつかの文化圏が生まれた。南東のカタンガとその北側のスワヒリ圏は，カタンガの鉱業地帯への食糧・人の供給と鉄道によってアンゴラなど南に繋がった。北西部の森林地帯と北部のサバンナもウエレ鉄道で繋がり，綿とアブラヤシのプランテーションが盛んになり，リンガラ語が普及した。コンゴ川下流部は，キコンゴ語の普及と，キンバンギズム，のちには独立前の政治的な連帯によって一体感を増した。ルバ語が普及し，植民地前から文化的一体性の高かったカサイとクワンゴ＝クウィルは，植民地期に，東部はカタンガ，西部はコンゴ川下流域の政治経済圏に分断されていった (Jewsiewicki 1983)。

1-7 ▶ 独立後の社会体制

　第二次世界大戦後には，戦時中の宗主国の力の低下や，植民地に対する倫理的批判の高まりによって，アフリカ各地でも独立運動が起こった。フランスは戦中からアフリカの各植民地への政治的譲歩を示し，1946 年に植民地を海外領土と位置付けて市民権を拡大するなどしたが，それは，新しく形を整えて，各植民地をフランスに結びつけ直すための施策だった。これに対して，1946 年にマリのバマコで開催された植民地横断的なアフリカ民主連合 (RDA) を土台にして，中部アフリカの

各地域でも，組織的な民族主義運動[4]が起こった。1955年にドゥアラ，ヤウンデを中心に起こった死者26名を出した暴動で，民族主義運動の団体であるカメルーン人民同盟（UPC）が非合法化され，ゲリラ闘争を行うなど武力闘争もあったが，東アフリカのイギリス植民地に比較すると，中部アフリカの独立運動は相対的に穏健なものであった。1956年，フランスは，植民地への普通選挙制の導入と自治の拡大を行い，1958年にはフランス本国と自治政府をもつアフリカ諸領とから成るフランス共同体を発足させ，フランスからの独立の権利も認めた。アフリカ植民地の中では，ギニアだけが独立を選び，仏領赤道アフリカの各地域は自治共和国になったが，1960年には，次々とフランス共同体の内部で独立を果たした。国連信託統治領だったカメルーンでは，仏領カメルーンがカメルーン共和国として独立し，1961年には，英領カメルーンの2地域での国民投票の結果，北部がナイジェリアに帰属し，南部がカメルーン共和国と連邦を組んでカメルーン連邦共和国となった（小田 1986）。

コンゴ・ブラザヴィルは独立によってコンゴ共和国となり，1963年には一党独裁制に移行したが，その後，軍部が台頭し，1969年には，軍部の主導の元にマルクス＝レーニン主義を標榜するコンゴ人民共和国となった。その後も政治不安が続き，大統領の暗殺や解任，政治路線の変更が重なった（小田 1986）。1991年には，マルクス＝レーニン主義を放棄してコンゴ共和国へ名称を変更し，複数政党制へ移行した。1993年にはリスバが当選し，現職大統領のサスー＝ンゲソが落選した選挙をきっかけに民兵どうしの衝突が起こり，1997年には首都ブラザヴィルをはじめ南部の多くの地域が巻き込まれた武力衝突の結果，とうとうサスー＝ンゲソが武力で大統領の座を奪還し，現在にいたっている。

ガボンは，1963年におきたクーデターがフランスの介入で不成功に終わり，その後は事実上，一党独裁となった。1967年に政党と政権を引き継いだボンゴ大統領の下，政治的安定が保たれた。その背景には，石油，ウラニウム，マンガンなどの鉱物資源や木材資源などの豊富な資源があった。一方で，ひとり当たりの国民総生産がアフリカの中で群を抜いて高いにもかかわらず，都市部と村落部の経済格差が非常に大きいことや，大統領の蓄財や出身であるバテケを優遇していることへの不満は蓄積している（小田 1986）。1990年に複数政党制に移行したが，ボンゴ大統領の長期政権が2009年に死去するまで続いた。

カメルーンでは，東西の連邦制で始まった国づくりは，人口・面積的に優位に立った東カメルーンが中心となって徐々に中央集権が進み，一党制になり，1972年に連邦制を廃止してカメルーン連合共和国となった。初代大統領で北部のイスラーム地域出身のアヒジョは，北部のムスリムと南部のクリスチャン，西カメルー

4） この場合は，アフリカ人の権利の拡大を目指す運動を指し，のちに独立運動になる。

ンと東カメルーンのバランスをとりつつ支配を続けたが，特に西カメルーンの政治的不満は高く，1982年に辞任した。南部出身のビヤが後継者として大統領に就任し，1984年に国名をカメルーン共和国と改称し，その直後に勃発した前大統領のアヒジョの影響下のクーデターを抑えた（小田1986）。その後，北のムスリム，西の旧英領圏などの不満をかわしつつ，1992年の複数政党制移行を経て，現在まで長期政権を保っている。

　カメルーン，コンゴ・ブラザヴィル，ガボンは，独立後も経済的にフランスと緊密な関係を持ち，CFAフランを共通の通貨として現在に至っている[5]。

　一方，独立以来，激しい暴力にさらされたのが，コンゴ・キンシャサである。まがりなりにも独立に向けて選挙制度と政治体制を整える余裕があった仏領赤道アフリカに比べ，ベルギーは独立に向けた準備をほとんど行わず，1960年になっていきなり半年後の独立を宣言したからである。その結果コンゴ・キンシャサは，中央集権的な統一国家を目指す首相ルムンバと，地方分権的な連邦国家を目指す大統領カサヴブが指導する微妙な体制でコンゴ共和国として独立することになった。その1週間後に首都でおこった軍隊の反乱をきっかけに，分権派のチョンベが豊富な鉱物資源を抱えるカタンガ（現在のシャバ州）の独立を宣言し，次いで南カサイ州も独立を宣言したことで，内乱が始まった。その後3年に渡るコンゴ動乱である。この間，旧宗主国ベルギーと冷戦下の東西両陣営が利益を求めて介入し，国連が軍隊を派遣する事態となった。その後，1964年に再発した紛争を経て，1965年にモブツがクーデターで大統領に就任し，1997年まで続く長期独裁を開始した。モブツは，天然資源の私物化と政敵の徹底した粛正とを進めて政治権力を安定させる一方，1971年に国名をザイール共和国へ変更し，「真性さ（authenticité）」を目指す極端なザイール化政策を進めた。国民の名前や地名はザイール風の名前に変更させ，鉱工業や運輸，プランテーションを国有化，続いて，中小企業からも外国人を排斥した（小田1986）。これら経済のザイール化政策は対外的な不信を招いたため，1974年の銅の国際価格の低迷とも相まって方針を転換したが，1980年代後半には再び，債務の支払い制限や支払い停止を繰り返し，さらに深刻な対外的不信を招く結果となった。1991年には，国庫が破綻して軍隊にも給料を払えなくなったことがきっかけとなって首都キンシャサで大暴動が起こり，首都機能が麻痺した。さらに，1993年に隣

5）仏語でFranc CFA，アフリカの旧フランス植民地を中心とする共同通貨。中部アフリカのFranc de la Coopération Financière en Afrique Centraleと西アフリカのFranc de la Communauté Financière Africaineの2種類がある。二つの通貨は，通貨単位と通貨価値は同じだが，通貨コードが異なる。中部アフリカでは，カメルーン，コンゴ共和国，中央アフリカ，チャド，ガボン，赤道ギニアで流通。西アフリカでは，セネガル，コートジボワール，トーゴ，ベナン，ブルキナファソ，ニジェール，ギニアビサウで流通。1960年以降，1フランスフラン＝50CFAフランで固定されていたが，1994年1月1日，構造調整の一環として1フランスフラン＝100CFAフランに切り下げられる。現在は，ユーロと1ユーロ＝655.957CFAフランで固定されている。2009年10月現在，1CFAフラン≒0.2円。

国ルワンダで起こった内戦が，ザイール東部に大量の難民と政治の不安定さをもたらした。ルワンダ，ウガンダ両政府の後押しを得て 1996 年に東部で結成されたコンゴ・ザイール解放民主勢力連合が 1997 年に政権を奪取し，ローラン＝デジレ・カビラが大統領となってコンゴ民主共和国と国名を変更した。カビラはその後，ルワンダ系の勢力を政権から遠ざけようとし，それに対抗して東部でルワンダ，ウガンダが支援する反政府武装勢力が再び結成され，首都に急接近した。これに対して，ジンバブウェ，アンゴラ，ナミビアなどが派兵し，周辺諸国を多く巻き込んで内戦が続いた。この中で，反政府勢力はどんどん分裂し，武装集団が入り乱れて東部コンゴは無政府状態に陥った。国際社会によって多くの調停が試みられたが，2001 年にローラン＝デジレ・カビラが暗殺され，息子のジョゼフ・カビラが大統領に就任したことをきっかけに，2002 年暮れに和平合意が成立した。しかし，それ以降も，東部，特にイトゥリ，キブで武力衝突が続き，2007 年には首都キンシャサでも大統領選の結果をめぐって衝突が起こり，コンゴ情勢は混沌としている（武内 2008a，木村ら 生態誌第 15 章も参照）。

1-8 ▶ 紛争とエスニシティ

1960 年の独立以降，この地域では，アフリカの他の地域と同様に，多くの武力衝突を伴う紛争が起きた。この地域の中で最も大きな紛争を体験したのは，前述したように，コンゴ動乱を経験し 1990 年代以降内戦の収まらないコンゴ・キンシャサである。コンゴ・ブラザヴィルでも，1990 年代に，大統領の座をめぐってブラザヴィルが激戦地となる紛争が数度にわたって起きた。ガボンでも 1993 年の選挙結果をめぐって衝突が起き，カメルーンでは 1996 年にナイジェリアとのあいだで産油地域の帰属をめぐる武力衝突が起きるなどしているが，両コンゴに比べると比較的落ち着いている。

このような紛争は，直接的な権力や利害をめぐるものである場合が多いが，人びとの動員の方法の一つとして，また，紛争の原因の説明として，エスニシティが利用されてきたことが大きな特徴といえる。

独立後，各国では，政治的求心力を保つために，「伝統的」な政治社会単位である「部族」の利益を求めることを「トライバリズム」と非難し，近代的な「国民＝ネイション」として一致団結することを求め，「部族」単位のセンサスを中止するなど，国民統合の試みが行われた。しかし，この言説は，実際には，「部族」自体が，植民地下でエスニシティを獲得したり強化されたりしたものであったし，植民地の単位であったという以外一つの「国民」となる必然性がない，という弱点を抱えていた。一方，権力基盤をその出身地域や「部族」に求めた政治家たちによって，国民が，

特定の政治家とその支持集団およびにその周辺にいる支配民族と，それ以外の被支配民族に階層化される，という事態が起きた（宮本，松田編1997）。

旧仏領赤道アフリカの各国では，経済状態の悪化に対して世界銀行と国際通貨基金が主導する構造調整を受け入れた結果，その条件として1990年代初頭に複数政党化が実施され，これをきっかけに，政治化されたエスニシティが表面化した。コンゴ・ブラザヴィルでは，サスー＝ンゲソ，コレラ，リスバといった有力な政治的パトロンと支持者を中心とした政党が地域を基盤としてエスニシティと結びつき，北部・中部・南部といった地域の対立構造を生み出した。ガボンでは，大統領のボンゴの出身であるバテケが不当に利権を得ているとして襲撃の対象となったのをきっかけに，エスニシティと地域が政治の単位としての力を強めた（M'Bokolo 1998）。

この背景には，都市化によって，大量の人口が大都市に流れ込み，都市の失業率も高くなり，財産や権利をめぐる葛藤が日常的になって，社会の不満が高まっていたことがある。1994年には，コンゴ・ブラザヴィルでは人口の61％，ガボンでは人口の49％が都市に集中していた（M'Bokolo 1998）。このような社会の不安定の中で，住民は都市生活を「生きのびる」ために頼れるパトロンを必要とし，政治家はエスニシティの言説を利用してクライアントを得ることで政治力を強化しようとしたのである。

武内進一は，第二次世界大戦後のアフリカの紛争の特徴を整理して，特に1990年代以降の紛争では，民間人が紛争に参加する紛争の「大衆化」と，職業軍人以外の武装勢力が戦闘員となる「民営化」が大きな特徴だと述べている（武内2009a, 2009b）。武内によれば，これらの紛争の多発の原因は，「ポスト・コロニアル家産制国家（PCPS）」と呼ぶことのできるアフリカに特徴的な独立後の国家の権力構造が，1980年代に脆弱化したことにあるという。PCPSとは，支配者を中心とする少数集団によって「家産」のように私物化された国家である。これらの国家は，支配者を中心とするパトロン─クライアント関係に依存し，パトロン─クライアント関係の中では抑圧的，外に対しては暴力的にふるまった。正統性と持続性を欠くようにみえるこのような国家は，国際社会が政治経済的戦略から支援を続けることで存続し，社会，経済の各場面で市民に対する統制を強めてきた。1980年代になると，経済危機とそれにともなって導入された構造調整が，パトロン─クライアント関係を支えるだけの支配者への利益の集中を難しくし，構造調整に伴って強制された複数政党制への移行が政治的な力を分散させた。このような要因が，PCPSの継続を困難にさせ，国内政治を不安定化させ，紛争を引き起こしたと武内は分析する。

武内は，これらの紛争の要因に関する研究史を整理し，経済的側面や紛争当事者の合理性についての分析，破綻国家論など国家の分析などを紹介しているが，本論との関係で重要なのは，エスニック集団競合理論である。近代化の過程で国内の政

治・経済的資源をめぐる競争が激化するにつれ，多様なエスニック集団から構成される国家では，エスニシティを介在させた集団間の対立という形で競争が表現され，エスニック集団の利害調整を図る政治指導者が集団の動員を行うようになる。このような動きの中で，もともとゆるやかな形で存在した多様なアイデンティティがより大きな政治経済制度に適合する「包括的なアイデンティティ」へと再編・統合される。エスニック集団競合理論とは，現代の「民族紛争」は，そのように再構築されたエスニシティが動員されて闘争へと発展したものだと考える理論である。武内は，この理論の有効性を認めつつ，実際は，実体的なエスニック集団どうしが衝突しているのではなく，パトロンを中心として芋づる式に動員されたメンバーが衝突しているのであり，メンバーは必ずしも同じエスニシティを共有しているとはかぎらないし，そもそもエスニシティの境界自体があいまいであることに注意すべきだという（武内 2009b）。

このように，中部アフリカの熱帯雨林の社会では，権力や資源をめぐる国内の競争のなかで，エスニシティが競争の単位として設定され，その単位にあわせて社会が再構築されるという動きがある一方，そのような動きとは別の，ヴァンシナが描いたようなゆるやかなエスニシティの原理も共存している。都市と物理的・社会的距離をおいた農村部では，現在でも，村や畑地の移動を伴ったゆるやかなエスニシティが日常生活を形作っている。そのような社会の実態については，本書で塙（第6章），大石（第7章）が描いている。そこでは，熱帯雨林という環境に依存しながら，国家のシステムと商品経済化に対応し，既存の社会システムを社会状況にあわせて調整し，自律的な社会を維持している人びとが暮らしているのである。国家を中心とする大きな政治・社会的変動と，日々紡がれる日常的な社会生活の両方に目を配った社会研究は非常に困難であるが，そのような研究こそが，現在，この地域でさらに求められている。

第2章

北西功一

アフリカ熱帯林の社会 (2)
── ピグミーと農耕民の関係 ──

2-1 ▶ 支配と従属 vs. 協力　搾取 vs. 相互依存

　コンゴ盆地の熱帯雨林地域の住民は大きく二つに分けられる。一般にピグミーと呼ばれる人たちと，主として焼畑農耕を行っている農耕民である。農耕民については小松（本書第1章）に詳しく書かれているので参照いただきたい。もう一方の「ピグミー」は，実は多くの問題をはらんだ用語である。それについては次節で詳しく説明することとしておこう。この両者は隣接して居住しており，密接な関係を持っていることが知られている。これまでその関係については様々なキーワードで語られてきた。「村の世界（農耕民）」と「森の世界（ピグミー）」の対立，農耕民の農作物とピグミーの獣肉を中心とする森の産物の交換による共生的な関係，農耕民によるピグミーの支配・差別，特定の農耕民とピグミーの間におけるパトロン―クライアント関係や擬制的親族関係などである。つまり，両者の関係は対立的（もしくは支配―従属，搾取）なものとしても，協力的（もしくは友好的，相互依存的）なものとしても描かれている。さらに，両者には対立的な面と協力的な面の両方が存在することを強調し，それをアンビバレントな関係と言うこともある（Bahuchet & Guillaume 1982; 竹内 2001）。このように両者の関係がいろいろな形で表現される状況では，一般の人たちはもちろん他の地域を専門とする人類学者であってもなかなか理解が難しいのではないだろうか。

　多くの場所で行われた現地調査や歴史的な研究の進展によって明らかになったのは，両者の関係が空間的，時間的な幅の中で多様な姿を見せているということである（空間的な幅では Hewlett 1996，時間的な幅では Wilkie & Curran 1993 など）。1950年代にイトゥリの森で調査した C. M. ターンブルは「村の世界」と「森の世界」の対立としてビラ（農耕民）とムブティ（ピグミー）の関係を捉え，本質的に両者の文化は

違うものであるとしたが，1990年代前半にムブティの調査をしたJ. ケンリックは，「村の世界」と「森の世界」の対立は両者の関係の一面に過ぎず，それが強調される度合いは状況によって変化することを指摘している。ターンブルの調査はベルギーの植民地支配が最も効力を発揮した時代に行われ，その支配においてムブティと農耕民はまったく異なった扱いを受けていたこと（農耕民に対する強制移住や定住化政策，課税）が両者の関係に影響し，独立後，中央政府がほとんどもしくはまったく機能しない状況になったときには対立は弱くなったという（Kenrick 2005）。また，K. クリーマンが述べているバボンゴ・ピグミー[1]の一部のグループと農耕民との過去の一時期の関係は，極端に敵対的なものである。両者は当初，バボンゴがバントゥー系農耕民の言語を受け入れるような密接な関係にあった。しかし，あるバボンゴの口頭伝承では，バボンゴの男性が狩猟に出かけたときに農耕民に襲撃されて女性と子供が拉致されたという話があり（時には銃も用いられたことから奴隷貿易の時代の話だろう），また，別のバボンゴのグループの年長者は，かれらの祖先が近隣の農耕民の手による奴隷狩りの犠牲者になったと話している（Klieman 1999）。当然，このような関係は奴隷貿易が終わるとともに再び変化した。

　本章では，このような多様性に留意しつつ，ピグミーと農耕民の関係について紹介していきたい。主として取り上げるのは，これまで多くの研究の蓄積があるコンゴ盆地の東側に住むムブティとエフェ，コンゴ盆地の西側に住むアカとバカ，およびかれらの近隣に住む農耕民である。その他のピグミーについては，松浦（本書第9章）にバボンゴとバントゥー系農耕民のマサンゴの関係が詳細に述べられており，両者は本章で述べたものとは違った独特な関係を持っている。本章と比較してみるとよりよく理解できるだろう。

　まず「ピグミー」という用語の使用について説明したあと，かれらと農耕民の関係を取り上げる。その項目は，言語，生態学的および経済的側面（生計活動および生産物や労働力の交換），社会的側面（結婚，政治的関係，擬制的親族関係，儀礼）である。本章では歴史的な変化について紙幅の関係上深くは追究しない。近年の変化については本章でも一部取り上げるが，木材伐採会社，自然保護団体，人権擁護団体などとのかかわりについては，北西（「生態誌」第4章）と服部（本書第10章）を参照していただきたい。

---

1) バボンゴはガボン中南部からコンゴ共和国西南部に分布するピグミーである。バボンゴの中でも時間的，空間的な多様性が存在するようである。松浦（本書第9章）ではここで述べたバボンゴと農耕民の関係とはかなり異なる姿が描かれている。

2-2 ▶「ピグミー」とは？

「ピグミー」をひとまとめにしてよいのか？

　この節は、「ピグミー」と呼ばれる人たちがどういう社会・文化を持ち、どのような生活をしているのかということを説明しているのではない。それについては本書および本書の姉妹編『森棲みの生態誌』の多くの論文で描かれているのでそちらを参照していただきたい。本節では、この本の中、そしてこれまで出版されてきた多数の本や論文の中で使われてきた「ピグミー」という用語そのものについて考えてみたい。ピグミーと農耕民の関係をテーマとする本章の他の部分とはかなり趣を異にするが、ピグミーについての議論の前提となるものとして、この章の中で取り上げる。

　「ピグミー」という用語を使うには、二つの問題が存在する。一つは、一般にピグミーと呼ばれている人たちをひとまとめにして語ってよいのかという問題、もう一つは、もしひとまとめにして語ってもよいとするなら、その人たちに「ピグミー」という用語を当てはめるのが適当であるかという問題である。順に考えていきたい。

　現在、ピグミーと呼ばれている人たちで本書に関係する人たちをあげてみると、コンゴ民主共和国東部のムブティ (Mbuti)[2] とエフェ (Efe)、コンゴ共和国北部と中央アフリカ共和国南部のアカ (Aka)、カメルーン東南部からガボン北部、およびコンゴ共和国西北部のバカ (Baka)、カメルーン西南部のバギエリ (BaGyelli)、ガボン東南部からコンゴ共和国中部のババンゴ (BaBongo) などである。他に大きなグループとしてはルワンダからブルンジにかけてトゥワ (Twa) が存在する (図2-1)。小さなグループは他にいくつもある[3]。

　かれらをひとまとめにできるのだろうか。まず言語からみていこう。かれらは民族名が違うことから予想されるように、異なった言語を話している。しかもその違いは大きく、もっとも極端な例を挙げると、隣接するムブティとエフェの言語では大語族（ニジェール・コンゴ大語族のムブティとナイル・サハラ大語族のエフェ）が異なる。他のグループの間でもピグミーの言語をひとまとまりのものとして考えることはできない[4]。またピグミーが話す言語は農耕民の言語の系統の中に位置付けるこ

---

[2] イトゥリの森のピグミー全体をムブティと呼ぶこともあるが、本章ではバントゥー系の言語を話すピグミーだけをムブティ、南スーダニック系のレッセ (Lese、もしくはバレセ Balese) 語を話すピグミーをエフェと分けて記述する。

[3] 佐藤弘明は、コンゴ共和国北部の一地域において大小複数のピグミーのグループが混在している状況を描いている (Sato 1992)。

[4] ただし、言語がまったくピグミーのグループ間の関係の再構成に役立たないというわけではない。この点については本章の次節および寺嶋（『生態誌』第9章）、Bahuchet (1992) を参照。

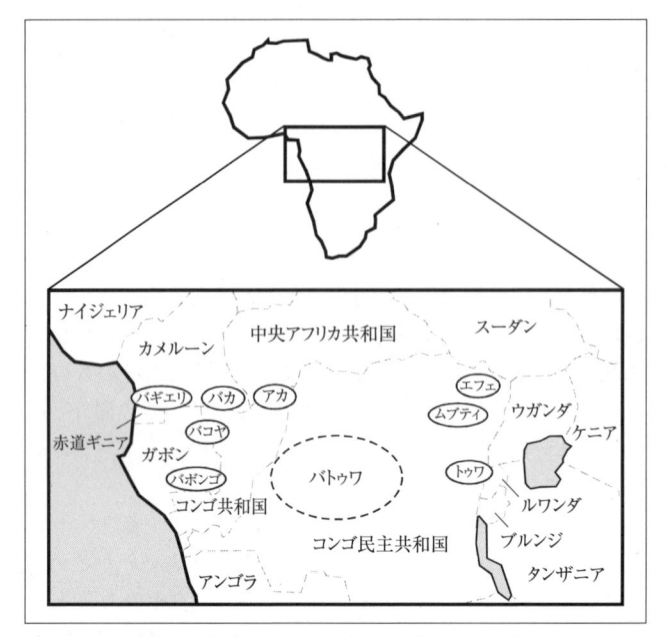

図2-1　中部アフリカにおけるピグミーの分布
Lewis（2002）等をもとに安岡宏和氏が作成。コンゴ民主共和国の「バトゥワ」は複数の集団の総称。集団名の表記は本書および「森棲みの生態誌」各章での言及に準じている。

とができる。これは，南部アフリカのサン（いわゆるブッシュマン）がコイ・サン語族の言語を話している状況とまったく異なっている。このような言語状況を強調する研究者の中には，各地のピグミーはそれぞれ類似した言語を話す農耕民の専門職カーストのような形で生まれたのであり，ピグミーは別々の起源を持つと主張する人もいる（Blench 1999）。

　これまでかれらがひとまとまりの存在と見なされてきた要因は大きく分けて二つある。一つは身体的な特徴，もう一つは社会・文化的な特徴である。「ピグミー」の語源とも関係するが，近隣の農耕民に比べて体が小さいということは，かれらに共通する特徴である。しかし，小さな体を持つということが直ちに共通の祖先を持つということを意味するわけではない。アフリカを離れてみると，同じような小さな体を持つ狩猟採集民がアジアにも存在する（アンダマン島人や東南アジアのネグリトなど）。ピグミーに共通する小さな体という特徴には，共通祖先の性質を保持しているためである可能性と，別の起源を持つ集団が森林における狩猟採集生活に適応した結果として似た性質を持つようになった可能性の両方が考えられるのであ

る。これはワイルドヤム・クエスチョン[5]とも関係していて，ピグミーが森の先住民でないと考える人たちは，後者の可能性を想定している。

　一方で，ピグミーは共通の社会・文化的特徴を持つともされる。「アフリカのピグミーの文化的多様性」というタイトルの論文を書いた B. S. ヒューレットは，その結論として，「アフリカの『ピグミー』の文化というものを想定するのは不可能とは言わないものの難しい」と述べている。ただし，この論文はタイトルが示すように多様性に重点をおいた論文であり，実は論文の最初にはピグミーは一般的に次の四つの特徴を持っているという記述がある (Hewlett 1996)。

1. 一年の内，少なくとも 4 か月は熱帯雨林で狩猟採集活動をして過ごす。
2. 森の生活に対して強いアイデンティティを持ち，またその生活を好んでいる。
3. 近隣の農耕民のグループとの間に多くの社会・経済的関係を維持している。
4. ゾウ狩りと関係する重要な儀礼を行う。

　また，R. K. ヒッチコックはピグミーについて，「ワイルドヤム・クエスチョンの答えがどうであれ，ピグミーは森と密接に結びついている。かれらは熱帯雨林の生態系の野生動植物に，全面的ではないにしろ部分的には依存し，森をかれらの知的・精神的生活の中心としている。多くのピグミーは多様な儀礼を行い，そのうちのいくつかはゾウ狩りと関連している。」と述べている (Hitchcock 1999)。また市川光雄は，「森林という生活環境の共通性に加えて，狩猟と採集に重きをおいた生活，森の精霊が主役を果たす儀礼，それらの儀礼において演じられる踊りと歌のパフォーマンス[6]，そして周辺農耕民との間の従属的ではあるが密接な関係を保っていることなど」がピグミーのグループの共通性であるという (市川 2001)。

　このように，細かい点では違いがあるものの，多くの研究者がその社会・文化的な共通性を強調している。第一の共通点は，ピグミーと森との多様な面での密接なつながりであり，それに加えて，儀礼や歌，踊り，近隣の農耕民との関係が挙げられるだろう。

　ピグミーと呼ばれる人たちが同一起源かどうかを客観的に証明する可能性があるのは遺伝学である。これまでの研究で有名なものは L. L. カヴァリ-スフォルザのもので，タンパク質をもとにしている (Cavalli-Sforza 1986)。最近ではミトコンドリア DNA を用いた研究 (Salas et al. 2002, Quintana-Murci et al. 2008 など) や核 DNA を用いた研究 (Patin et al. 2009) もある。これらの研究からは，西のピグミー (アカやバカなど) と東のピグミー (ムブティやエフェなど) の間の類似性よりも，それぞれのピグミーとその地域の農耕民との間の類似性のほうが大きいことが明らかになった。とはいえ，これはピグミーが同一起源ではないことを意味するわけではない。同じ

---

5) 熱帯雨林で野生の動植物のみに依存した生活は不可能ではないかという仮説。詳しくは安岡 (「生態誌」第 2 章) 参照。
6) 儀礼，歌，踊りについては，分藤 (本書第 4 章)，都留 (本書第 3 章) を参照。

地域の農耕民とピグミーの間には通婚がみられ（本章2.5節参照），それが長い歴史を持っているためである。L. キンタナ-ムルシらはピグミーの集団内での遺伝的多様性が農耕民に比べてかなり低いことなどから，ピグミーは7万年前には農耕民の集団から分岐し，4万年前にはピグミーの女性の遺伝子の農耕民への一方的な流れが生じていると結論している[7]（Quintana-Murci et al. 2008）。また，ミトコンドリアDNAと核DNAを総合的に分析したE. パティンらは，6万年前には農耕民とピグミーが分岐し，2万年前には西のピグミーと東のピグミーが分岐したというストーリーがもっともデータに一致すると述べている（Patin et al. 2009）。将来研究が進んだ結果，違う結論が出てくる可能性はあるが，少なくとも現状ではピグミーは同一起源であるという説のほうが有力なようである。

　ここまでピグミーをひとまとまりのものとすることができるかについて述べてきたが，それは外部者からの視点だった。もっとも重要なのはかれら自身がピグミーをひとまとまりの存在であると考えているかどうかということかもしれない。少なくともコンゴ盆地の西と東という遠く隔たった西のピグミーと東のピグミーは，つい最近まで（多くの人は現在でも）お互いの存在を知っていたわけではなく，当然全体としてのまとまりを意識していたはずがない。しかし，隣接しているピグミーのグループの間では接触することがある。私はバカの調査地でそこに婚入しているアカの女性と会ったことがあるが，彼女は完全に溶け込んでいるように見えた。少なくともそこには農耕民とピグミーのあいだに見られるような上下関係は存在しない。また私がアカの調査をしているときにバカの男たちが集団でやってきたことがあるが，かれらはそこの農耕民からもそしてアカからも，アカと同列の存在（現地語でバンベンガ Bambenga）として扱われた。

　また，現在，世界各地で先住民運動が起こっているが，アフリカ熱帯雨林地域も例外ではない。その運動のなかには，アフリカ熱帯雨林の先住民として，そして政治的・経済的・社会的に周辺的な立場という似た状況に置かれている人たちとして，ピグミーが団結し，自分たちの権利を確保しようという動きが見られ始めている。2007年4月10-14日には，コンゴ共和国北部の町インフォンドでコンゴ盆地の先住民のための国際フォーラム（Forum International des Peuples Autochtones d'Afrique Centrale）が開かれ，ブルンジ，カメルーン，ウガンダ，中央アフリカ共和国，コンゴ共和国，コンゴ民主共和国，ガボン，ルワンダの先住民の代表者が集まり，先住民における持続的開発と中部アフリカの森林の生態系の保護というテーマで話し合いが行われた（James ウェブサイト，Organisation Africaines des Pygmées ウェブサイト）。そういう意味でのまとまりも考えておく必要があるだろう。

　このように，ピグミーをひとまとまりの存在，もしくはある共通の性質を持つ存

7）ミトコンドリア DNA の分析なので母から子どもへのつながりしか分析できない。

在として考えることは可能だろう。ただし，一方でピグミーの中に大きな多様性が存在することも忘れてはいけない。共通性と多様性の両者に配慮した議論が必要であり，本章のピグミーと農耕民との関係もその立場から書いている。

「ピグミー」という言葉の意味とその使用

　これまでピグミーという用語には問題があるという指摘がいくつもなされている。その理由は，民族などの集団を表わす名称には自称を用いるべきであり，ピグミーはそう呼ばれている人たち自身の言語に由来する単語ではないこと，そしてこの用語は「体の小さい人」を指し，侮蔑的なニュアンスを持つ場合もあることである（Hewlett 1996）。ただし，ピグミーは数千年の歴史を持つ言葉であり，単に体が小さいということを意味するわけではない。ここではピグミーという語の帯びている意味の変遷について概観したあと，その使用について考えてみたい。

　ピグミーだと推定される人が文献に最初に登場するのは，古代エジプトのヒエログリフである。エジプト国王ペピ二世（紀元前2246-2152年もしくは2278-2184年）が，南の方を探検していた地方政府高官に，「コビト」の神のダンスをみて楽しみたいので，かれらを健康な状態でつれてくるようにという命令を発している（Dasen 1988）。ただし，この「コビト」は「dng」と表記されており[8]，ピグミーという単語とは関係ない。

　小さな人としてピグミーという語が使用されている事例はホメロスの叙事詩イリアスに見られる。そこでは鶴に攻撃され殺される「小人族」[9]としてピグマイオイ（Pygmaîoi）が出てくる（ホメロス 1992）。ピグマイオイの語源はピグメ（Pygmé）で，これは肘尺（長さの単位で肘から手首までの長さを指す）を意味し，ピグマイオイはそのくらいの身長の人たちを指している。古代ギリシャの遺跡からは鶴と戦う「コビト」の絵が描かれた壺がいくつも発見されており，この話が広く知られていたことがうかがえる（Dasen 1988）。古代ギリシャの哲学者アリストテレス（紀元前384-332年）は，動物誌・動物部分編の鶴の移動についての記述の中でピグマイオイに言及している（アリストテレス 1969）。そこでは鶴がピグマイオイを攻撃するという話は神話伝説ではなく現実の話であるとし，かれらは穴居生活をしていると述べている。また，鶴の渡りの方角からかれらのいる場所をナイル川の水源地であると推定しており，これがアフリカの現在ピグミーと呼ばれる人たちとピグミーという単語を結びつけることにつながっている。

　古代ローマの博物学者プリニウス（23-79年）の博物誌では，さらに現実離れしてくる。プリニウスはホメロスやアリストテレスを参照しながら，背丈が3スパン

8）　ヒエログリフの言語は母音を表記しないので正確な発音は不明である（Bahuchet 1993c）。
9）　翻訳者の用語をそのまま用いている。

(1スパンは約25cm)を越すことのない「小人族」はやはり鶴に攻撃されていて，その攻撃を防ぐために春になると全員で隊を組んで海に下っていき，鶴の卵と雛を食べるという。ただし，かれらの住んでいる場所はインドの先の山岳地帯で，まわりには身長2.5mの巨人，両足とも指が8本ある人びと，犬の頭を持つ種族，「傘足種族」という脚が1本しかない人たちなどが存在していると述べている(プリニウス1986)。ピグミーはそのような怪物と同列の存在として出てくるのである。この博物誌はその後の百科事典の編纂者によって中世においても広く利用され，怪物としてのピグミーは再生産されていく。たとえば13世紀の神学者T. カンタンプレ(1201-1272年)は「ピグミーの人たちはインドのある山に住み，背丈は2クデ(肘尺)で，鶴と戦い，3歳で子供を生み，8歳で老ける」と書いている(Bahuchet 1993c)。また博物誌は15世紀に活版印刷で刊行されて以降，ヨーロッパの知識人に愛読された。

　ルネサンス期にはピグミーが実在するのか空想の産物なのかの議論が続いたが，結論は出なかった。しかし，17世紀におけるアフリカ海岸部とアジアの島々からの情報により，ピグミーの存在の新しい可能性が開けてきた。類人猿が発見されたのである。1698年にチンパンジーの死体がロンドンに到着し，解剖学者E. タイソンはそれを「ピグミー」と名付け，解剖の結果，この「ピグミー」はサルでありヒトではないということを明らかにした。またイギリスの博物学者G. エドワーズは1758年にマレーシアのオランウータンをサルであるとし，これを「森の人，もしくはピグミー」とみなした。ちなみに，現在のオランウータンの学名は *Pongo pygmaeus* である。フランスの博物学者G. L. L. ビュフォンは彼の「鳥の自然誌」の鶴に関する章で，ピグミーは明白にサルであり，知識がなかったり，ちらっと見ただけだったり，もしくは奇妙なものに興味を持ちすぎた観察者が，それを人とみなしてしまったと述べている(Bahuchet 1993c)。

　一方で，17世紀にアフリカの大西洋岸を旅行・探検した人は，ピグミーという単語は使われないものの，体が小さく狩りが得意で，特にゾウを狩猟して象牙を供給している人たちの話を残している(Ravenstein 1901など)。19世紀後半になると状況は大きく展開する。1865年に現在のガボンを訪れたP. B. デュ・シャーユはオボンゴという「黒人の野蛮なコビト」に出会っている。最初彼はピグミーという単語は使わなかったが1872年に出版された本ではホメロスに言及しながら潤色された話を書いている(Bahuchet 1993c)。しかし，ピグミーという単語とアフリカ熱帯雨林の体の小さな人が明確に結びついたのはG. A. シュヴァインフルトの探検と彼の書いた本による(Schweinfurth 1874)。彼はナイル川の源流域に近いところで体の小さな人たちを発見した。そこはアリストテレスが想定していたピグミーの存在する場所と一致した。これによりピグミーは実在する人たちであるということになった。アフリカ大陸内部への探検が進むにつれてかれらとの出会いの報告は増えていっ

た。有名なのは H. M. スタンレーの探検だろう。

　1873 年，イタリアの探検家ミアニはシュヴァインフルトの跡を追ってピグミーと出合い，二人の子供をイタリアに連れ帰った[10]。かれらはあらゆる角度から細かく測られ，写真に撮られた。またかれらにはイタリア語を話すこと，ピアノを弾くこと，フォークを使って食べることが教えられ，かれらはそれをこなした。そしてそれがその時代の人類学者によって注目された。フランスの人類学者 A. カトルファジュは「小さな身長，長い腕，太鼓腹，短い脚にもかかわらず，かれらは実に本当に人間であるように見える。そして，かれらに半類人猿的な部分が見出せると考えていた人たちはこの時点で完全に迷いを解かれるべきである。」と述べている (Quatrefage 1887)。

　また，アジアでも体の小さな人たちが発見され，アフリカのピグミーとの関係が議論された。フィリピンの体の小さな人はネグリトと名づけられ，カトルファジュはプリニウスの博物誌に出てくるインドの「コビト」とかれらを結びつけて考えた。そして，彼はアフリカとアジアの体の小さな人たちを一つの「人種」に属しているとみなし，その起源地は南インドでそこから西と東の方向に広まっていったと想像した (Quatrefage 1887)。またこの人種を，現在その地で支配的な人種の到来前にそこで暮らしていた人たちの生き残りであると考える人もいた (Flower 1888)。

　19 世紀末から 20 世紀前半は，その小さな体と単純な物質文化から，ピグミーを原始的な存在とみなす見方が強かった。そしてこの時期のピグミーは何かをしないことによって特徴づけられていた。農耕をしない，家畜を飼わない，土器がない，鉄がない，体の飾りがない，割礼がない，楽器がない，長がいない，トーテムがない……。たとえばピグミーが打製石器の道具を持っていないのは，旧石器時代よりも前の発展段階にあり，それは木と骨の道具の時代までさかのぼると考えられた。実際には何世紀も前からピグミーは鉄の道具を使っていて，そのために石器がなくなったのだが (Bahuchet 1993c)。

　現在，アフリカのピグミーとアジアのネグリトが同一起源であるという説は否定され，進化主義，人種主義的な考え方が批判されるようになるとともに，ピグミーを単純に原始的（過去の人類に近い）な存在とする主張はなくなってきている。また，ワイルドヤム・クエスチョンに見られるように，ピグミーが森の先住民であるという命題は無条件に肯定されるものではなく，証明が必要な仮説となった。

　さて，ここでピグミーという単語の問題に戻ろう。ここまで述べてきたピグミーという語のイメージ（コビト，怪物，類人猿，原始人など）は完全に消え去ったわけではない。日本人にとってはそうではないかもしれないが，ヨーロッパの人たちにとってホメロスやアリストテレスから継承したピグミーという単語が持つニュアン

---

[10] ただし，ミアニ自身は旅行中に死んでいる。

スはかなり複雑なものであることが想像される。ピグミーという単語を使用することで，ヨーロッパ人が勝手に作り出したイメージがそう呼ばれる人たちに付与されてしまうということはたしかに問題であろう。

　たとえば，ヒューレットは，ピグミーではなく「forest foragers（森の狩猟採集民）」という用語を使っている（Hewlett 1996）。またケンリックはピグミーの代わりに「Forest People（森の民）」を論文中で用いており，その理由としてかれら自身が好んで使う通称の直訳であることをあげている（Kenrick 2005）。しかし，ピグミー全体を「狩猟採集民」としてくくってしまうことは，現在不適切になりつつある。様々な程度で狩猟採集に従事しているピグミーは多いものの，都市で治療者として，またはガードマンとして暮らしている人もいる（Wæhle 1999）。かれら全員を狩猟採集民としてしまうことは，かれらが今後展開するかもしれない新しい生き方を制限してしまうかもしれない。また，森で狩猟採集をしないピグミーは本当のピグミーではないとされ，都市で周辺的な立場で暮らすピグミーへの配慮が薄れることも考えられる。「森の民」という用語は，森に住むのがかれらだけならよいのかもしれないが，森を利用する農耕民の存在を無視した名称である。

　結局どうすべきなのか。この問題に対して絶対に正しいと自信を持っていえる答えがあるわけではない。ただ，ピグミーという用語を使うことを幾分か正当化するのは，現在，ピグミーの先住民運動が盛んになっていくなかで，その団体自身が「ピグミー」という名称を使うケースがよく見られるということである。インターネットで Pygmies, indigenous people（もしくはフランス語で Pygmées, autochton）などという単語で検索をすればそのような団体のウェブサイトに行きつく。ただし，すべてのピグミーがピグミーという言葉を受け入れているわけではなく，ピグミーの国際フォーラムについての BBC ニュースの記事では，「ある熱帯雨林の先住民のコミュニティはピグミーという言葉を嫌っている。一方他のコミュニティはピグミーという言葉に誇りを持っていると主張している」という（James ウェブサイト）。

　このように多くの問題を抱えた単語であるものの，他にとって代わる適切な単語があるわけでもなく，少なくとも一部の人たちでは，かれら自身が使っているということで，「ピグミー」という単語を本書では使うこととしたい。ただし，これはとりあえずの判断であり，将来状況が変化すればまた「ピグミー」という単語の使用についても新たに検討を要することになるだろう。

2-3 ▶ 言 語

　前節で述べたように,「ピグミー語」は存在しないとされている[11]。コンゴ盆地の東側に住むムブティやエフェについての知識を持っている人なら，かれらが近隣に居住する農耕民の言語を話していることを知っているだろう。市川は「ムブティは，基本的には隣接する農耕民の言語，すなわちビラ語やンダカ語，レセ語などを母語としている」(市川 1982：42), 寺嶋秀明は「現在エフェが話しているのはまぎれもなくレッセ語である。発音やイントネーションが異なったり，いくつかの単語ではエフェとレッセで区別されるものがあるのは事実である。……（中略)。しかし，レッセ語の方言であることはまちがいない。」(寺嶋 1997：63)と述べている。つまり，ムブティやエフェは日常的に最も付き合いの多い農耕民の言語もしくはその方言を話している。

　一方，コンゴ盆地の西側のアカとバカを見ていくと状況はまったく異なる。S. バウシェによると，アカでは 19, バカでは 17 の異なる言語を話すグループが近隣に存在するが，かれらは隣人の言語もしくはその方言ではなく，アカ語およびバカ語という独自の言語を話している。ただし，アカ語，バカ語は「ピグミー語」ではない。アカ語に一番近い言語は中央アフリカ共和国南部のバントゥー系農耕民ンガンド (Ngando) などの言語 (Bantu C13) で，バカ語に一番近い言語は，同じく中央アフリカ共和国南部にンガンドと隣接して居住するングバカ (Ngbaka) などの言語 (ウバンギ系) である。現在アカはンガンドの居住する地域にも住んでいるが，アカ語とンガンド語は別の言語である。また，ングバカの居住する地域にはバカではなくアカが住んでいる。バカが現在住んでいる地域にングバカ語に近い言語を話す農耕民はいない (Bahuchet 1993a)。

　バウシェの民族言語学的な研究によると，アカ語とバカ語は基本的な語彙は異なるものの，森に関する語彙，精霊に関する語彙，さらに，新大陸起源のキャッサバとトウモロコシの名称が共通している[12] (Bahuchet 1993a)。これらの事実からアカとバカの言語状況の歴史的な経緯を簡単に説明しよう。アカとバカは共通の祖先を持っている (森や精霊の語彙の共通性)。かれらは新大陸産の作物が導入されて以降のある時点で，現在の中央アフリカ共和国南部のンガンドとングバカが隣りあって住んでいる地域に住んでおり，そこでンガンド，ングバカと密接な関係を持ち，それぞれの言語を受け入れた。その結果，かれらはアカとバカという二つの異なる言語を話すグループとなった。その後，バカは何らかの理由（奴隷狩りの影響か？）で

---

11) この議論については，寺嶋 (『生態誌』第 9 章) も参照されたい。
12) アカとバカだけで共通する森に関する語彙は「ピグミー語」である可能性もあるが，確実なことはいえない。寺嶋 (『生態誌』第 9 章) 参照。

ングバカのもとを離れ，南西方向に大移動をし，現在の分布域を占めるようになった。アカは少しずつ分布を拡大し，コンゴ共和国北東部や中央アフリカ共和国南西部，さらにバカのいなくなったングバカの居住地域に広がって現在にいたったのだろう。さらに，アカとバカはンガンドとングバカの言語を受け入れて以降，他の農耕民の言語を全面的に受け入れることはなく（単語レベルでは取り込んでいる），また特にアカは一部がンガンドと共に暮らしているにもかかわらずンガンドとの言語の分化が起きていることから，農耕民との言語コミュニケーションにおける距離が以前よりも離れている期間がある程度継続していると考えられる。

　農耕民とピグミーの言語が異なる場合，かれらはどのようにコミュニケーションをしているのだろうか。類似した言語を話す農耕民がまったくいないバカでは，バカが農耕民の言語を流暢に話す一方で，農耕民はあまりバカの言語を話さない（Hewlett 1996）。アカでも近隣の農耕民との言語が異なる場合，農耕民がアカの言語を話すことは稀であり（例外はある），アカはだいたい農耕民の言語を聞くことができる。アカが話すときは農耕民の言語を使う場合と，アカが自身の言語を使い，農耕民がそれをある程度理解するという場合がある。歴史的にピグミーが農耕民の言語を受け入れていることからも想定されるように，一般的にピグミーの方が使う言語の種類において相手方にすり寄ってゆくといえる。松浦（本書第9章）には，バボンゴが農耕民マサンゴの言語を受け入れ，バボンゴ語が放棄されつつある状況が描かれている。

2-4 ▶ 生態学的，経済的な関係

交換される物とサービス

　ピグミーと農耕民の間には様々な物質的な交換が存在することが知られている。具体的な物品は地域や時代によって異なるものの，一般的には，ピグミーが森の産物を提供し，農耕民が農作物や鉄製品，近年では工業製品や現金なども提供するとされている。たとえば，私の調査地であるコンゴ共和国北東部のモタバ川上流域の村では，アカが蜂蜜，芋虫，イルビンギア・ナッツ，ココと呼ばれるグネツム属の食用の葉，アブラヤシの実，ラフィアヤシの葉（屋根の材料），農耕民の家の柱となる木材，薪，ンゴンゴと呼ばれるクズウコン科の大きな葉（いろいろな物を包む）などを提供する。一方，農耕民は農作物（もしくは料理），塩，タバコ，酒などの食物や嗜好品，さらに服，鍋，皿，山刀などの工業製品を与える。

　ピグミーは農耕民に労働力を提供することもよくある。たとえば，アカは農耕民のために農作業（森の伐開や植え付け，収穫），家の建築，銃猟，その他の様々な雑

用を行う。逆に，農耕民がピグミーの生業活動に参加して労働力を提供することはないようだ。

獣肉と農作物の交換：生態学的な相互依存関係？

　まず，両者の交換を生態学的な相互依存関係とする見方を紹介する。これは，ピグミーがタンパク質を多く含んだ獣肉の生産者，農耕民がエネルギー源となるデンプンを多く含んだ農作物の生産者で，両者の獣肉と農産物の交換を相利共生的な関係とする。たとえば，市川によると，網猟を主に行っているムブティは，半分近くの獣肉を農作物や他の商品と交換し，狩猟キャンプで消費されるエネルギーの71.7%が交換で得たキャッサバと米で占められている。一方，ムブティと関係を持つ農耕民は狩猟をあまり行わず，またかれらが主として栽培する農作物（キャッサバ，プランテン・バナナ，ヤム）にはあまりタンパク質が含まれていないため，ムブティから手に入れる肉が主要なタンパク質源になっている。森に分散して存在する資源（野生動物）を獲得するには遊動的な生活形態が有利で，農耕には定住的な生活が有利であり，両者が違う生活様式を持ち，分業することで補いあっている(Ichikawa 1986)。

　しかし，すべてのピグミーが獣肉を農耕民の農作物と交換しているわけではない。獣肉の位置付けは地域の経済的な状況によって異なる。獣肉の交易が盛んに行われているムブティでは，網猟のキャンプに獣肉の交易人が訪れ，農作物に加えて衣類や斧，槍，ナイフなどの鉄製品とも交換する (市川 1991a)。中央アフリカ共和国南西部のアカ (Noss 1997) やカメルーン東南部のバカ (Kitanishi 2006) では現金経済が浸透しているため，獣肉は販売され現金が手に入る。一方，コンゴ共和国北東部では，農耕民が銃を所有し，アカにその銃と散弾を貸与して銃猟に行かせることで，自分たちの食べる肉を手に入れている。銃猟で獲られた肉の大部分は銃と散弾の所有者である農耕民のものとなり，アカは獣肉の一部とタバコ数本を得るだけである。そのため，村ではアカよりも農耕民のほうが獣肉にアクセスでき，アカに獣肉を提供することさえある (Kitanishi 1995；塙 2004)。一方アカは森のキャンプで生活しているときにはかなりの量の肉を手に入れるが，それは農耕民と交換されることはなく，ほとんどすべてキャンプ内で消費される (Kitanishi 1995; 竹内 1995b)。竹内潔は，農耕民が獣肉をアカと交換で得る必要がなく，一方アカは農作物を手に入れる必要があるため，農耕民が生態学的に優位な立場にあり，そのことがこの地域でのアカに対する優位性の原因の一つになっていると指摘している (竹内 2001)。

　このように，現在のピグミーと農耕民の間の獣肉と農作物の交換の状況は生態学的な枠組みだけで説明できるものではなく，かれらがおかれている社会・経済的な条件も考慮しなければならない。ただし，両者の関係の起源を探る上でこの生態学

的相互依存関係はその基礎をなすものであると考えられる。この点については佐藤（『生態誌』第7章）で詳しく述べられている。

鉄の交換から工業製品の交換へ

　S. バウシェと H. ギロムは，農耕民の冶金技術（もしくは鉄の流通の仲介者の役割）が，ピグミーの農耕民への依存関係を作り出した経済的要因の一つであるとしている。農耕民によるピグミーへの鉄（製品）の提供がピグミーの狩猟採集効率を格段に向上させたことは容易に想像できる。槍の穂先，斧の刃，ナイフ（さらにエフェでは鏃）などは生業活動において現在必要不可欠な道具である。獣肉と農作物の交換は共生的な関係として描かれることが多いが，鉄の提供ではピグミーの農耕民への依存やピグミーの従属的な立場が強調される（Bahuchet & Guilaume 1982）。

　また，ピグミーが鉄を入手する際の仲介者となることで得た農耕民の経済的な優位性は，植民地期以降の商品経済の浸透にともない，工業製品の入手の仲介者となることによってさらに強化された。その結果，各地で両者の間の格差が増したと言われている（Bahuchet & Guilaume 1982; Wilkie & Curran 1993, 寺嶋 2001）。ただし，商品経済の浸透によってピグミーの依存状態が常に強化されるわけではない。カメルーン東南部のバカは，商品・現金経済の浸透を一因として1950-60年代には経済的にかなり厳しい従属的な立場におかれた（Althabe 1965）。しかし，その後，木材伐採会社の進出や商品作物の栽培の普及などに伴い，バカは直接外部社会と商品の交換を行って現金を手に入れるようになり，またかれら自身の畑からかなりの農作物を得るようになったため，かれらの経済的な従属性は以前に比べるとある程度は減少している（Kitanishi 2003）。このように両者の関係の展開は実際には複雑である。

両者の間の交換様式：贈与交換と物々交換

　ピグミーと農耕民の交換を，交換されるものが等価であるということに基づく交換（物々交換）と，交換する両者の社会関係に基づく交換もしくは社会関係を形成するための交換（贈与交換）という二つの交換様式から分析してみよう。交換には純粋な物々交換や贈与交換がないわけではないが，実際には両者がいろいろな比重で混ざったものとなっている。

　ピグミーには緊密な関係にある特定の農耕民が存在することが知られているが，かれらの間の関係の社会的側面については次節の擬制的親族関係のところで取り上げることとし，ここでは経済的な面についてだけ述べたい。寺嶋は特定のエフェとレッセの間の緊密な関係をエフェマイア＝ムトマイア関係と呼んでいる。両者のあ

いだでは，一時的な損得にとらわれることなく，互いの要求には無償で応じあうべきであることが，少なくとも建前上は強調される。エフェは常に農作物を求めて村にやってくるので，レッセはそれを与える。一方エフェも獣肉や蜂蜜を無償で持ってくる。また，税金や罰金，婚資の支払いのためにレッセがエフェに現金を援助することもある。エフェはレッセに農作業やその他の様々なサービスも提供する（寺嶋1997）。これらは贈与的な側面が強い交換であろう。

一方で寺嶋は，エフェマイア＝ムトマイア関係以外でも交換が行われており，その場合，まったくその場限りの交換（物々交換）に近いものから，ある程度持続性を持った贈与交換に近い交換まで存在すると述べている。物々交換では，エフェが森の産物を村に持ち込むと，レッセはそれが商品かどうかを尋ね，エフェが商品だと答えると，レッセは交換すべき品物とその量についてエフェと交渉を始める。もしも話がまとまらなければ，エフェは別の農耕民のところにいく。一方，エフェマイア＝ムトマイア関係以外のレッセとも，エフェは持続的な交換パートナーの関係を結ぶことがある。ただし，本来のエフェマイア＝ムトマイア関係以外のパートナーシップや物々交換的な取引はエフェマイア＝ムトマイア関係を危うくするものではなく，逆にそれ以外の交換関係によってエフェマイア＝ムトマイア関係が安定し維持されている。かれらには様々な事態（懇意のムトマイアの死や病気，移住）が起きることがあり，そのような場合にエフェマイア＝ムトマイア以外の関係を一時的に利用することによって，エフェマイア＝ムトマイア関係が深刻な状態に追い込まれずにすんでいる（寺嶋1997）。

コンゴ北東部のアカでも贈与交換と物々交換の両方が見られる。竹内によると，アカは農耕民に多様なサービスを提供するが，その時に農作物や食事，塩，タバコ，大麻，酒などが渡されることもあれば，それほど労力を要さない作業の場合は報酬が与えられないことも多い。一方，アカは村で何も仕事をせずとも食料を分けてもらったり，食事を振る舞われたりする（竹内2001）。私の調査地ではそのような贈与的な交換に加えて明らかな物々交換も存在する。その典型はイルビンギア・ナッツの固形脂の交換で，アカは交換で得たい物を，ナッツを採集する段階からすでに考えている（Kitanishi 1994）。

また，農耕民は自らの経済的な優位性を築くため，贈与交換と物々交換をうまく使い分けて論理を組み立てることがある。農耕民の主張では，アカが持ってくるものや提供するサービスには常に何らかの見返りを与えている（実際にはわずかなものしか与えていないのだが）。たまに鉄製品や服などの工業製品をアカに与えるが，これは返済されない贈与である。アカが農耕民に無償で贈与することもあるが，森の産物よりも工業製品のほうが価値が高く，結果として農耕民のほうがたくさんのものを与えていることになる。だから，アカが農耕民に従うのは当然で，アカは農耕民のためにもっと働かなければならない，というわけである。

一方アカは基本的に贈与交換の論理だけを用いることが多い。アカが持ってくるものや提供する労働力に対しては，その場で何かが与えられるが，それで清算が済んだわけではなく，清算することを求めているわけでもない（関係の薄い相手との場合やナッツの固形脂の場合のように例外もある）。物のやりとりは贈与であり，そのような物のやりとりを通して特定の農耕民との関係を作っていく。

　このようにアカと農耕民の間で見解の相違がある場合，少なくとも表向きは農耕民の考えが通る。農耕民がアカのことを泥棒だなどと怒ったとしても，アカはかれらの前ではだまっている。ただし，農耕民がいないところでは，農耕民はけちだといった愚痴をこぼす。アカの最終的な対抗手段は森に逃げる，もしくは他の村に行き他の農耕民と関係を持つということである。農耕民も逃げられてはどうしようもなく，またアカの労働力は必要なのであまり極端なことはできない。

両者の交換の歴史的変遷と多様な展開

　ピグミーと農耕民の関係の研究は，昔の記録や口頭伝承などをもとに，両者の社会・経済的な関係の歴史を再構成するという方向にも展開している。寺嶋はイトゥリにおける外部社会との接触以前，接触の時代（植民地時代），国家の独立後の世界の三つの時代の両者の関係の変化について述べている（寺嶋 2001）。アカについてはバウシェラ（Bahuchet & Guilaume 1982; Bahuchet 1985, 1993a）が詳しい。クリーマンはこれまであまり研究のなかったバボンゴと農耕民の経済的な関係について，民族言語学的な研究を中心に歴史を再構成している（Klieman 1999）。

　商品経済の影響は多くの地域で見られる。アカの中には，都市に近いところや，伐採会社が進出して人の行き来が増え商品経済が浸透している地域に住んでいる人たちがいる。かれらと農耕民の間では，擬制的親族関係は断ち切られ，アカは森の産物の販売でお金を得たり，農作業などに対して賃金が支払われたりするようになった（竹内 2004; Noss 1997）。

　市川は，象牙交易や植民地化，1950年代からの獣肉交易の浸透などに伴い，両者の支配的な交換様式が贈与交換から物々交換，そして現金取引へと変化してきたと述べている。ただし，その変化は単に一方が減りもう一方が増えるというものではなく，旧ザイールの国家経済の破綻などの影響もあって，行きつ戻りつしながら，また複数の交換様式が組み合わさりながら変化している（市川 1991a）。カメルーン南部の農耕民ファンとバカとの間のカカオ栽培の労働力をめぐる関係を分析した坂梨（本書第8章）は，現金経済が及ぼす複雑な影響を分析している。現在バカの労働に対しては賃金が支払われており，特定の個人間の擬制的親族関係は弱体化している。とはいえ，かれらの間には現金以外の物の頻繁な贈与も存在し，集落などの集団間のつながりをもとにした柔軟でありつつも長期的な関係を築く仕組みが形成

されている。これが安定した関係になるのか過渡的なものなのかは今後の調査を待つしかないが，簡単に贈与交換が消滅するというわけではないようである。

また，戸田（本書第11章）は，ピグミーと農耕民の経済的な関係が，両者の障害者の生活を成り立たせるために重要な役割を果たしていることを示した。具体的には第11章を読んでいただきたいが，他の人びと以上に生活において助けが必要な障害者にとって，周囲の人びととの社会関係はより重要であり，そのことが他の人たち以上にバカと農耕民の間の密接な関係を生み出すこととなっているという。このようなところにもピグミーと農耕民の関係が影響しているところが興味深い。

2-5 ▶ 社会的な関係

ピグミーと農耕民の間の通婚

ピグミーと農耕民の間の結婚についてはいくつかの研究があり，その内容には共通する部分が見られるものの大きな違いもある。特にエフェとコンゴ共和国北東部のアカが両極端な特徴を示している。結婚制度を簡単に紹介しておこう。民族内の結婚では，ムブティ，エフェ，アカ，バカ共に父系出自集団を構成し，それが外婚単位となっている。また，ムブティとエフェでは姉妹交換婚と婚資婚が行われるが一般に姉妹交換婚のほうが好まれる。結婚後の居住は夫方居住が原則であるが，実際には柔軟な対応がなされる（市川 1978；寺嶋 1996；Hewlett 1996）。アカとバカの結婚制度は婚資と婚資労働の組み合わせで，婚資労働の期間の妻方居住の後，夫方に戻るというのが原則であるが，実際の居住は柔軟である。ピグミーと農耕民の間の結婚では，婚資の支払いが行われ，夫方居住となる場合が多い。

まず，ムブティと農耕民ビラの通婚について簡単に触れておこう。1920年代から30年代に行われたP. シェベスタの調査によれば，ムブティとビラの間には強い通婚の傾向が存在したが，現在両者の間の通婚はめったに起こらない。寺嶋は1950年代から獣肉の交易が盛んになるとともに，外から獣肉の交易人が流入してムブティと獣肉の交換を行うようになり，両者の相互依存関係は弱体化したことが，両者の間の通婚の減少の一因であると述べている（Terashima 1987）。

次にエフェと農耕民レッセの間の通婚についてみていこう。まず，通婚は一方向的である。つまり，レッセの男性とエフェの女性が結婚し，その逆はない。寺嶋の調査によるとレッセの男性の妻におけるエフェの女性の割合は25%（Terashima 1987）で，また，ヒューレットによるとエフェの女性の13%がレッセの男性と結婚しており（Hewlett 1996），このような結婚が普通に見られることが分かる。寺嶋は，エフェがレッセの農作物に依存しており，この通婚を全体として社会・生態学的な

システムと見ると，レッセの農作物とエフェの女性が（直接ではないが）交換されているとみなすことができるという (Terashima 1987)。ただし，アカの例を見れば分かるように経済的な依存が女性の流出を必然的に生じさせるわけではない。

　寺嶋は，レッセの「氏より育ち」という考え方がこのような高頻度の結婚を支えているという。出身はエフェであっても村で大きくなれば村の娘だということである。エフェマイア＝ムトマイア関係の中には，レッセによるエフェへの婚資の援助に伴いエフェの女の子がレッセの養女になる仕組みが存在し，村で育ったエフェの女の子は村の生活様式や村の言葉を身につける。村の娘として育つうちに村の男が見初めて，うまくいけば結婚する。また養女でなくても，エフェの娘が頻繁に村を訪れるうちに村の生活に適応し，村で寝起きするものが出てきて，村人と結婚することもある。レッセにとってはエフェの女に対する抵抗はあまりなかったようである (寺嶋 1997)。

　エフェと対照的なアカの話の前に簡単にバカのケースを紹介しておこう。松浦直毅によると，カメルーン東南部では，バカの女性と農耕民の男性の結婚はあるものの，その逆は存在せず，またバカの女性のうち農耕民と結婚しているのはおよそ2%に過ぎない（140人中3人，Matsuura 2009）。また戸田（本書第11章）によると，彼女の調査地におけるバカおよび農耕民の51の婚姻のうち，バカと農耕民間のものは1例のみで，それもバカの女性と農耕民の男性の間で行われている。このように，両者の間では通婚は好まれないものの，絶対に結婚してはいけないということはないようだ。

　コンゴ北東部のアカと農耕民の間では，少なくとも農耕民の側からアカとの結婚は禁止されている。竹内によると，農耕民の男性とアカの女性の間で性交渉がもたれることはあるが，公式的な見解としては両者の間の性交渉は否定的に捉えられている。村の男性は，アカの女性は不潔で臭いので性的魅力を感じないし，何かの間違いでアカと性交渉を持ってしまったなら，村の女たちから馬鹿にされて，以後彼女たちからは一切相手にしてもらえなくなるという。一方，アカの女性は，獣性の塊のような村人の男性と性交渉を持つことは考えるのもおぞましい所業であると述べる（竹内 2001）。また，塙狼星によると，アカと農耕民のあいだの性交渉の結果生まれた子供は全身に湿疹ができ，死にいたると信じられている（塙 2004）。ただし，実際にアカの女性と農耕民の男性のあいだの結婚がないわけではない。私が調査地の村で1例，塙が彼の調査地の村以外で2例観察している。私の事例では，農耕民の男性がアカの女性と結婚したが，その結果ほかの村人から非難を浴び，村に住み続けることができず（村に姿を現すことさえほとんどなかった），アカのキャンプで生活をしなければならなかった。そして数年後にアカの女性と離婚してから彼は村に住むことができるようになった。塙の2例でも他の村人との関係がこじれていた（塙 2004）。

このように，ピグミーと農耕民の間の通婚では，結婚して一緒に住むことになる両者の生活様式の違い，結婚や性交渉に関する差別意識や嫌悪感（アカに対する農耕民の例など）の有無，婚資が存在する場合には経済的な格差などが関係しており，その結果，地域ごとの多様性が生じている。たとえば通婚が見られる場合でもピグミーの女性と農耕民の男性というケースに限られており，上昇婚のみが通常は認められる（農耕民は自分たちがピグミーよりも社会的地位が上であると考えている）のは，差別意識や経済的な格差と関係しているだろう。A. ケーラーによると，一時的な現象ではあるが，20世紀初めに植民地での象牙の需要が大きくなって，交換品目として象牙の重要性が増し，バカの熟練したハンターの一部は象牙をもとに婚資を獲得して農耕民の女性と結婚した（Köhler 2004）。松浦（本書第9章）は，バボンゴの男性と農耕民の女性の間の結婚が存在するとしており，他地域とは違った関係を持っていることが示唆される。

擬制的親族関係

ピグミーと農耕民の間の擬制的親族関係の形

　特定のピグミーと農耕民（もしくは両者の集団）の間には擬制的親族関係が見られることが知られている。エフェとレッセについてはこれまで述べてきたエフェマイア＝ムトマイア関係（エフェマイアは「私のエフェ」，ムトマイアは「私の農耕民」を意味し，両者がお互いにそう呼び合う（寺嶋1997）），ムブティとビラの間ではムブティが特定の村人を *kpara* もしくは *kparamo*（私の *kpara*）と呼び（市川1978），アカは特定の村人を *milo wa mu*（*milo* は村人，*wa* は英語の of，*mu* は私）と呼ぶ。また，バカにも擬制的親族関係がある，もしくはあったとされる（Joiris 2003）。ここではエフェとアカを中心に取り上げる。

　エフェとレッセの擬制的親族関係については寺嶋が詳しく述べている。エフェマイア＝ムトマイア関係にある人たちは，自分たちは「親子」や「兄弟」であるという[13]。この関係は親から子どもへと世襲的に伝えられ，親どうしがエフェマイア＝ムトマイア関係ならかれらの子どもたちは必然的にエフェマイア＝ムトマイア関係になる。この擬制的親族関係は双方の親族に拡大していく。またこの関係性は父系だけでなく母系の親族にも用いられる。かれらの通常の親族名称では母親もしくは祖母が姉妹などの関係にあったものどうしはエマコと呼ばれるが，あるエフェの女とレッセの女がエフェマイア＝ムトマイア関係にあるならば，その子どもたちがエマコになる。またある人にとって，ある男が自分の父とエマコならばその男は自分の「父」になる。こういった擬制的親族関係がエフェマイア＝ムトマイア関

---

[13] エフェとレッセに通婚があることを先に述べたが，それに伴う親族関係とは別物である。

によって複雑に組み合わさっている。あるエフェは村に3, 4人のレッセの「父」を持つ一方，レッセの「子ども」もたくさんいる。ちなみに，擬制的親族関係にあるエフェとレッセの間では「近親婚」となるので結婚できない（寺嶋1997）。

　コンゴ北東部におけるアカと農耕民における擬制的親族関係について竹内は以下のように分析している。アカの集団はコンベティと呼ばれる年長の男性を中心に集まった何らかの親族関係にあるメンバーで構成される。一方，農耕民にはひとりの年長男性を中心に父系的なつながりのある数家族の集団がある。アカのコンベティは緊密な関係にある村の親族集団の中心人物を対面的状況では「父」と呼び，自分をその人の「子」に擬する。このような擬制的親族関係はアカと農耕民の双方で原則として父系で継承される。この関係は集団の中心人物どうしの関係に留まらず，集団の他のメンバーにも拡大して適用される。たとえば，コンベティの子ども全員がコンベティの「親」である村人とその近親を「親」とする「子」の身分になる。つまり，集団（婚入者を除いて）どうしが「親・子」関係に入ることになる（竹内2001）。

擬制的親族関係の政治的役割

　擬制的親族関係にある農耕民は，経済的な面において外の社会とピグミーの間の仲介者となっていることが多いが，政治的にも同じように仲介者もしくは外部の影響からの庇護者となることがある。寺嶋によると，エフェが税金の未払いによって身分証明書を持たないために官憲にとがめられ，留置所に入れられたり罰金を科せられたりする可能性があるので，税金を払うためにムトマイアである農耕民に援助してもらうことがある。また，農耕民から畑泥棒の嫌疑でエフェが訴えられたり，エフェどうしの間でも問題がこじれると裁判になることがあるが，そのときにムトマイアがエフェの弁護をしたり，弁済や罰金のためのお金を工面したりする（寺嶋1997）。竹内も擬制的親族関係にある農耕民がアカの政治的庇護者となることがあると述べている。アカは身分証明書を持たないために正規の市民としての生活が十全に保証されない立場にあり，地方都市の住民や地方官庁の役人，他の村の農耕民がたまたま遭遇したアカに難癖をつけたり，乱暴を働いたりすることがある。そのときにアカを守ってくれるのが擬制的な親である。竹内がアカと共に別の農耕民の村を訪れたときにまずそのアカが行ったことは，自分たちと擬制的親族関係にある農耕民の親族がいないか尋ねることであった。その村での滞在期間中，アカはその親族の男性の家に頻繁に出入りをしていた。このような関係は政治的な安定と安全を保証するものであると竹内は述べている（竹内2001）。

　擬制的親族関係の弱体化の影響の事例を一つあげておこう。カメルーン西南部に住むバギエリ・ピグミーは，以前は近隣の農耕民と擬制的親族関係を持っていたが，最近その関係は弱まった。これまでは擬制的親族関係にある農耕民がバギエリを他

の農耕民から守っていたのだが、最近では農耕民とバギエリのあいだに紛争が頻発し、バギエリの土地の権利が村の裁判で農耕民から侵害されそうになったにもかかわらず、擬制的親族関係にある農耕民は助けてくれず、バギエリは土地を奪われてしまい、森の奥の方へ住むところを移した。その一方、一部の擬制的親族関係を維持しているバギエリはその農耕民の庇護の下、他の農耕民との紛争も少なく、農耕民の近隣で生活している (Van de Sandt 1999)。

このように、擬制的親族関係には、農耕民がピグミーに対して政治的庇護者という役割を果たすという側面が見られる。ただし、次に述べるようにその関係の論理は複雑でまた両者で違いが見られる。

擬制的親族関係における農耕民の論理とピグミーの論理

擬制的親族関係は少なくとも表向きは農耕民の論理によって組織されている。塙は、J. ヴァンシナの「ハウス」という概念をもとに農耕民の集団編成の原理を考えている。ハウスはビッグ・マンを中心に一族、友人、クライアントや様々な居留者などを含む多様なメンバーで構成され、ハウスのイデオロギーは家族というフィクションを基礎とし、ビッグ・マンは他のすべての成員の「父」と見なされた (Vansina 1990)。コンゴ共和国北東部の農耕民も歴史的にこのような集団を作ってきており、また農耕民がアカを取り込むのもこの原理に基づいている (塙 2004)。エフェを調査している R. R. グリンカーもヴァンシナのハウスをエフェとレッセの関係に当てはめている (Grinker 1994)。このハウスの組織原理は年長者と年少者 (もしくは世代の上下)、男性と女性の間の上下関係に基づいている。農耕民とアカの擬制的親族関係においてもこの上下関係は適用され、「親」である農耕民は常に「子」であるアカの上位に立つことになる (塙 2004)。

竹内はアカと農耕民での親子関係や年長者と年少者の関係の違いについて述べている。農耕民の社会では世代間の序列が明確であり、年長者が他に対して権威主義的に振る舞い、大きな影響力を行使する。村の青少年は結婚して独立するまでは親の権威に服して、命じられるままに様々な家事労働をこなさなければならない。一方アカでは世代間の不平等は小さく、年長者が青年の行動に介入することは少ない (竹内 2001)。「家父長制的な権威主義的性格を持つ農耕民」と「個人の自律性の高い平等主義的性格を持つピグミー」という対比になるだろう。

農耕民にとって親族関係とは社会制度に基づいたものであり、個人の好みなどによってどうこうできるようなものではなく、その関係にある両者の間を縛る固定的なものである。農耕民はそのような親族関係に擬してピグミーとのあいだの関係を考えている。しかし、これはピグミーには必ずしもあてはまらない。たとえばアカにとって親族関係は両者の関係を作っていくきっかけとはなるが、親族関係があることで相手を縛るような権利や義務が自動的に発生するわけではなく (北西 2001)、

農耕民と比較すると親族関係における拘束性は弱いといえる。

　さて，このようにピグミーと農耕民の親子，世代，親族関係の見方が違うにもかかわらず両者は擬制的親族関係を作っているのだが，表面的には農耕民の論理で両者の関係は動いている。当然そこには齟齬が生まれる。竹内によると，アカがそのときどきの関心や事情によって，村人から命じられた仕事を頻繁にさぼり，それに対して村人は様々な手段でアカを従わせようとし時に制裁を課すが，このような制裁も年長者に従わなかった弱齢者に対する処罰として村人は正当化する。アカにとってそのような正当化は認めがたいものであり，直接報復することはないが，素直に従うということもない（竹内 2001）。

　市川は，ビラとの擬制的親族関係におけるムブティ側の対抗処置を述べている。ビラの見解によればこうした関係は世代を通じて継承されることになっているが，ムブティは自分たちにとって不利な場合，簡単に別の村人との関係をとり結ぶ（市川 1982）。また，私自身の観察でもアカは擬制的親族関係にある農耕民との関係が悪くなるとその農耕民のところに行かず，他の農耕民のところで働くことがある。そのような場合，擬制的親族関係にある農耕民が他の農耕民のところで働いているアカを見つけるとそのアカを激しく叱り，自分のところで働けと命令する。そのアカは，しばらくは擬制的親族関係にある農耕民のところに行くが，結局関係は修復せず，両者のあいだの関係が切れてしまうこともある。

　一方で，エフェとアカでは両者の擬制的親族関係に違いが見られる。アカと農耕民のあいだでは集団どうしが「親子」関係となり，必ず農耕民が「親」，アカが「子」であるのに対して，エフェとレッセでは個人間の関係から展開していくため，場合によっては「兄弟」になることやエフェがレッセの「親」になることもある。農耕民の論理からすれば，エフェがレッセの「親」になるならエフェのほうが上に立つことになる。また，「兄弟」なら「親子」ほどの上下関係はないだろう。つまり，アカと農耕民の擬制的親族関係には一方的な上下関係しかないが，エフェとレッセには少なくとも論理的には上下の逆転もありうる。寺嶋は，「……エフェマイア＝ムトマイア関係では上下の関係よりもたがいの対等性が強調されることに特徴がある……エフェマイア＝ムトマイア関係は，原則としては兄弟愛，同胞愛の世界である」と述べている（寺嶋 1997：68-69）が，このような関係には上で述べたような擬制的親族関係が影響しているのかもしれない。

　このように擬制的親族関係には多くの共通する部分がありつつも，グループ間での差異も存在する。これについては最後に考える。

儀礼における関係

　ピグミーと農耕民は儀礼をいっしょに行うことがある。ただし，その関わり方は

やはり多様である。ムブティ，エフェ，バカ，アカの順に紹介しよう。

ターンブルは，ムブティはビラのクンビという通過儀礼（割礼の儀礼）に参加しているものの，かれらは村人との交換関係を確立するために，参加している振りをしているだけであると述べた。これに対して，ケンリックはターンブルの見方が一面的であるという。彼の調査地では，ムブティはビラと同様にクンビに参加しており，また儀礼の中ではビラのムブティに対する超自然的な支配を確立しようとする試みがある一方で，両者の相互依存を強調する話もある。たとえばビラのムブティへの依存を示す話として，植民地時代およびバシンバの反乱[14]の時期にムブティに頼りながら森に隠れて生き延びたことが話される（Kenrick 2005）。

寺嶋は，以下のようにエフェとレッセの儀礼の共催について述べている。かれらはクンビとイーマという二つの通過儀礼を共催する。イーマは初潮を迎えた少女が行う成女儀礼である。中心となる少女はイマカンジャと呼ばれ，フェイと呼ばれる少女に付き添われながら，半年から一年間隔離される。フェイとして儀礼に参加すれば一応成女儀礼を受けたことになる。イマカンジャはレッセの少女がほとんどであり，エフェはフェイとして参加することが多い。ただし，レッセの少女でもフェイだけで済ませることも少なくない。イーマの儀礼ではフェイを中心にダンスが頻繁に行われる。クンビはムブティやビラと同様に割礼の儀礼で，10歳前後にエフェとレッセが受ける。少年たちは割礼を受けた後，隔離小屋に1，2か月間隔離され，その間に監督の先輩から歌や伝統的知識が伝授される。クンビでも最初と最後に大掛かりなダンスが行われる。

エフェマイア＝ムトマイア関係にある年代の近いものどうしが同じ通過儀礼を受けることは，双方の連帯感を強める効果を持つ。また，ダンスではグループ全体としての喜びや価値が作り出され，個人的な関係であるエフェマイア＝ムトマイアを補い，全体としてエフェ社会とレッセ社会を結び付けている。ただし，クンビについては言及されていないがイーマに関しては，少なくとも表面的にはレッセが主導権をとっている（寺嶋1997）。

バカと農耕民のあいだでも儀礼が共催される。両者を結びつける儀礼として最も重要なのはベカという結社への割礼を伴う加入儀礼である。元は農耕民の儀礼だったが現在ではバカも加入できる。これも一定期間の隔離を伴う。S. ルプによれば，「いっしょに加入した人」のあいだではイニシエーションにおける危険を共に耐えた経験によって連帯感が生まれる。また，ベカの入社は公式には豊かな男性に限られていて，以前は「友人関係」にある農耕民バンガンドゥの援助を受けて入社

---

[14] 1960年代の中ごろ，東部および北部ザイール（現コンゴ民主共和国）では「バシンバ（ライオン）」と称する武装グループが一時的に勢力を拡大したものの，外国人傭兵部隊によって壊滅させられた。敗走の途中でバシンバ兵は多くのザイール人やヨーロッパ人を殺し，かれらが通ったところでは住民は森に逃げ込んだ（市川1982）。

し，援助したバンガンドゥの男性がそのバカの儀礼における後見人となった（Rupp 2003）[15]。

さらにバンガンドゥとバカはお互いの儀礼に参加しあう。バカの男性にとっては森の精霊ジェンギの結社の加入儀礼が，バンガンドゥにとっては精霊ディオの儀礼が重要である。ジェンギの儀礼の主導権はバカが，ディオの儀礼の主導権はバンガンドゥが担い，他の民族は傍観者的な立場のことが多い。ジェンギのイニシエーションはバカ以外の男性も受けることができ，近隣の農耕民も加入している。一方，昔はディオのイニシエーションと儀式にバカが参加することはなかったが，現在は参加できるようになった。ただし，バンガンドゥの男性がジェンギに入る方がバカの男性がディオに入ることよりも多いという不均衡は存在している。また，バンガンドゥの若者がジェンギの儀礼を妨害したという観察もある（Rupp 2003）。

アカと農耕民における儀礼を介した関係について紹介しよう。アカは何種類かの精霊の結社を持ち，通常はアカのキャンプでその踊りは催されるが，ときには農耕民の依頼を受けて農耕民の葬儀や喪明けの儀礼で演じられることがある。これはアカの持つ「森に由来する力」を農耕民（少なくとも一部）が信じているからである（塙 2004）。また，アカの代表的な精霊エジェンギの結社には農耕民の男性も多数加入している。ただし，エジェンギの儀礼はアカが中心となって行われ，他の人たちは傍観者である。一方，私の調査地には農耕民の男性が加入するガクラと呼ばれる秘密結社があり，様々な儀礼を行っているが，その結社のメンバーにはその村の農耕民しかなることができず，メンバー以外は儀礼を見てもいけない。アカはガクラの儀礼が行われているときには村にやってこない。また，農耕民とアカの男性の割礼は個人で行われ，それに伴う儀礼や結社はない。塙によると，もともと特定のアカの男性がアカと農耕民に執刀していたが，最近では農耕民については農耕民が執刀したり病院で行われることが多くなったということである（塙 2004）。

ムブティとエフェ，バカの儀礼の共催において共通しているのは，「農耕民の優越性」と「ピグミーと農耕民の連帯」の二つが，場合によって両者の比重はいろいろあるものの，強調されているということだろう。一方，アカと農耕民の間では，一部アカの精霊の儀礼や結社において農耕民が関わることがあるものの，他と比較すると儀礼を介して連帯感を生み出したりすることはほとんどない[16]。

---

15) D. V. ジョアリやルプによると，特定のバカと農耕民の間の公式な「友人関係」が存在する。かれらは経済・社会・政治的な関係を維持し，両者の家族にも関係が拡張される。現在，バカはバンガンドゥの援助なしでもベカに加入している（Joiris 2003, Rupp 2003）。

16) また，松浦（本書第9章）によると，ガボンのバボンゴ・ピグミーと農耕民マサンゴの間では，「ムイリ」と呼ばれる儀礼が共有されており，両者はそこで対等な関係で儀礼に参与しているという。このように，儀礼における関係性においても，地域によって様々なバリエーションが見られる。

2-6 ▶今後の課題

多様性はなぜ生じるのか？

　本章ではコンゴ盆地におけるピグミーと農耕民の間の言語，生態学的・経済的関係，社会的関係を見てきた。そこには共通する部分もあるが，地域や時代における差異も存在する。共通するのは農耕民とピグミーの間の上下関係（支配と服従）と，両者の間の協力・連帯の存在である。ただし，関係のどの側面に焦点を当てるかによって，上下関係や協力の程度には違いが見られる。

　西のピグミーではコンゴ北東部のアカ，東のピグミーではエフェが経済的に最も密接な関係を持っており，擬制的親族関係も強固である。これは外部社会（商品経済や国家など）との関係において周縁的な環境にあることが影響しているのかもしれない。ムブティでは獣肉の交易が盛んになり交易人が多くやってくるにつれて，擬制的親族関係にあった農耕民とムブティの間の獣肉と農作物の交換が減少している。先に述べたように中央アフリカ共和国南部のアカでは商品経済の浸透に伴い，外の社会との直接的な取引が増えている。バカでも坂梨（本書第8章）が述べるように特定の個人間の関係はなくなってきた。エフェやコンゴ北東部のアカにおいて外部との人や物の行き来が少ないことが両者の密接な関係の維持につながっているようである。

　ただし，コンゴ北東部のアカとエフェでは言語や通婚，儀礼における関係が反対である。エフェはレッセと同じ言語を話し，通婚があり，割礼や成女儀礼を共催する。コンゴ北東部のアカでは言語は異なり，通婚は忌避され，相手の儀礼に参加することは少ない。また擬制的親族関係については，アカでは上下関係が強調され，エフェでは上下関係と対等性の両方が現れる。このような違いがなぜ生じるのかは今後検討が必要な課題である。

両者の感情をどう理解したらいいのだろう？

　本章ではあまり触れなかったが，ここで私が疑問に思っていることを述べておこう。それは感情の部分である。これまでの説明からすると，読者はコンゴ共和国北東部のアカは他の地域に比べて農耕民と仲良くやってはいないけれども，生活のために仕方なく関係を維持しているという印象を持つかもしれない。たしかにそういう面もあるだろう。アカは，農耕民が暴力的で傲慢でけちだという悪口を私の前でよく話す。とはいえ，別の場面でアカは農耕民と楽しく話しながら協力して仕事を行っている。アカが農耕民の命令に従ってではなく，自発的に協力するケースもあ

る。私はアカのこのような手のひらを返したような態度に何か腑に落ちないものを感じてきた[17]。農耕民のほうにも両義的な感情が存在するようである。好き・嫌いとか，仲が良い・仲が悪いという言葉で単純に表現できないものであることは確かで，それを両義的と表現しているが，それで私自身が納得しているわけではない。

　農耕民とピグミーの間で相手に対してどのようなイメージを持っているのか，どのように評価しているのかということは，かれらの両義的な感情に大きな影響を与えていると思われる。塙がアカとその近隣の農耕民について詳しく述べているが，両者の間には否定的なイメージと肯定的なイメージが共存している。たとえば農耕民のアカに対するイメージは「森に住んでいて人間と動物の中間的存在」，「農耕民のいうことを聞かない」，「臭い」などに加えて，「森の力を体現している」，「アカの薬草や踊り，精霊の力を評価する」というものである（塙 2004）。また，農耕民の起源神話には，文明（火や農作物）を担うピグミーとそれを持たない農耕民というのが最初の状態で，農耕民はその後それらをピグミーから奪い文明を手に入れたという話がある（Bahuchet & Guilaume 1982）。これらも今後検討が必要であろう。

　これまでピグミーは，言語をはじめとして慣習や社会制度の一部を農耕民から受け入れてきたのだが，その一方で両者のあいだでは差異化する力が働いたり，相手を差別する考え方が存在したりしていた。現在まで密接な関係を持ちつつも別の民族として存在しているのはそのバランスの結果なのだろう。両義的な感情や両義的な評価がこのような即かず離れずの関係を生み出してきたのかもしれない。

　現在，アフリカ熱帯雨林地域は変化の時代を迎えている（北西「生態誌」第4章参照）。ピグミーと農耕民の関係もその例外ではない。坂梨（本書第8章），松浦（本書第9章），服部（本書第10章），戸田（本書第11章）などを見ればそれが分かるだろう。商品経済の浸透，木材伐採会社の進出，政府の影響の増加，自然保護活動や先住民運動の拡大といったことが，ピグミーと農耕民の双方に，そして両者の関係に影響を与えつつある。現代的な課題を解決するためにも，さらなる研究の進展に期待したい。

---

[17] ルプもバカに関して同じような印象を述べている（Rupp 2003）。

第3章

都留泰作

ピグミー系狩猟採集民における文化研究

　本章で言う「文化」とは、宗教や芸術に代表されるような、いわゆる精神文化の領域を指す。アフリカ熱帯雨林の農耕民の精神文化についての研究は、今のところ著者にそれほど蓄積がないので、本章では、ピグミー系狩猟採集民の「文化研究」に話題を絞る（これは、今後の課題として、農耕民についての文化研究の重要性を否定するものではない。サハラ以南アフリカの農耕社会に特有の仮面文化や呪術儀礼についての研究には一定の蓄積があり、市川光雄らの研究グループからは佐々木重洋がこの領域で重要な貢献をしている（佐々木2000；本書第16章））。ここではまず、いわゆる「文化研究」が、市川たちの研究グループと、ピグミー系狩猟採集民研究の中でどのような位置付けにあるのかを述べてみたい。

　欧米の動向も含めて、狩猟採集民研究においては、一般的に、生態人類学的視点が優先され、生業体系など物質的な側面に関わるデータが重視されている。ある研究者は、ムブティ・ピグミーの研究領域における傾向を、軽いいらだちをもって次のように批判する。「（狩猟採集民研究においては、）かれら（狩猟採集民）が、いかなるシンボリックな表現形態を有していようとも、狩猟採集民の文化は、まず第一に、サブシステンス・プレッシャーのために食物の要求に焦点を絞っており、その文化生活は物質的な関心の影の中にある」(Mosco 1987)。市川たちを中心とするピグミー系狩猟採集民研究も、このような傾向から免れるものではない。かれらの精神文化に関わる研究蓄積は、生業や物質文化に関わるものに比べて質量共に見劣りするというのが実情である。

　ただし、これは研究者の側だけにかかるバイアスではない。生産力の低い低人口社会である狩猟採集社会は、農耕社会に比較して、発達した芸術や宗教を生み出すための物質的な余裕が少ない。実際、ピグミー系狩猟採集民の宗教や芸術の表現は、同じ熱帯森林アフリカでも、農耕社会に比較すると、非常に簡素であって（もちろん有名なポリフォニーの音楽を除いての話だが）、たとえば、人類学的な宗教史の権威

であるM. エリアーデは，ピグミー系狩猟採集民の宗教を，単に「簡素でプリミティブ」として切り捨てている（エリアーデ1991）。かれらの精神文化が，象徴論に関わる思弁的な解釈を誘うような対象ではないのは確かである。

だが，複雑な神話体系や難しい教理問答や哲学，壮麗な彫刻や絵画，建築物のみが「文化」なのだろうか？　原点に立ち返って，C. M. ターンブル（Turnbull 1961）の著作を読んでいくと，「ピグミー的」としか言いようのない，一つの魅惑的でユニークな精神性に接近しようとする情熱が，通奏底音のように響き続けているのを感じ取ることができる。その残響が，市川ら後続の研究者たちの研究を鼓舞し続けてきたということは否定できない。

多くの研究者が，ピグミー系狩猟採集民の魅力的な印象を，著作の余白に書き留めている。かれらは自由闊達で温厚な，平和を好む人びとであり，自己の欲望に忠実であるが，悪びれるところなく，常に楽天的である。物質的には簡素かもしれないが，余分な競争心や嫉妬心に駆り立てられることなく，自然の中でのびのびと生活を楽しんでいる。多くの人びとは，そこに「人類の原風景」とさえいえるものを見いだすであろう。ターンブルの著作が，単なる研究報告ということをこえて，文学作品として評価されている背景には，これら「ピグミーたち」の魅力的な性格がある。しかし，素晴らしいポリフォニー音楽を除けば，ピグミー系狩猟採集民たちは，これらの美質を他文化や後世にたしかに伝えてくれるような文学作品や宗教思想，視覚芸術を持たない。そこで，これらの特質を伝えるためには，ターンブルが行ったような，人びとの言動についての目撃証言や文学的記述に頼らざるをえない。

ここで重要なのは，これらのユニークな特質を，生存上の必要性のみから説明するのは難しいということである。かれらは，自らそのような文化的特質を選び取っているように見える。上で述べたような生態人類学的な視点を前提とするならば，ピグミー系狩猟採集民の「文化」という問題は，生存上の必要性と一見無関係に思われるユニークな特質をどう説明するかという問題でもある。そのような特質は，最終的には，「精神性」ないし「人間性」という，やや曖昧で神秘的な要素（すなわち「文化」）に帰せざるをえない。

ピグミー系狩猟採集民たちが，生存に関わる実際的な活動を最優先しているのは確かだが，かれらの「文化」（精神文化）が存在しないわけではない。かれらは，自分たちの生活をやりくりすること，そして楽しむことで十分であり，自分たちの精神や価値観を形にして，他者に強調して披露したり，後世に誇ったり，自らそこに浸って自足したり再確認したりするような衝動や動機を持っていないだけである。かれらは文明の病理から解放されているとさえいえるかもしれない。ピグミー系狩猟採集民の「文化研究」とは，そのようなかれらの慎み深い「精神」を求めて道なき道をゆく旅でもある。ピグミー系狩猟採集民の宗教や芸術の研究は，それ自体で意

義を持つというより，かれらの「精神」へいたる手がかりとして重要になってくるのだ。

　このことは結局のところ，文化とは一体何か？　という，文化人類学と共通の問題意識につながる。すなわち，文化とは生活と切り離されたものでは決してなく，生活そのものの中から生み出されてくる独自の精神性こそが，「文化」と呼ぶにふさわしいものではないのか，そしてそれは，実は狩猟採集民研究，ひいては文化人類学そのものの根幹に関わる論点の一つではなかったか，ということである。

3-1 ▶ エスノ・サイエンス

　上で述べたような生態人類学的視点と，「文化」的視点をつなぐ領域として，エスノ・サイエンスの領域は重要な鍵となる。ピグミー系狩猟採集民の研究においては，かれらが，森の動植物（特に植物利用）について蓄えている民俗知識の記載と目録化は，最も基礎となる作業である。エスノ・サイエンスの研究は，大きく，実用的な側面に着目する「功利主義的アプローチ」と，認識システムとしての側面に着目する「認識論的アプローチ」に分けられる（寺嶋 2002）。前者のアプローチは，伝統的な社会に見られる在来の動植物に対する知識体系が，西欧の自然科学の知に劣らぬ精密さを持っていることに注目し，いかに正確に人びとが自然界を理解し，その知識を実際に応用しているかを問題とする。これらのアプローチによる研究は，丹野正をその嚆矢とし，市川・寺嶋秀明・澤田昌人によって展開されてきた。後者のアプローチは，民俗知識を，人びとが世界を認識する文化的枠組みとして考えようとするもので，「文化」の問題と関連付けて考慮すべき領域である。その場合，注目に値するのは，民俗知識の中には，西欧的な科学的知からは不合理とされるもの，要するに「役に立たない」部分も含まれているということである。

　ここで寺嶋（2002：7-8）の挙げる例を紹介してみたい。ピグミー系狩猟採集民が，シロアリとミツバチについての詳細な知識を持ちながら，シロアリがミツバチやキノコに「変態」するというような科学的にはあり得ない因果関係を想定していることがある。これは，寺嶋によれば，単なるエスノ・サイエンスの瑕疵ではない。研究者が問題とすべきは，それが「正しい」かどうかよりも，「かれらの自然観のなかにどのように位置付けられ，どのような意味を放射しているかという点」であり，かれらが「人と自然との交渉を物質レベルから精神的レベルまで拡張し」ているさまをつぶさに観察することに意義がある。

　ピグミー系狩猟採集民研究では，認識システムとしての民俗知識は，食用動物に対する食物規制との関連から注目されてきた。かれらの社会ではある種の動物種の食用が避けられていることが観察される。いずれの動物種も，毒があったりするわ

けではなく，可食であるものばかりで，これらの食物規制には生態学的というより文化的な理由があることは明らかである．市川（1996）は，どのような食物規制が適用されるのかは，性や年齢によって異なっており，食物規制は，人びとの人生における危機的な局面で，不安を軽減する役割を演じているのではないかと解釈している．アカの食物規制については，竹内潔の貢献がある（竹内1994）．佐藤弘明は，バカの病因論において動物が病のメタファーとして重要な役割を果たしていることを指摘している（佐藤2001）．ピグミー系狩猟採集民の文化において，動物が，文化的メタファーとして多重の意味を担っているのは確かであり，民話で重要な登場人物として活躍したり（Brisson 1999），農耕民を侮蔑的に戯画化する素材として利用されたりする（竹内2001）．いずれにしても，エスノ・サイエンスの研究領域が，生態人類学に関わる合理的・実利的な研究領域と，必ずしも合理的とはいえない「文化」的な研究領域とをつなぐ視点を提供していることは疑いない．

3-2 ▶ 遊びへのまなざし

では具体的に，研究者たちは，「文化」に関わる具体的な行動を，どのような時・場面で観察してきたのか．極言すれば実利的な生存のために「働いている」時以外の時間，すなわち余暇である．休憩や睡眠は別として，余暇の時間に，人びとが積極的に営む行動は，「遊び」として一括できる．遊びは，生存という観点からするならば「無駄」であって，上で述べてきたような「文化」的な側面が純粋な形で見られる場面といえる．

遊びの主人公は，いずれの社会でも同じであるが，生業活動などの重要な社会的義務から免れている子供たちである．原子令三のムブティの子供の遊びについての研究は，生業活動に直接的な貢献をしない遊びを，従来の生態学的視点の中にどう組み込めばよいのか，という問いを出発点としている（原子1980）．原子は，子供の成長段階による遊びの内容の変化を追い，遊びが，狩猟など重要な生業活動への準備期間となっていると捉えている．バカの子供の遊びについては，亀井伸孝の貢献がある（亀井2001; 亀井2010a; 亀井編2009）．亀井が注目を促すのは，遊びは，子供の文化化に寄与する機能のみに還元できないということである．すなわち，遊びは，子供だけの独特な世界を支えている側面もあり，大人の担う文化に単に従属する要素ではない．亀井は，本書の第14章で，原子の議論も参照しつつ，この議論をさらに推し進めている．この論文では，子供の遊びと大人の行動との間の差異と類似を子細に検討し，子供の遊びには，「おとなになる準備段階である」という意味のみに収斂しない独自の要素が含まれていることを見出している．また，大人の行動と重なりあう要素についても，子供の視点からは「学ぶ」という意識は希薄であり，

むしろ、子供たちが自発的に、大人の文化をかれらの遊び文化の中に取り入れているさまに注目を促す。そして、子供の文化それ自体を明らかにする「子どもの民族誌」を狩猟採集民文化を手掛かりとして展開する可能性について論じている。子供の遊びを、このような大文字の「文化」とどう関連づけるかは、今後の課題となろう。

一方、ピグミー系狩猟採集民の社会では、大人も盛んに遊ぶ。しばしば言及されるのは、かれらが、歌と踊りに多大な労力と時間を注いでいるということである。このような歌と踊りは、同時に、宗教儀礼として行われる場合が多い。原子（1980）は、子供の遊びが、生業に必要なものから、徐々に宗教的な性格のもの（つまり宗教儀礼としても行われる歌と踊り）に移行していくことに注意を促し、かれらの社会は、遊びと宗教を未分化なまま共存させているものと理解している。歌と踊りに関する研究は、筆者と分藤大翼によって、バカを対象に展開されている（都留 1996; Bundo 2001a）。

厳密には遊びとはいえないかもしれないが、おしゃべりは、人類にとって、最も主要な余暇の過ごし方であり、ピグミー系狩猟採集民もその例外ではありえない。木村大治（1995）による会話分析の研究は、菅原和孝がブッシュマンの社会を対象に行っている会話分析の研究と連携しながら、人間のコミュニケーション研究へと展開している。本書の第12章では、木村は「この人たちは一日中、いったい何をしゃべっているのだろう」という素朴な疑問から出発して、かれらの日常会話を転記・翻訳した試みを展開している。日常会話の中には、狩猟や採集といった日常の生業活動、バカどうしまたは農耕民との人間関係への生き生きとした関心が浮かび上がってくる。木村は、余暇としての会話のなかに、「いま・ここ」で起きていることへの強い関心があることを指摘し、以下に述べる狩猟採集民の社会的心性の手がかりを認める。

遊びへのまなざしを最もラディカルに展開させた例が、竹内の研究である（竹内 1995a）。竹内は、狩猟に代表される生業活動が、単に必要に迫られての活動というより、それ自体が楽しみとして感じられていることの重要性を指摘している。これは、生業活動を含む、ピグミー系狩猟採集民の生活全体を、生存上の利点のみからではなく、従来無視されがちであった遊びの延長として理解しうる側面があるという重要な示唆といえる。

生活の多くの側面を適応的な価値に回収しようとする生態人類学的視野の中で、「文化」をあえて問題視しようとする研究者は、生存に役に立たない「遊び」に否応なく目を引きつけられる。そしてそのことが、一面で、独特の研究領域を切り開く契機となっている。

3-3 ▶ 社会的心性

　最後に，ピグミーの民族性もしくは社会的な心性という点に触れておきたい。「森棲みの生態誌」の第3章3.1節でも触れられているように，生態人類学の枠組みの中では，かれらの社会の内在的な特質は生存の問題や適応的な観点から理解される。このような観点から焦点が当てられるかれらの文化的特質は，たとえば，移動への強い志向性，平等主義，「即時リターンシステム」などである。生態人類学的な観点から離れて，かれらの社会的な性格に言及が及ぶ際も，生存という要因が強調される。心性という点について，特によく言及されるのは，かれらの「個人主義」である。「森棲みの生態誌」の第3章および第7章でも述べられている通り，狩猟採集社会では食料源が不安定である。そのため，集団は離合集散性を帯びることとなり，メンバーシップは不安定である。そのような環境の中で，個人は，特定集団でのしがらみにとらわれることなく，集団を渡り歩くことが多くなり，ひとりで，それぞれの生きる道を潔く選択しなくてはならない（原1989）。

　上のように述べると，狩猟採集民たちは，自らの欲望や人間性をそぎ落とした，非情なまでのサバイバリスト，もしくは絵に描いたような厳格なマルキストのような印象を受けるかもしれない。たしかにそのような一面もあるが，直接ピグミーたちと接触していると，むしろ，その温厚さや自由闊達さ，ユーモアに強い印象を受ける。本書でも，第Ⅱ部終わりのフィールドエッセイにおいて，市川は，しばしばユーモラスで天衣無縫なエフェの人びととの社会的なやりとりや感情表現について生き生きと伝えている。ターンブルが「森の民」で究極的に伝えたかったのは，おそらく，そのような意味での，ムブティの「人間性」ではなかっただろうか。ターンブルは，闘争的で階層的な社会を持つ村人（ビラ）を随所で引き合いに出しながら，ムブティたちを，何にも束縛されない，自然とのびのびと触れあう「森の民」として描き出す。かれらには，たしかにキャラクターとしての魅力がある。笑うのが好きで，歌と踊りを何よりも愛する「神の踊り子」たちなのである。ただし，ターンブルは，村人たちを文明人により近い存在として提示することで，ムブティを，文明人が失った美徳を守り続ける「高貴な野蛮人」として礼賛しすぎている部分もある。たとえば，「森の民」では，ピグミーの社会に関する描写は豊富であるが，実は，村人の社会についての記述はほとんど存在せず，村人たちがピグミーに対して示す強圧的な態度から，その背景にある階層社会を推測しているにすぎない[1]。

---

1) 本書の第16章では，佐々木は，ピグミー系狩猟採集民と同じように森とのつきあいが深いエジャガム社会の事例について述べている。入社的秘密結社における音声コミュニケーションの優越を，視覚がさえぎられる熱帯雨林の生態環境と関連づけて論じている。これは，狩猟採集民の心性と対比可能な形で農耕民の心性に触れた貢献であるともいえる。

かれらの魅力的な人間性を，ただ礼賛するのではなく，それが文化として社会の中でどのように共有され，伝達されているのかを明らかにする必要があるだろう。たとえば市川は，著作『森の狩猟民』(市川 1982) で，かれらの平等主義には，合理的な計算のみではなく，文化的な慣習や情緒に基づく面もあることを指摘している。市川が印象的に記しているのは，ムブティの人びとが，視線を取り交わしながら，常に，食物が誰にどれだけ行き渡っているか，いつどのようなタイミングで分配に加わればよいのかについて，お互いに，自然な身構えと了解を成り立たせているということである。そこには，言葉にはされない視線のコミュニケーションの網の目が張りめぐらされている。また，ムブティの網猟を題材にしたある映像番組で，かれらの狩猟では，誰も言葉で指示する者がおらず，「テレパシーで通じ合っているかのように」整然と集団作業が進む様が，「不思議」と表現されていたこともある。ピグミーの社会では「不思議」な「以心伝心の文化」とでもいうべきものが，個人と集団の均衡を図っているのである。ピグミーの人びとの人当たりの温厚さや，自由闊達さ，明るさ，繊細さ，権威嫌い，遊び上手といった特質は，せせこましい人間関係に縛られず，雄大な自然の中でのびのびとたくましく暮らしているということとも関連しているのだろうが，より直接的には，上で述べたような「以心伝心」の文化に適応していることの表れと考えるべきだろう。本書フィールドエッセイ2で服部は，自らのバカの人びととの軋轢が，社会の中で解きほぐされている様を描き出している。社会関係に対する，ピグミー系狩猟採集社会の繊細さの一端をここにもかいま見ることができる。

　この「不思議」な社会の仕組みは，文化人類学者が愛好してきたような，物珍しいネーミングによる「社会関係」や「社会制度」のような形で記述できない点がもどかしくもあるが，それは意欲をかきたてるチャレンジと受け取るべきなのかもしれない。上で述べてきた，「遊び」に関わる研究の多くは，実は，それぞれの立場から，自由な遊びの雰囲気に包まれた，ピグミーの社会的心性そのものにアプローチしようとしているともいえるだろう。

　前述したように，竹内 (1995a) は網猟など組織的な集団活動の「楽しみ」の重要性を指摘しているが，このような共同性のあり方は，微細なレベルでは，特有のコミュニケーションのパターンに支えられているのかもしれない。木村 (1995) は，バカの日常会話における発話パターンを分析して，かれらの会話が，頻繁な同時発話や，長い沈黙を含んでいることを指摘し，その一因として，かれらがお互いの身体を強くかつ繊細に意識し，お互いの態度を鋭敏に読み取る姿勢が，文化的に共有されていることを挙げている。分藤 (Bundo 2001b) は，身体的な相互作用が展開する歌と踊りの場が，社会への参加意識や，つきあいに必要な技法を伝達する上で重要であると指摘している。

　それを「人類の原風景」と位置付けることができるかどうかはともかくとして，

遊びと生存が表裏一体にからみあい，個々人が，たがいを繊細に意識しながらのびのびと集団生活を営むピグミーの社会は，一つの魅力的な社会モデルである。これを人類の遺産として見守ることに，大きな意義があることは疑いない。

第4章

分藤大翼

アフリカ熱帯林における宗教と音楽

4-1 ▶ ピグミーの歌と踊り

　本章では，主としてアフリカ熱帯林地域に居住するピグミー系狩猟採集民（北西本書2章）の宗教と音楽について概説する。本章で取り上げるのは，コンゴ民主共和国のムブティ（Mbuti）とエフェ（Efe），中央アフリカ共和国，コンゴ共和国のアカ（Aka），そして，カメルーン共和国のバカ（Baka）というグループである。
　ピグミーの「歌と踊り」を人類学的な見地から初めて紹介したのは，1950年代にコンゴ民主共和国でムブティの調査を行ったC. M. ターンブルである（Turnbull 1955）。その後，歌と踊りに関する研究は，原子令三によるムブティの宗教と遊びの関係に関する研究（原子 1980, 1984）や，澤田昌人によるエフェの音声的パフォーマンスとその宗教性に関する研究（澤田 1991, 2000）などによって進められてきた。またバカの社会において，異なる村落間における狩猟儀礼の比較研究（Joiris 1993, 1996, 1998）や，広域調査に基づく精霊儀礼のバリエーションと分布，創始と伝播についての研究などが行われている（都留 1996, 1998, Tsuru 1998, 2001）。これらに加えて，アカの音楽に関する民族音楽学的な研究（Arom 1995, Olivier & Furniss 1999）や，事典的な記載を行った民族誌（Arom et al. 1991）などが発表されてきている。
　このように，ピグミーの歌と踊りに関する研究には蓄積がある。特に歌と踊りの宗教的な側面に関する記述や音楽学的な分析を行った研究が多い。その一方で，歌と踊りの担い手である人びととの行動については，十分な記述や分析が行われていない。本章では，このような研究史をふまえて，「アフリカ熱帯林における宗教と音楽」について概説する。

4-2 ▶「発見」された人びと

　ピグミーに関する最も古い記録とみなされているのは，ナイルの源，「樹木の国」に住む「神の踊り子」という，紀元前2400頃の古代エジプト時代の記録である。それから19世紀になって探検家たちの「発見」の対象として再び姿を現すまでの経緯は，北西による本書第2章に詳しい。ドイツの探検家 G. A. シュヴァインフルトによるピグミー「発見」の後，アメリカ人の H. M. スタンレーをはじめとする探検家の報告によって，西欧世界においてピグミーのイメージは徐々に膨らみ，20世紀の初頭には，ピグミーは代表的な「未開人」として知られるようになった（北西 本書第2章）。

　1920-30年代にピグミーを対象として人類学的な調査を開始したのがオーストリア人の P. シェベスタであった。彼はコンゴ民主共和国東部のイトゥリで調査を行い，ムブティ，エフェの身体形質，言語，社会組織，宗教に関する大著を残した。しかし，シェベスタの調査方法は，ピグミーの近隣に暮らす他の民族の村に滞在し，そこにピグミーを呼び出して質問をするというものであった。そのため，彼の報告は実際のピグミーの生活を十分に伝えていない可能性があり，後に多くの疑問をよぶことになった（市川2001）。

　1950年代に入り，オックスフォード大学で人類学を学んだターンブルが調査を開始した。彼はムブティと共に暮らしながら，その生活をつぶさに観察し，シェベスタの描いたピグミー像の刷新をはかった。たとえば，シェベスタは「ンクンビ」という割礼儀礼に注目し，この儀礼がムブティの近隣に暮らす農耕民によって主催されていることから，ムブティの社会は農耕民によって統治されているとみなした（Schebesta 1933）。この見方に対してターンブルは，ムブティの生活態度は農耕民の村の近くで生活している時と，森でキャンプ生活をしている時で大きく異なっていることを指摘し，ムブティ独自の社会秩序があることを主張した（Turnbull 1961）。そして，その秩序について，「すべてが一見無秩序に，ひとりでに解決してゆく。協力こそピグミー社会の基本である。誰でもそれを期待し要求しうると同時に，それを与えねばならない」と述べている。

　ターンブルは，このような秩序を可能にしているのは，ムブティの「森に対する信頼」であると述べており，直感の域を出ない論述に終始してしまっている（Turnbull 1961）。しかし，ピグミーに関する表象の歴史を振り返る時，一方的な「発見」から，共生を通じた「発見」へと流れを変えたターンブルの記述は画期的であり，多くの人びとにピグミーの生活を伝えることに成功している点では，今日にいたるまで彼の右に出る者はいない。

4-3 ▶「発見」された世界観

　20世紀の初頭には，ピグミーの文化を原文化として，他の民族の文化段階を検討できるとする文化史観的な見方があった。そして，ピグミーは現生人類のうちで最も原初的生活形態を保持しており，その宗教は原始一神教であり，創造神 (Creator God) や至高存在 (Supreme Being) の概念が存在していると考えられていた。先に挙げたシェベスタは，この見方に従ってピグミー研究に携わった者のひとりである。

　ピグミーの宗教的世界観をめぐる議論は今日まで続いているが，近年になって澤田による詳細なレビューがなされた (澤田 2001)。澤田は1985年以来，エフェの世界観や死生観の詳細な聞き取り調査を進めているが，創造神や至高存在に相当する概念にはまったく行き当たらないという。澤田はエフェによって語られ歌われた超自然的な存在の分析と，先行研究を照らし合わせることによって以下のような見解を提示している。

　まず，シェベスタが創造神であるとした「トーレ (tore)」というエフェの概念は，ある一つの存在に与えられた名称ではなく，様々な超自然的な存在を表すカテゴリーの名称であるということ，また，エフェの語る超自然的な存在は，実際に見たり聞いたりすることのできる対象であり，人間と同じ世界に住んでいるということである。したがって，トーレは唯一の存在としての創造神ではなく，エフェと近しい存在であって至高の存在ではないという。さらに澤田は，創造神や至高存在を見いだしたシェベスタをはじめとした研究者が，カトリックの神父であり，かれらの宗教的信条が考察のバイアスになっている可能性があること，また，ピグミーの会話態度は大変に柔順であることから，呼び出された場所で，神父によってなされた質問に対して，あえて否定的な返答をしなかった可能性があることを指摘している。

　同様に，ムブティの宗教的世界観の研究を行っていた原子も，調査地域で多数の言語が使用されていたことを踏まえて，超自然的存在の名称や用語の検討を行っている (原子 1984)。その上で原子は，ムブティが具体的なイメージを語る「バケティ (baketi)」という存在に注目し，バケティは森の「精霊」というべきもので，信仰の対象にはなっていないことを指摘している。

　このバケティのイメージは，50cmほどの小人で髪と髭が長く，皮膚の色が薄く，樹皮布のふんどしだけを身につけているというものである。このように具体的な容姿が語られる一方で，バケティは姿なき精霊として語られることもあるという。バケティは落雷や地震を起こしたり，猟の成否を分けたり，森で人を迷わせたりといった超人的な力を発揮するのだという。このように，バケティは同一の存在とは

考えにくい多様な性質を付与されていることから、澤田はバケティもトーレと同じくカテゴリーの名称ではないかと指摘している。以上のように、ピグミーの宗教的世界観に関する研究は、パラダイムや研究方法をかえながら、キリスト教的世界観を投影した創造神や至高存在の発見から、ピグミーの生活世界における超自然的な存在の解明へと移行してきたのである。

本書第17章に収録されている論文において、澤田はエフェにとっての死後の世界を、日常的に歌われる歌の歌詞、夢見の語り、あるいは森の奥での体験談から明らかにしている。エフェの人びとにとって死者は、森の中で「生前とほぼ同様、あるいは生前よりも『伝統的』な生活を送っている」存在だと見なされている。つまり、エフェの死生観の特徴は、死後の世界が生前の世界とほとんど変わらないという点に求められる。しかし、植民地時代を通じて整備された自動車道路によって、近年エフェの生活空間と様式は変化し始めており、森で狩猟採集をしていた人びとも道路沿いに移住し、外部から流入する物品を手に入れるために賃金労働に従事するという事態が起こっている。こうなると「伝統的」な生活をいとなむ死者の世界はリアリティを失ってしまう。さらに、キリスト教の普及にともなって死生観の変容も進んでいる。澤田はこのような変容の過程をエフェの立場に立って見据えるための視座を提示している。

4-4 ▶ 森と人と精霊

ピグミーの生活世界では超自然的な存在が日常的に意識されている。ここでいう超自然的な存在というものは、ピグミーにとっては、「あの世」の存在でもなければ、超常現象でもない。澤田は、エフェにとっては、それらは生活世界の存在であるという点で、森で出会うめずらしい動物とほとんど同列の存在であると述べている（澤田1998a）。そうだとすれば、「超自然的な存在」という言葉も、あくまで外部の者の認識に基づいた表現であることに注意しなければならない。

澤田は、エフェ社会におけるトーレという言葉は、様々な超自然的な存在・出来事を指す意味範囲の広い言葉であり、その中心的な意味は「死者」であると述べている（澤田1998a）。その論拠は、「死者は森の奥で生前と同様に伝統的な暮らしをしている」というエフェの語りにある。また、エフェの人びとは夢や森の中で、しばしば死者と出会っているという。エフェはトーレを通じて、先祖の記憶を受け継ぎ、後世へと受け渡しているのかもしれない。

この「死後、人は森で暮らす」という信念は、筆者が調査を行っているバカの社会でも認められる。人は死ぬと「メ (me)」になると言うのだ。「メ」とはバカ語で超自然的な存在を指す言葉である。ただし、これまでの聞き取り調査では、「メ」

が死者として語られることは稀で，およそ肉体を持つ者には不可能な現れ方をする存在として語られることが多かった。その点でムブティの姿なきバケティに近いといえるだろう。死者という言葉は，肉体をもった存在をイメージさせるため，「メ」のイメージをつかむ上では，「肉体をもたない不思議な気」という意味で「精霊」という言葉を使うのが適当である。

バカの精霊観については，近年になって都留泰作と筆者の研究によって，その詳細が明らかになってきている。都留は精霊が登場する民話や夢の語りを調査し，精霊が人前に現れては性交渉や共食を求めるということ，また，人がそれを拒んだとしても，精霊との出会いからまもなくして死亡し，自身が精霊となって，結局さきの精霊と再会するということを例示している（都留 2001）。また，都留が挙げている民話や夢の事例からは，生と死，集落と森の奥，覚醒と睡眠，人と精霊という，一続きのことでありながら移行の過程で何かが違ってしまうようなこと，その違いや，違いが生じる原因が精霊の仕業として描出されていることが読みとれる。

また，バカの人びとにとって，日常生活のなかで不意に経験する精霊との出会いは，日常に変化を加える重要な契機となっている。たとえば，バカの人びとは夢や森のなかで精霊と出会い，精霊によって新たな歌や踊り，薬などについて教わるという。また，あるバカの男性は精霊とは，「一瞬見えたように思っても，次の瞬間にはもう姿を消しているようなもの」だと語った。狩猟者であるかれらは，その経験から獲物を逃したような強い印象を受けるのではないだろうか。森の中で周囲の状況の変化や，気配を鋭敏に察知する能力は，かれらが森で狩猟採集生活を営む上で必須の能力である。見えたような気がする，聞こえたような気がするといったように，「何らかの気配を感じさせるもの」のことを，バカの人びとは「メ」（精霊）と呼んでいるのではないかと筆者は考えている。

ピグミーの生活世界において，人と森との結びつきが精霊や死者によって深められていることは間違いない。そして，精霊や死者は，人と森との生業的，生態的な結びつきがあってはじめて，ピグミーの生活世界に不可欠な要素となっているのである。

4-5 ▶ 音（楽）と精霊

澤田によると，エフェの社会において死者は儀式の中でならされる鈴の音として，また森の中で聞かれる声として現れたり，葬送儀礼の場に現れたりするという（澤田 2000）。また原子は，ムブティの宗教的行為は，とりわけ歌と踊りのなかに織り込まれていると論じている（原子 1984）。同様にバカ社会における精霊も，音や歌，踊りと深い関わりを持っている。バカの社会では，歌と踊りの場に森から精霊

図 4-1 精霊コセの踊り
手前で少女達も踊っている。

がやって来て、衣装を身に着け、踊りを披露して人びとを楽しませる。

　バカ語では、この歌と踊りのことを「ベ (be)」という。「ベ」には二つのタイプがあり[1]、一つは主に子供と女性によって行われる遊戯的なものである。このタイプの「ベ」には特別な踊り手は登場せず、参加者は輪になって行進したり、輪の中で次々と踊り手を交代させたりしながら歌い踊る。そしてもう一つは、成人男性が主催するもので、衣装をまとった精霊が登場し、子供や女性は歌い手、あるいは観衆になるというものである[2]。この「ベ」に登場する扮装した精霊は、見知った「誰か」としてではなく、扮装の下に隠れている「何物か」の存在、つまり精霊であることを見るものに感じさせなければならない。

　踊り手の扮装やパフォーマンス、歌や太鼓のリズムなどのアイデアは、青年期以降の男性が夢や森などで、精霊から教わるといわれている。そして、アイデアを得た男性が、既婚者であれば妻に、未婚者であれば母親などに歌を教え、年少者に衣装作りを指示し、他の男性に踊りを教え、自ら太鼓を叩くことによって新しい「ベ」

---

[1] 筆者が調査を行っている集落では、二つのタイプの「ベ」が 8 種類ずつ観察され、これらの「ベ」が平均すると二晩に一度くらいは種類をかえながら実施されている (Bundo 2001b)。

[2] この扮装は顔を覆い踊り手を匿名化するために着用されていることから「仮面」と見なしうるものである。

が実施されるようになる。このようにして,「ベ」の主催者となった男性は「精霊の父」,パートナーの女性は「精霊の母」と呼ばれるようになる。

　父となった男性は,小屋を自宅の裏に建て,そこで加入儀礼を実施して,男性による秘密結社を組織する。そして,より多くの結社員によって「ベ」が円滑に実施されるように取り計らう。この一連の行いによって,父は,精霊を「守護」する者と見なされるようになる。また,古くから行われている加入儀礼には,他の集落からも人びとが参加し,多くの男性が協同して実施するものもある。

　ムブティの社会にも,モリモ (molimo) という歌と踊りを行う男性秘密結社が存在する (Turnbull 1961; 原子 1984)。ターンブルはモリモに関して,ritual (儀礼) とも magic (魔術) とも無縁であり,何に関わる行事なのか分かりにくいと記している。また,不猟や病,死など「良くないこと」が起こった場合に実施されるものの,ムブティはその原因を sorcery (邪術) や witchcraft (妖術) のせいだとは考えていないという。したがって,モリモは多くの農耕社会のように厄災を払う「儀式」として実施されているわけではないとしている (Turnbull 1961)。M. ダグラスは,このような研究を受けて,儀式を持たないという事実こそがピグミーの文化の独自性を示す一面だと述べている。また,ピグミーを「儀式蔑視派」として分類している (Douglas 1970)。

　バカと 200 年前に別れたと推測されているアカの社会には,バカの社会と同様に,衣装で顔を覆った踊り手が登場する歌と踊りがあり,結社も組織されている (Bahuchet 1992; Lewis 2002)。しかし,アカ社会における結社への加入儀礼は,加入者が結社に金品を支払うだけの簡素なものだという。

　筆者は自ら儀礼を受けることによって,バカの社会において様々な儀式からなる加入儀礼が実施されていることを確認した。バカ社会で加入儀礼が実施されるようになった経緯については資料がなく,調査も十分ではないため確かなことはいえない。しかし,秘密結社を伴う儀礼文化は,一般に農耕社会に広く見られるとされており,アフリカの狩猟採集社会では,仮面の制作や使用がまったく確認されていないとまでいわれている (吉田 1992)。これらのことから,バカ社会は農耕社会に由来する仮面文化を受容したのだと考えられる。

4-6 ▶農耕社会の儀礼研究

　アフリカで仮面が作られている地域は,西アフリカのギニア,マリからギニア湾一帯とコンゴ盆地を経て東はインド洋岸のモザンビークにいたる,いわゆる赤道アフリカの農耕社会である。仮面をかぶる者たちは,仮面をかぶることのない人びとから区分された独自の集団を形成する。このような集団は仮面結社と呼ばれる。

アフリカの仮面の儀礼は，基本的にこうした仮面結社によって営まれている（吉田1994）。

　仮面儀礼を行う農耕社会では，仮面は葬送儀礼で舞踏を演じるのに用いられたり，結社への加入儀礼の際に，加入者に結社の規律や道徳を教え込むために用いられる。また，仮面が憑依の道具として使われることもある（吉田1994）。アフリカの多くの社会では，邪術や妖術，死者の霊や祖先の霊が，重病や死を引き起こす原因と考えられている。そのため多くの仮面儀礼は，生者を災いから守ることを目的として行われている（吉田1992）。以下では，佐々木重洋によるカメルーン共和国南西部の熱帯雨林地帯，クロス・リヴァー地方のエジャガム（Ejagham）社会における仮面文化の研究を取り上げる（佐々木2000）。

　エジャガム社会は結社によって成り立っていると極論してよいほど，人びとの生活において各種の結社が果たす役割が大きい。結社は全員加入の「年齢組」を基本として，出自集団を横断する様々な結社組織が発達している。そして，エジャガムのすべての仮面はこれらの結社によって管轄・使用されており，それぞれの仮面に関する知識は，その仮面を保持する結社占有の秘密となっている。人びとは，これらの結社の成員となって初めて仮面活動に参与できる。各結社には，階梯制度に根ざした様々な規則が存在し，成員はそれらに基づいて行動する必要がある。仮面を用いた活動は，性差や階梯に応じた身分差を社会的に生み出し機能させるとともに，社会規範を人びとに周知させる装置としても作用しており，これらはアフリカの仮面結社がもつ社会的機能についてこれまでいわれてきたことと重なる。

　結社への加入は，所定の品物や現金を供しさえすれば承認されるものから，厳しい加入儀礼を経て許されるものまであり，加入時の年齢の制限も結社によって異なっている。また，託宣を行うパフォーマンスがあり，その演出の要となっているのが結社の成員が持つ秘密である。アフリカの仮面結社にとって，こうした「秘密化」の仕掛けは，「超自然的力」の信憑性を保証するだけでなく，社会における様々なレベルの秩序や権力を生み出し，これを維持していく上でも非常に重要である。また，これらの仮面儀礼が行われる背景には，人の死に関わる「妖術」に対する認識があるとされている。このようにエジャガム社会における結社組織は，仮面儀礼の実施を通じて社会の分節を明瞭にし，人びとが社会生活を円滑にいとなむ上で重要な役割を果たしているのである。

　本書第16章に収録されている論文において，佐々木は秘密結社における音声の重要性を明らかにしている。結社は共同体の内外で起こる問題の解決にあたる社会的に重要な組織であり，組織の内部は数々の秘密によって階梯化されており，身分の序列化が図られている。そして，佐々木は結社の最高機密が，往々にして図像テクストでも身体所作テクストでもなく，音声テクストであること，そして，音声を操る知識や技術が権力と結びついていることを指摘する。

図 4-2　精霊ジェンギの儀礼の一場面

音声によって共同体を統制するという手法が「発明」された要因として，佐々木は熱帯雨林という環境に着目する。熱帯雨林とは視界が制限される世界であり，そこに暮らす人びとは視覚以外の感覚を研ぎ澄ませる必要がある。太鼓通信に代表される聴覚的なコミュニケーションの様式が発達していることも，その証左である。熱帯雨林地域の社会を知る上では，視覚的な表象に注目するだけではなく，音声—聴覚的な表象に耳を傾ける必要があるのだ。

4-7 ▶ かわること，かわらないこと

バカの人びとが森の中を遊動する生活から離れ，定住化政策によって道路沿いに集落を形成するようになったのは1950年代からである[3]。今日では，農耕も行っており，それ以前の離合集散的な集団形成や，狩猟採集を主な生業としていた暮らしは大きく変容している（分藤 2001a）。この傾向は，他のピグミーの社会に比べて顕著である。また，バカ社会は仮面儀礼を受容している点でも農耕社会の影響が強いといえる。

バカ社会にはジェンギ（*jengi*）という精霊結社への加入儀礼がある。この儀礼は，最も古くから広範囲で実施されており，男性が一人前と認められるための通過儀礼ともなっている。筆者は自らこの儀礼を受けることを通じて，儀礼の詳細を明らかにした（分藤 2001b）。加入儀礼は，3日間にわたって行われ，加入者は分離期，過渡期，統合期という通過儀礼の典型的な段階を経験させられる。そしてその過程で，ジェンギは男性が森で遭遇するあらゆる危険から守ってくれる存在であり，その代わりに，加入者は結社の秘密を守り，歌と踊りの場におけるジェンギのパフォーマンスを支援し，盛り立てなければならないことが教え込まれる。このような儀礼は，農耕社会であれば妖術や邪術の信仰を背景として，結社の階層構造である支配—被支配という関係のもとで，共同体の成員に果たすべき役割を与え，秩序を維持するために行われるものである。

では同様に，仮面儀礼を受容したバカの人びとも，儀礼において課せられた役割を果たしているのだろうか。この疑問から，筆者はジェンギのパフォーマンスが行われる歌と踊りの場において，参加者の行動を調査することにした。歌と踊りは夜間に実施されるため，それまでは観察が困難だとされていた。しかし，筆者は赤外線ライトの付いた暗視可能なビデオカメラを使用することによって，歌と踊りの参加者の行動を詳細に観察，記録することに成功した。

その記録資料の分析から明らかになったことは，バカの男性の中には，結社員で

---

[3] 1集落あたりの平均人口は50名ほど。

あっても歌と踊りに参加しない者がおり，必ずしもジェンギのパフォーマンスを支援しているわけではないということであった。途中でやって来たり，帰ったりする者もいれば，たばこを吹かしながら，お喋りをして帰る者もいる。つまり，加入儀礼を通じて結社員に課せられた役割は，実際には十分に遂行されておらず，しかもそのことが結社員の間で問題にされていないのである。言い換えると，儀礼を通じて共有化されたはずの精霊観に，バカの人びとは縛られていないということである。農耕社会であれば，何らかの制裁を加えることで，精霊観や結社の規律を守ろうとするに違いない。けれども，バカの人びとはそのような状況を無頓着にやり過ごしているのである。「ジェンギは最も重要な精霊だ」とバカの人びとは語る。しかし，かれらが一番大切にしているのは，その時々の自分の気分の方なのである。気が乗らなければ参加しない。そのことを他人にも認めるという融通無碍な態度が，制裁を課して秩序化を図ろうとする社会の文化と決定的に異なるところである（分藤2007）。かつてターンブルが直感した，「すべてが一見無秩序に，ひとりでに解決してゆく」という現象は，今日のバカの社会においてもたしかに認められるのである。

　都留は本書第15章に収録されている論文において，バカの人びとが歌と踊りという「集まり」を，どのように形成しているのか明らかにしている。都留は，歌と踊りを「歌と踊りを楽しむことを目的とした自然発生的な集まり」であるとして，規範や形式のみを重視する従来の記述では捉えることのできない現象であると指摘する。そして，動物行動学的手法を用いて，霊長類学者が「群れ」の行動を記述するように，バカの「集まり」を記述する。そこから浮かび上がってくるものは，歌と踊りに没入するために人びとが取っている協調行動の実態である。都留は協調行動の集積の中でパフォーマンスの形式が生まれ，その形式が「集まり」を支えていると指摘している。

　本書では，人びとの声（語り，歌声，音声）に耳を澄ませることによって，言い換えれば，「見えない世界」に注意を向けることによって，森に棲む人びとの世界観や，歌と踊りという「集まり」の社会性，そして結社組織を成り立たせる秘訣にいたるまで，人びとが森という生活環境とのつながりのなかで，また，森で育まれた感性によって生きている様が明らかにされている。同じ時代に森に棲む人びとの社会誌を読むことを通じて，読者の方々に世界と向き合う新たな感性や知性が芽吹くことを期待したい。

第 5 章

木村大治

農耕民と狩猟採集民における相互行為研究

5-1 ▶ アフリカ熱帯林における相互行為研究の源流

　京都大学を中心とするアフリカ熱帯林研究が，生態人類学を基盤として始まったことはよく知られている。本書および「森棲みの生態誌」に盛り込まれた諸論文にも，もちろんその傾向性ははっきりと見て取れる。しかし 1980 年代から，狭義の生態人類学とは，いっけん様相を異にした一つの流れが生じてきたことはあまり知られていない。

　その流れの一端を，市川光雄は，1970 年代からの日本人によるザイール（現・コンゴ民主共和国）のイトゥリの森におけるピグミー研究史を振り返る中で，次のように書いている（市川 2001）。

> 　1985 年からは，澤田昌人もエフェの調査に加わり，（中略）特に澤田は，エフェの歌と踊りのパフォーマンスとその背景にある宗教世界に関する研究に深くのめり込んでいった。ムブティやエフェの歌と踊りには，調査にかかわった全員が当初から強く惹きつけられていた。私（市川）も日本に帰ってから，宴会のときなどに，原子，丹野と共に現地で覚えてきたムブティ風のポリフォニーを演じたものである。しかしこれを研究の対象とするということはまた別の問題であった。歌や踊りをどのように研究すればよいか，その方法がよく分からなかったし，理学部という在籍機関が暗黙のうちに妨げになっていたということもあろう。澤田をはじめ，この巻[1]に寄稿している都留や分藤などの若い世代が，そういうことには頓着せずに，ほとんど我流で，関心が赴くままに調査を展開しているのをみてうらやましく感じたものである。

　ここに書かれた澤田昌人，都留泰作，分藤大翼らのパフォーマンス研究と並行し

---
1) 本章筆者注：シリーズ「生態人類学」第 2 巻　市川・佐藤編『森と人の共存世界』。

て，私自身も，コンゴ民主共和国の農耕民ボンガンド，そしてカメルーンのバカ・ピグミーの音声的なやりとりの研究を行ってきている。それらは，本章の表題とした「相互行為研究」という名のもとにまとめることができるだろう。さらに，より若い世代の研究者の多くにも，そういった志向性は共有されているのである。ここではこの流れを，いくつかの学的コンテクストの中に位置付けることを試みてみたい。それらのコンテクストはもちろん，まったく独立というわけではなく，様々な形で相互に影響し合っているのだが。

霊長類学から：インタラクションを見るということ

まず注目しなければならないのは，京都大学のアフリカ研究が，霊長類学に始まり，やがて人類学がそれに続いたということである。そして両者は，車の両輪のような形で進んできたのだが，そこにはサルからヒトへの，人類進化の筋道を明らかにしようという強い志向があった。したがって，私のような人類学の研究者（「ヒト屋」）であっても，霊長類研究者（「サル屋」）の人たちと同じ場で討論を重ねてきた。そういった状況を基盤として，伊谷純一郎が「インタラクション・スクール」と名づけた一つの流れが醸成されたのである。伊谷（1988）は次のように書いている。

> （木村注・みずからの霊長類の音声研究との関わりについて述べた後）
> 　上記は私自身のことなのだが，さらに重要なことは，この10年来私の周辺でしだいに熟成しつつある研究の動きがあるということである。それは，私がインターラクション・スクールと名付けている不特定の若手研究者たちによるもので，スクールとはいっても明確な輪郭をもっているわけではないし，皆である一ゴールを目指しているというのでもない。10年ばかり前に，「特異的近接」とか「ムード」などといった概念が突然とび出してきたのが，このムーヴメントの始まりだったと記憶している。
> 　私は，つぎつぎに現れるこういう異色の若者に関心をもち，また役職上ということもあって深くかかわることを余儀なくされてきた。というよりも，かれらを見失わないように，凧の糸を握りしめていたといった方がよいかもしれない。ときには糸を強く引くこともあったから，かれらは私を批判者として受け止めているのかもしれない。
> 　このスクールの人たちが強い影響を受けた領域というのは，おそらくE・ホール，G・ベイトソン，E・ゴフマン，V・ターナー，そして谷泰氏といった人びとではないかと思う。私はいたって不勉強で，ベイトソンやゴフマンは，かれらを通してそのほんのうわずみを吸収したにすぎない。
> 　かれらの一人一人はかなり強烈な個性をもっていて，一括して評することは困難なのだが，アンソロポロジストでありソシオロジストであることは自認しているようである。しかしエソロジストでもなく，行動主義心理学者でもなく，ソシオバイオロジストでもないとかれらはいうに違いない。とくに心を大切にするデリカシーと独自の美学がかれらの身上のようだが,その方法論の完成にはまだ時間を要するように思う。

しかしかれらはこれまでに，多彩なインターラクションの世界を自由に遊泳して，後述するようないくつもの優れた業績をあげており，やがて自らの新しいコミュニケーション論の領域に入ってゆくにちがいないと私は思っている。

いうまでもなく，霊長類は人類のような言語を持っていない。その社会性を理解するためには，かれらの「やっていること（＝相互行為）」を徹底的に観察するよりほかにはない。したがって，極端な行動主義に走らなければ，それが相互行為研究につながっていくことは，実はまったく自然なことなのである。しかし少しでも実際に霊長類の行動を観察したことのある人は，少なくとも最初の段階では，「このとりとめもない『やっていること』たちをどう記述し，分析していったらいいのか」と途方に暮れるのが普通だろう。そこに，ソシオバイオロジー的な還元主義が忍び込む隙間があるのだが，しかしインタラクション・スクールはそういった議論に逃避することを好まなかったのである。一方，当時，人類学・社会学の方面からも，伊谷が言及しているホール，ベイトソン，ゴフマンといった人びとが，相互行為研究の枠組みを作ろうと努力を重ねていた。その影響がインタラクション・スクールに強く及んだのも，また自然なことだったといえる。

そういった雰囲気の中で教育を受けた「ヒト屋」の卵たちは，「サル屋」と同様に，「やっていること」を徹底的に見ていく，という志向性を身につけていた。私もその中の一人であるし，また本書に盛り込まれたいくつかの論文もまた，その流れを汲むものたちなのである。

生態人類学から：「聞き書き主義」の対質

前節で述べた「インタラクション・スクール」は，生態人類学の本流とはかなり毛色の違う流れであるという印象があるかもしれない。しかしその根本には，実は同じ身構えが横たわっていると私は考えている。それは，「具体的なものを見る」という態度である。

私は以前，『アフリカ研究』誌に掲載された「生態人類学・体力・探検的態度」という論文の中に，次のように書いた（木村 2006a）。

> 生態人類学においては，「お前本当に見たんか」「それをデータで示せるんか」という問いが執拗に繰り返される。このことが，生態人類学は測る（量る）ことを重視しているという一般的な評価につながるのだが，しかしこの「見る」という行為が，物理的な直接観察のみを含意するわけではないことは，ここまでの議論で示してきたとおりである。そこで批判されるところの「本当に見ない」態度とはどういうものかというと，それはたとえば，土地の人のいうことをそのまま鵜呑みにしてしまったり，あるいは他人の言葉を借りてきて「難しい」枠組みで現象を捉えたり，つまり川喜田

の言葉を借りれば「虚心坦懐に」見ないことなのである。
　　（以下は前の文章への注）このような目で見るとき，文化人類学における一部の記載に，いらだちを覚えることはしばしばある。「誰がそれを言ったのか」「それは調査者が頭で考えたことじゃないとどうやって証明できるのか」といった疑問が次々と湧いてくる。80年代以降の人類学批判において，このような問題は十分に反省されたはずだったのに，である。

この文章で私がいらだちを覚えているところの，文化・社会人類学のもつ傾向性を，ここでは「聞き書き主義」という名前で呼んでおきたい。それは，現地の人の「言っていること」を記録し，それにもとづいて論を組み立てる，というやり方である。詳しくいえばそこには，「かれらによる調査者への説明」を記録し，そして「その説明に対する調査者の解釈」があり，さらに「その解釈を読者が読んだときの解釈」が出てくる，という一連のプロセスが存在する。そういった幾重ものフィルターの「発見」，そしてそれに対する「反省」が，解釈人類学の流行，そして「人類学批判」の源にあったことは，いまさら繰り返すまでもないだろう。

日本の生態人類学が当初から，「聞き書き主義」に対抗する態度を明確にしてきたことは，たとえばピグミー研究において，C. M. ターンブルの研究姿勢との違いを強調し続けてきたことにも現れている。市川（2001）は次のように書いている。

> ターンブルの著述には，実際にイトゥリの森で調査に携わった者からみると，多くの疑問がある。たとえば，「ムブティは森を父母と考えている」と彼が書くとき，ムブティがそう言ったときの文脈を無視して，それをかれらと森との一般的な関係として描くことは，彼自身が他のところで賞賛しているムブティの機知とユーモアのセンスをまったく無視しているとしか言えない。
>
> 　　（中略）
>
> 私には，かれらがどんな表情でターンブルに説明していたのかさえ分かるような気がする。ターンブルの著作にはこのほかにも，比喩的で，半ば冗談のようなムブティの言説を額面通りに受け取っているようなふしがあちこちに見られる。

しかしここで私は，「聞き書き主義」を頭から否定してしまうつもりはない。そこには人類学的認識論として考えなければならない問題が山積しているのだが，それは本章の紙幅をこえる。主張したいのは，「聞き書き主義」からは見えないものもあり，生態人類学は，また別のルート，つまり「具体的なものを見る」というやり方から，それを見ようとしているのだ，ということなのである。

その「見えないもの」とは何か。それは生態人類学においてはたとえば，現地の人びとの食べているものであり，扱っている物品であり，日々の仕事であり，行っている土地である。一方，相互行為研究におけるその対象とは，まさに具体的に「かれらが目の前でしていること」なのである。この対象を，徹底して記録してい

こうという態度こそ，相互行為研究が生態人類学から受け継いでいるものなのである。

　それでは，私が本書に寄稿した「バカ・ピグミーは日常会話で何を語っているか」（第12章）のような，会話の記録とその分析はどう位置付けられるだろう。それは「聞き書き主義」とどう違うのだろうか。フィールドにおける，人と人の「していること＝相互行為」を考えるとき，その中でもっとも密度の濃いものは，実は会話であると私は考えている。私は会話分析 conversation analysis の手法にならい，それをできるだけそのままの形で拾い上げて，そこから考えを進める，ということを試みている。したがって，いっけん聞き書き主義の依って立つものと同じ対象には見えても，生態人類学を経由することによって，それは「相互行為としての会話」という，まるきり別のものになっているのである。

　ただしそこで，生の会話の書き起こしに，フィルタリングのプロセスがまったく介在しない，ということを主張したいわけではない。事態は，「かれらどうしが言っているから本当のことだ」などといった単純なものではないからである。たとえば，誇張されたイデオロギーの発露は，そこではむしろ頻繁なのかもしれない。（そもそも，調べたら必ず分かる「本当のこと」があるのだ，という考え方自体，すでにノスタルジックなものになり果てているが。）しかしそこには少なくとも，調査者のインタビューを通した発言とは異なる，ある種の「生々しい」事柄が見て取れるだろうということは期待できる。我々は丹念に，それを掘り起こしていく必要があるのである。

狩猟採集民研究から：「社会構造」では記述できない社会

　さて，熱帯アフリカにおける相互行為研究には，もう一つの源流を考えることができる。それは狩猟採集民研究である。人類進化のプロセスを明らかにするという目的から，京都大学の調査において最初期に「ヒト側」の対象となったのが，南部アフリカのブッシュマン，そして熱帯アフリカのピグミーであった（渡辺編 1977）。また当時，アメリカなど国外のチームも，時を同じくしてアフリカ狩猟採集民の調査を開始することになり，狩猟採集民社会の詳細が徐々に明らかになってきた。

　そういった研究のなかで，当初からいわれてきたのが，かれらの社会のシンプルさということであった。人類学において（今では主要な目的とは言えなくなってきたかもしれないが）もっとも基礎的な作業とは，当該社会の「社会構造」を記述することだろう。すなわち，親族構造，居住制，社会階層，物流（贈与交換，市場経済），儀礼のプロセス，等々である。ところが狩猟採集民において，これらの「構造」は総じてシンプルであり，そこで出てくるキーワードは，「平等主義」（Woodburn 1982; 寺嶋 2004）・「平等分配」，「頻繁な離合集散」（田中 1972）といったものなのであ

る。これらのキーワードが、そのまま「非構造」を示すと主張するつもりはないが、しかし少なくとも狩猟採集民が、「社会構造を記述したから何かが分かったとは言いにくい人びと」であることは確かだと思える。

人類学において引き出される「構造」は、多くの場合、土地の人びとによって調査者に「説明」されるものだろう[2]。しかし、狩猟採集民社会の理解のためには、そのような「説明」に頼ることは望み薄であり、そこではひたすらかれらの「やっていること」を見つめ続けるしかない[3]。このような調査対象の人びととの特性が、アフリカ熱帯林における相互行為研究を推進するひとつの動因となっているのである。

5-2 ▶ 研究史と本書の論文の位置付け

以上述べてきた背景のもとに、これまでなされてきた、アフリカにおける相互行為研究の流れを概観し、本書に掲載された論文をその中に位置付けてみよう。

「インタラクション・スクール」第一世代の菅原和孝と北村光二は共に、霊長類学からヒトの研究に転身した研究者である。菅原はニホンザル、エチオピアのヒヒの研究の後、ボツワナ・カラハリ砂漠においてブッシュマンの研究を継続している（菅原 1993）。北村はニホンザル、ボノボ（ピグミーチンパンジー）の研究を経て、菅原と同時期にブッシュマン、その後北ケニア牧畜民の相互行為を研究している（北村 1986）。

かれらの強い影響を受けつつ熱帯林に赴いた澤田昌人は、本章冒頭に引用したように、ザイール（現・コンゴ民主共和国）北東のイトゥリで、エフェ・ピグミーの歌・踊りと言語的相互行為を調査した。本書第17章の論文では、かれらの語りと具体的な観察を基盤として、「聞き書き主義」とは一線を画す議論が展開されている。また本章の筆者・木村大治も同様に、インタラクション・スクールの雰囲気のなかで修士課程を終え、その後赴いたザイールの農耕民ボンガンド社会において、言語的相互行為、日常的出会いについての研究を行った。ザイールが内戦状態になり調査が継続できなくなった後は、カメルーン東南部のバカ・ピグミーの社会で、相互行為研究を継続しており[4]、本書第12章も、その成果の一部である。

北西功一はコンゴ共和国北部において、アカ・ピグミーの食物分配の詳細な調査

---

2) 構造人類学のいうところの「構造」は、必ずしも「人びとによって説明される」ものではないが。

3) この状況は、狩猟採集民研究においてきわだっているというだけであって、他の社会の人類学的研究においても、「やっていることを見る」という態度は同様に重要だろう。

4) ボンガンドとバカ、両社会に相互行為の様相は驚くほど異なったが、そのことを記述・理論化したのが『共在感覚』（木村 2003）である。

を行った。この研究は経済人類学に分類することもできようが，人びとの行動を執拗に記録し続けるという意味においては，相互行為研究の精神を強く受け継いでいる。本書第13章にはその集大成ともいえる論文を執筆している。都留泰作と分藤大翼は共にカメルーンのバカ・ピグミーの調査を行っているが，かれらが同様に着目したのは，バカの歌と踊りの集まり「べ」であった。二人には「べ」の魅力が，何かバカたちの本質を表しているという直感があったのであろう。「べ」の行われる場がいかに従来の民族誌記述では記述しがたく，相互行為論的観察手法を用いる必要があるのかは，都留が本書第15章に，分藤が本書第4章に詳しく記述している。佐々木重洋は，西部カメルーンの熱帯林で文化人類学的調査を続けているが，本書第16章では，音声というメディアが熱帯林においてどのような意味を持つかという，すぐれて相互行為論的なものである。亀井伸孝はやはりバカ・ピグミーの調査に入り，子供の遊びについての研究で学位を取得した。その成果は本書第14章に寄稿されている。現在はアフリカの手話という新たな対象の研究に取り組んでいるが，手話研究もまた，相互行為研究の流れの中にあるものとして理解できるだろう。

　こうして見てみると，現在のアフリカ熱帯林における相互行為研究は，かなりの部分がバカ・ピグミーに集中しているが，それは政情不安によって他地域の調査が中断しているという事情によるところが大きい。筆者・木村によってすでに，コンゴ民主共和国における調査が再開されており，今後様々な民族集団の，異なった「相互行為の構え」を比較することによって，相互行為のより一般的な枠組が議論されるようになることを期待したい。

第Ⅱ部

バントゥーの社会

第6章

塙 狼星

熱帯雨林のローカル・フロンティア
── コンゴ共和国北部, バントゥー系焼畑農耕民の事例 ──

6-1 ▶ 分節社会と「部族」社会

　筆者は, 1980年代末から90年代にかけて, 中部アフリカでバントゥー系の焼畑農耕民を対象として生態人類学的なフィールドワークを行った。当初は, 物質文明の対極にある自然社会に内在する叡智や人間性を基礎づける平等性などに関心を持っていた。しかし, 現地に滞在中, 中部アフリカを含むアフリカ各地ではルワンダや旧ザイールに代表される悲惨な紛争や内戦が頻発し, 私たちも幾度となく調査地を変更した。アフリカ文化への敬愛と厳しい現実の狭間で, 筆者はアフリカの歴史へ想いをはせるようになった。アフリカの人々は, 植民地化という外圧により大きく歴史を歪曲され, 現在も不安的な国家的状況の中で苦しんでいる。本論では, 中部アフリカの歴史をテーマに, 彼らが有する社会的創造力, あるいは構想力という問題について考えたい。

　コンゴ共和国北部は熱帯林で覆われたコンゴ盆地の北縁にあたり, 人口密度がきわめて低い。調査地であるコンゴ川水系のモタバ (Motaba) 川流域には,「ピグミー」と呼ばれる狩猟採集民と共に, 言語や出自の異なる多様な民族が混住している。中部アフリカのバントゥー系民族に関する人類学的な研究は, アプローチしやすく明確なエスニシティを持つ大集団については豊かな蓄積があるものの, 辺境の小集団についてはほとんどなされてこなかった。コンゴ共和国北部の民族に関しても, 今世紀初頭の植民地時代に書かれたいくつかの言語学・民族学的報告と目録的な民族誌に限られ (Darré 1922; Darré 1923; Darré & Bourhis, 1925; Faivre & Faivre, 1929), 政治・社会組織に関する十分な資料はない。

　中部アフリカのバントゥーを含むアフリカの農耕・牧畜社会の社会組織は, 1940年に出版された『アフリカの伝統的政治体系』(フォーテス, エヴァンス=プリッ

チャード 1978) において理論化され，「リネージ（単系出自）」と「分節リネージ体系」という概念により説明されてきた。国家をもたない農耕・牧畜社会においては，行政機構を有する国家と異なり，分節リネージどうしの対立と同盟により権力のバランスが維持されるという。このような社会は，一般に「分節社会」と呼ばれてきた。

分節社会論は，国家なき小社会をアフリカ史の中に位置付けるのに役立ったが，分節社会における「分節的」「平等主義的」なイメージは，国家を持つ「階層的」「貴族主義的」な社会と二元論的に比較されることで強化され，アフリカの分節社会は平等主義的，静態的で歴史を持たない社会とみなされるにいたった。しかし，「動態主義的アプローチ」で有名なバランディエ (1970) が，分節社会を「不平等」という概念を加味し動的なシステムとして記述することの必要性を強調したように，分節社会のリネージ内部には不平等が見られるし，親族ネットワークをはじめリネージ以外の多様な社会関係が存在する。

分節社会の基本的な政治集団は「部族」と呼ばれる。部族とは，支配的クランが作る血縁的枠組みの上に作られた地域社会である（フォーテス，エヴァンス＝プリッチャード 1978: 341-342）。部族という概念は，明確な境界をもたずエスニック・アイデンティティが急激に変化する分節社会のイメージを描くのには効果的だったが，植民地統治を効率化する政治的手段となり，アフリカへの軽蔑的イメージを固定化する役割を担ってきたという点で大きな問題をはらんだ概念である（Grinker & Steiner 1997）。

たとえば，1994年のルワンダのジェノサイドは，牧畜を生業とし支配階層であったツチと，農耕を生業とし長らく被支配階層であったフツのあいだの「部族対立」と報道される場合が多かった。しかし，この表現に見られる好戦的で排他的な集団としての部族の概念は，その後の研究から，ドイツ，ベルギーによる植民地統治政策を通じて外部者によって創られた近代的な概念であることが分かっている（武内 2000b）。

松田素二 (1998) は，アフリカにおける民族紛争についての論考のなかで，植民地統治以前，西ケニアの社会編成において「もっとも重要で基本的だった社会関係というのは，土地を共有して，3, 4世代の成員が共住している血縁集団（小リネージ）である」と述べている。そして，このような融通無碍な集団編成が，イギリスの植民地統治により「ハードで均質的な帰属意識」を有する「部族」へと変質していったのだという（松田 1998: 240）。松田はさらに，近代以前の民族が持つ，複数の異質なアイデンティティを積極的に許容する柔構造を「ユニークな人間分節の知恵」と呼び，その重要性について言及している（松田 1998: 250-251）。

本論の目的は，多様な民族が混住するコンゴ北部の辺境に位置する社会の分析を通じて，松田が人間分節の知恵と呼ぶバントゥー社会の基層文化の様態を明らかにすることである。その上で，先行する歴史研究の成果を取り入れながら，従来の分

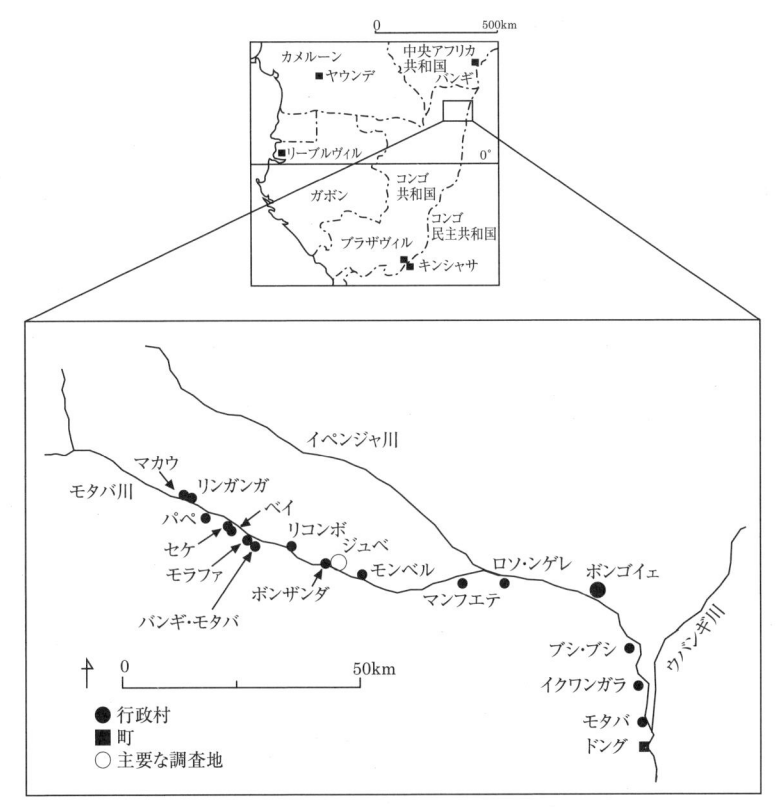

図 6-1　モタバ川流域の行政村の分布

節社会論や部族社会論とは異なる歴史的観点を取り入れた中部アフリカの社会像を提起したい。

6-2 ▶ 移動と移住の歴史

エスニシティの状況

　1992 年にリクアラ州で行われた統計によると，調査地であるモタバ川流域には 16 村 3287 人の農耕民が住んでおり（1 村平均 223 人），人口密度は 0.4人/km^2 ときわめて低い（図 6-1）。中下流域 8 村の言語は，ニジェール・コンゴ大語族のバントゥー系に属するバントゥー C10（Ngundi Group），上流域の言語は，6 村がバントゥー C10（Ngundi Group），1 村がバントゥー A80（Maka-Njem Group），残り 2 村が

東アダマワ系である。サハラ砂漠以南の全域に広がるバントゥー語は，大きく西バントゥー語と東バントゥー語に分類されるが，この地域のバントゥー語は，西バントゥー語に属する。以下，西バントゥー語を母語とする民族を西バントゥーと呼ぶことにする (Guthrie 1967, 1970, 1971)。

農耕民の生業様式は，中下流域と上流域で大きく異なる。モタバ川中下流域の農耕民は，プランテン・バナナとキャッサバを主とした森林型の農耕，野生化したアブラヤシ林からのヤシの実採集とヤシ油の加工，川辺のラフィアヤシ林からのヤシ酒の採取，モタバ川流域と森林内の小河川での仕掛け漁を主とした漁撈を行う。上流域の農耕民は，ビター・キャッサバを主としたサバンナ型の農耕，野生の油料種子の採集，キャッサバからの蒸留酒の製造，中大型獣を対象とした銃猟を行う。

農耕民の集落近くの森林には，ピグミーが住んでおり，近隣の農耕民からはモンベンガ (*mombenga*，複数の場合はバンベンガ *bambenga*) と呼ばれている。かれらは，近隣の農耕民の言語と近縁なバントゥーC10系の言語を話し，自分たちの集団のことをバアカ (*baaka*; *moaka* の複数形) と呼んでいる。本書ではかれらをアカと呼んでおり，これに従う。モタバ川流域に居住するアカの正確な人口は不明だが，コンゴ共和国北部から中央アフリカ共和国南部にかけて3万-3万5000人のアカが居住していると推定されている (Bahuchet 1985)。アカの生活と，農耕民の関係全般については北西 (本書第2章) に詳しい。

農耕民と狩猟採集民アカは，言語こそ近縁ではあるものの，身体的特徴，生活場所，生業様式，文化が大きく異なる。両者のあいだの性交渉や婚姻が禁忌とされていることは本書第2章で北西が紹介しており，農耕民と狩猟採集民の間には，顕著なエスニック・バウンダリーが存在している。

他方，農耕民どうしのエスニシティの状況は複雑である (図6-2)。先行研究によると，モタバ川流域の民族は，サンガ (Sangha) 系，バヤ (Baya) 系，ングバカ (Ngbaka) 系に分類され，人口の大半を占めるサンガ系の集団は，下流域のボンジョ (Bondjo)，中流域のボンドンゴ (Bondongo)，上流域のカカ (Kaka)，グンディ (Goundi)，イケンガ (Ikenga) の五つに下位区分されている (Soret et al. 1961, 1962; Vennetier 1977)。

しかし，これらの先行する民族分類は，現状を反映してはいない。現地での調査では，ボンジョとグンディという集団は確認されなかったし，上流域のバンギ・モタバ (Bangui-Motaba) 村はカカとは異なる「ヤンベ (Yambe)」という集団名をもち，カカは最上流域に住むイケンガを含め上流域の村落全体のことを指していた。中流域4村はボンドンゴとされているが，通婚の頻度が高いジュベ村とモンベル村は，ボンドンゴへの帰属意識をもたず，自集団を「ボバンダ (Bobanda)」「ボンベレ (Bombele)」と呼び，下流のマンフエテ村とそこから分かれたロソ・ンゲレ村の二村をボンドンゴと呼ぶ。これに対し，マンフエテ村とロソ・ンゲレ村の人びとは，ジュベ村とモンベル村を合わせて「ボンボ (Bombo)」と呼ぶ。

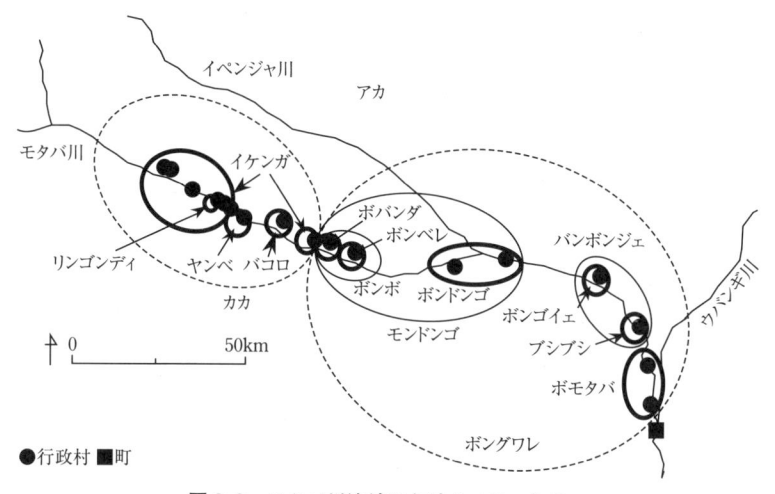

図 6-2　モタバ川流域におけるエスニシティ
太い線の円　帰属意識が明確なグループ
細い線の円・点線の円　帰属意識が弱いが近隣集団から同一集団ととして他称されているグループ
アカはこの地域一帯に居住している

　言語，生業様式，社会や文化の共通性が高く通婚規制もない中下流域の人びとうしは，上流域の人びとが用いる「ボングワレ (Bongwale)」という呼称や，ドング，インフォンドに住む人びとが用いるボンドンゴという呼称を使用するが，中下流域全体を指す自称は存在しない。かつて上流域と中下流域の人びとのあいだの通婚は禁止されていた。現在では通婚が見られるが，「(カカは) 料理バナナの栽培と漁撈を知らず，バンベンガ (アカ) のような人びと」という差別的な発言から分かるように，中下流域と上流域の人びとのあいだには，いまだに生業や文化に根ざしたエスニック・バウンダリーが存在する。
　多民族が混住するモタバ川流域のエスニシティの状況は，上流域の農耕民，中下流域の農耕民，狩猟採集民に大きく分けることができるが，中下流域と上流域の農耕民どうしのエスニシティは多様かつ重層的であるといえる。

モタバ川流域小史

　多様で重層的なエスニシティの状況は，モタバ川流域の人口の流動性の高さと村落レベルの小集団どうしの自律性の高さを表していると考えられる。
　人類学に歴史言語学や言語年代学の手法を導入し，中部アフリカの社会と政治の歴史を描いたJ. ヴァンシナは，バントゥーの歴史を絶えざる移動と移住の過程として捉えている (Vansina 1983, 1990)。それによると，西バントゥーの祖先は，紀

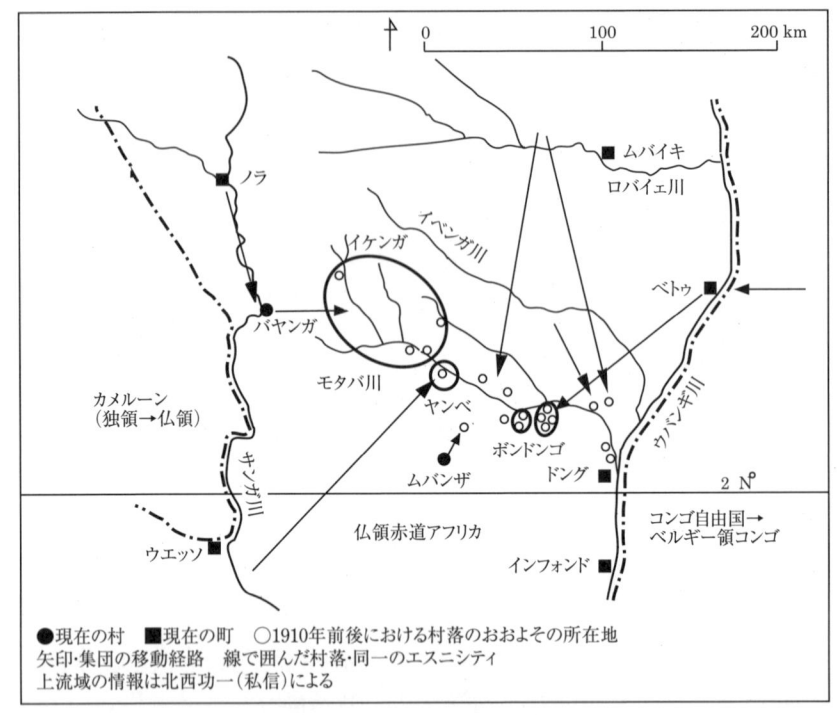

図6-3 モタバ川流域村落の起源

　元前3000年頃に東バントゥーと分岐後，現在のカメルーン西部から南へと移動を始め，紀元330年には中部アフリカの森林地帯に到達した。このいわゆる「バントゥー・エキスパンジョン」以後，中部アフリカでは遅くとも紀元千年まで小規模な自発的な移動が継続して起こり，全域にバントゥー系の民族が居住するようになった。さらに，15世紀から19世紀末にかけての大西洋交易圏の形成と拡大に伴い，交易を通じた人口の移動が生じたという。

　ヴァンシナのシナリオに従うならば，西バントゥーの起源地の近くにあるモタバ川流域には，バントゥー・エキスパンジョンの初期に最初の住民が移住したと考えられる。植民地時代以前の文字資料は皆無であるため，この地域の起源を特定することはきわめて困難である。しかし，モタバ川中流域の耕地土壌中から採取された木炭の炭素同位体分析から，モタバ川流域においては，少なくとも1330（±50）年前から焼畑農耕が行われてきたと推定される（京都産業大学，山田治氏による分析）。文献資料は利用できないものの，現地での聞き取りと植民地期の行政資料から，植民地化前後から現在にいたる頻繁な人の移動と移住の輪郭を描くことができる（図6-3）。以下では，中流域に焦点をあてて記述する。

中流域には，現在，ボバンダ，ボンベレ，ボンドンゴという三集団が，四村に分かれて住んでいるが，植民地化以前は，旧村（*mboka*）を単位として森林内に分散して住んでいたという。その村の起源はまちまちで，大半が近隣から移住してきた人びとを祖先としている。ボバンダは，現中央アフリカ共和国のロバイェ（Lobaye）川流域にあるンガボ（Ngabo）村から，ボンベレの一部は南約 50kmにあるンバンザ（Mbanza）村から，それぞれ近隣との戦闘や親族の対立を避けてアカと共に移住してきた。ボンドンゴの祖先は，ウバンギ川東岸のベレス（現コンゴ民主共和国の呼称），イベンガ川流域に居住していたようである（Faivre & Faivre 1929）。当時，モタバ川中流域の小村どうしは通婚関係にあり，かれらはイベンガ川流域の集団やモタバ川上流域の集団と，しばしば戦闘を行っていたという。他方，戦闘関係にある村落どうしでも，後述する血盟の儀礼により友好的な同盟関係を結ぶこともあったという。

　モタバ川中上流域に初めてフランス人が来訪したのは 20 世紀に入ってからである（Bruel 1910）。この後，モタバ川流域の森林内に分散する小村は，植民地政府により断続的に集住化させられた。中流域では，1910 年から 20 年代にかけて，ジュベ，マサンバ（Masamba，旧モンベル），旧マンフエテという行政村（village）が作られ，中流域は一つの行政区（terre）とされた。また，村長（chef de village），区長（chef de terre）が植民地政府により任命された。行政村の名前は，植民地時代に集住化させられた際に外部からつけられたものであり，現地では，語幹にボ（*Bo-*）という接頭辞を付けた現地語の名称が用いられている。

　植民地政府は，集住化に引き続き強権的な収奪制度を施行した。モタバ川流域の村々は，ゴム，象牙，ヤシ油，コパール[1]，獣皮などの森林産物の生産を強制されるとともに，人頭税が課された。1930 年代になると，植民地政府は，「馴化政策」と称して，村人とアカの慣習的相互関係の切断とアカの定住化を進めたが失敗に終わった（Bahuchet & Guillaume 1982; Delobeau 1989）。植民地中期以降，モタバ川流域には，交易，病院建設，キリスト教の布教を目的に，多くのフランス人が訪れるようになる。町とのつながりが強まる中，村の若者は職を求めてドンゴやインフォンドに出稼ぎにでるようになった。

　1960 年のコンゴの独立以後，モタバ川流域社会は，行政村を単位とした植民地時代の行政システムを踏襲し，中央集権的な国家体制のもとで周辺化が進行した。公立の小学校や診療所が建設され，国境警備のための軍が駐留し，社会主義政党（コンゴ労働党）の情宣活動が行われるようになる。キリスト教各宗派の布教活動も盛んになった。また，流域には定期船が航行し，商人が定期的に森林産物や商品作物の買い付けに頻繁に訪れるようになった。アカは，独立直後から村人の指導で半定住的な生活を送るようになり，失敗に終わったものの，69 年から 70 年にかけては

1） 熱帯産の樹木から取れる樹脂。

国家の指導で教育の義務化と定住化が進められた。他方，村人の指導によるアカの農耕化や民兵の訓練もなされた。

植民地化以後，国家の管理が徐々に強化され，人の移動や移住は抑制されたかに見える。独立以後，中流域では，行政的に認知されていない小村（nganda）が3村できた以外，新しい村落は生まれていない。しかし，新しい村を作ることはなくなったものの，町への移動や移住の割合は高まった。ジュベ村を例にとると，91年から97年にかけて，成人23人（91年の成人82人の28％）が村から移出（婚出6人，離婚による帰村2人，その他15人）し，成人27人（97年の成人96人の28％）が村へ移入（婚入6人，その他21人）した。また，移出先，移入先の過半数は，ドング，インフォンドといった町であった。植民地統治と独立を経て様式は大きく変化してきたものの，小規模な移動と移住は未だにモタバ川流域社会を特徴づける現象である。

次節では，現代に視点を移し，社会編成にまつわるローカル・ルールについて検討する。

6-3 ▶ 家族的な社会編成

家族と同族

中流域各村では，生業の場である土地を共有し村内で共住する，「ディカンダ（*dikanda*）」と呼ばれる親族集団が見られる。ディカンダは大小様々であるが，「ンダコ（*ndako*）」と呼ばれる数軒の家が集まった数人—数十人から成る集団である。Guthrie (1967, 1970, 1971) によると，ディカンダの語幹-*kanda* は，西バントゥー祖語で「長の家 (chief's house)，村 (village)」を意味するし，バントゥーC15 グループにおいて，*ikanda* は「家」を意味している (Guthrie 1970: 207)。

ンダコという語は多義的である。原義は物理的な「家屋」であるが，共住と共食の場である「世帯」，居住と親族の要素を併せもつ最小の集団としての「家族」でもある。ンダコは，居室，台所や客室などひとつから3つの家屋から成り，通常，同一家屋に複婚もしくは単婚の夫婦とその子供，その他の親族，非親族が居住する。

各家には，「家のンコンジャ（*nkonja a ndako*）」と呼ばれる代表者がおり，普通，父親がなる。ンコンジャは「（財の）所有者」を意味する言葉であるが，日常生活において強い発言力をもつことから，ンダコのンコンジャのことを特に「家長」と呼ぶことができるだろう。家長の権威は，食事のマナーに象徴されている。男性は家の中のサロン，家の前の広場などの公の場で共食し，女性と子どもは台所で鍋から直接食事をとる場合が多い。また，父が自分の食事を先に済ませ，その残りを息子（*moana a bole*）に与える。これは，「父親を追って（一緒に食べて）はいけない。私は

第 6 章　熱帯雨林のローカル・フロンティア　│　85

待つ (*katobenge songo bo o wa ngatikali.*)」などと表現される。

　ディカンダもンダコ同様に多義的である。原義は，共食の場である「炉」であるが，社会的文脈では「父方でのつながり」「同家の人間 (*bato ba ndako yoyo*)」と説明され，父系血縁で結ばれる場合が多いことから，「父系的な出自集団（系族，同族，リネージ）」と呼ぶことができるだろう。ディカンダへの帰属は「モパンガ (*mopanga*)」と呼ばれ，「人のつながりを確認する (*Ngapange mompanga mwa moto.*)」のように使用される。この地域の婚姻規則は，ディカンダ外婚，夫方居住が一般的であるが，居住の変更に伴い配偶者のディカンダは原則的に変わらない。子供のディカンダへの帰属は，男子の場合，婚資の支払いの有無に関わらず父に，女子の場合，婚資が支払われれば父に，支払われなければ母に親権が認められている。ディカンダには，「モコロ (*mokolo*)」と呼ばれる長がおり，ディカンダの年長者がつとめる。村長は有力なディカンダの長が兼任している。

　ボバンダ（ジュベ村）は，1991 年 11 月の時点で人口 150 人（男性 69 人，女性 81 人），方形の家屋が列状に並んだ集落である。11 のディカンダは大小様々である。前節で述べたように，ボバンダの祖先は現在の中央アフリカ共和国方面から移住してきた人びとで，移住後はディカンダを単位として，モタバ川北岸の森林地帯に分散して居住していたという。各ディカンダの成員は，他のディカンダの系譜だけでなく，自らの系譜についても，3，4 世代前までしか記憶しておらず，聞き取りにおいて，ディカンダどうしの系譜的関係を具体的に辿ることはできなかった。ディカンダの系譜は浅く，仮想的なリネージとしてのクランは存在せず，分節リネージも発達していない。

　図 6-4（ディカンダ系譜）に，4 つのンダコから成るボバンダの最大のディカンダであるンカヤ (Nkaya) の系譜を示す。この図から分かるように，ディカンダは，狭義には父系的な出自集団であるが，実際には父系出自を軸として，妻，母系血族，姻族，非親族に一時滞在者を含めた多様な出自の人びとが集まった共住集団でもある。非親族の代表は狩猟採集民のアカである。

　ところで，父系出自というのはあくまで社会的な概念である。たとえば，図 6-4 において No. 4 の家長の M（壮年男性）はンカヤと名乗っているものの，ンカヤとは生物学的な血縁関係をもたない。M の祖父は，かつてンカヤの戦争捕虜 (*motamba*) で，M の父は，ンカヤの長であった A のことを祖父 (*ekoto*) と呼んでいたという。この地域において，養取についての特別な儀礼や民俗語彙はないものの，M の祖父は，捕虜としてンカヤに留まることで A の実質的な養子として認知されたと考えられる。このような明示されない養子は「暗黙の養子」と呼ばれる（松園 1972）。

　ディカンダは，多様な機能を果たしてきた。前節でみたように，植民地統治以前，ディカンダに対応する小村は，戦闘と防衛における協同の単位であった。これは，ディカンダの成員が共有するエワンデラ (*ewandela*) と呼ばれる食物規制からも

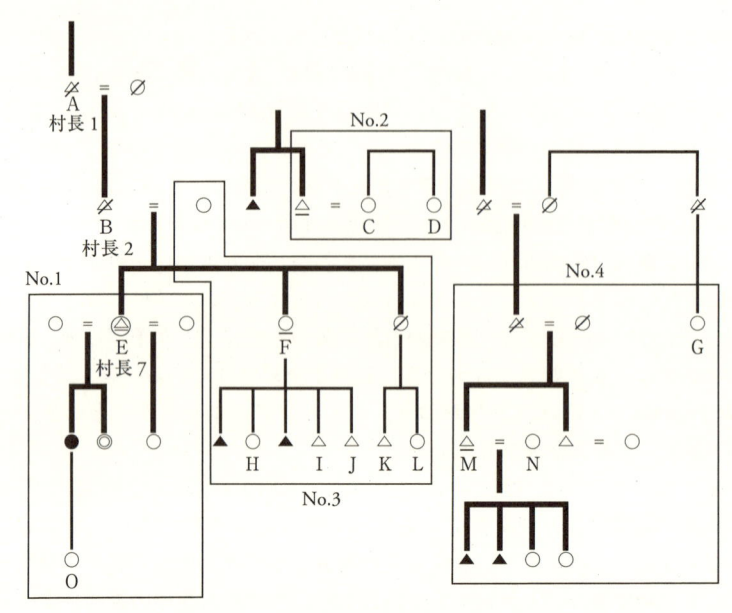

凡例 △：男性, ○：女性, ◎：婚出, ▲●：不在, ／：死去, ＝：結婚
－：血縁, ■：父系出自としてのディカンダ, □：ンダコ
No：ンダコ番号, ⬟：モコロ, △：ンコンジャ

図6-4 ジュベ村の共住集団としてのディカンダ（ンカヤ）の事例

うかがい知ることができる。規制の対象となるのは, 哺乳類, 爬虫類, 果実, キノコなどである。規制される理由は,「敵の来襲を知る」「敵の背後に回りこむ力を持つ」「甲羅に隠れて逃れることができた」など, 戦闘への援助や力を与えてくれるというものが多い。集住と中央集権化の進行に伴い, ディカンダが持っていた戦闘と防衛という機能は失われ, これらの規制は緩みつつある。現在, ディカンダの役割は, 次節で詳しく検討するように生業の場である土地の所有と深く結びついている。

親族と擬制的親族

　親族（血族と姻族）については, ディカンダ以外にいくつかの民俗概念が存在する。血族については, 祖先中心的な概念であるディカンダ以外にエゴ中心的な二つの民俗語彙が存在する。ニャング (-nyangu) という語幹にディ (di-) という接頭辞をつけた「ディニャング (dinyangu)」, ニャングという語幹にム (mu-) という接頭辞をつけた「ムニャング (munyangu)」である。ディニャングは,「私たちはディニャングである (Bangai badi na dinyangu.)」のように用いられ,「血縁の系譜」を意味する。ムニャングは,「彼はムニャングである (Kei tadi na munyangu.)」のように用いられ,「血

縁の集団」を意味する。ディニャングどうしの通婚は禁忌（*ekila*）とされている。姻族は夫方と妻方で名称が異なり、夫方の姻族は「ボア・モト（*boa moto*）」、妻方の姻族は「ココ・モト（*koko moto*）」と呼ばれる。

　親族どうしは、類別的な親族名称を呼称として用いる。この地域の親族名称体系は、交叉イトコと平行イトコが弁別されないことから、「ハワイアン型（Hawaian pattern）」に分類できる。ハワイアン型の大部分は、拡大家族や親族圏をもつ双系的社会でみられるが、出自規制に十分適応していない社会においても見られるという（Murdock 1959）。

　興味深いのは、呼称において親族と非親族が区別されないことである。モコロ（ディカンダの長）は、親族、非親族を問わずディカンダの成員から「父（*samoto, tata*）」と呼ばれ、ディカンダの成員どうしは、父であるモコロを基点にして、「兄姉（*mpomba*）」「弟妹（*modimi*）」「父（*tata*）」「母（*mama*）」「子（*moana*）」と呼びあう。たとえば、ディカンダの一つであるボンドゴ（Bondogo）のモコロから家を借りて長期間滞在していた筆者は、非親族でありながら彼の息子として認知され、日々「私の子ども（*moana ambwa ngai*）」と呼びかけられ、彼の妻は私の母、彼の息子は私の弟として振舞った。ディカンダは、父、母、兄弟、姉妹という類別的な親族名称を呼称として用いることで親族と非親族の差異を曖昧にして、モコロを父とする家族的な関係を作り上げている。このような関係性は、通常「擬制的親族関係」と呼ばれる。

　擬制的親族関係は、親族集団内部の関係を緊密にするだけでなく、地域社会において様々な政治的役割を果たす。ディカンダは外婚の単位として機能し、通婚を通じて自らの集団の外延を拡大するとともに婚姻同盟により域内の協力関係が築かれる。植民地統治以前に見られた血盟では、前腕部に切り傷をつけてその傷口をあわせるという儀礼が行われたという。「盟友（*boseka*）」は、「血（*mombali*）」が同じなので子孫を含めて婚姻は禁忌とされ、お互いが傷つけあうと自分も病気にかかって死ぬと信じられていたという。盟友どうしは「兄姉」「弟妹」と呼び合い、その関係を基礎として、二つのディカンダの成員どうしはお互いを擬制的な兄弟姉妹とみなした。この関係は、植民地支配以降形を変え、現在では個人的な友人関係として存続している。他方、個々のディカンダは、アカとパートナーシップを結び、「父」「子」という呼称を用いて親子に擬される家族的な関係を結んでいる。ボバンダとアカとの間では、ボバンダが自分の名前をアカの新生児に与え、擬制的な親子として振舞う名づけ親関係も見られる。

　これらの多様な擬制的親族関係の中で、農耕民とアカとの相互関係は質的・量的にきわめて重要である。1997年にボバンダで行った財―サービスの取引に関する調査では、取引相手の71％がボバンダで、21％がアカであった。取引の内容は、ボバンダからは、タバコやヤシ酒などの嗜好品、プランテン・バナナやキャッサバ

などの農作物と魚，アカからは，銃猟や農作物の運搬などの労働，食用の野生ヤム，蔓や葉などの森林産物であった。ボバンダはアカにとって，福祉，村の知識や技術，文化的な産物を与える存在であり，アカはボバンダにとって，自然の産物，労働，森の知識と技術を与えるともに，呪術による治療や儀礼などの超自然的な力を生み出す存在でもある。他方，前節で述べたように，ボバンダとアカの間には，政治的な協力関係が見られた。ボバンダをはじめとするモタバ川流域の農耕民と狩猟採集民アカは，文化，経済，政治において相互に深く依存し，「共生的な関係」を結んでいるといえる。

ジュベ村周辺に居住するアカは，1992年7月現在，280人（成人男性71人，成人女性90人，非成人男性65人，非成人女性54人）確認された。280人のアカのうち，他村からの婚入者，一時滞在者を除いた成人154人から聞き取りをしたところ，すべてのアカがボバンダの11のディカンダとパートナーシップを結んでいた。ジュベ村近辺に居住するアカは，ジュベ村に隣接する集落に乾季半ばから雨季前半にかけて滞在する場合が多く，森林内で漁撈をする際は，ボバンダと合同キャンプをつくる。ボバンダとアカとのあいだには，通婚規制や様々な表象を通じて明瞭なエスニック・バウンダリーが維持されている反面，各ディカンダの成員は，パートナーシップをもつアカのことを自分たちのディニャングと呼んでいる。

ボバンダとアカのパートナーシップは，一般的にモコロ（ディカンダ長）が結ぶが，ディカンダが大きい場合，複数のンコンジャ（家長）がアカとパートナーとなる。この際，特別な儀礼はみられない。死や移住により年配の男性がいない場合は，年配の女性が代わりにパートナーシップを結ぶ。ディカンダの成員は，モコロ（ないしンコンジャ）とアカとのパートナーシップを介して自らとアカとの擬制的な親族関係が定位され，パートナーのアカと優先的に交渉する権利を持つ。

ボバンダは，パートナーのアカを「私のモンベンガ（*mombenga ambwa ngai*）」「私の子（*moana ambwa ngai*）」，アカは相手のことを「私のミロ（*milo anga mu*）」「私の父（*tata anga mu*）」と呼ぶ。ミロは「村人」「農耕民」の意だが，「パトロン（主人）」に近いニュアンスをもっている。アカとパートナーシップをもつボバンダは，「所有者」の意味を持つンコンジャとも呼ばれる。ボバンダとアカの共生的関係は，父―子に擬される家族的で対等な側面と，パトロン―クライアント，所有者―被所有者というヒエラルキー的で不平等な側面を内包する両義的なものである（塙2004）。

以上から，ボバンダは擬制を含むゆるやかな親族概念を用いることで，幅広い人間関係を築いていることがわかる。次節では，社会編成と生業の関わりについてさらに検討する。

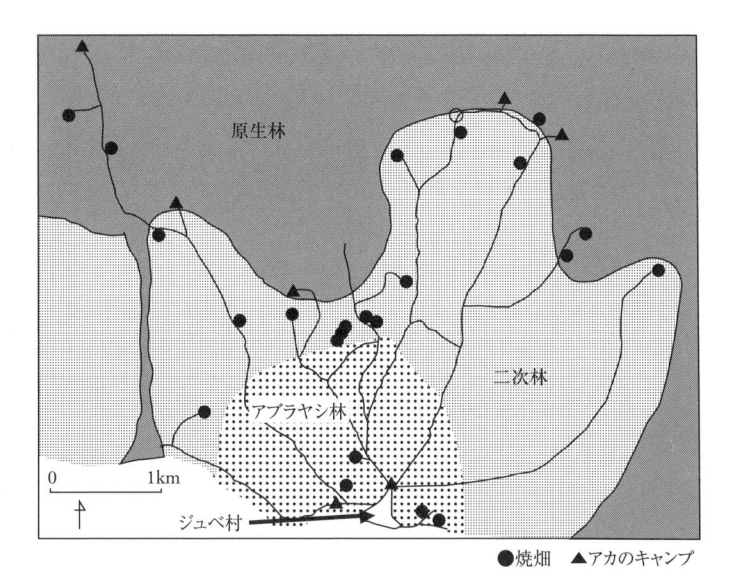

図 6-5　村周辺の環境利用

6-4 ▶ 焼畑農耕と集団編成

生業複合と開拓志向

　モタバ川流域の植生は湿地性植物の割合の高い「熱帯半落葉樹林」である（中条 1997）。ジュベ村近辺の自然環境は、モタバ川北岸の森林（*ediki*）と南岸の湿地（*sanja*）に大別される。北岸と南岸の中間にあたるモタバ川流域には、湿地林（*bojamba*）とラフィアヤシ林（*esanga*）が広がっている。北岸の植生は、人為の環境により宅地（*mboka*）、畑地（*nkuba*）、アブラヤシ林（*toko*）、二次林（*duunga*）、原生林（*ngonda*）といった多様な景観を呈している（図 6-5）。
　ボバンダは主食を生産する農耕に、漁撈、狩猟、採集を複合的に組み合わせることで熱帯林の多様な微環境を活用している。ジュベ村では、乾季終盤の伐開地への火入れ後、5月から10月にかけての雨季には村に滞在し、植えつけ、除草、収穫などの農作業、モタバ川での筌漁、ヤシ酒・ヤシ油の採取、散弾銃を用いた狩猟などを行う。狩猟は、森林内にキャンプ（*nganda*）を設営し長期間行うこともある。かれらは、雨季終盤の11月から約2か月間、森林内の小河川（*mokeli*）沿いに世帯単位で漁撈キャンプ（*molako*）を設営して梁漁（*kombe*）を行う。1月には村に戻り、3月頃まで村周辺の森林に世帯単位で畑地を伐開する。この時期は、モタバ川の水

位が急速に低下するため，銛とヤスを用いた刺突漁が盛んに行われる。焼畑の伐開作業が終わる2月から3月には，女性が中心となり，森林内の水量の減った湿地 (*ediba*) に数世帯単位で漁撈キャンプ (*membo*) を設営し，掻い出し漁 (*mosoi*) や魚毒漁を行う。これらの漁撈は村近辺で主に日帰りで行うが，数日から一週間単位でキャンプを設営して行われる場合も多い。

1991-92年，ジュベ村の25世帯のうち22世帯が31筆の焼畑を開いた。焼畑伐開は，ディカンダのンダコ（家）どうしが隣接して畑を開き，同じ日に作業をすることがあるが，ンダコ間の協同はみられない。これに対し，森林での狩猟採集生活に従事するアカは，木登りや伐採の技術に秀でているため，焼畑伐開にとって貴重な労働力である。雨季後半，キャンプ (*lango*) 単位で移動しながら狩猟採集活動に従事していたアカの多数は，乾季には，村から歩いて一時間程の距離にある農耕キャンプ (*kpeta*) か，ジュベ村に隣接するディコロ (Dikolo) とゲレ (Gele) と呼ばれる二つの集落に滞在し，断続的に行われるボバンダの焼畑伐開を手伝う。1991-92年の焼畑伐開に参加したアカは，世帯当たり延べ55人（3世帯）であった。伐開労働への返礼としては，アカの男性が喜ぶタバコ・大麻・ヤシ酒などの嗜好品と共に，梁漁でとれた魚を使った食事が振舞われる。

1991-92年に開かれた焼畑について，現地で年齢区分毎の畑地（アブラヤシ林，二次林，原生林）の選択について分析しよう。青年（男性は *mosonde*，女性は *ngondo*）は15-35歳，壮年 (*mokoke*) は35-60歳，老年 (*mokoto*) は60歳以上におおよそ対応する。全体としては，2筆 (6%) がアブラヤシ林に，20筆 (65%) が二次林に，9筆 (29%) が原生林に開かれており，二次林を焼畑の用地として選ぶ傾向が見られた。しかし，年齢別で見ると，加齢に従い原生林に畑を開く割合が高まる傾向が認められる。目の詰まった大木が多数存在する原生林の伐採は困難だが，原生林に開いた畑は除草の必要がほとんどいらず，主食であるプランテン・バナナの生産力が高いとされ焼畑の最適地と見なされている。原生林の伐開はたしかに困難であるが，その現場の雰囲気は驚くほどなごやかである。ボバンダとアカは談笑し，アカは労働歌を歌い，巨木が倒れると皆が歓声をあげ，切り株の上で踊り出す者もいる。

1991年末から92年初頭にかけて，ジュベ村の25世帯のうち19世帯が梁漁を行った。梁漁は，自分のディカンダの集落址で行う場合が多い。このうち，ジュベ村近辺で梁漁を行ったのは16世帯で，残りの世帯は近隣の村落の漁場で行った。ジュベ村近辺では，大半（10世帯）が北岸の森林内にキャンプを設営して梁漁を行ったが，残り6世帯は，南岸の湿地で日帰りの梁漁を行った。漁の規模には差があるが，通常一世帯，時に二世帯の村人と数世帯のアカが合同のキャンプを設置する。この年，ジュベ村近辺で梁漁を行った16世帯のうち9世帯にアカが同行し，アカ（成人）の人数の平均は6.7人（最大13人）であった。

1991年の梁漁おいては，北岸森林が11世帯，南岸湿地が8世帯と，両者の割合

はほぼ同じぐらいであるが，年齢別で見ると，加齢に従い北岸の森林で梁漁を行う割合が高まる傾向が見られる。村から遠く離れた森林（ディカンダの過去の居住地）では，アカの協力のもと大規模な仕掛けが設営され，大きな漁獲が得られる。キャンプの中心には炉が据えられ，長くて二か月もの間，日々，村人とアカの協業，共食，共飲や分配が見られる。梁漁で得た魚は直ちに特設の炉で燻製にされる。これらの干魚は梁漁の終了時にボバンダとアカの成員に分配される。ボバンダは，この余剰の魚を商人に売却したり，乾季に行われる焼畑の伐開作業における返礼に充てたりする（塙 2004）。梁漁の出来が，焼畑の規模に直結しているといえる。

　生業活動の分析から分かるように，ボバンダには，いわば「開拓志向」と呼べるような傾向が見られる。二次林や村から日帰りで行ける近場の漁場など，比較的手軽に生業に従事できるという場所は，生業経験が十分ではなくアカとのつながりの薄い青年が利用する。これに対して，壮年の村人は，アカの力を借りて原生林に畑を開いたり，かつての居住地で大規模な梁漁を行ったりと，身近な環境を周期的に利用するよりも，人為の影響が相対的に低い環境において，世帯が主体となりアカの力を借りてより高い生産を上げようと努力している。

土地所有と集団編成

　ボバンダの生産活動を支える森林は，最初に「道を開いた」人が優占的に利用することができるという。「彼の斧一本（*suka ambui momo.*）」といわれるように，原生林に焼畑を開くのは個人の自由である。他方，薪，建材や薬の採集などの高い使用価値をもつ二次林には伐開者に対して使用権が認められている。ジュベ村では，村から各ディカンダの旧村に向けて放射線状に道（*mosonga*）が伸びており，その道沿いの森林（土地）は，ディカンダ毎に保有されている（図6-6）。このような土地はエセンゲル（*esengelu*）と呼ばれ，具体的には，農耕，狩猟採集の場としての森林，堰止め漁を行う小河川（*mokeli*）や掻い出し漁を行う湿地（*edibe*）から成る。集住化以前，エセンゲルとは小村の周辺のことを指していたが，現在では，一村に複数のディカンダが共住しているので，村周辺の森林を複数のディカンダが分割して保有している。エセンゲルの境界を明確に確定するのは困難である。

　ボバンダの土地所有においては，処分権を有する狭義の所有はみられず，所有の主体も個人でなく集団である。原生林は一般的に所有されずアカの居住地とみなされているが，村近辺の原生林については，アカや周辺の民族集団に対してボバンダが優先的に利用する権利を持ち，ボバンダが緩やかに共同で占有しているといえる。しかし，上述の通り，村近辺の原生林や焼畑跡地の二次林はエセンゲルとして分割され，ディカンダの成員が優先的に利用するので，共同占有ながら，占有の度合は強い。

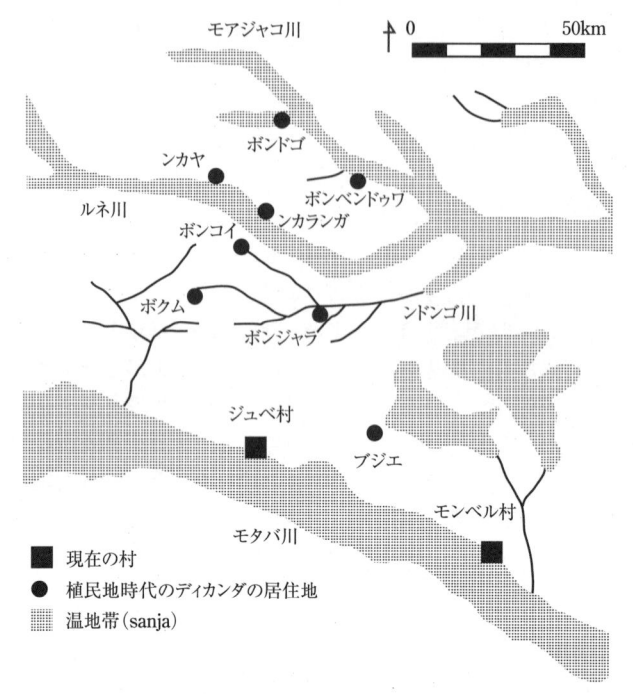

図 6-6 ボバンダのディカンダとムラ

場所の特定できた 8 ディカンダについて，聞き取りと実地踏査により作成。■ は村，●は植民地時代のディカンダの居住地（ムラ）を示す。名前は，村名とディカンダ（ムラ）名。現在，ムラは梁漁のキャンプとして利用されている。

このような，共同の占有と非所有という所有形態により，ボバンダの土地利用は柔軟で，土地利用をめぐって様々な社会的葛藤が生まれる。これらの葛藤は，ボバンダ社会の政治力学や価値観を反映している。以下，二つの事例を検討する。

（事例 1）

　　1997 年 1 月，トンゴンベ（Tongombe）というディカンダの長である DZGA（壮年男性）とボンゴイ（Bongoi）の長である MAGU（壮年男性，隣村のモンベルに居住）に，土地をめぐる争いが生じた。事の発端は，アカの MOJI（壮年女性）の「自分の土地」に DZGA が畑を開いたことである。そこには MOJI の母親の墓があったため，激怒した彼女は土地をくれた「父」である MAGU に直訴した。MAGU は，「父が残してくれたもの」に許可なく畑を開いている，と DZGA を強く非難した。この後，村長と判事の立ち会いのもと当事者を呼んで親族会議（*mawo ma dinyangu*）が開かれた。会議において，MOJI は DZGA の不当な土地利用について罰金を要求し，MAGU は父から受け継いだ土地の権利を主張した。これに対し，DZGA は，問題の

土地は MAGU の父から許可をもらって「道を開いて」利用していた森林であり，そこを使ってはだめだというならば代わりに新しい土地を用意せよと主張し，両者は対立した。最終的には，エセンゲルの境界を明確にすることで問題が決着した。

問題の土地は，もともと，MAGU の父が管理していたが，彼の死後，管理の主体が曖昧になっていたと考えられる。インフォーマント（ボンゴイの壮年男性）によると，MAGU は，子供を死産してから，親族の邪術（*dikundu*）を恐れて妻の実家がある隣村のモンベルに住んでいたが，最近，「父が残してくれたもの」，すなわちボンゴイのエセンゲルが他人に利用されることに不満を募らせていたという。この事例から分かるようにエセンゲルは父祖の地と見なされ，その占有とそこでの生産活動の実践はかれらのアイデンティティ形成と深く関わっている。ディカンダの系譜を確認することを，「エセンゲルのつながりを確認する（*Ngapange mompanga mwa esengelu.*）」と表現するのは，土地所有の単位としてのディカンダの性格をよく表している。

（事例2）
　1991-92 年の世帯調査において，ZAJE（壮年男性）は自分のディカンダがブジェ（Buje）であると答えていたが，1996-97 年になると，インフォンドから帰村した息子夫婦の二世帯と自分の世帯をあわせた三世帯を「ジャンゴの家（*ndako a Jango*）」と発言し，ブジェと区別するようになった。かれらは新しい家屋を増築し，男性どうしが庭で共食を始めた。ZAJE は，1992-94 年までブジェの MPUT（故人，かつてのブジェの長）の二次林に畑を開いていたが，1995-96 は原生林に畑を開くようになった。また，1991 年には，母方親族の POAG（壮年女性）に梁漁の漁場を借りていたが，1996 年になると，自分で新しい漁場で梁漁を行うようになった。ZAJE 夫婦は，1991-92 年当時から，生業や日常的な交渉を通じて多数のアカと交流を深めていが，96 年には，9 世帯のアカと共に，新しい梁漁キャンプを設営した。1997 年1 月の村会議（*lenio*）で，MPUT の孫である GBNI（青年男性）が，「ブジェの土地を利用するな」と ZAJE を非難した。この結果，村長と判事により両者の調停（*judge*）が行われ，ZAJE の利用する土地はブジェの土地から分割されることとなった。

ブジェは，GBNI の父の死後，老年の寡婦である BIEL がモコロ（ディカンダの長）を務めるようになり，ディカンダとしてのまとまりを欠くようになっていた。ZAJE は，父親がイベンガ川流域の村の出身で母方を通じてブジェとつながっていたこともあり，相対的にブジェへの帰属意識が低かったと思われる。このような背景のもと，壮年男性である ZAJE は，焼畑と梁漁を通じて固有の土地を占有すると共に，積極的な働きかけを通じてアカとの繋がりを深め，新しいディカンダとしての独自性を獲得していった。そして，自らの系譜の名づけと土地の分割が行われることで，最終的に，ZAJE のディカンダの存在は社会的に認知されたといえる。

以上の二つの事例から，ボバンダのディカンダ（父系的な共住集団）がモコロを中心とした階層的な集団として結束をもち土地利用の単位として機能しつつも，ディカンダの成員であるンダコ（家）の自律性が高く，ディカンダの集団編成は土地利用をめぐる家どうしの対立を内包する流動的なものであることが分かる。ディカンダはンダコが集まった安定した集団というよりも，ンダコどうしの葛藤を含んだ不安定な階層構造をもっている。そしてそのような構造が動因となり，ディカンダから分かれたンダコは，新しい土地を得てアカとの関わりを深めることにより集団の規模を拡大し，新しいディカンダへと発展していく。独立後にできたモタバ川中流域の三つの小村（ディカンダ）も，このような過程を経て誕生したと考えられる。

6-5 ▶ 中部アフリカにおけるローカル・フロンティアの社会像

　モタバ川流域は，周辺の諸地域から断続的に移住して来た小集団を受け入れ，新しい社会が作られてきた。中流域における移住の事例を検討する限り，これらの移住の様式にはいくつかの傾向が見られる。移住する農耕民の規模は一世帯か数世帯ときわめて小さく，ほとんどの場合，数名のアカが同行している。移住の原因は不明確な点が多いが，主として近隣の戦闘や親族内での対立の回避があげられる。移住者は，先住者（農耕民）がいない地域にアカと共に開拓キャンプを作り，焼畑と漁撈を中心とした生業活動を始める。その後，かれらは，周囲の森林の開拓を通じて徐々に地域社会を形成していったものと考えられる。

　モタバ川流域社会の編成はきわめて柔軟であり，部族社会でイメージされるような領土的統一性や排他性はみられない。この地域には，狩猟採集民と農耕民，上流域と中下流域の農耕民との間には明瞭なエスニック・バウンダリーがみられるが，自らのエスニック・アイデンティティは緩やかで，民族集団を一義的に決めることは困難である。この地域の集団編成は入れ子構造になっていて，その核になるのは，複数のンダコ（家）が父系リネージを軸として集まったディカンダと呼ばれる共住集団である。このディカンダが複数集まることで村落となる。ディカンダにはモコロと呼ばれる長がおり，モコロと父系の血縁で結ばれた人びとだけでなく，双系血族，姻族や非親族も含まれており，父系か母系か，血族か非血族か，親族か非親族かの差異は認知されながらも明示されない。そして，ディカンダの成員やその係累は，モコロを父として，チチ，ハハ，コ，キョウダイという語彙を用いて家族的な社会関係を構築している。

　ディカンダは多様な機能を有している。植民地化以前は，戦闘と防衛の機能が強かったと考えられるが，現在では，外婚，土地所有，アカとのパートナーシップの単位として機能し，起源伝承や祖先儀礼は未発達であるが，食物規制や起源に関す

る記憶を共有することで一体感が生まれている。

　この地域の社会は平等主義的で静態的な社会ではない。たしかにリネージどうしは対等であるが、ンダコ（家）の長であるンコンジャや、ディカンダの長であるモコロの存在から分かるように、集団内部に階層的な関係が見られる。各ディカンダは父としてのモコロを中心に、自らのディカンダや民族を越えて擬制を含めた広い意味での親族のネットワークを形成している。このような家族的で柔軟な集団編成は、リネージ・モデルで単純に説明することはできない。ディカンダ内のンダコどうしの階層性（不平等）とディカンダ間の対等性という二つの相反する関係性が、焼畑の開拓志向と結びつくことでディカンダの分裂や移住を生み出す構造的な原因となっているのである。

　ヴァンシナは、バントゥー・エキスパンジョン以後の中部アフリカにおいて、複数のハウス（House）が村を、複数の村が通婚や血盟などの盟約関係を通じて対等で柔軟な地域社会を形成していたと指摘する（Vansina 1983, 1990）。ハウスは、焼畑農耕と狩猟活動に最適な10人から40人から構成された食料生産の単位であり、ビッグ・マンとその双系親族を中心に、奴隷、戦争捕虜、クライアント、友人、弟分などの多様な人びとから成る集団である。そして、ハウスという「伝統」が形を変えながら、氏族、企業体、結社、王国、帝国などの多様な政体が生み出されて来たという。

　非親族を含めた家族的で柔軟な社会編成という点において、モタバ川流域のディカンダは、ヴァンシナのいうハウスにきわめて類似している。このような類似性は、低人口、頻繁な移動・移住、焼畑を通じた熱帯林の開拓という生活様式と深く結びついていると考えられる。現在、国家の枠組みの中でディカンダが果たす政治的な役割は少ないものの、家を主体とする自立的な生態システムは、時代を隔てて、西バントゥーの基層文化として脈々と継承されてきたのである。

　中部アフリカのバントゥーの政治史を歴史学の手法を用いて分析したヴァンシナと違い、I. コピトフは、サハラ以南のアフリカにおける人類学的な研究の比較を通じて、「アフリカン・フロンティア」という民族生成のモデルを提起している。アフリカン・フロンティアは、アメリカの政治を特徴づける「フロンティア」に着想を得たものであるが、アメリカのフロンティアと異なり、確立した社会（政体）の周辺に位置する「ローカル・フロンティア」であり、文化的・歴史的な連続性と保守主義を特徴とするという。そして、このような歴史認識を通じて、「アフリカの民族地図は、古典的な部族のパッチワークではなく、何世紀にも渡って繰り返される、小村、首長国、王国、帝国などの異なるパターンから成るきらめくビーズワークのようなものとなる」（Kopytoff 1987: 70）という。

　コピトフは、分裂と細分化を常態とするアフリカ社会には、開拓者を再生産する構造的な原因があるという。具体的には、ヒエラルキーと対等の原理が共存する不

安定な社会組織，邪術の告発，不安定な地位継承制度，近隣集団間の対立，政体の拡大に伴う圧迫，先着特権への願望，土地への執着のなさ（社会的空間への関心），冒険心（特に近年の都市への移動）という八つの要素を列挙している。

　他方，コピトフの仮説に着想を得た掛谷誠は，内陸アフリカを移動と移住を基礎としたエキステンシブな生活様式を持つ「内的フロンティア世界」として描いている。それによると，「アフリカという低人口密度の大陸世界は，移動と移住を生み出す構造を持った社会を育んできた。それは，エキステンシブな生活様式と連動しており，強い分節化の傾向性を内包する社会的，政治的な構造とも結びついている」（掛谷 1999: 300）という。エキステンシブな生活様式とは，「移動性に支えられ，広く薄く環境を利用する生業を基本にした生活である」（掛谷 1999: 292）という。コピトフと掛谷は，社会に力点をおくか生業に力点を置くかの違いがあるものの，いずれもアフリカ社会をフロンティアへの絶えざる移動・移住と新しい社会の生成というダイナミズムとして捉えている。

　モタバ川流域の西バントゥー社会においては，小規模で継続的な移動と移住，分節的で家族的な集団編成，階層性と対等性の葛藤を内包する不安定な集団の構造と開拓志向を原因とする社会の流動性，共住集団を単位とした土地のルースな所有の文化が見られた。さらに細かく検討する余地はあるが，このような社会編成は，ヴァンシナ，コピトフ，掛谷らの研究で提起されたバントゥーの歴史像と重なる部分が大きい。中部アフリカの社会史という観点に立つと，モタバ川流域は，弱小な周辺民族が住む地理的辺境としてではなく，ハウスを主体として焼畑を開き，多民族が共存・共生し新しい社会を生み出すローカル・フロンティアの一つとして捉えることができるであろう。

　最後に，ローカル・フロンティアという概念の広がりについて言及しておきたい。ローカル・フロンティアというのは，日本における「間（ま）」や「縁」の文化に似ている。いずれも，ゆるやかな人のつながりである。筆者は別稿において，中部アフリカの焼畑農耕民がもつ「半栽培」の文化について分析した（塙 2009）。半栽培とは野生と栽培の中間に位置する栽培様式であり，「雑草」を除去しないなど，管理を徹底させないことで植物の自発的成長を促し資源の多様性を高める生き方である。そして，管理を徹底しないという行動の背景には，多様性を受け入れる心性がある。多様性を受け入れる行動と心性は，相手が植物でも人間でも変わらない。本論で明らかになったように，ローカル・フロンティアには他者を受容する精神が生きている。これが，新しい社会を創り出す力，構想力になっていると，筆者は考えている。

大石高典

第 7 章

森の「バカンス」
── カメルーン東南部熱帯雨林の農耕民バクウェレによる漁撈実践を事例に ──

7-1 ▶ はじめに

定住村と漁撈キャンプ：二つの社会的なモード

　2002年1月から2月にかけて，私は生態人類学的な研究を志してカメルーン東南部の熱帯雨林を初めて訪れた。住み込み先をカメルーンとコンゴの国境を流れるジャー川の傍らにあるドンゴ村に選んだ。ここは，バクウェレという民族名の農耕民の村である。かれらとの会話から，私が当時憧れを抱いていた自然により強く依存した生活がありそうに思われたジャー川上流方面の出作り地を訪ねることにした。その周辺には漁撈や採集といった活動の拠点として使われている，かつての廃村群があるというのだ。その旅の2日目に，2艘の丸木舟いっぱいに，鍋やきねなどの炊事道具はもちろん，蚊帳や家財道具や農作物，はてはニワトリやヤギといった家畜までを山のように積み込んで流下してくるA氏の家族と水上ですれ違った。ジャー川の流れは緩く，我々の舟は手漕ぎで遡って行くので近づくのにも時間がかかる（図7-1）。

　すれ違った地点から丸2日かかる漁撈キャンプで2週間過ごし，そこから定住村への帰途だという。その時点で，A氏と私は短い滞在期間ながらすでに定住村で知り合っていた。初対面の際に路上で声高に金品を要求されたことがあり，良い印象を持っていなかった。おまけにお世話になっていた調査助手からも，彼がいかにトラブル・メーカーであるかを聞かされていたため，すっかり警戒していた。しかし，丸木舟の上のA氏はごくごく和やかに，「よく来たね」といって，上流のキャンプで拾ったという土器をいくつか見せてくれた。そして，私に大きなナマズの燻製をそっと手渡して，そのまま静かに川を下っていった。

図7-1　ジャー川を行き交う丸木舟

　私は，村での彼の私に対する非常にとげとげしい関与の仕方や攻撃的にさえ感じられた押しの強さと，丸木舟の上での同一人物とは別人であるかのように紳士的で，落ち着いた態度の間のギャップがあまりに意外で，強い印象を受けた。漁撈キャンプでのかれらとの出会いは，私にとって驚きであると同時に発見だった。なぜなら，それは，私のなかで知らず知らずにできていた農耕民イメージを崩すものだったからである。
　そのイメージとはどのようなものか。たとえば，生活苦の訴えと対になった金品の要求が挙げられる。一方的に問題をぶちまけられて，カネをくれといわれる。問題の真偽は分かりようもない。いったい，その問題がこの私とどういう関係にあるというのか，という困惑に襲われながら話を聞く。そんな時，かれらのこちらへの接近の仕方は，相手である私が何をしていようがお構いなく，彼にとって都合のよいタイミングで要求をぶつけてくる。
　一方的で押しの強いコミュニケーションのあり方は，バクウェレだけにかぎったことではなく，アフリカ熱帯雨林の様々な農耕民社会で報告されている。たとえば，カメルーン東南部から数千キロメートルも離れた旧ザイール（現コンゴ民主共和国）中央部の熱帯林に棲む農耕民ボンガンドの発話形態を記述・分析した木村大治は，言葉を投げつけるようなかれらのコミュニケーションにおける対他的な身構えを，投擲的態度と呼んだ（木村 1991）。このような対人関係における対他的圧力と一方通行性は，農耕民社会にみられる特徴の一つであると考えられる。しかし，それは

図7-2　プスプスに荷物を載せて川に向かうカップル

かれらの社会の日常生活の中で，いつでも，どこでも，同じように維持されるものなのだろうか。私は，このような特徴は，定住村においてこそ顕著に観察されるものであり，そこから離れた生活空間ないし場（たとえば，バクウェレにおける漁撈キャンプ）においては必ずしも成り立っていないのではないか，そしてそういった場によって，社会的な付き合いのモードが切り換わるのではないかという考えを抱くようになった。もしそうであるならば，村にいるときのかれらだけをみて，対人関係や社会のあり方を理解しようとするのでは不十分ということになるだろう。

バクウェレ社会における漁撈キャンプとバカンス

　ほろほろのプスプス[1]の上に，ベッド代わりのマットレスやら，食器やら，ありったけの家財を漁網と一緒に積んで，若いカップルが川へ向かう道を進んでゆく（図7-2）。どこに行くの？と尋ねると，「ちょっとバカンスに行ってくるのよ。」という答えが返ってくる。

　数日後，丸木舟を借りて川を遡ってゆくと，木陰にぷかりと舟を浮かべて釣りをしている2人を見かけた。女性は，丸木舟に寝そべって手枕をしている。乾季にな

1）フランス語で，金属製の手押し大八車のこと。"pousse-pousse."

ると，このような光景をしばしば目にすることになる。

　なぜかれらは，漁撈キャンプに行くのに「バカンス」というような言葉を使うのだろうか。漁撈活動を生業，すなわち労働としてとらえると，私たちには，一見これはひどく矛盾した言い方のように聞こえる。常日頃，私たちがつかうバカンスという言葉には，反労働としての休暇という意味合いが込められている[2]からである。しかし，日本やアジアの民俗世界を対象にマイナー・サブシステンス論を展開するなかで松井健が指摘するように，労働を遊びとは無縁なものとして灰色に塗りつぶすような「休息と労働と遊びという三分法は近代産業社会の思考を反映している」（松井 1998）のである。かれが「バカンス」という言葉を使ったからといって，漁撈キャンプでの生活ではかれらの日常性が全て否定されるというわけではない。それでは，バクウェレにとっての「バカンス」とは，いったいどのような生活感覚に根ざしたものなのだろうか。

生業実践の空間的広がりとその社会学的な意味

　森の農耕民にとっての生活の場は村とその周辺の畑だけに限定されるものではない。これまで，森でキャッサバやプランテン・バナナなどタンパク質含量の少ない作物に依存する農耕民にとって，農耕以外に狩猟，採集，漁撈といったありとあらゆる手段によってタンパク質を確保することが重要であること，これらの社会では農耕以外にこれらの活動や余暇に多くの時間が割かれていることなどが示されてきた（Kimura 1992; Takeda & Sato 1993）。環境に応じて複数の生業要素を柔軟に組み替えたり，組み合わせる傾向性は，中部アフリカ熱帯雨林の農耕民だけにとどまらない。東部アフリカ，南部アフリカ，中部アフリカの焼畑農耕民社会における生計維持システムを比較研究した掛谷誠は，その生業形態の一般的な特徴として，焼畑農耕に基盤を置きながらも，狩猟採集，漁撈，家畜飼養など様々な生計活動の選択肢を持ち，幅広く自然資源を利用する環境利用のジェネラリストであることを指摘している（掛谷 1998）。畑だけでは食べてゆけないとなると，かれらの生活圏は自然に村から森への広がりをもったものになる。農耕民の生活圏は存外広いものなのである。しかし，これまで森の農耕民にとって，これら多様な生業実践が行われる場がどのような社会学的な意味を持っているかについては，ほとんど言及されてこなかった。

　中部アフリカ熱帯雨林における野外研究で，生業が行われる場の社会的重要性がいち早く着目されたのはピグミー系狩猟採集民研究においてであった。まず，市川光雄が，ムブティ・ピグミー社会にとっての蜂蜜の栄養学的な重要性と同時に蜂蜜

2）バカンスの原義は，空白や不在といった意味であり，仕事や労働がないからっぽな状態を表す。

採集キャンプの持つ社会学的な重要性を強調している (Ichikawa 1981)。コンゴ共和国北東部のアカ・ピグミーの網猟を参与観察した竹内潔は，捕獲努力を上げれば明らかによりよい結果が望めるような状況にあっても，獲物を増やすための労働強化が行われないことを報告している。アカ・ピグミーが大事にしているのは，狩猟活動そのものの楽しさだけでなく，休息時間に猟参加者の間で見られる座談や踊りといったコミュニケーションの楽しみなのである（竹内 1995a）。

一方，農耕民についてはどうであろうか。コンゴ民主共和国東部のイトゥリの森に居住する農耕民レッセとエフェ・ピグミーの集団間関係について調査を行った寺嶋秀明は，レッセたちが休暇[3]と称してエフェ・ピグミーの蜂蜜採集キャンプに居候する様子を報告している。村こそが主要な活動の舞台である農耕民であるゆえに，ストレスや困難な問題を蓄積している。レッセにとっては森のキャンプが，格好の村からの逃避先として機能しているのではないかというのである（寺嶋 1991）。

コンゴ共和国北東部モタバ川流域で調査を行った塙狼星は，農耕民ボバンダとアカ・ピグミーの関係が，定住村と簗漁キャンプで大きく変わるという興味深い現象を報告している。一般に，農耕民とピグミーのあいだにははっきりした優劣関係が存在している。ボバンダは，村ではいうことを聞かないアカ・ピグミーに対しては武器を使った脅しを用いることさえも辞さない。しかし，簗漁キャンプではアカ・ピグミーと同じキャンプに滞在し，協同して漁撈を行う。簗漁のキャンプは，両者の擬制的な家族関係の絆を強化する儀礼的な場になっており，簗漁キャンプの期間中は，村で両者が抱える諸々の問題は棚上げにされる（塙 2004；本書第 6 章）。

これらの報告では，蜂蜜や魚という森の恵みがもたらす祝祭的な雰囲気や，定住村から離れることによる社会的な緊張の緩和が，生態学的，経済的な共生関係にあるピグミー社会との関係性に注目して論が進められている。本章では，ピグミーとの関係はひとまず措き，農耕民社会にとって，村を離れて森に行き，そこを一時的にせよ生活の場とすることが，かれら自身にとってどのような社会的な意義を持つのかをバクウェレの漁撈キャンプ生活への参与観察に基づいて内在的な観点から素描することを試みる。そして，そこから読み取れるかれら自身の「森に棲まうこと」に関わるセルフイメージについて考えてみたい。

---

3) フランス語で，コンジェ（"congé"）と表現されたと寺嶋は書いている（寺嶋 1991）。

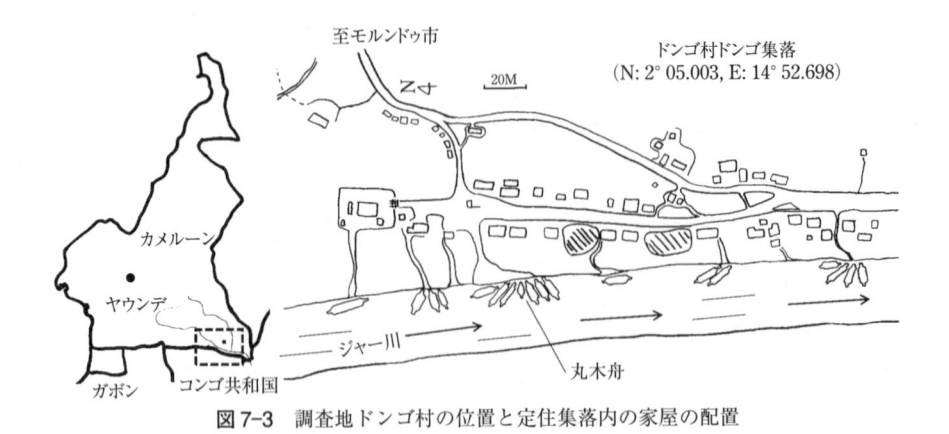

図7-3 調査地ドンゴ村の位置と定住集落内の家屋の配置

7-2 ▶ 調査地と人びとの概要

ドンゴ村

　本研究では，カメルーン共和国東部州ブンバ・ンゴコ県モルンドゥ郡ドンゴ村を調査地とした。この村は，カメルーンとコンゴ共和国の国境を流れるジャー川沿いに位置する（図7-3）。付近一帯は，コンゴ川の支流であるブンバ川とジャー川に挟まれた熱帯雨林地帯である。ドンゴ村は，カメルーン独立前後の1960年代初めに，ジャー川の上流方面から移住してきたバクウェレの数世帯を中心に作られた定住村で，6つの小集落からなり，行政村の単位にもなっている。1980年代前半に伐採会社が基地を構えるまでは，車が通れるような道路はなく，近隣の村むらや最寄りの町への交通手段は徒歩か丸木舟による水上交通しかなかった。

　現在は，もともとの住民であるバクウェレとバカ・ピグミーのほか，伐採会社に雇用されていた近隣地域の農耕民バンガンドゥやカメルーン北部などに出身村を持つハウサ[4]が伐採会社撤退後も残り定住している。現在の人口構成は，バカ・ピグミー 61世帯約300人，バクウェレ40世帯約250人，ハウサやフルベほか10世帯約50人である（合計約600人）。筆者は，2002年よりバクウェレを対象にした調査を開始した。調査期間は，2002年2月，2003年12月～2004年4月，2006年12月～2007年3月および2008年1月～2月の約12か月間である。

---

[4] ハウサは，本来西アフリカに分布する一つの民族集団名だが，カメルーン東南部では，ムスリム住民の総称としても用いられている。かれらの多くは，カメルーン北部から西アフリカ各地出身の出稼ぎ商業民である。詳しくは，稲井（「生態誌」第17章）を参照のこと。

バクウェレ

　バクウェレは，Bantu A85-b に分類されるバントゥー系言語を話す人びとである[5] (Guthrie 1967)。ガボン北東部からコンゴ北部，カメルーン東南部までの赤道沿いに細長く分布しており，総人口は1万3000人ほどと推定されている (Lewis 2009)。調査地のドンゴ村周辺は，バクウェレの分布の北西辺の一角にあたる。カメルーン東南部には，バクウェレの他にも多くの農耕民[6]が居住しているが，バクウェレのカメルーン国内での人口は，筆者の推定によれば3000人をこえない程度であり，この地域の農耕民の中では少数派である。カメルーン国内のバクウェレのほとんどは，ジャー川沿いに居住している。口頭伝承によれば，約150年前に現在北に隣接する複数の農耕民集団間での戦争がもとになって生成したとされる。ドンゴ村の人びとと，かれらの祖先の移住元とされる遠隔地の親族や姻戚との交流は現在まで続いており，通婚圏は半径150km以上に広がっている。こういったエスノヒストリーを反映して，村内ではバクウェレ語をベースに，コナベンベ語とジェム語，それに公用語であるフランス語，場合によっては隣国コンゴの公用語リンガラ語やバカ語が混ざった形で使用されている。私が行った現地調査では，主にフランス語とバクウェレ語を用いて聞き取りを行った。以下ではバクウェレ語の引用が必要と思われる場合にはカタカナと括弧付きのアルファベットで示すことにする。

自然環境と生業暦

　調査地周辺の年平均気温は25℃，年平均降水量1500mm前後と温暖多湿である。9月中旬から11月までと4月から6月までの年2回の雨季，12月から3月までと7月から9月中旬まで同じく年2回の乾季がある。植生は，一部にマメ科ジャケツイバラ亜科のエベン (*Gilbertiodendron dewevrei*) の木が優占する常緑熱帯雨林が点在するほかは，アオギリ科，ジャケツイバラ亜科，シクンシ科の高木が林冠をなす半落葉性熱帯雨林と，川沿いに密生するマングローブのような気根をもつエッセーブ (*Uapaca paludosa*) の列の中に樹高の高いドゥム (*Ceiba pentandora*) が目立つ河辺林，ラフィアヤシが卓越する湿地林によって構成される。その中に点状にバイと呼ばれる湿性草地が混じる。加えて定住集落周辺や集落跡には，人為的に形成された異なる遷移段階の二次林が見られる。そのような陸地を縫って，コンゴ川の支流であり，バクウェレによる漁撈活動の場となるジャー川とその無数の支流が流れている。

---

5) 先行研究では，Bakwélé, Bakuele, Bekwil, あるいはバクウェレ，クエレなどとして記述されてきた (Siroto 1969; Robineau 1971; Joiris 1998; 林 2000; Rupp 2001)。
6) マカ (Maka)，ジェム (Djem)，バンガンドゥ (Bangando)，コーンジメ (Konzime)，ポンポン (Mpongmpong)，コナベンベ (Konabembe)，ボマン (Mboman) などの諸民族集団。

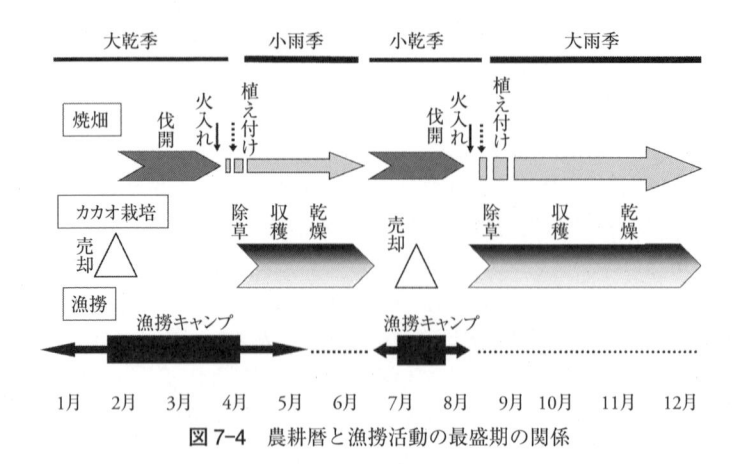

図7-4 農耕暦と漁撈活動の最盛期の関係

　バクウェレの生業形態には，焼畑農耕をベースに漁撈，狩猟，採集，ごく小規模な家畜飼養が組み合わされた多重的な生業複合が見られる。近年では，換金作物であるカカオ栽培が，現金収入源として大きな割合を占めており，基本的な生活周期は焼畑の農耕暦とカカオ畑での作業暦（特に繁忙期である収穫から天日乾燥・売却まで）により決まっている（図7-4）。3月と9月，乾季の終わりに焼畑の火入れが行われ，プランテン・バナナ，キャッサバ，トウモロコシ，ヤウテアなどが植え付けられる。これらのうちプランテン・バナナとキャッサバが主食とされる。最近では，新しく開かれるプランテン・バナナの焼畑のほぼすべてにカカオが同時に播種されており，自給用の畑と換金作物用の畑の位置付けがきわめて曖昧になっている。全世帯が自給用の畑を，全世帯の約80％に当たる31世帯が収穫の得られるカカオ畑を所有している。各世帯の焼畑面積は，自給用焼畑（まだカカオが収穫できるまでに育っていない畑）が平均1.5ha，カカオ畑が平均3haほどである。最近では，様々な社会・経済的理由からカカオ畑をハウサなど外部から来た商業農民に貸し出す世帯も増えている。
　カカオの収穫期にあたる雨季の間は，人びとは定住村に滞在することが多いが，乾季になると，ペティ・ピエーブ（*kpeti pieeb*）と呼ばれる二次林のなかの出づくり小屋や森のキャンプであるペティ・ンディック（*kpeti ndik*）に出かける。ペティ・ンディックには，ペティ・チール（*kpeti chiir*）と呼ばれる狩猟キャンプ，ペティ・ワ・ディー（*kpeti wa dii*）と呼ばれる漁撈キャンプ，ペティ・ニョック（*kpeti nyoak*）と呼ばれるイルビンギア・ナッツの採集キャンプ[7]のいずれもが含まれるが，長期間の狩猟に出かけることの少ないドンゴ村のバクウェレたちにとっては漁撈キャン

---

7) 採集キャンプには，採集対象となる植物の名前がつけられる。ニョックは，イルビンギア・ナッツ *Irvingia gabonensis* (Irvingiaceae) の方名である。

プのことを指すことが多い。

ここ数年は，都市から村までカカオを買い付けに来る商人の市が立つ時期が大きく大乾季にずれ込むことがあり，これが森に出かける時期を遅らせたり，期間を短縮させたりするといった影響を与えることも多いが，基本的には，雨季は定住村に人口が集中し，乾季になると森の中に人口が分散するという離合集散の生活周期が繰り返されることになる。

7-3 ▶ バクウェレによる漁撈実践

タンパク源としての魚

森に棲む農耕民は，主食を農作物に依存する限り，タンパク質源を求め続ける生活を送らなければならない[8]。バクウェレ語では，空腹感にはザー (*zaa*) とゾー (*zoo*) の2種類があるとされており，このうちのザーは，肉や魚の動物性蛋白質が食べられない状況が続くことを，ゾーは主食となる作物が食べられない状況が続くことを指す。

村の食生活では主食であるプランテン・バナナや多年生のキャッサバが欠乏することは稀で，世帯の中で不平が上がることが多いのは，ザーのほうである。肉や魚を調達できれば良いが，それがなくてもタンパク質を豊富に含む芋虫類をはじめとする昆虫類，畑に茂るキャッサバや集落近くの開けた森林環境で採集されるココ (*koko: Gnetum africanum*) やカレ (*kale: Gnetum buchholzianum*) と呼ばれるグネツム科グネツム属の野生植物の若葉や，森の中のシロアリの巣の周辺に群生するシロアリキノコ (*Termytomyces* spp.)，雨季に森の樹上やカカオ畑に発生するアフリカオオカタツムリの仲間ンゴル (*ngol: Achatina* sp.) などが採集され，副食として利用される。

狩猟のうち，最も盛んなのはラーブ (*laab*) と呼ばれる跳ね罠猟である。集落近傍の二次林を中心に，遠くても片道徒歩数時間の範囲の森に仕掛けられる。近年のカカオ栽培の拡大に伴い，定住集落に常時滞在する人口が増えたことが狩猟圧の増加をもたらしているのか，最近跳ね罠猟は不猟である。熱帯アマゾン低地のいくつかの焼畑農耕民（インディオ）社会では，狩猟の効率が下がると，生業努力の重点を狩猟から漁撈に移すという戦略が取られる (Beckerman 1993)。バクウェレにおいても，狩猟によって得られる獣肉の減少により，漁撈への依存度が相対的に高まってきている。

さらに2005年10月にはカメルーン政府により，ドンゴ村の西北西15kmにある

---

8) 十分にタンパク質を摂取せずにキャッサバやプランテン・バナナなど焼畑作物の炭水化物ばかりを摂取すると，必須アミノ酸の欠乏によりクワシオルコル病になりやすい。

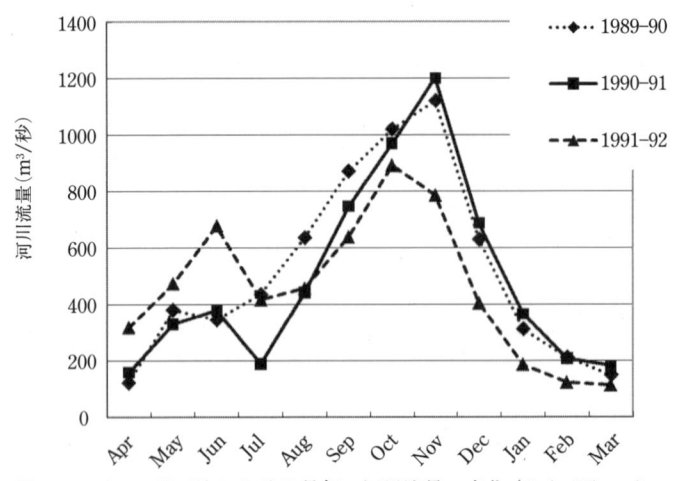

図7-5 ジャー川下流における月毎の河川流量の変化（Sigha-Nkamdjou 1994 のデータをもとに作成）

ジャー川の支流レゲ川以西が，国立公園に指定されたことに伴い，大型哺乳類保護を目的とした狩猟規制がより厳密に適用されるようになった。狩猟規制は，ピグミー系住民よりも，専ら現金獲得を目的に狩猟を行っていると見なされる農耕民に対してより厳しく適用される傾向が見受けられる。このような自然保護政策の動向は，バクウェレをこれまで以上に漁撈に依存させ，水産資源の減少を招きかねない可能性すらある。

熱帯雨林水系の特徴と漁撈技術

バクウェレが用いる 25 余りの漁法は，大乾季の渇水期とその前後の水位変化を利用した季節的なものと，通年で場所を変えながら行われるものに大別できる。1990 年前後に調査地から 45km ほど下流の地点（モルンドゥ市近郊）でジャー川の水文学的な調査を行った Sigha-Nkamdjou（1994）によれば，若干の年変動がみられるものの，9-12 月の大雨季と 1-3 月の大乾季ではジャー川本流を流れる水量の差は 5 倍以上にもなる（図7-5）。

氾濫期には，林床全体が水に浸かる冠水林が出現し，置針漁や突漁が行われる。雨季が終わり，水が支流から本流に落ちる際に，簗漁がいくつかの小河川の河口で行われる。減水につれ，川岸や林内には水溜りが数多くでき，取り残された魚たちが搔い出し漁の対象とされる。さらに水が引くと，川岸の泥の中に潜り込んだ魚を掘り取る漁が行われる（図7-6）。

本流の川底には所どころに大きなエトック（*etok*）と呼ばれる穴があり，筌を入れ

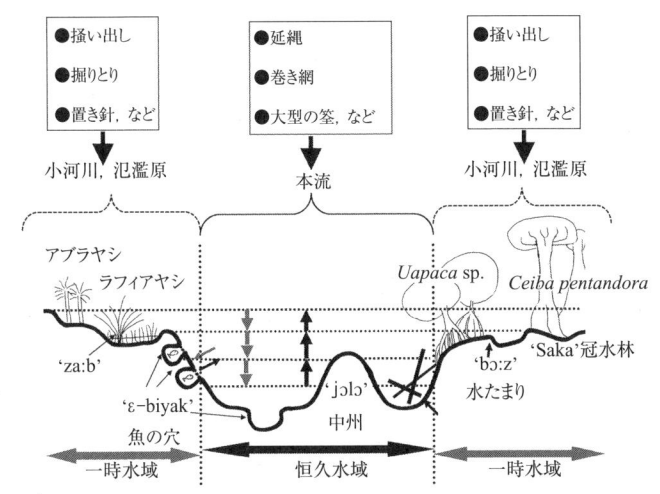

図7-6 雨季乾季にともなう水域の変化とバクウェレによる漁場利用の模式図

る場合にはそこを狙う[9]。釣漁や網漁には，掻い出し漁と共に，年間を通じ行えるものが多いが，これらの漁法は，水域の状況に応じてやり方を柔軟に工夫でき，どの時期でも漁の条件である流れの緩い場所を見つけることができるからである。

これらの漁法のうち，いくつかは最近になって伝播したものである。

ナイロン網や釣り針を数百本以上使う延縄漁のような近代的な漁法の多くは，ジャー川下流域の人びとや出稼ぎ漁民から伝わったという（図7-7）。若者は，こうした出稼ぎ漁民の手伝いをしたりするなかで新しい漁法を身につけてゆく。

魚は移動する資源であり，漁撈活動には，水の移動と魚の生態に関する人びととの知識が深く関与している（秋道 1976）。水位差が数十センチメートルをこえるような水位変動は，モンスーン・アジアから東南アジア，アフリカに棲むコイ目・ナマズ目淡水魚の繁殖生態にとって重要な意味を持っていることが知られている。各地で人びとは，河川の水位変動に付随した魚の生態に関する民俗知識を発達させ，河川氾濫により生じる一時水域を巧みに利用することにより，多様で個性に富んだ在地漁撈文化を生み出してきた。たとえば，岩田明久らは，魚類学的見地からメコン川水系上流部における魚類の生息場所利用と住民の漁撈活動の関係について検討している（岩田ら 2003）。アフリカ熱帯雨林においても，在来型の漁撈の本領は，本流の季節氾濫によってできる一時水域が作る漁場と，魚の生態に関する知識を巧みに利用したこまやかな技術にあると考えられる。しかし，複数世帯や集落単位の協同

---
9) 川底の穴で漁をするという感覚については，コンゴ盆地の他のバントゥー人の漁撈においても報告されている（Pagezy 2000）。

を要する大きな支流を堰き止めて行う簗漁や，大掛かりな魚毒漁のような参加者が種々の禁忌を厳しく守らなければならない伝統的な漁法は廃れる傾向にある。それら歴史ある漁法のほとんどは，漁撈キャンプでは行われるが，定住集落周辺ではほとんど見られなくなっている。

　大乾季には大きな減水により，魚の分布が本流に集中すると同時に，人の手に届く範囲に魚たちがいる。このため，本流に面した漁撈キャンプを拠点にして，様々な漁法を同時に行えるようになる。このことが，様々な参加者からなる集団が長期間漁撈キャンプに泊まり込んで漁撈活動を集中的に行う森行きの生態学的な必要条件となっていると考えられる。

移動しながらの漁撈生活

　バクウェレたちは，乾季になり，本流の水位が低下すると川沿いに遡り漁撈を行う。丸木舟を用いて移動し，本流沿いにキャンプを作る。移動手段として丸木舟が用いられる理由の一つは，村からキャンプに持参する焼畑由来の食料や，逆にキャンプから村へと運び出す魚をはじめとした森林産物の運搬を容易にするためである。

　2004年の大乾季には，定住村から直線距離で40kmの範囲で16-21のキャンプが利用されていた（図7-8）。キャンプあたりの滞在者数は2-30人程度（1-5世帯）だった。滞在者の構成は，同じ乾季の間でも変化してゆく。2-3月，そして8月の焼畑伐開直後の時期が頻度のピークであり，この時期にこそ「バカンス」というにふさわしい女性や子供を加えた世帯単位での滞在が高頻度に観察される。この時期には，バカ・ピグミーの夫婦での参加がままみられる。

　いったん漁撈に出たバクウェレは，良い漁場を見つけるまで，漁撈キャンプを頻繁に移動させてゆく。どのキャンプが森の魚へのアクセスが良いかは，漁場となる一時水域（氾濫原）が森と川の境界をなすエコトーンであるゆえに，毎年の雨量や川の流れ方に左右される。毎年の本流の氾濫の規模により漁に良い年と悪い年があること，それをどう読んでどのキャンプに滞在するかというところが漁撈行きのオーガナイザーの腕の見せどころである。

　以下に，2007年1月12日から24日までの男性T一家のキャンプ移動の事例を示す。T以外の参加者は，妻ひとりと3人の女児（うち1名は幼児），妻の両親の7人のキャンプであった。

図 7-7　ガル漁と呼ばれる空鉤を用いた延縄漁を行うセネガル出身の移住者

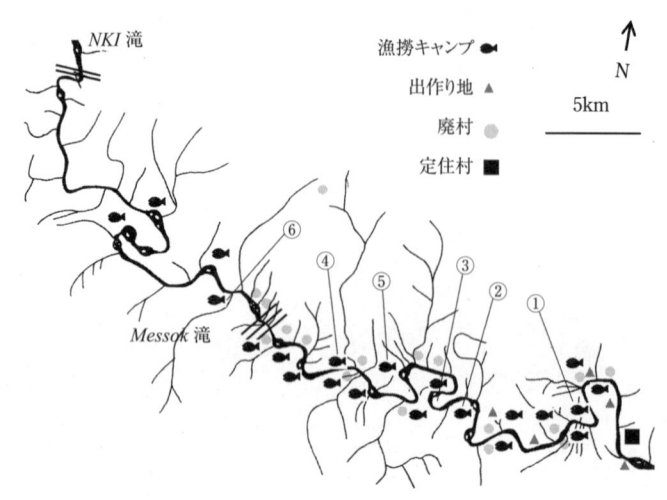

図7-8　ドンゴ村より上流の漁撈キャンプの分布

1月12日	村から出発し，地点①に移動。
1月13日	引き続き丸木舟を漕いで，地点①から地点②の川中島ガビオン島に移動。
1月14日	地点③の川中島周辺の沼にて，掻い出し漁，置き針漁を，本川で延縄漁を開始。掻い出し漁で，コビトワニ，小型ヒレナマズ，ティラピア，タイワンドジョウ，アフリカツメガエルを，延縄と置き針で大型のヒレナマズを一匹ずつ捕獲。
1月15日	地点②より日帰りで地点③の沼まで遠征して掻い出し漁。小型のヒレナマズとアフリカツメガエルが多量に獲れる。
1月16日	地点②から地点④のビヤドーブ川の河口の漁撈キャンプに移動。
1月17日	地点④の近くの沼で掻い出し漁
1月18日	地点④から下流の地点⑤のレケ島に戻る。
1月19日	地点⑤の近くの沼で掻い出し漁。小型ヒレナマズとティラピア，そしてタイワンドジョウをたくさん獲る。
1月20日	魚を燻製にする。
1月21日	地点⑤より少し上流にある二つの沼で掻い出し漁。小型と中型のヒレナマズを多量に獲る。
1月22日	魚を燻製にする。
1月23日	2人の男性のみで延縄漁に。スキルベ科，サカサナマズ，ギギの仲間を獲る。
1月24日	延縄漁と網漁を始める。

……

　Tのパーティは，2週間半ほどの予定での漁撈行だったが，後から村からやってきた壮年男性Pの家族パーティと地点⑤のキャンプにて合流し，最初の1週間ほぼほぼ上流に毎日移動しながらの漁撈を繰り返した後，川岸の1か所（⑥地点）にキャンプを作って約2週間滞在し，網漁，延縄漁，釣り漁，銛突漁，掻い出し漁などのほか，集団による魚毒漁モンゴンボ[10]（*mongombo*）を行った。丸木舟という移動手段を用いる以上，漁撈キャンプへの参加人数には限界があるが，このように出会った集団どうしが合同で漁をしたり，キャンプを共用したりすることは珍しいことではない。

　長期滞在する際には，開かれて新しいキャンプよりも長い間使われてきたキャンプが好まれる。新しく川岸の植生を刈り払ってつくったキャンプは日射が強いために蒸し暑い。咬虫が多いだけでなく野生動物に襲われる危険性がある。バクウェレが特に恐れるのは，キャンプ周辺でマルミミゾウをはじめとする大型野生動物と遭遇することである。多くの漁撈キャンプが，森の奥深くには作られず，川中島にある理由の一つはゾウ対策であるという。古いキャンプは，かつての廃村近くに作られることが多いが，そのような場所ではキャンプを囲む木々の樹冠が閉じており，日射が木陰に遮られて1日中気温が極端に変動することもなく居心地が大変良い。柑橘類やトウガラシ，薬用植物など有用な栽培植物が植えられているキャンプも多く，調理や怪我の治療の際には重宝する。

　川岸から漁撈キャンプまでの距離は，10mから30mほどで，キャンプからは川が十分に見える。キャンプに着いて，まずすることは地面の掃除と男女が組になっての小屋づくりである。キャンプ周辺の小径木とアフリカショウガ（*Aframomum* sp.）の茎で骨組みを作り，最後にクズウコン科の葉で屋根を葺く。蚊帳があれば蚊帳を吊るが，なければやはりクズウコン科の葉で壁をつくり，中で焚火をする。世帯ごとに焚火場をつくり，その上にター（*taa*）という乾燥棚を作る。獲物（魚をはじめとする水棲動物）をここに載せて，焚火の煙で乾燥させる。強火にし過ぎると魚の組織が煮えてしまい，腐敗の原因になったり，焦げたりすることになるので，弱火で煙だけが途切れずあたるように火加減を調節する（図7-9）。

　漁撈キャンプでは，定住村ではまず見られない様子が観察される。村では場所を分けて食事をする成人の異性どうしがキャンプでは食事を共にする，村で調理を行わない男性が積極的に調理に参加する，獲れた魚ばかりか，村から持ち込まれた農作物がキャンプ内やキャンプ間で分配される，といった光景である。

　漁撈キャンプでは，漁撈だけが行われるわけではない。キノコや蜂蜜採集が得意

---

10) バクウェレ語およびバカ語でマメ科のつる植物 *Milletia* sp. を意味する。魚毒漁は，様々な植物性の毒を使って行われるが，それぞれの漁は使われる有毒植物の名前で呼ばれる。

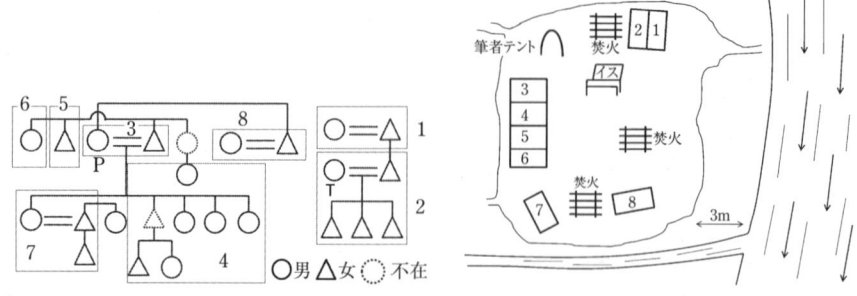

図7-9 漁撈キャンプにおける社会関係とキャンプ内の小屋の配置の例（PとTの世帯のパーティ，2007年1月-2月）

な者はそれを行う。同じキャンプへの滞在が1週間以上にもなれば，跳ね罠が仕掛けられる。このように漁撈キャンプではバクウェレたちの農耕民らしいジェネラリスト（何でも屋）ぶりが発揮される。キャンプ周辺の集落跡にはアブラヤシ (*Elaeis guineensis*, Palmaceae) が，また湿地にはラフィアヤシ (*Raphia* spp., Palmaceae) が群生しており，その気になればヤシ油やヤシ酒の材料には事欠かない。家の葺き替えの時期には，ラフィア林に近い漁撈キャンプは，ヤシの葉採集キャンプに様変わりする。河辺林には，魚以外の恵みや資源が幾つも用意されていて，漁撈キャンプはそれらへのアクセスの拠点となっているのである。漁の合間や夜には，近隣のキャンプからの訪問者を交えて，猥談や噂話，昼間に起こった川や森での逸話や昔話（エッセッサ *esessa*）が子供や女性も参加して語られる。

燻製加工された魚のゆくえ

　長時間かけて，乾燥棚の上で大切に燻製にされた魚は，村に持ち帰る前に種類やサイズ別に籠の中にパッキングされて丸木舟に積み込まれる。大量の燻製魚が準備できた場合は，一度に定住集落に持ち帰らず，村の手前のキャンプに隠しておいて，後で取りにいくといった工夫がされる。村では，人びとが，魚や森の産物を満載した親戚や知り合いの舟が来るのを今か今かと手ぐすね引いて待っている。船着場で荷降ろしをする際に，持ち帰った燻製の量を人びとの眼に触れさせてしまうと，その後の贈与・分配や販売が思うようにいかなくなってしまうのである。定住集落内の親戚や友人への贈与のほか，親戚の家に下宿して近くの町の学校に通う子供たちのもとへもプランテン・バナナやキャッサバと共に仕送りされる。これらが済んだあとで，自家消費分を除いて残りの燻製魚を売る（図7-10）。脂肪分をたっぷり含んだヒレナマズやギギの燻製は，人気が高く，一つ2-3000CFAフラン（400-600円）にもなるかたまりが飛ぶように売れてゆく。

第 7 章　森の「バカンス」　113

図 7-10　村で魚の燻製を売る

　主な買い手は，バクウェレとハウサの人びとである。小型から中型の魚の燻製は，適当に大きさと種類を組み合わせ，500-1000CFA フラン（100-200 円）の束にして売られる。バカ・ピグミーの人びともこれには目がない。
　このようにして，ほとんどの場合村の中で魚は売り切れになってしまう。しかし，燻製魚の量が十分に多ければ，近くの町や伐採会社のキャンプに持ち込んで売ることができる。そこでの値段は村で売り買いされる値段の数倍から 10 倍以上にもなる。ドンゴ村から約 50km 離れた郡都モルンドゥでは，質の良い魚を手に入れようと思えば午前 6 時前には公設市場に到着していなければならない。ごく短時間，10-20 分もすれば売り切れてしまって手に入らないのである。モルンドゥで数日間売るだけの魚があれば，新しい衣服や布，靴はもちろん，自転車や様々な商品を手に入れることも可能になる。人口規模の大きな町であれば，さらに良い値で売れる。たとえば，県庁所在地であるヨカドゥマでは，ディムと呼ばれる大型のヒレナマズ（*Heterobranchus longifilis*, Clariidae）1 匹で，5 万 CFA フラン（1 万円）以上になる[11]。長期漁撈キャンプでは，運が良ければ女性による掻い出し漁の成果の一部が累積的

11）筆者は，2008 年 5 月にパリのアフリカ人街の一つを訪れた際，調査地から数百キロメートル下流のサンガ川産の燻製魚を航空便で輸入し，街頭で売っている地元出身の女性に会ったことがある。20cm 弱の大きさのヒレナマズ 3 尾で 15 ユーロという値段で売られていた。森の魚の燻製は，ヨーロッパに移住した人びとのあいだでも需要があるのだ。

に保存され，数十kgものティラピアやゴロとよばれる小型ヒレナマズの燻製が村に持ち帰られることがある。特に，ゴロの燻製は保存がきく上に，美味であるため故郷の味として町でも人気が高い。搔い出し漁の成果は，副食としてのみならず，女性の貴重な収入源にもなっている。

7-4 ▶ 漁撈キャンプにおける社会関係の諸相
—— 逸話からのアプローチ

村から森へと向かう心理

　なぜ，バクウェレたちは森に行くのだろうか。ここまで見てきたように，バクウェレの漁撈キャンプでの活動には，食物獲得や経済的な意味合いが強い。しかし，だからといって，漁撈活動に目的が収斂しているというわけでもない。かれらの森に行く理由は，森に入って生活をすること自体にかれら自身が何らかの意味を認めているからこそであろう。この節では，村を離れて森へと向かうバクウェレたちの心の動きについて，参与観察をとおして得られた逸話（エピソード）の中から探ってゆく。あえて逸話に注目するのは，かれらの漁撈実践に関するセルフイメージを捉える上では，現時点ではそれがもっとも有効な方法だと考えるからである。まず，個人的な事情による森行きの事例を見てみよう。

事例1：傷心の少年，森に行く

　　ドンゴ村の少年Tは，複数のガールフレンド（イモワーズ imowaaz）が居た[12]が，特に国境を挟んだ隣村の少女との結婚を希望して半年ほど毎日のように贈り物を持って通っていた。しかしその恋は実らず，他の男に盗られてしまった。約2週間村にいて，見るたびに泣いていたが，その後4週間ほどひとりで漁撈キャンプに出かけた。多量の魚の燻製を持ち帰った後は，ケロリとして他の少女のところに通い始めた。

　これは，失恋した少年が傷つけられたプライドを癒しに漁撈キャンプに行った，という状況である。ドンゴ村のバクウェレたちの間では，異性関係によるトラブルは日常茶飯事である。問題は，事がうまくいかなかったときに嫉妬感情がこじれてしまう。問題の当事者が，森行きによりすっきりしたように見えるのみならず，村

---

[12] 結婚することをバクウェレ語でエバ（2になる）という。婚資を花嫁の家族に受け取ってもらえて，結婚成立となるが，それまでの道のりは長く，一緒に住んだり，性的関係を結んだりしていてもイモワーズ（婚約関係）という通い婚の状況が続く。結婚までに，誰しも3度か4度はイモワーズの関係を持つのが普通であり，様々な異性関係の経験を積むうえでもよいことだと考えられている。

に戻ってきた個人を周囲が受け入れていることが重要である。

　妻や婚約者を連れて，一緒に漁撈キャンプに向かう男性も多い。そこでは，男女間の関係を深めたり，関係を修復したりする効果が期待できる。たとえば，青年男性Bによれば，掻い出し漁の成功可能性の高い場所に妻を同伴し，満足させることが重要なのだという。村の近くでももちろん掻い出し漁はできるのだが，それとは目に見えて差がつくような漁の成果が得られなければ，そのキャンプは失敗だという。ガビオン島というのは流程距離で25kmほど離れた漁撈キャンプのある川中島である。ガビオン（Gwabiwon）はバクウェレの人名だが，バクウェレたちは川中島や支流，中州，滝，湿地，沼などにしばしば人名を冠した命名を行う。「近くの漁撈キャンプには家族を連れて行かない。十分に満足させられないから。村の近くはすでに掻い出し漁がされていて，たくさん獲れない。ガビオン島より先なら連れて行く。」という言説にみられるように，より遠くのキャンプ周辺にはまだ他者が訪問していない沼があるかもしれず，より多くのチャンスがあるかもしれない。森から水が引いた後に行われる池沼での掻い出し漁では，1回目と2回目で成果がまったく変わってくる。水の引き具合を見ながらではあるが，よい漁が期待できる沼への先着をものにするため，妻や母，ガールフレンドを連れて夫やフィアンセは丸木舟を漕ぐ手に力を入れる。

　男性と共に漁撈キャンプに参加する女性は女性で，漁撈キャンプで濃密な時間が過ごせることを期待する。バクウェレ社会では一夫多妻は普通にみられるが，村では妻どうしの，そして夫婦間の確執があり，義理の家族との緊張関係がある。新しく妻を娶る前には，事前にすでに婚姻関係にある第一夫人，あるいは第二夫人の了解を得ておくことが望ましいが，これがなかなか難しいことがある。通りすがりに訪問したキャンプでインタビューすることができた新しく結婚したばかりの女性Mは，うれしそうに十分なタンパク質摂取によって得られる満腹感を強調した。「毎日おいしい食べ物が食べられる。村では魚で満腹にはなれないけれど，このキャンプで，私はゴリラみたいに食べている。」このような言説は，私のようなよそ者に発せられた言葉ではあるが，その場に居合わせた彼女の夫に対する最大級の賛辞のイディオムになっている。

　このように森での生活は，ともすると緊張をはらみがちな夫婦関係をポジティブに転調させたり，リフレッシュさせる効果を持ちうる[13]。バクウェレにとって，森という場は親密な関係を作り出したり，リフォームするのにふさわしい場だと考えられていることが窺える。

---

13) バクウェレ社会と同様に，一夫多妻婚が見られる旧ザイール中央部の農耕民ボンガンド社会を調査した木村によれば，彼のインフォーマントのひとりは，長年連れ添った第一夫人にどうやって2人目の妻を迎えることを承諾させるのかに悩んだが，しばらく第一夫人と森に入り，思い切って切り出したところあっさり了承してもらえたという（木村 私信）。

バクウェレ社会では、他の農耕民集団と同様にソシレリ（フランス語でsorcillerie）と呼ばれる呪術・妖術が盛んに行われており、その実践によって様々な怪異現象が発生したり、邪術のために病気になったり死んだりする者が絶えないと信じられている（大石2008）。これらは、焼畑農耕を営むバントゥーの人たちの世界で顕著にみられ、富や異性関係、社会的成功の不平等による妬みがもとになっていると考えられてきた（掛谷1983）。バクウェレにとっては、現実の人間関係や社会関係と対応した大変リアルな問題であり、人びとの社会行動の心理的な基盤を形作っている。次に、呪術に関係する森行きの事例を見てみよう。

事例2：呪いの疑惑をかわす

壮年男性Pは、2000年ころにドンゴ村から3kmほど離れた隣村レゲ村から家族ともども移住してきた。移住の理由は、レゲ村に持っていたカカオ畑を手放さなければならなくなったからである。移住以来、Pの世帯は頻繁に村の中で家の位置を変えた。最初の1年半は、村長が住んでいるドンゴ集落に村人から購入した家に住んでいたが、その後バカ・ピグミーが主な住民であったバカ集落に移り住み、周囲のバカ・ピグミーに酒を頻繁に振舞うなどして労働力を確保し、新たな畑の拡大を図った。Pは2002年以降も同じバカ集落内で移住を繰り返し、しだいに集落の中心的な位置に進出するようになった。またドンゴ集落からバカ集落に移住する者が増え、彼の家を取り巻くようにバクウェレの家が増えていった。Pは、いつしか自分をバカ集落のチーフであるとバカ・ピグミーに呼ばせるようになった。こういった経緯から、Pが出身村である隣村の村長と協力して、ドンゴ村の村長に呪いをかけ、その座を奪おうとしているのではないか、というような噂が流れた。2003年になると、実際に当時の村長が、足が萎える病気に罹患し、寝込むことが多くなり、Pを中心とするグループの邪術によるものに違いないという非難が陰に陽に強まった。すると、Pは頻繁に漁撈キャンプに行くようになった。滞在先のキャンプでPに尋ねると、「村が熱くなっているので森に行くことで冷ます。良い漁をし、たくさん魚を食べることで森の力を自らに補給することができ、村に帰った後に他人からの呪いに打ち克つことができる。」と説明した。

村では、些細なもめごとが、網の目のような親族関係のつながりを伝わって、家系集団間の全面的な争いへと連鎖的に拡大しやすい。この場合、漁撈キャンプへの移動は、疑義や敵意を持たれた相手や村における「犯人探し」の過熱を牽制する意図があったといえる。

この二つの事例は、「異性関係にまつわる負の感情の中和」と「村内政治の抗争の鎮静化」という質のまったく異なる問題ではあるものの、定住村における何らかのトラブルが起きていて、それと対応したかたちで森行きが行われていること、森を村とは異なる原理が働く場として利用している、という点は共通している。

もちろん，明確なトラブルがなくても，ただ単に村の生活環境に疲れて森に入るということもあるようだ。たとえば，私が2007年1-2月に1か月弱居候した漁撈キャンプで一緒であった既婚の壮年女性Bは，村の喧騒から離れることのメリットを，以下のように説いていた。
　「森に居れば，静けさがある。他人に邪魔されない。他の村人と問題が起こることもない。魚のキャンプだけではなく，ニョック（イルビンギア・ナッツ）採集のキャンプも，他の村人のキャンプから離れていたほうが落ち着いて採集ができる。」この言説は，バクウェレたち自身が，しばしば村における喧騒にストレスを受け，村の生活に倦んでしまうこと，そんな際に森に生活の場を移すことで精神の落ち着きを得ていることを表している。

森での食物探し

　野生ヤムイモは，バカ・ピグミーにとって非常に重要な採集物であるが，普段バクウェレが村で口にすることはまずない。自給畑には数は少ないがエッグイム（*egguim*）と呼ばれる栽培ヤム（*Dioscorea alata*）が植えられていて食用にされる[14]が，野生ヤムは，人間の食べ物ではなく，「動物の食べ物」だとされる。これはことさらにバカ・ピグミーの食べ物を貶め，「差別」化することによって，自らの集団アイデンティティを表明していることに他ならない。長期にわたる漁撈キャンプの生活では，タンパク質をいかに確保するかが問題になる村とは反対に，主食をいかに確保するかが問題になる。以下の事例は，数百キログラムに及ぶ村からの農作物を消費しきった時に観察された，漁撈キャンプ参加者全員による野生ヤム採集の様子である。
　漁撈キャンプには，村の自給用の畑からプランテン・バナナとキャッサバを中心に多量かつ複数種類の農作物が持ち込まれる。これらの農作物は，生のままだけではなく，燻製加工や粉末にしたものなど複数種類用意される。足の早い生バナナから生キャッサバ，キャッサバ粉へと順次食されていく。畑由来の食料は，村にある自給畑からの補給とともに，漁撈キャンプへ向かう途中の出作り地の畑からも補給できる。魚と交換にプランテン・バナナやアブラヤシの実を得る。村から十分離れたところにある川沿いの出作り地では，畑さえ十分な面積があれば，毎日，あるいは数日置きに漁撈や狩猟・採集のために訪れる人びとと作物を交換したり，贈与を受けたりすることにより，非常に豊かな食生活を送ることができる。

---

14) ヤムイモは，日陰を好むバナナとは異なり直射日光のあたる環境を好む。熱帯雨林内の焼畑でヤム栽培を行うには，除草や畝つくりの手間がかかる上，収穫できる量はキャッサバほどには期待できないので栽培されてはいても数はわずかである。

表7-1 村からキャンプへと持ち込まれた食料および調味料（食塩以外は全て自給）

品　目	分　量	重　量
プランテン・バナナ生果	23房	306kg
生甘キャッサバ	2袋	約100kg
発酵キャッサバの燻製	1袋	50kg
プランテン・バナナの燻製	1袋	30kg
サツマイモ	半袋	25kg
食塩		約1kg
乾燥トウガラシ		若干量

事例3：キャンプメンバー総出のにわかヤム採集

2007年1月中旬から2月初旬にわたり，壮年男性Qの家族を中心とする3世帯15人の長期漁撈キャンプに加えてもらった。キャンプの位置が，定住村はもちろん，最も近い出作り地からも日帰り不可能な距離にまで達し，農作物が底を着くという事態に遭遇した。

村から出発する際には，表7-1の量の食料と調味料が用意され，4台の丸木舟に分けて積まれたが，2週間足らずですべてが消費された。最寄りの出作り地にQの義兄弟を丸木舟1艘と共に送り，作物をもらってくることになったが，かれらが食料と共に戻ってくるには2-3日かかる。その間どうやって食いつなぐかという問題に我々は直面した。いくら魚があっても，主食がまったくなければどうしようもない。結果として，こどもたちをキャンプに残し，数キロメートル下流の対岸の丘に残りの者全員で野生ヤムイモ，ブワル（*mbwal*: *Dioscorea praehensilis*, Dioscoreaceae）を探しに行くことになった。夫婦で組になり，男性がヤムイモの蔓を探し，女性は，山刀で掘る。女性たちは，最初のうちはキャンプのオーガナイザーのQに対する不満などブツブツ文句を言いながら穴掘りをしていたが，10分もするとがぜん勢いがつき，競い合って採集が行われた。夕暮れまでに採集できたヤムイモは，キャンプに持ち帰られ，調理されたのち，少量ずつ何度も分配された。実はヤムイモが好物だという者もおり，村の畑に植え付けるためにこの芽を持ち帰る者もいた。バクウェレたちは，漁撈キャンプ周辺に，ヤムイモが群生する川沿いの小丘陵がどこにあるかをよく知っている[15]。Qは「2-3週間だったら村の食べ物がなくても，ヤムイモと魚で暮らせるさ。」と言っていた（図7-11）。

この事例で非常に印象的なことは，いくら主食がなくなったとはいえ，村ではバ

---

[15] ドンゴ村から北西に広がる森の中には，野生ヤムイモが群生する小丘陵がいくつもあるという。佐藤弘明は，そのうちの一つ，モコンド（Mokondo）と呼ばれるBek山の周辺の丘陵において，野生ヤムイモの生息密度調査を行い，この丘の頂上部だけで，118kg/haの食用可能なヤムイモ現存量を推定している（Sato 2006）。

図 7-11　漁撈キャンプでの食事の分配

図7-12 バクウェレにより採集された野生ヤムイモ

クウェレがピグミーたちをけなす常套句のようになっている「野生ヤムを食らうような野蛮な奴ら」に当の本人たちがあっけなくなってしまったことである。それどころか、その動物の食物であるはずの野生ヤムを嗜好する者までいる。農作物がなくなったとき、まっすぐに野生ヤム（図7-12）を探したことは、── それがバクウェレにとっては救荒食に近い位置付けであるにせよ ── かれらが森での生存を支える食物として、大きな信頼を寄せていることを示している。

森の恵みに対する態度

　川岸に面した漁撈キャンプには上流から様々な漂流物（寄り物）が漂着する。バクウェレは、これらのうちまだ新鮮な魚や獣をトゥトゥ（*tutu*）と呼び、拾ったり、掬い上げたりして積極的に利用する[16]。トゥトゥは、原則的に最初にそれを見つけた者の所有となる。

事例4：流れてきたゴリラ

　2007年4月、友人の青年Kが、モルンドゥの町で出会ったコンゴ民主共和国出身の漁民から習ったという大型の筌漁エトロ（*etolo*）の新しいやり方を手伝い、観察す

---

16) 寄り物とは異なる採集対象として、雨季に森の中から川に運んできたモノがある。大乾季に入ってしばらくすると、急速に水位が下がる時期がある。この時期にすかさず川辺や川岸を丹念に探すと雨季に水が残っていった動物の死骸を発見することがあるという。また、筆者は、川に落ちて滝つぼにはまったゾウの死骸から象牙を採集する様子を観察したことがある。

る機会を得た。1週間ほどかかって筌を3つ編み上げたのち[17]，これを丸木舟に積みこんで，ドンゴ村の上流に試験に出かけた。筌は，良い場所に設置すれば，群れで移動する習性をもつモルミュルス科（Mormyridae）やコイ科ラベオ属（*Labeo* spp., Cyprinidae）などの大型魚を効率よく捕らえることができる。よい場所を探していくつかの漁撈キャンプを移動したが，三つ目の滞在先のキャンプでは漁のベテランMとMの息子の2世帯のグループと一緒になった。

キャンプで過ごして2日目，Mたちは獲れた魚を十分に乾燥させるため，漁をせずにキャンプに留まっていた。朝食の後，川岸に出て食器をすすいでいたMの妻が，突然声を上げた。川の中央あたりを，何かが上流からこちらに向かって来ているらしい。急きょ，Mは丸木舟を出してそのモノに漕ぎ寄り，開口一言，ゴリラ（ジル *djil*）のトゥトゥであることを皆に告げた。中洲に引っ張り上げたゴリラは背中の白いシルバー・バックで，まだ身体は温かい。外傷もなく，Mの推測では，川畔の木に登っていたゴリラが川に落ちて溺れたのだろうとのこと。その場で協力して，解体が始まった。何回も丸木舟を往復させて肉を運び，キャンプに戻ると，MとMの妻は私とKを含むキャンプのメンバー全員にゴリラの肉を分配した。その日の夜から毎食，肉が振る舞われたが，余った部分をすべて燻製にしきることもできず，一部は森の中に廃棄された。

この事例では，トゥトゥは大型のオトナのニシゴリラ（*Gorilla gorilla*）であり，多量の肉が得られた[18]。この肉のある間は我々がすでに設置した筌を毎朝確かめに行くほかは漁撈活動は行われず，食事の回数を増やすなどして肉の消費に専念した。この他にも，2004年には丸木舟で移動中に，ピーターズダイカー（*Cephalophus callipygus*）が，ぷかぷか浮いているのを拾い上げた事例に遭遇した。聞き取りでは，他にもミズマメジカ（*Hyemoschus aquaticus*）やサル類（Cercopithecoidea），モリオオネズミ（*Cricetomys emini*），ナイルワニ（*Crocodilus niloticus*）のトゥトゥを得たという話を聞いた。もちろん，森の動物よりも頻繁に魚のトゥトゥはしょっちゅう見ることができ，バクウェレたちは良いトゥトゥが拾えるかどうかは，鳥類や爬虫類をはじめとする他の動物たちとの競争だという。このように，漁撈キャンプへの滞在では，森のただなかを流れる川ならではの森の恵みが得られることがあり，これにはいつ，何が見つかるか分からない「ワクワク感」があるのである。

---

17) ラフィアヤシの茎とラタン科のつる植物カオ（*kao* 未同定）を利用して作られる。
18) ゴリラは，絶滅のおそれがある大型類人猿であり，国立公園内に限らず厳重な保護対象となっている。同時にバクウェレにとってはジルと呼ばれるこの動物は，ベカ（*beka*）と呼ばれる割礼儀礼において精霊の肉として結社員に共食されるなど，特別な文化的位置付けを与えられている。ベカの執刀者と女性の産婆もまたジルと呼ばれていることからも，かれらのゴリラへの特別な思い入れが感じられる。儀礼のごく限定された機会にかぎって槍で狩猟されている。

事例5：魚は「みんな」のもの

　2008年の1-2月に私がドンゴ集落に滞在中，隣国コンゴ共和国サンガ州の州都ウエッソからはるばる船外機でドンゴ集落の目の前といってもよいごく近傍の漁撈キャンプに乗り付けた専業漁民のグループがいた。かれらはコンゴ政府から得た商業営漁許可証を取得しており，ドンゴ集落の対岸にあたるコンゴ側のキャンプに陣取った。かれらは1か月以上にわたって10cm以上の大きな網目の網を使った巻き網漁を，少しずつ位置を変えながら行い，大型のギギやナマズばかりを多量に水揚げし続けたが，地先のドンゴ村の人びとにはそれらの魚の一部たりとも贈与されることはなかった。ちょうどその時期に，ドンゴ集落より10kmほど下流の対岸にある町で政府庁舎を建て替える工事が行われており，専業漁民たちはそこで働く労働者たちに高値で魚を売りに行っていた。ドンゴ村からもかなりの人数の男性たちがこの工事に駆り出されてはいた。バクウェレたちは目の前で起こっている出来事を，指をくわえて見守るばかりの状況が続いた。しかし，誰も専業漁民たちに文句やいいがかりをつける者はいなかった。なぜ黙っているのか，と尋ねると「川の魚はみんなのものだから，何もいえない」というのがバクウェレたちの言い分であった。

　ここで興味深いのは，陸上の土地，特にカカオ畑では畑の境界の一本の樹の所有について争うバクウェレたちが，川のものについては，漁撈キャンプという場の共用を他の民族やよそ者と行うだけでなく，魚という資源へのアクセスを陸上の家屋や畑の立地とは関係なく捉えている[19]ということである。これは，かれらにとって，プランテン・バナナやカカオよりも魚のほうが，価値がないからなのだろうか。数週間にわたって漁撈に出かけ，自給畑のバナナを腐らせてしまうような人たちが，そんなふうに考えることはあり得るだろうか。こと漁撈に関するかぎり，捕獲するまでは獲物は人間のものではないという自然物採捕の論理が守られているのである。漁撈キャンプにおいては，資源に対して共有の論理のほうがより強く働いているといえる。

まとめ

　バクウェレは，ごく個人的な異性関係から集落全体を巻き込んだ政治闘争にいたるまで，定住集落における社会関係に摩擦が生じていたり，予測されたりするとき，そのほとぼりを冷ますように漁撈キャンプに行くことがある。その意味で，バクウェレの人びとにとって，川沿いの漁撈キャンプは丸木舟で気楽に行き来できる

---

19) ただし，強制移住以前には，漁撈にかぎって，主だった支流のそれぞれについて，簗をかける権利が家族集団ごとに決まっていた。簗漁は，毎年簗をかけられる時期と場所が決まっている定置漁法である。漁場をめぐる競争を避けるために権利が設定されていたと考えられるが，現在では，簗漁そのものが衰退しており，数本の支流を除きこのような慣習は見られなくなっている。

村からの一時的な逃避先であると言える。そこでは，村では「動物の食物」だなどといって蔑んだ食物を食すなど，動物と人間，帰属する集団間の文化的差異が曖昧になるなど，定住村では堅固に区切られているかに見える社会的アイデンティティの境界がずれたり，緩くなるという傾向性が指摘できる。

　川沿いの生活は，人間が川の資源に近づくだけではなく川が寄り物のような形で森の恵みをもたらしてくれることもある。入手可能性についての予測のつかなさが，宝探しのような魅力にもなる。漁場や漁撈キャンプの利用，そこで捕獲される水産資源には，畑をはじめとする面的な占有の論理が卓越する陸地とは異なったより融通のきく所有やフリー・アクセスの論理が適用される。森を流れる川は，森の中にありながら，一方では森とは異なる生活世界が広がっており，それはさらに外部の世界にも水系のネットワークを介してつながっている。

7-5 ▶ 考察：森棲み感覚と「バカンス」

森を楽しむ

漁撈キャンプの社会的な静かさと快適さ

　人口密度の高い定住村では，畑にする土地をめぐる争いや，異性をめぐる問題など煩雑な人間関係に起因する多岐にわたる問題の種が絶えることがない。一般に，村での定住的な社会生活には多大なエネルギーが必要になるといえる（西田 1984）。負の社会関係やストレスが村で蓄積された時，その解消や緩和の方法として，森に行き，そこでしばらく生活を行うことで状況の鎮静化や好転を待つという選択肢がある（寺嶋 1991）。漁撈キャンプでは，比較的少人数で，村での絶え間ない喧騒や日々かぎりなく生ずる困難な問題から逃れることができる。漁撈キャンプの社会的な「静かさ」が，いわば「癒し」のような効果を有し，定住生活によって蓄積する負の社会関係に対する緩衝・調整を果たしている側面がある。

　このような村生活からの逃避先としての漁撈キャンプを考える上では，丸木舟をつくるか借りるかさえすれば，定住村から比較的気楽に行ける場所でもあるという手軽さが重要である。定住村と比較して，漁撈キャンプの立地環境の物理的，生理的な快適さも人びとの森行きにモチベーションを与えている。特に乾季には村では日射が大変強くなるが，森ではそのようなことはない。十分に発達した林に囲まれた漁撈キャンプの居心地のよさもまた，人びとの社会的な静かさを引き出す条件を形成しているのではないだろうか。

　漁撈キャンプの多くは雨季になれば水没してしまう無主の地であり原則的にアクセス自由な場所になっている。すでに述べた事例でも見たように，バクウェレたち

は，国境をこえて，あるいは下流からはるばる漁の場を求めてくるよそ者を漁撈キャンプから追い払うことをしない。独占的な所有や利用が見られないなど，漁撈キャンプや漁場となる河川空間のもつ特殊性は，森と川の間のエコトーンとしての曖昧な立地と関係していそうだ。河川空間では，こと漁撈に関する限り，排除の論理よりも，協同と融和の論理のほうが優先されるのである。

　森行きが人びとにもたらすのは，村から離れているということによる精神的・社会的な解放感だけではない。森棲み農耕民が森そのものに寄せる信頼感は，内戦や災害など生命の危険にさらされかねないような不可避の有事の際に，森が人びとが村から避難する「かけこみの森」（杉村1997）になってきたことからも傍証される。カメルーン東南部は，第一次世界大戦以前はドイツ領であったが，戦争の結果フランス領に組み込まれた経緯がある。カメルーンのバクウェレたちには，第一次世界大戦においてドイツ側に着いた祖先が森の中に逃げ込み，漁撈で何とか生計を維持しつつフランス軍の攻撃をしのいだという伝承が残されている。同様に，1960年のカメルーン独立前後にマキザーと呼ばれる反体制ゲリラ集団が首都ヤウンデから落ち延びてモルンドゥ周辺から上流のドンゴ村周辺に隠れ場所を求めてきたことがあった（Mbembe 1996; Rupp 2001）。その際にも人びとは政府軍によるマキザー掃討作戦の巻き添えを食らうことを恐れて，上流の漁撈キャンプに逃れたのだという。そして，そのような森棲みの機会に複数のクランや民族集団のあいだで通婚が起こり，それにより現在のバクウェレという社会集団の基礎が作られたのだという。ドンゴ村において現在数組みられるバクウェレとバカ・ピグミーとの擬制的な家族関係の起源譚も，上流のキャンプに避難していた際に居住地の共用が起こってその際に両者の間に結ばれた婚姻関係がもとになっているというものである。このような伝承からは，漁撈キャンプにおいて観察される社会関係の緩さは，バクウェレ社会において伝統的に継承されてきた側面をもつことが示唆される。

漁撈実践に内在する楽しさ

　魚をとるという生業活動のプロセスそのものに内在する楽しみも見落せない。松井健は，沖縄や東南アジアの民俗社会を事例にマイナー・サブシステンス論を展開するなかで，自然との密接な関わりを保った生計経済の主流にはなりえないような小規模な生業に内在している楽しみや興奮を積極的に汲み上げようとしてきた（松井1998）。

　すでに述べたように，バクウェレの漁撈活動には副業的に行われる漁も少なくないので，かれらのバラエティに富んだ漁撈活動全体を一括りにマイナー・サブシステンスであるということはできない。しかし，個々の漁を細かく見てゆくと，まさにマイナー・サブシステンス的な魚とりの営みが少なからず含まれていることが分かる。たとえば，大雨季に冠水林の中に産卵に入るナマズ類のつがいを狙っ

て，銛を持ったまま半徹夜で魚の通り道で待ち伏せるメウパ (*mewupa*) 漁や，丸木舟を片手あるいは足だけで操りながら川岸を漂流し，フライ・フィッシングの要領でミミズ付きの釣り針を川岸の倒木ぎりぎりに叩きつけて表層を泳いでいるジラロン (*Hydrocynus vittatus*) やジャーセル (*Hepsetus odoe*) を狙うチチャチャ (*tichacha*) 漁，そしてンボト (*mboto*) というまっ黄色なコイ科の魚 (*Labeo* sp.) がマンベル（草本・未同定）という草本の果実を食べに岸辺に寄る[20]季節に，この植物の果実を餌にして釣り上げるマンベル (*mambelu*) 漁などである。これらは，特定魚種を対象に，ごく限られた季節にタイミングを見計らって行われる。これらの漁法によって得られる漁獲は一時的かつ小規模なもので，到底自給レベル以上の経済的意味を持ちうるものではないし，時間や効率を考えれば延縄漁などとはまったく問題にもならない非効率なものである。銛や釣竿にする木の枝などはごく単純な道具立てだが，魚の生息場所や森の地形に関する知識はもちろん，銛や竿を操る身体技術を必要とする。まさに松井によるマイナー・サブシステンスの定義（松井 1998）にあてはまる。漁獲の最大化を図る専業漁民から見れば，児戯に等しいこれらの漁撈であっても，バクウェレにとっては重要な漁撈活動なのであり，何といってもその季節になればむずむずしてくるような生活のなかの漁撈実践なのである。このような熟練した技能や知識を競うような個人的な漁以外にも，集団で行われる追い込み漁や掻い出し漁などでは，いったん魚が獲れ出して興が乗ると次第に興奮状態が高まり，次から次へと漁場を変えながら数時間から半日近くも漁撈活動が止まらなくなることがよくある[21]。心理学者チクセントミハイは，当該の活動にのめり込み，自我を忘れるほどに浸りきった精神状態をフローと呼んだが，漁撈そのものに，フロー体験的な楽しさが内在しているのである。チクセントミハイは，フロー的なのめりこみの条件として，他者に妨害されない環境の重要性を指摘しているが，漁撈キャンプの社会的な静かさは，まさに人びとがフローに入りやすい環境条件を構成しているといえよう（チクセントミハイ 1996）。

バクウェレの森棲み感覚：アンビバレントなセルフイメージ

これまで，森棲み農耕民の森行きの諸側面について，バクウェレによる漁撈活動実践を事例に見てきた。本章では，漁撈キャンプにおける社会生活の正の側面と，村における社会生活の負の側面を主張し過ぎたかもしれない。当然，それだけ森へのこだわりを持ちながら，なぜバクウェレたちは村を棄ててずっと森に棲むという

---

20) 体の表面だけが黄色っぽいだけでなく，切り身にしても全身が黄色い。マンベル漁によって捕獲された魚の腹を裂いて胃内容物をみると，マンベルの種子ばかりがぎっちりと詰まっていた。
21) 調査助手が漁撈にはまってしまい，私との仕事をすっぽかされてしまったことも数知れないが，獲れた魚を手土産に持って帰ってくるのであまりきつくとがめることはできないのである。

ことをしないのか，という疑問が出てくる。

　漁撈キャンプ暮らしには，まず生態学的には主食となる農作物の確保の問題があることはすでに述べた。この問題のもっとも単純な解決法は，気に入った漁撈キャンプの近くに畑を開いて住み着いてしまうことである。H. パジュジーは，旧ザイールのキュベット州にあるコンゴ川中流のトゥンバ湖周辺の漁撈農耕民ントンバの季節漁撈キャンプが，村になってゆくプロセスを分析している。もともとの定住村における畑用地の不足などが原因となり，季節キャンプであったはずの漁撈キャンプへの滞在の長期化が，自給畑の開墾や定住的な家屋の設置と相互作用しながら進む。そのうち，教会ができ，学校ができてゆく。ある段階で，その地の用益権が，水や冠水林の精霊の主と契約を交わした伝統的なキャンプの所有者から，国家権力に連なる住民の代表者としての村長へと移ってしまう (Pagezy 2000)。

　バクウェレ社会においても，実際に，漁撈活動による様々な訪問を手掛かりに新たな出作り地や 1–2 世帯の居住地を作ってしまう例は少数ながらみられる[22]。畑を開きポトポト（土壁）の家を建ててしまえば，そこは漁撈キャンプとはまったく違った定住的な空間になってしまう。バクウェレにとっては，森を森のままに残して，長期間住み続けるという習慣がないため，ずっと住むということは環境改変を行い，たとえ小さくとも村にしてしまうことを意味する。また，定住村から 2–3 泊もしなければたどりつかないような漁撈キャンプの近くに定住的な移住が試みられることはまずない。定住村の情報やネットワークから，完全に孤立してしまうような居住の仕方は好まれないといってよい。この意味では，あくまで，村があっての森なのだといえる。

　また，少人数のメンバーで長期間にわたるキャンプ生活を繰り返し続けると，今度は森に飽きたり，様々な社会的対立が起こったりしうる。漁撈キャンプでは親密な人間関係が生まれやすいが，いったんそれが悪い方向に向かうと取り返しのつかない事態にもなりかねない。

　パジュジーは，ントンバたちのあいだで，漁撈キャンプにおける小さな紛争が絶えないこと，その内容が漁場の取り合い，水中の漁具の中の魚の盗みあい，所持品の盗難，姦通の現行犯，漁果の多寡への嫉妬，何らかの事故が起こったときの責任のなすりつけあい，などであると列挙している。これらの問題に対して，ントンバたちは，村における権力者とは別に，伝統的なキャンプの所有者にこれらの問題の裁定権を認めることで，秩序を保っているという (Pagezy 2000)。これらの揉めごとは，ちょうどバクウェレが定住村において日々直面している問題と重なる。ントンバのキャンプにおいて，これらの対立が頻発する要因として，バクウェレよりも漁撈への経済的依存がずっと大きく[23]，大勢の者がキャンプに長期間滞在し，漁

---

22) その場合過去に 1–3 世代前の祖先が使った畑が森林化しているところをもう一度開くことが多い。
23) 1980 年代のトゥンバ湖周辺では，魚の買いつけ人が漁撈キャンプまで高い値段で魚を買いにきた漁

獲をめぐる競争が大きかったことが考えられる。現在の社会経済状況では，バクウェレたちは比較的少人数で漁撈キャンプに滞在し，かつキャンプからキャンプへの移動性の高いキャンプ生活を行っている。このため，一つのキャンプに長期間にわたって人口が集中するようなことはない。しかし，ントンバの例にみられるように，森暮らしの長期化には，社会的なリスクが潜在している。

そして何より，バクウェレたちは森の世界に近づきすぎることで，社会的にマージナルな存在になってしまうことを恐れる。森は魅力的な場である。しかし，同時に危険な力をはらんだ場所でもある。ずっと森に棲むということはその森の呪力を身につけるということでもある。

このように森に対する両義的な捉え方がなされるのは，かれらの文化において，定住村を中心に森を周縁とするトポロジーが設定されているからだと考えられる。しかし，かといって，森と村が完全に対立した位置付けにあるかというと決してそうではない。バクウェレにとって森は，父親や祖父，あるいは数世代前の人びとが生活の場とし，畑を作ったという歴史が刻まれた場所でもある。一見立派な森のように見えても，そこには祖先の生活の痕跡がある。ドゥム（*Ceiba pentandora*）の大木の下には曾祖父たちが呪いを込めた精霊が今でも息づいていて，精神的な世界への入り口が穴を開けている[24]。塙は，コンゴ共和国北東部のボバンダが簗漁キャンプを始める際に，結界を結んで村の日常世界とは異なる場として儀礼的な設定を行うと述べているが，バクウェレではそのような儀礼が見られることはない。森は，まったく非日常的な空間というわけではなく，森と村とは物質的にも社会的にも，そして精神的にも補完的な関係でつながりあっている。

さて，ことピグミーとの関係になると，とたんに森に対する両義的なとらえ方が分かりやすく表面化してくる。バクウェレが，バカ・ピグミーを侮蔑する背景には，バクウェレ自らが森棲みの民であることへの自負感と劣等感をあわせ持っていることが反映されていると思われる。バクウェレは，バカ・ピグミーがより森に近い動物のような存在だとみなす[25]。しかし，前節でみた事例3のように，いったん森に入ってしまえば，ピグミーたちと何ら変わらない食物を食べ，コミュニケーションを楽しむのである。

バクウェレは，バカ・ピグミーに自分たちにも共通する森の人間，自然内存在としての人間を見るがゆえに反発し，自分たちは文明化された文化内存在であるとして差別化しようとする。しかし，バクウェレもまた，世界観や基本とする生活様式

という。漁に専念すれば，学校の教師と匹敵するか，それ以上の金額を手に入れられたという（Pagezy 2000）。
24) かつて，精霊が踊っていたという大木や岩などが点在しており，それらにはいまでも力が残っていると考えられ，畏れられている。
25) バカ・ピグミーもまた，バクウェレ（バカ語では農耕民を一括してカカと呼ぶ）のことをエボボ（バカ語でゴリラという意味）のような危険な動物であるとみなす。

に大きな差異はあるものの，生態的のみならず社会的にも森に大きく依存しながら生活している森棲みの民であるということを，かれら自身がよく知っているのである。

　森の「バカンス」という言葉には，森行きの楽しさが込められているだけでなく，こうしたやや屈折した森への愛と森棲みの将来への不安が表現されているように私には思えてならない。

第 8 章

坂梨 健太

中部アフリカ熱帯雨林カカオ生産における労働力利用
── カメルーン南部に暮らすバントゥー系農耕民ファンを事例として ──

8-1 ▶ 中部アフリカの労働力問題

　カカオは，樹上 1m から高いところでは 7-8m の枝や幹に実をつける。それを収穫するためには，先端に刃のついた自分の背丈の 2-3 倍も長い棒を実の根元めがけて突き刺さなければならない。高いところに実をつけている場合には，片手一本で棒の下部を支え，思い切りジャンプしないと届かない。しかも正確に実を突き刺さないとカカオの樹を傷つけしまうため，集中力が必要とされる。数時間続くこの作業を終えるころには，首はひどく痛くなり，腕は挙がらないほどである。これが長い時には 10 日くらい続く。このように厳しい労働の合間の休憩時や作業終了時に飲むヤシ酒の味は格別である。
　チョコレートの原料でお馴染みのカカオの収穫というと，私たちには広大なプランテーションで大勢の労働者が作業を行っているシーンが想像されるかもしれない。しかし，今日の中部熱帯アフリカのカカオ生産の多くが小規模な家族経営で行われている。そのような経営では，カカオの収穫はおもに世帯主が行うのだが，冒頭の作業をはじめ，一連の収穫労働をひとりでこなすのはさすがに厳しい。では，かれらはいったいどのようにして労働力を確保しているのだろうか。
　カカオは，コーヒー，アブラヤシ，ゴムなどと並んで古くからアフリカにおいて生産されてきた商品作物である。これら商品作物は，19 世紀後半からのヨーロッパによる植民地時代において，ヨーロッパ諸国の発展に大きく寄与した（小田 1986）。また，1960 年以降のアフリカ諸国の独立後においても，それぞれの国の重要な産業として位置付けられてきた。中でも，アフリカのカカオ生産は，世界の生産量の 7 割以上も占めており，生産国では引き続き，主要な輸出作物となってい

る[1]。本章では，統計では見えないカカオ生産の実態を明らかにし，何が問題となっているのかを提示する。それは，現代においても重要な位置を占めているアフリカのカカオ生産について考察する上で意義のあるものだろう。

　これまでのアフリカのカカオ生産の研究は，コートジボワール，ガーナ，ナイジェリアなど，生産の中心である西アフリカ諸国において多く蓄積されてきた。古くからの研究のテーマは，カカオの生産増大がいかに可能であるかという点であり，カカオの価格が生産者に与えるインセンティブ分析や生産性の向上などが研究されてきた[2]。一方，中部アフリカ熱帯雨林のカカオ生産については，人口密度が低いために土地は足りているものの，生産性が低いことが指摘されてきた。また今日では，森林環境の保全や持続的なカカオ生産という文脈から，地元住民[3]によって行われる自然植生を庇蔭に用いたカカオ畑がアグロフォレストリーとして注目されるようになっている（Ruf & Schroth 2004）。

　このように，先行研究が注目してきたのはおもにカカオ生産そのものである。しかし，これらの議論は，当たり前のようにカカオを生産できるという前提の下で論じられているが，ことはそう簡単ではない。つまり，生産を行うに当たって，まず必要とされる労働力がどのように確保され，利用されているのかという点が見過ごされているのである。また，大部分のアフリカ諸国におけるカカオ生産は，小規模な家族経営によって行われており，その経営はカカオ生産のみに特化しているわけではない（島田 1977; 四方 2004）。かれらは，カカオ生産者といっても焼畑や狩猟採集によって自給用の食料を獲得しているのである。そのような複数の生計活動の関わりのなかで，カカオ生産を考えることが重要となる。

　アフリカにおけるカカオ生産の労働力は，これまで焼畑農耕を担ってきた家族や親族が基本であるが，西アフリカでは，現金獲得を求めて移住してきた人びとの労働力も重要であった。ガーナ南部の移住カカオ農民を研究した P. ヒルは，かれらがカカオによって得た現金を土地に投資して経営の拡大を図ってきたことを明らかにした（Hill 1963）。かれらは，初期の段階では地元のカカオ農民のもとで一労働者として賃労働を行い，土地購入のための現金を蓄えて，土地購入後は自らカカオ生産を始め，労働者を雇う側になっていった。ナイジェリア西部のカカオ農民を扱った S. ベリーの研究（Berry 1975）や 90 年代のガーナ南部のカカオ生産に関する高根務の研究（高根 1999）でも，移住労働者が自らの土地を獲得してカカオ生産に関わっていくようすが報告されている。当初，労働力の供給側である土地を持っていない

1）　たとえば峯陽一は，ガーナのンクルマ政権が工業化を図ろうとしたが，結局はカカオ生産に経済発展を依存したことを指摘している（峯 1999）。

2）　高根（1999）は，近年のカカオ生産に関する研究が「価格」の分析に偏向していることを指摘し，地域の諸制度や社会関係など社会的側面に注目する必要性を論じている。

3）　ここで言う地元住民（indigenous people）は，カメルーン南部で暮らす，バントゥー系農耕民のファン（Fang），ブル（Boulou），ベティ（Beti）とピグミー系狩猟採集民バカのことだと考えられる。

移住民は，そのライフステージに応じて土地を保有または利用し，雇用者に転換しているのである。雇用者は，現金を報酬とした長期の契約労働や日雇いなどの雇用労働力を利用してきた（Berry 1975）。たとえば，1951年から53年にかけてガーナのアシャンティ州では，3000人ほどのカカオ農民が親族以外に3万人以上の労働者を雇っていたと報告されている（Killick 1966）。このように新規でカカオ生産地へ移住してきた農業労働者が多く存在していることが，西アフリカの特徴である[4]。

一方，熱帯雨林が広がる中部アフリカのカカオ生産は，西アフリカとは異なる。中部アフリカの主要なカカオ生産地であるカメルーン南部は，インフラが十分に整備されず，さらに，旧イギリス領であった南西部カメルーンとの緊張関係や70年代の石油設備への投資の集中などの影響によって，移住民があまり入って来なかった（Losch 1995）。そのため，今日においても，地元住民がカカオ生産を担っている。焼畑農耕とカカオ生産の労働力配分について，ナイジェリアに暮らすヨルバ（Yoruba）とカメルーン南部に暮らすベティ（Beti）の比較研究を行ったJ. I. グイヤーも，世帯内の労働力だけでなく移住民の労働力も利用するヨルバに比べ，ベティは世帯内の労働力が中心であることを指摘している（Guyer 1980）。だが，今日，農村から都市へ出稼ぎに行く人や町の学校に通うために村を離れる子供達が増えており[5]，世帯内の労働力の利用が難しい現状にある（Bryceson 2000）。では，移住民の労働力をほとんど確保できない中部アフリカ熱帯雨林地帯のカカオ生産において，世帯内の成員や親族の労働力以外にどのような労働力が利用されるのだろうか。

結論を先取りすると，中部アフリカでは，世帯の成員や親族の労働力をベースにしつつも，近隣に居住するピグミー系狩猟採集民の労働力が用いられてきたのである。バントゥー系をはじめとする農耕民による狩猟採集民の労働力の利用については，おもに狩猟採集民を対象とした生態人類学研究において論じられてきた（ターンブル 1976；市川 1982；寺嶋 1991）。それらの研究では，農耕民が収穫した作物，着古した衣類，酒などと，狩猟採集民の獲得とした獣肉や労働力が交換される関係にあったことが示されている。また，両者の関係は，農耕民が狩猟採集民の親や兄のようにふるまう擬制的親子・親族関係として，長期的で固定的な関係にある例も報告されている（Grinker 1994；竹内 2001；塙 2004）。このような両者の関係は換金作

---

[4] 山田秀雄（1969）は，ヒル（Hill 1963）が小規模農民をカカオ生産者の典型とみるこれまでの研究を打破した点を評価する一方で，カカオ生産の主役は移住してきた資本家的農民であるという彼女の結論に対しては，いきすぎてはいないかと指摘している。つまり，ガーナのカカオ生産地には，移住してきたカカオ農民もいれば，土着の小規模カカオ農民，他地域からやってきた季節的な労働者など多様な層が存在しているのである。ただ，移住民が積極的にカカオ生産を担っている点は，中部アフリカと異なって西アフリカの大きな特徴だと言える。

[5] カメルーンのカカオ生産について特に子供の労働力利用に焦点を当てたJ. ゴクオースキとJ. M. ンヴァは，子供の労働力利用は階層や世帯事情，地域によって異なると述べているが，全体として世帯の3割ほどが子供の労働力を利用しているという。ただ，約8割の子供が学校に通っており，子供の労働力利用は週末や長期休みに限られている（Gockowski & Mva ウェブサイト）。

物が導入されることで，そのまま維持されたり，強化される（Wilkie & Bryan 1993）。寺嶋秀明によれば，換金作物によってもたらされた現金が農耕民と狩猟採集民の物的格差を生じさせ，より多くの現金やモノをもつ農耕民による狩猟採集民の労働力の利用がますます増大するという。カメルーン東南部のピグミー系狩猟採集民バカ（Baka）の調査を行った林耕次（寺嶋 2001）は，伐採会社の参入やカカオ栽培の発展によって現金の流通が一般化したことで，農耕民とバカの関係が「雇用―被雇用」という現金を介する関係になっていることを指摘している（林 2000）[6]。このようにバントゥー系農耕民による狩猟採集民の労働力利用は中部アフリカの多くの地域でみられるが，その背景となる二者間関係は地域や時代によっても異なる（これまでの狩猟採集民と農耕民の関係については，北西（本書第2章），松浦（本書第9章）を参照）。ただし，これまでは狩猟採集民側からの研究が多く，農耕民が換金作物生産を行う視点から，どのように狩猟採集民の労働力を確保し，利用しているのかは十分に論じられていない[7]。

本章で対象となるカメルーン南部に暮らすバントゥー系農耕民ファンもピグミー系狩猟採集民バカの労働力を利用している。本章ではファンがカカオ生産を行うに当たってどのようにバカの労働力を確保，利用しているのかを明らかにしたい。その後，小規模家族経営として位置付けられてきた中部アフリカ熱帯雨林のカカオ生産を再考する。まず，8-2節でそれぞれの経済活動について概観し，8-3節で，焼畑伐開との比較を通してカカオ収穫期における労働力利用の特徴を示していく。そして，8-4節では，ファンがカカオ生産においてバカの労働力を利用する際の，関係の構築と「雇用」の実情を明らかにする。最後に，ファンが，熱帯雨林という環境の中で，バカという隣人の労働力をどのように利用し，他の生業とどのように組み合わせてカカオ生産を行っているのかについて論じる。

8-2 ▶ ファンの経済活動

調査地域と調査方法

本章が対象とするファンは，カメルーン南部から，赤道ギニア，ガボン北部にかけて暮らしている（Alexandre & Binet 1958）。調査地域であるカメルーン南部州には，

---

[6] タンザニアでの調査を行ったS.ポンテも，作物の商品化が進むことで，世帯内をはじめとした親族労働や村落内の共同労働から賃労働を利用するようになっていることを指摘している（Ponte 2000）。

[7] 農耕民側の視点から狩猟採集民との関係を論じたものとしてGrinker（1994）や塙（2004）がある。ただし，換金作物生産のための労働力利用については論じられていない。

ファンだけでなく、ファンと言語的に近いブル (Boulou) やベティ (Beti)、また、ピグミー系狩猟採集民バカも住んでいる（バカについては安岡（「生態誌」第2章）、分藤（本書第4章）、服部（本書第10章）を参照）。調査地域はカメルーン南部州の東部に位置するジャ・ロボ県 (Dja et Lobo) ミントム (Mintom) 郡とジュム (Djoum) 郡の間を通る幹線道路沿いにある地域である（図8-1参照）。人口密度は8.64人/km^{2}で、カメルーンの他地域に比較すると低い (Ministry of Economy and Finances, Republic of Cameroon 2000)。調査地域は、半落葉樹林と常緑樹林の混交林地帯にあり、年間平均気温は約25℃、年間降水量は1600mm前後である（中条1989）。季節は、12月半ばから3月の大乾季、4月から6月にかけての小雨季、7月から8月の終わりにかけての小乾季、9月から11月の終わりにかけての大雨季に分けられる。

　調査村の世帯数と人口を表8-1に示す。Z村には1世帯バカの女性を妻とする世帯があるが、それ以外の3つの村はすべてファンのみの村であり、基本的にバカは住んでいない。バカは、ファンの村から数百メートルから数キロメートル離れた幹線道路沿いに集落[8]を作って住んでいる。Z村とK村の間にあるバカのA集落には、おおよそ40人ほどのバカが住んでいる。かれら自身、小さな畑を作りつつも、狩猟採集やファンの労働の手伝いによって生計を立てている。M村とB村はミントム周辺のなかでも大きな村で、小学校や小さな商店もあるが、Z村にはそれらはない[9]。この地域の交通手段は、1日に2-3回ジュムとミントムを行き来する乗り合いタクシーである。その他にも商品を乗せた車やバイクが週2-3回通る。幹線道路沿いに住む人びとは、頻繁に町にでかけることはない。理由は、乗り合いタクシーの運賃が高いことと、穀物袋 (70-80kg) を一つ運ぶ度に超過料金を取られるからである[10]。町に行くよりも乗り合いタクシーの乗客や運転手に農作物や獣肉を販売したり、親族や親しい友人が通る場合にはヤシ酒などを振舞ったりして村外の人びとと関わることの方が多い。カカオ収穫期である9月から12月になると、乗り合いタクシーに加えカカオの買付商人がトラックで村々を回る。この時期、村の人びとはカカオを売って得た現金を持って、そのトラックの荷台に乗り込み、日用品などを購入するためにジュムやさらに大きな町サンメリマ (Sangmélima)、首都ヤウンデ (Yaoundé) に向かう[11]。トラックの荷台に乗る方が断然タクシーよりも安

---

8) ファンは自分たちの居住地を "village"（村）と呼んでおり、対照的に幹線道路のバカの居住地を "Campement Pygmées"（ピグミーのキャンプ）と言っている。本章では「集落」とする。
9) Z村では、9月になると小学生以上の子供達は、通学のために村を離れる。実際、村の人口は52人から28人に激減していた。
10) 調査地域からジュムまでの運賃は片道2000-2500CFAフランである。2009年10月現在、1CFAフラン≒0.2円。CFAフランについては小松（本書第1章）の註5を参照。
11) 調査地域で最も近い町であるミントムよりもジュム、サンメリマの方が、物価が安いためである。たとえば、ビールの価格はミントムで700CFAフラン、ジュムでは550CFAフラン、サンメリマは500CFAフランである。

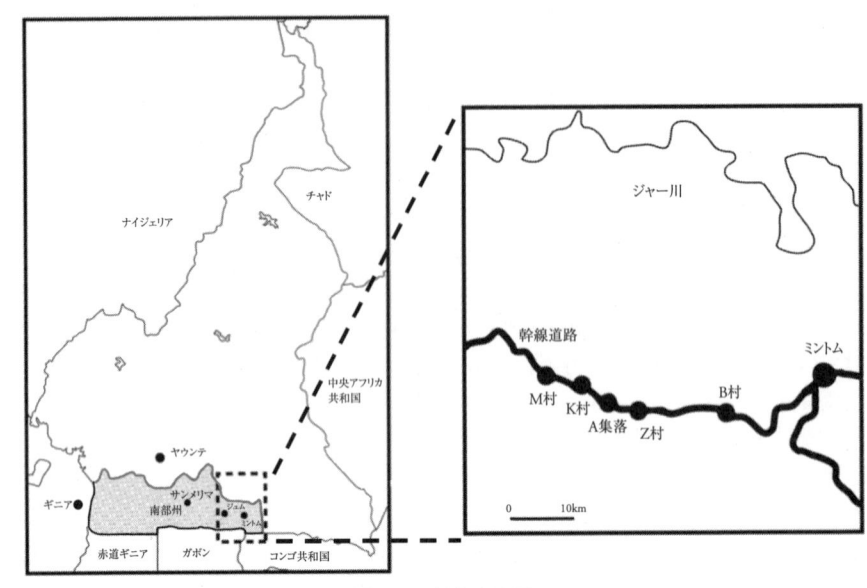

図 8-1　調査地域図

表 8-1　調査村の世帯と人口とカカオ畑所有世帯

	世　帯	人　口	カカオ畑所有世帯
M村	18	86	10
K村	13	55	6
Z村	10	52	5
B村	21	118	17
計	62	287	38

いからである。このように，調査地域は幹線道路沿いにあるため，人やモノの往来が頻繁にみられる。

　ファンの消費，生産，労働の最小単位，つまり，生計を共に行っている単位は基本的に夫婦とその未婚の子供から構成される。本章ではこの単位を世帯と呼ぶことにする。調査はカカオ労働の中心となる世帯主である男性を対象にする。具体的には世帯主がどのような労働をどれくらいの時間を要して行ったか，それを誰と行ったか，また，労働力を提供された場合には，その相手に対して報酬として何を渡したかを本人に毎日記録してもらった。対象者はカメルーン南部の町，ミントム（Mintom）周辺のK村，Z村，B村3村に住み，カカオ畑を持っているファンa氏，d氏，e氏，f氏の4人である（図8-1，表8-1，表8-2参照）。さらに，この労働における個人記録だけでなく，筆者が長期滞在していたZ村で特にファンb氏，c氏

表 8-2 調査地域におけるインフォーマントの情報

名前	村	年齢	世帯構成	2007年カカオ収穫量（袋）	バカの雇用
a	Z	47	妻 (43), 息子 (22, 17, 15), 娘 (10)	18	○
b	Z	50	息子 (17, 6), 娘 (20, 14)	14	○
c	Z	34	妻 (30), 息子 (6), 娘 (1)	16	○
d	B	27	妻 (27), 息子 (2), 娘 (6, 4)	1	○
e	B	33	妻〈30〉, 息子 (14, 9, 4), 娘 (6, 4)	5	×
f	K	38	—	3	×

（　）内は年齢を示している。調査地域4村におけるカカオ所有者38人の平均年齢47.2歳, カカオ収穫量6.09袋（1袋＝80〜100kg）。

の日常的なやりとりについても観察，聞き取りを行った。また，調査地域全体として議論する場合には，M村で収集したデータも適宜参照する。

経済活動

　ファンの経済活動は，おもに焼畑農耕，カカオ生産，狩猟採集の三つである。焼畑農耕によって，主食となるキャッサバやプランテン・バナナなどが作られる。2005年，2006年のZ村の調査において，延べ293回の食事に出された主食作物の68％がキャッサバ，17％がプランテン・バナナであった。タンパク源のほとんどは，狩猟によって得られた野生動物である。現金収入に関しては，カカオ畑所有者における収入の少なくとも6割以上はカカオ販売によるものであった。

　一方，カカオ畑を持たない世帯は，獣肉や焼畑作物の一部を販売しながら，石けんや塩などの日用品を購入している。ただし，教育費や医療費などの多額の出費はカカオによる収入がないと難しいため，カカオ畑を持たない世帯は，親族や友人に頼ることになる。また，カカオ畑を所有している世帯も，カカオ収穫期前の現金が不足している状況になると，焼畑作物や狩猟による獣肉販売によって不足分の現金を補っている。

　まとめると，焼畑の作物と狩猟によって得られた獣肉が臨時的には現金収入源となりつつもおもに自給部門を担い，カカオ生産が現金収入源として重要な位置を占めている。つまり，焼畑農耕とカカオ生産と狩猟の組み合わせによって世帯の経済が成り立っている。以下では，簡単に各活動を概観していく。

焼畑農耕

　カメルーンでは焼畑の延長上にカカオ畑が作られることも多く（四方2007），単純に二つに分けることはできないが，ここでは便宜上，焼畑農耕とカカオ生産と分けて概観する。それぞれの農事暦を図8-2に示す。

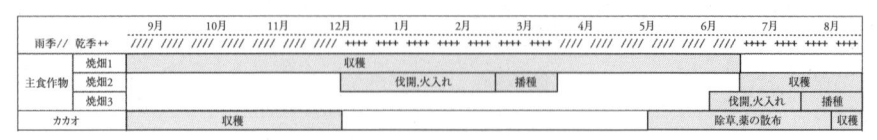

雨季// 乾季++	9月	10月	11月	12月	1月	2月	3月	4月	5月	6月	7月	8月
	////	////	////	////	++++	++++	++++	////	////	////	++++	++++
主食作物 焼畑1	収穫											
主食作物 焼畑2				伐開, 火入れ		播種					収穫	
主食作物 焼畑3										伐開, 火入れ		播種
カカオ		収穫								除草, 薬の散布		収穫

図 8-2　主食作物とカカオの農事暦

　焼畑には主食作物であるキャッサバ，プランテン・バナナ，トウモロコシ，ヤウテア（イモの仲間。詳細は小松（「生態誌」第 3 章）を参照），サツマイモをはじめ，ラッカセイ，オクラ，ウリ，トマト，タバコ，パパイヤなどが混作されている。まず 12 月の終わりから 2，3 月にかけて伐開，火入れを行う。3，4 月頃から作物の播種がはじまり，トウモロコシやラッカセイなど早く収穫できるものは，6，7 月から収穫を行う。また，労働力に余裕がある者は，大雨季前の 7，8 月頃にさらに新たな畑を開く。キャッサバ畑だと 1 年から 2 年後，プランテン・バナナ畑だと 3 年から 4 年後に畑を放棄して 4 年以上休閑し，その後再び切り開き，火入れを行う。人びとは，作物の生育段階の異なる畑を同時に 2，3 筆持っている。このため作物を通年収穫することが可能となる。基本的に伐開は男性が，播種，収穫作業は女性が行う。その他，不定期に畑の除草作業がなされる。

カカオ生産

　カカオ畑の多くは，祖父の世代の時に切り開いたもので，すでに 40 年から 50 年経過しているという。そこにはカカオよりも高い樹木が残っており，それらが日陰を作る。カカオは陰樹であり，このような庇蔭樹の多い環境に適する。カカオの苗はおもに陰をつくる若いプランテン・バナナの近くに植えられ，プランテン・バナナ収穫後にはカカオ畑へと移行する（四方（「生態誌」第 10 章）を参照）。バナナ，アブラヤシが見られるのはプランテン・バナナ畑の名残である。

　カカオの実は 8 月頃に成熟し始める。収穫期までに行われる主な作業は，カカオ畑の除草作業である[12]。除草以外にも，男性は頻繁にカカオ畑の見回りを行い，フサオヤマアラシなど小動物やオナガザルなどカカオを食べる害獣を追い払う。大声を出しながら，樹木を鉈で叩き大きな音を出す。また，その際にカカオの枝の剪定も行う。獣害を防ぐためにカカオ畑に小屋を作り夜通し管理する者もいる。除草前後には薬剤散布を行う。しかし，その時期に大抵の世帯は薬剤を購入するためのまとまった現金を持っておらず，その場合には購入をあきらめるか，借金をして購入することになる。

　収穫のピークは 10 月から 11 月頃で，その頃になると，カカオ畑は赤や黄のカカ

---

[12]　四方篝が調査をしたカメルーン東南部では 4 月頃にもカカオ畑の除草が行われる（四方 2004）。

図 8-3　カカオ収穫

オの実で華やかなものとなる。8 月から 12 月にかけて，カカオが成熟するピークが 2-3 回あり，そのため，人びとは一連の収穫作業をひとつの畑で繰り返し行うことになる。大抵の世帯が 1-2ha のカカオ畑を 1 筆のみ持っており，収穫作業は 2-3 回で済むが，中には 3 筆持っている世帯もあり，収穫作業を合計して 6 回以上行うこともある。

収穫労働は，まず先端に刃のついた 2-3m の棒を用いてカカオを落とす作業から始まる（図 8-3 左上）。これはほぼ毎日行われる作業で，カカオの成熟具合，畑の大きさなどにもよるが，調査地域では 2 日から 1 週間程かかる。この作業と併行して，落とした実を拾って 1 か所に集める作業が行われる（図 8-3 右上）。落とす作業は成人男性が，集める作業は女性と子供が行う。子供が幼かったり，妻が町に出かけていたりなど，世帯の状況によっては集める作業もすべて男性が行う場合もある。

成熟したカカオの実を全て落として 1 か所に集めたら，翌日には実を割って種子を取り出す作業が行われる。この作業は，同じ村や近隣の村の人々を集めてその日のうちに終わらせる。取り出された種子は，発酵を促すために 1-2 日カカオ畑におかれる。発酵は，果肉と種子を分離させ，種子の苦みを和らげ，独特の香りをつけるために不可欠である。種子はその後，家のそばに設置されている乾燥台に運ば

れる。この運搬作業も大抵1日で終わる（図8-3左下）。

　その翌日からは，日が出ているときには1時間から2時間おきに種子を混ぜて乾燥を促す（図8-3右下）。雨が降りそうになると，屋根が付随している乾燥台は屋根の下に，そうでないものは種子を室内に運ぶ。この作業を2週間ほど続け，完全に乾燥した後，種子を袋につめて家に保管する。

　カカオ豆の価格は時期によって異なるが，近年では400-900CFAフラン/kgで取引される。カカオ収穫期になると，頻繁にカカオの買付商人がトラックに乗って村々を訪ねる。人びとは，現金が必要なときにカカオを売って現金を得る。ただ，収穫期間の中でカカオの価格が最も上昇する12月まで，できるだけカカオの販売を控えようとする[13]。

狩猟採集

　ファンの主要なタンパク源は，狩猟によって得られる獣肉である。獣肉は同時に現金収入源にもなる。狩猟には，二つの方法がある。一つは，ワイヤーを用いたはね罠猟で，もう一つは散弾銃を用いた銃猟である（坂梨2009）。タンパク源を確保する別の労働としては，女性による掻出し漁などの漁撈や子供たちによる釣りが行われることもある。ただし，調査地域の場合，近くに大きな河川がないために頻繁に漁撈が行われることはない。

　主な採集活動はヤシ酒採集である。ヤシ酒に使われるアブラヤシは，焼畑やカカオ畑，二次林に自生している。ヤシ酒はアブラヤシを切り倒して，樹液を集め発酵させただけのシンプルなもので，一度採集し始めたら1本の木から1日2-3リットルを3-4週間続けて採取できる。安渓遊地（1987）が述べるようにヤシ酒は貴重なエネルギー源であり，ビタミン，ミネラルも人びとに供給している[14]。2007年11月に41世帯の聞き取り調査を行った時点では，18世帯がヤシ酒を採集していた。ただし，それ以外の世帯がヤシ酒の採集を行わないわけではない。ほとんどの男性が採集方法を知っており，また，現在ヤシ酒採集を行っていないがアブラヤシを探している世帯もあり，実際にはヤシ酒採集を行う世帯はもっと多いと考えられる。その他の採集活動としては，森林に自生しているキノコ類や果実などの採集がある。

---

13) 調査地域周辺の数村では，いくつかのカカオの買いつけ業者のうちの一つに，共同でまとまった量の販売を行おうとする動きがある。収穫期の最後の12月まで値段の上昇を待ち，業者に共同販売を持ちかけて，より高い販売価格の交渉を行う。しかし，多くのカカオ農民は12月まで待ちきれず，カカオを手放してしまうため，あまりこの動きは機能していないようである。

14) 安渓（1987）によると，ヤシ酒の栄養価は，1リットルあたり熱量は樹液で530kcal，発酵後は約300kcal，蛋白質は，3-5gと多くないが，発酵が進むにつれて必須アミノ酸の種類が増え，水溶性のビタミン類が豊富であると紹介している。

8-3 ▶ 世帯外からの労働力確保

労働形態と労働内容

　次に，焼畑農耕とカカオ生産で利用される労働形態を整理する。焼畑農耕とカカオ生産全般においては，世帯の労働力，すなわち，夫，妻，未婚の子供が基本である。しかし，多くの労働力を必要とする焼畑の伐開やカカオ収穫作業においては，世帯の労働力だけでは十分ではない。そのため，別の労働力を利用する必要がある。世帯外の労働力確保には以下に示す四つの形態がある。

　第一は，自分の兄弟姉妹や両親，叔父など世帯外の親族の労働力の利用である。本章では，これらを親族労働と呼ぶ。親族労働は，焼畑とカカオ畑両方でしばしば用いられるが，単発的で，継続することは少ない。また，親族労働には明確な報酬は見られない。

　第二は，ある特定のメンバーで労働力を交換する労働交換である。この労働交換は，フランス語で「組合」や「協同」の意味を持つ「ソシエテ」(société) と呼ばれている。村人にファン語でソシエテを何というか尋ねると，思い当たらないという答えが返ってきた。無理に表現するならば，「友人を呼ぶ (*e loene mvoe*)」という。ソシエテは，ふたりから数人で組織され，1日ごとに，全員でメンバーの畑を順番に回って作業する。焼畑農耕においては除草と伐開，カカオ生産においては除草とカカオの実を落とす作業や運搬作業に利用される。それぞれが労働力を提供する義務があるものの，金銭的，物質的な報酬を支払う必要はない。

　第三は，同村や近隣の住民を呼んで，多くの人を集め，集中して作業を行う方法である。ファンは，これを「集める」というフランス語から「グルーペ」(grouper) と呼ぶ。このグルーペもソシエテ同様に，ファン語では，「人を呼ぶ (*e loene mot*)」と表現せざるをえないようだ[15]。この方法は，焼畑の伐開やカカオの実を割る作業に利用される。1日で作業が終わり，報酬として作業後に食事や酒が振る舞われる。ソシエテと違って労働による返済義務は生じない[16]。

　第四に，現金や嗜好品を報酬とした雇用である。雇う対象は，バカ，ファン，他の民族など様々である。この雇用に対して，ファンは job, contrat（フランス語で「契

---

15) ただし，人によっては，家屋の建設などのために古くから存在している形態だといっており，フランスとの接触後改めて名前が付けられた可能性もある。

16) 高根 (1999) によれば，ガーナのカカオ農民の社会には，二つの種類の共同労働があるという。一つは，カカオの種子を取り出す作業と，その運搬である。これは，労働で返済する義務のない「助け合い的な」性質であると高根は指摘している。もう一つは，明確なメンバーシップに基づき組織され，等価な労働交換が原則とされている。本論のグルーペは前者にあたり，しかもカカオの種子を取り出す作業のみで，運搬の作業は共同で行われない。

表 8-3 労働形態と労働内容

労働形態		労働内容		報酬
		焼畑労働	カカオ労働	
親族		全般	全般	無し
グルーペ		伐開	実割り	食事, ヤシ酒, 蒸留酒
ソシエテ		除草, 伐開	除草, 実落とし, 運搬	同等の労働, 嗜好品
雇用	日雇い	播種, 収穫	除草, 実落とし, 運搬	400-500CFAフラン, 農作物, 嗜好品
	請負	伐開, 除草	除草	伐開10000CFAフラン前後（約1ha）, 除草1000-2000CFAフラン（約0.5ha）, 農作物, 嗜好品
	契約	—	全般	10000-50000CFAフラン（約3ヶ月）, 農作物, 嗜好品

約」の意）という言葉を使っている．job は，英語圏では「仕事」，フランス語圏では「アルバイト」の意味で用いられているが，調査地では日雇い労働，請負労働の両方の場合に使われる．日雇い労働は，1日を単位とした労働で，400-500CFAフラン程度の現金か，またはそれ相応の蒸留酒などが報酬である．請負労働は，特定の面積の除草など，作業単位を請け負う形態である．除草の場合は，半日ずつ働いて1-2週間かかる程度の面積を請け負うことが多い．報酬は現金や嗜好品である．contrat は契約労働という意味で用いられる．契約労働は，カカオ収穫期に限られた労働形態で，収穫期に必要な様々な労働に従事する．すべての収穫が終わった後に，まとめて現金やモノが支払われる．契約労働の特徴が，日雇い労働や請負労働と異なって，報酬の金額やモノがあらかじめ決まっていないことである．詳細については，次節で述べる．

表8-3に上記の労働形態が利用される労働内容を整理した．これらの労働は，必要に応じて組み合わせられる．たとえば，カカオ収穫期間を通じて契約労働を結んだバカに加えて，日雇いでバカを雇うことがある．

焼畑農耕とカカオ生産における労働力確保

表8-3で示したように焼畑農耕で利用される労働力形態は，親族労働，グルーペ，ソシエテ，契約労働以外の雇用労働である．伐開作業は，1月から2月の1-2ヶ月の短期間に多くの労働力が必要とされる．2007年の調査において，59世帯に焼畑伐開の労働形態を尋ねたところ，親族労働とソシエテを利用した世帯が35世帯（59%）にのぼり，グルーペと賃労働がそれぞれ13世帯（22%），11世帯（19%）であった．除草作業は，伐開ほど労働力を必要としないため，おもに世帯内の女性

が担う。時に日雇い，請負労働が利用されることもある。播種，収穫作業は世帯内労働力でほぼまかなえる。ただし，ラッカセイやトウモロコシのように一度に全ての収穫を行わなければならない場合は，日雇いなどでバカの女性が雇われることもしばしばある。

　カカオ生産において，3ヵ月ほど集中して続く収穫期には，世帯主の労働力だけではまかなえず，親族労働，グルーペ，雇用労働が頻繁に用いられる。後述するように，調査地域では，多くのカカオ農民が契約労働でバカを雇っている。また，カカオの実を割る作業には必ずと言っていいほどグルーペが用いられる。一方，収穫期前の除草作業は7月頃に行われるが，6月からの長期休暇で町の学校に通っていた子供達が村に戻ってくる。そのため，カカオ農民はおもに子供達の労働力を除草作業に利用できる。子供が幼い世帯や広大なカカオ畑を所有している世帯は，日雇いや請負労働を利用する。

　短期間で集中した労働力が必要となる焼畑の伐開と，カカオ収穫に用いられる労働力が異なるのは，現金やヤシ酒，蒸留酒，獣肉などがすぐに手に入る経済状況にあるかといった，労働の報酬の有無による。それらは，原資をたどれば，多くがカカオ販売で得られた現金である。つまり，カカオの売却を中心として，労働力の確保の方法が世帯ごとに決められているのである。1月以降に行われる伐開は，カカオによって得られた現金を教育費や借金の返済などで使ってしまった後であり，8月前後に行われる伐開は，カカオ収穫前であり，多くのファンがまとまった現金を持っていないのである。そのため，調査地において，半数以上の世帯は伐開に用いられる労働力を，現金を必要としない親族労働やソシエテによってまかなっていたのである。一方，カカオの収穫は直接現金収入につながるため，ファンは報酬を簡単に用意することが可能となる。よって，多くの世帯が，カカオ収穫期において契約労働やグルーペを利用できたのである。たとえば，Z村のa氏が2007年11月に行ったカカオの実を割る作業には，バカ14人，ファン22人がやって来たが，2008年1月末に行われた伐開作業では，バカ3人，ファン10人と激減した。a氏は，他のファンに比べ，カカオの収量が多いが，それでも焼畑の伐採時には，十分な蒸留酒を準備できず，あまり人を呼ぶことができなかったのである。

　労働形態の違いは，継続的な人手を確保できるかどうかにも関わっている。調査地域において38世帯（全世帯の61%）がカカオ畑を所有しているため，カカオ収穫期には各世帯の労働期間が重なってしまう。そのため，焼畑農耕に比べると簡単に近隣のファンや親族の労働力を利用できず，カカオ生産者はカカオ畑を持っていないバカの労働力にますます依存することになる。図8-4は，調査世帯における焼畑農耕とカカオ収穫労働にバカがどのくらいの時間関わったかを示したものである。焼畑農耕では，バカは全体の労働時間の22%しか関わっていないのに対して，カカオ収穫期においては，全体の57%においてバカが関わっている。このことか

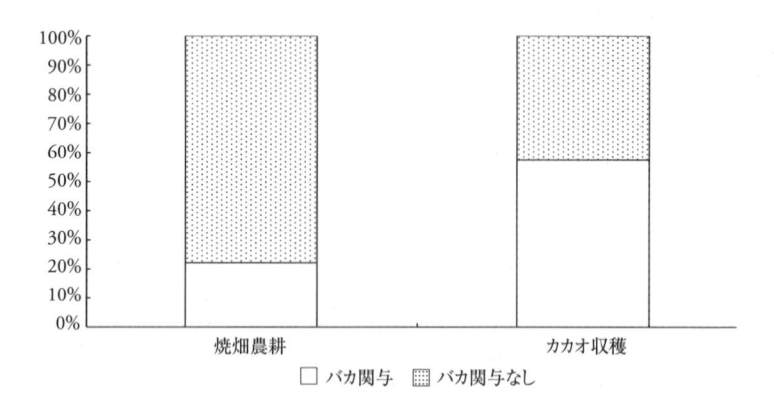

図 8-4　焼畑農耕労働とカカオ収穫労働におけるバカの関与
焼畑農耕（計991時間, インフォーマントa, d, e, f）, カカオ収穫（計616.5時間, インフォーマントa, d, e, f）

らもカカオ収穫期においてバカの労働力が重要であることが分かる。

8-4 ▶ カカオ収穫期における労働実態

ファンとバカの「雇用」関係

　前節では，多くのファンが，焼畑農耕に比べ，カカオ収穫労働においてバカの労働力にかなり依存していることを示した。では，ファンは，どのようにしてバカの労働力を確保しているのだろうか。まず，その労働の実態についてみてみよう。
　カカオ収穫期において，ファンは特定のバカを雇う契約労働を採用する。調査地において，カカオ畑を所有している38世帯のうち25世帯が契約労働によって56人のバカを雇っていた。契約労働では，カカオ収穫期における収穫労働全般，すなわち，カカオの実を落とす作業，割る作業，運搬，乾燥を行う。
　この契約労働には，バカをファンの家に住み込ませる場合とバカがファンの村に通ってくる場合とがある。住み込みの場合，依頼主は常にそのバカの労働力を利用でき，収穫労働以外の水くみや燃料となる木材探しといった日常的な仕事から狩猟やヤシ酒の採取に至るまで，様々な仕事を依頼する。代わりに，部屋と日々の食事を提供し，ヤシ酒や蒸留酒を頻繁にふるまう必要がある。一方，バカが通ってくる場合には，日々の食事や部屋を提供する必要はないが，依頼主は確実に労働力を確保できるわけではない。
　Z村のb氏の例を挙げよう。彼は，その年に契約労働を結んだバカにカカオの実

を袋につめるから朝一番で来てくれと頼んだ。しかし，約束の日にそのバカは現れなかった。ｂ氏に理由を尋ねても「分からない」といい，そのバカの集落に呼びに行くこともせず，その日にふたりで行うはずの仕事をひとりでこなしていた。次の日，そのバカがやってきた。特に言い訳も謝罪もなく，何事もなかったかのようにｂ氏に会いに来た。ｂ氏はブツブツ文句を言っていたが，特に激怒することもなく，収穫が終わるまで彼と仕事を共にした。

　このような例を防ぐために，バイクを持っているファンは，収穫労働を行う日には，早朝から集落に行き直接バカを呼びに行ったりもする。この行為には，何もいわなければバカは来ないかもしれない，何としてでも村に連れてきて仕事をしてもらおうという意図が見える。特に人口が少なくバカの労働力に頼っているＺ村のファンにとっては，バカが来るか来ないかは重要な問題である。しかし，バカの方も，しばらく森へ狩猟に行ったり，または，病気だとか，別の仕事があるなどといったりして，ファンの依頼に必ずしも応じるわけではない。一方，Ｚ村に比べ人口の多いＢ村のファンは，「バカは仕事を依頼しても，毎日継続して来るとはかぎらない。だから，ファンどうしで仕事を行う方がやりやすい」という。そのためか，Ｂ村やＫ村ではファンどうしでのグループや，親族のみで仕事を行う例もよくみられる。

　契約労働では，すぐに現金が渡される日雇いや請負労働とは異なり，現金による報酬が数ヵ月後に渡されることが多く，それまでの期間には食事や嗜好品などが提供される。よって，現金のみの完全な賃労働とはいえない。もちろん，カカオ収穫期においてバカの労働力がファンにとって重要であることは間違いないが，ファンはバカが常に仕事を行うとは考えておらず，雇用関係といっても強制力の弱い緩やかな関係といえる。

　では，この契約労働における関係は，いくつかの農耕民と狩猟採集民の関係の研究で示されてきたようなパトロン-クライアント，または擬制的親子・親族関係といえるだろうか。たしかに，カカオ収穫期間のみにかぎってみると，そのような関係としてみることもできる。実際，ファンによっては自分のことを「俺はパトロンだ」とか「父親だ」という者もいるし，またバカも相手のことを「パトロン」「兄貴」「親父」といったりもする。また，バカはファンのもとに住み込みや通いで仕事にいく際に妻や子供を連れていくことが多く，ときには未婚の弟，妹，義理の弟妹たちを呼ぶこともある。結果として，契約労働を依頼したファンはひとりのバカを雇うことで，そのバカの家族全体と関わりを持つ。そして，「父親」や「兄」のように仕事を厳しく指示する一方で，かれらの面倒を見る。たとえば，バカの求める農作物を渡したり，病気になった場合には現金や薬を渡したりしている。しかし，この関係は必ずしも，同じ相手と長期的に続く固定的な関係ではない。ファンが契約労働を結ぶバカは，前年のバカと異なることが多い。2007年に聞き取りを行ったファンの24世帯のうち19世帯が，昨年と異なるバカを契約労働として雇っていた。ま

た，契約労働を結んだ両者は，酒の場などで「おれたちは友人だ。」ともいっている。かれらは，ほとんどが近隣に住んでおり，カカオ収穫期以外にも日常的に関わりを持っているのである。

つまり，契約労働は完全な賃労働ではなく，カカオ収穫期のみのパトロン－クライアント関係が時に現れつつも，これまでの友人関係や近隣どうしの付き合いの要素を基にした労働形態なのである。

報酬の実態

次に，契約労働において，ファンがバカに渡す報酬についてみてみよう。

契約労働で雇ったバカに対しては，カカオをすべて販売した後に現金が支払われる。ただ，バカはカカオ収穫期に関する労働をすべて行っていても，支払われる現金の額や支払い方は契約労働を結んだファンによって異なる。

たとえば，Z村でのa氏，b氏，c氏の支払いをみてみよう。a氏は，住み込みのバカx氏と，A集落からa氏の村まで通うバカy氏のふたりと契約労働を結んでいた。b氏，c氏は，それぞれ1人の通いのバカと契約労働を結んでいた。b氏の依頼したバカは，妻と共にb氏の仕事を行った。b氏は，そのバカの男性ひとりに妻と分けるように5万CFAフランを支払った。c氏の依頼したバカは，自分の妻と義理の母の3人でc氏の仕事を行い，c氏は3人にそれぞれ1万CFAフランずつ支払った。また，a氏が雇ったふたりのバカのほうが，b氏の雇ったバカよりも明らかに多くの日数働いているにも関わらず，a氏が支払った金額は住み込みのx氏に対して5万CFAフラン，通いのy氏に対して3万CFAフランであった。

このように支払い方法，基準は，バカを雇っているファンによってそれぞれ異なるのである。これはZ村に限ったことではない。調査地のカカオ畑を所有している38世帯においても，支払額は，1人につき1万CFAフラン前後から5万CFAフランと，一定ではなかった。これは，ファンが支払額の決定権を持っていることを示している。その額は，支払い直前まで決まらない。収穫期中に先ほどのZ村の3人に対して，雇ったバカにいくら払うのかと聞いたところ，カカオをすべて売ってしまってから決めるという同じ答えが返ってきた。実際，受け取る額を想定しているバカもいるが，雇い主であるファンへの借金などで差し引かれてしまい，期待している額よりも低い場合の方が多い。当然，異議を唱えるバカもいるが，ファンは子供の教育費等のために一部現金を残す必要があり，報酬が上乗せされることは滅多にみられない。

この金額は，住み込みや通い，収穫量，畑の数，関係の継続性，モノをどれくらい渡したか，カカオの売却額，自らの経済状況などを考慮して，雇い主であるファンが決めるのである。ここでいうモノとは，日常的に現金で購入できる蒸留酒から

表8-4 a氏が契約労働を結んだバカに対するモノと現金の授受

バカ	住み込み/通い	昨年の雇用	嗜好品			食事	支払われた金額	備考
			蒸留酒	ヤシ酒	タバコ			
x	住み込み（妻・子1人・義理の弟）	無	11	18	3	40*	5万CFAフラン	前借り・薬代支払い
y	通い	有	10	2	2	19	3万CFAフラン	前借り・薬代支払い

期間 11月-12月の54日間
＊同行の家族を含む

普通は売買されないヤシ酒や食事までも含み，労働の現場，またはその前後，さらに日常生活の場でも渡される。

表8-4は，a氏が契約労働を結んだx氏とy氏への現金とモノの授受を示している。x氏は家族と共に住み込んでおり，カカオ収穫労働以外の労働も行っているために，日々の食事，嗜好品の提供と支払われた金額はy氏より当然大きくなる。実際に，a氏は，カカオ収穫期で最も多く働いたx氏に最も多くの金額を支払うと語っていた。しかし，y氏は，一連のカカオ収穫労働と依頼された狩猟のみを行っただけで3万CFAフランを手に入れており，労働に対する支払い額はy氏の方がx氏より多いとも考えられる。a氏は，y氏に昨年のカカオ収穫期だけでなく，一年を通して狩猟を依頼したり，焼畑の伐開を依頼したりと，古くからの付き合いがあり，それを維持するためにも，カカオ収穫時期に普段よりも多くのモノや金額を支払おうとしているとも考えられる。実際には，a氏は誰がどれくらい仕事を行ったのか記録していないので，a氏自身が恣意的に支払い額を決めていることになる。

次に，収穫期において契約労働でバカを雇ったa氏，d氏と，契約労働を結ばず大部分を自らの労働で収穫を行ったe氏，f氏が，それぞれバカに対して食事を含め，どのようなモノを渡したのか，その内訳についてみてみよう。11月から12月の約2か月間でモノをバカに渡した回数は，図8-5が示すようにa氏は54日間で105回，d氏は54日間で69回，e氏は50日間で3回，f氏は60日間で10回であった。a氏は住み込みと通いで，d氏はバカひとりを住み込みの形で契約労働を結んでいた。かれらは，食事の他に，嗜好品としてタバコや蒸留酒，ヤシ酒を提供していた。特にa氏は，毎日といっていいほど，ヤシ酒や蒸留酒を提供していた。カカオ収穫期における契約労働で，たとえ，収穫期最後に現金が支払われるとしても，バカの労働力を確保，利用するためには，継続的な嗜好品の提供が必要不可欠なのである。

典型的な例を一つ挙げよう。カカオの実を落とすために，朝早くからa氏のもとにA集落のバカが数人やってきた。a氏がカカオ畑に行くように促すものの，かれらは，なかなか腰を上げようとしない。そこで，a氏は渋々，蒸留酒をそれぞれにコッ

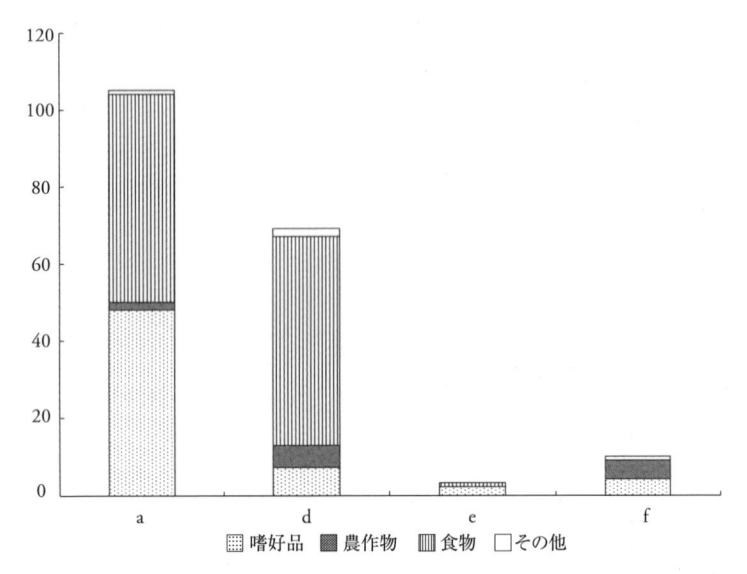

図 8-5 カカオ収穫期においてカカオ生産者4人がバカに渡したモノの内訳（単位：回数）

プ1杯ずつ配った。その後ようやくバカは重い腰を上げカカオ畑に向かった。

　多くのファンが，「バカは何かモノ（特に酒やタバコ）を上げないと仕事を手伝ってくれない」と語る。このように労働前，または，労働の最中に渡される嗜好品をファンとバカは共にフランス語で"motivation"（モチバッション，英語で言うモチベーションのこと）と言う。また，労働後にモノや食事が渡される場合や，さらに労働が行われない日に渡される場合など，労働とは直接関係ない場面でもモノが渡されることがある。これは，ファンのモノを渡す意図がmotivationとしてその場の労働意欲を高めるためであるとは限らないことを意味している。つまり，ファンがモノを渡す目的とは，おもに，(1) バカとの関係を作る，または関係を維持するため，(2) 次回の労働確保のため[17]，(3) 労働を行うに当たってモチベーションを上げるため，(4) その時の労働の報酬のため，の四つが考えられる。これらの目的が複合的に絡み合いながら，ファンはモノを渡し，それぞれのバカによって，その意図が解釈されるのである[18]。

---

[17] 塙狼星（2004）は「先行贈与」と呼んでいる。
[18] 特に契約労働を結んでいないバカに対しても，その場に居あわせた場合に，蒸留酒やヤシ酒，食事もよく振る舞われる。これは本書で北西功一が言及しているシェアリングが，ファンによって行われていると言える。

8-5 ▶ カカオ生産と熱帯雨林

社会関係に依存したカカオ生産

　ここまでファンのカカオ収穫期における労働力利用について，調査地で多くみられる契約労働について分析してきた。8-3節で述べたように，カカオ収穫期にはファンどうしの労働力利用が限定され，また，親族労働力だけですべての収穫労働を行うことは難しい。そのため，ファンにとって近隣に住み，カカオ畑を持っていないバカの労働力の確保，維持が重要になってくる。多くのファンは，季節的にバカを「契約労働」の形式で「雇用」するのであるが，その労働と報酬の実態は，私たちが雇用と考えるものとはかなり異なっている。8-4節で詳述したように，ファンはバカに対して現金の支払いだけでなく，モノや食事の提供を組み合わせて報酬としている。カカオ収穫期の現金報酬は，すべてのカカオを販売した後にまとめて支払われ，その額は支払われるまで確定しない。それまでの数か月間，ファンは，モノや食事を自らの意図とバカの要求に応じて提供している。その背景には，ファンとバカのあいだのこれまでの日常的な関わりを基盤とした様々な関係，つまり，パトロン－クライアント関係や友人関係，地縁によるつながりなどがあり，ファンとバカそれぞれが，状況に応じてこれらの関係を使い分けている。その上で，カカオ生産以外の生業活動の成果である焼畑作物やヤシ酒や蒸留酒，さらにカカオ収穫期に流入した現金や商品など，複数の生業の成果を利用することで，ファンはバカの労働力を確保，維持しているのである。
　このようなファンによる労働力確保は，西アフリカや中部アフリカの他地域のカカオ生産地の中でどのように位置付けられるだろうか。
　西アフリカのカカオ生産は，親族労働力とカカオ生産を行うために移住してきた人びとの労働力によって支えられてきた。たとえば，コートジボワールでは，国の政策としてマリやブルキナファソなど，隣国のカカオ労働者の移入を積極的に奨励してきた（Roussel 1971）。移住先に何の身寄りも基盤もないこのような人びとは，賃金は安いが生活の保証される年契約や日雇い労働を行いながら，その地での基盤を築き，土地を購入して自作農になろうとする。つまり，人びとのライフステージによって，労働力を供給する側から需要する側に変化するため，固定的な労働関係が形成されないのが特徴である（Berry 1975; 高根 1999）。
　カメルーン南部のカカオ生産の労働力は，移住民ではなく近隣に暮らす狩猟採集民バカによってまかなわれてきた。西アフリカとは異なり，少なくとも今日まで労働力を提供するバカが自らカカオ生産を行っていないため，ファンとバカの労働の需要と供給の関係は変わらないままである。この図式を「ファンがバカを搾取して

いる」と簡単にいうこともできる。しかし，その労働関係はカカオ収穫期にかぎられたものであり，期間中バカは常に同じファンのもとで労働するわけではなく，自ら狩猟のために森に入ったり，別のファンのもとで仕事をしたりする。また，カメルーン南部は，林（2000）がカメルーン東南部について述べるような賃労働が浸透しているとは言いがたい[19]。むしろ，現金だけでなく，焼畑で作られる作物やタバコ，狩猟採集による獣肉やヤシ酒などの森林資源を頻繁に提供することが，バカの労働力利用のために重要な要素と言える。逆にいうと，そのようなモノを十分に提供できない場合は，最後に支払う現金だけが用意できたとしても，バカの労働力を確保することができないのである[20]。

農業労働をめぐる闘争

　冒頭で述べたように，今日のアフリカ農村では，都市への出稼ぎや通学のために，これまで利用できていた親族や村内の労働力の確保が難しい状況になっている。ベリーは，今日の政治経済的に不確定な状況において，アフリカの農民が生産要素（土地，労働，資本）を獲得するために，これまでの血縁，地縁だけでなく，エスニックグループや政治組織などといった新たな社会的ネットワークに生産の余剰分を投資していることを述べている（Berry 1989, 1993）。ベリーは，この労働力を獲得するための，人びとの様々な社会的ネットワークに対する休みのない働きかけを「農業労働をめぐる闘争 "struggles over agricultural labor"」として表現している。

　カカオ収穫期において労働力を利用するために，血縁，地縁といった様々な関係や現金，モノを駆使するファンの姿は，ベリーがいうように，不確実な現状において，土地，労働，資本といった資源を得るために，様々な社会組織に絶え間なく投資しているアフリカ農民の一例であろう。

　カメルーン南部では，投資可能な社会組織が多く存在するわけではない。だが，毎年カカオ収穫期にファンが異なる相手を雇えるのは，かれらが日常的に多くの人びととの関係に対して投資しているからだと考えられる。この投資とは，現金というよりも，熱帯雨林に働きかけて得られた獣肉，ヤシ酒，また焼畑によって生産さ

19）筆者は1週間ほどカメルーン東南部のある村に滞在したことがある。その村のカカオ生産は，日雇い労働の支払いに決まった相場があり，また，中にはノートに遅刻，早退をつけて賃金に反映させている雇い主もおり，カメルーン南部とは大きく異なっていた。このように積極的に賃労働を利用している者は，北部の方からやってきたハウサやバミレケといった民族である。移住者は東南部へ早くから伐採会社が進出し，また，大河川であるジャー川沿いということから，その地に容易に入ることができたのである。かれらは，地元民よりも多くの現金を持っていたため，西アフリカとは異なり，初めから雇用者になれたと考えられる。

20）近年，カメルーン南部においても，セメント採掘などにバカの労働力が利用され，一方で，英語を母語とするカメルーン南西部出身の出稼ぎ労働者がやってくるようになった。このような状況によって，ますます，賃労働が広まっていくことも可能性として考えられる。

れた作物の提供，さらに，その作物であるキャッサバとトウモロコシで作られる蒸留酒の提供である。焼畑作物も間接的には熱帯雨林に働きかけて畑を作り，そこから得られることを考慮すると，カメルーン南部のカカオ生産を行うための労働力の確保，利用は熱帯雨林の提供する豊富な資源によって成り立っているといえる。森林資源を得るための活動，つまり，焼畑農耕や狩猟採集活動がカカオ生産と密接に関わっているのである。さらに，カカオ生産で得た現金の一部は，教育費や医療費など，現在欠かせない各種の社会的な費用にあてられるとともに，カカオの除草や収穫の労働のための雇用，または雇用の基礎となるバカとの関係性の維持に再投資されている。この点にこそ，カカオ労働を求めて多くの労働者がやってくる西アフリカ諸国との違いがある。

熱帯雨林地帯におけるカカオ生産を考察する場合，単純にカカオ生産のみを切り離して論じることはできないのではないだろうか。「金のなる木」[21]ともいわれるカカオは植えたら数十年実をつけ続け，あたかも簡単に生産者に現金をもたらす植物として描かれることもあるが，実はそうではない。カカオ生産の労働確保に欠かせない農作物や森林資源を獲得するための他の経済活動，さらに，それを用いて労働力を確保しようとしている人びとの行為にも注目する必要があるのである。

本章では，カメルーン南部のカカオ生産における労働力の確保，利用が西アフリカとは異なり，森林資源を利用して結ばれてきた社会関係を基礎として行われていることを明らかにした。この特徴が他の熱帯雨林の商品作物生産と比較してどう位置付けられるのか，また，カメルーンが経験した歴史や国家の農業政策などによってどう影響を受けたのかといった点は今後の課題として残したい。

---

21) たとえば，F. ルフは各地のカカオ生産ブームにおいて，多くの研究者が黄金の時代と捉え，カカオを「金のなる木」と呼んでいることを述べている (Ruf 1995)。

Field essay 1
イトゥリの森の3兄弟

▶ 市 川 光 雄

　今から20年ほど前，何回目かにコンゴ民主共和国のイトゥリの森を訪れたときのことである。古いカトリック教会があるンデューイという村の近くの森に住んでいたエフェ・ピグミーの人たちのキャンプに滞在して，民族植物学的な調査をしていた。そこで，3人のエフェの兄弟に仕事を手伝ってもらうことにした。3人の名は，パスカル，ブリュッセル，ビュファロー（いずれも仮名）。

　パスカルは長男で35歳くらい。妻を亡くしており，一人娘はすでに嫁いで他の集団に出ている。当時，ひとりで末弟のビュファローの家に居候をしていた。一応，このキャンプのカピタ（村長）ということになっているが，実質的な力はほとんどない。酒が好きで，情にもろい。毎日のように酔っぱらっており，それを非難されると，大声を出して抗議し，そのまま，おいおいと泣き出したりする。彼には，特に植物標本を乾燥させる焚火の番と薪集め，それに私の作業場の夜警をしてもらった。みんなが顔見知りのキャンプでは夜警の必要などはないが，近くの教会がしているように，是非とも夜警をおくようにと彼に強く求められたのである。

　次男のブリュッセルは25歳から30歳くらい。兄と違って酒はまったく飲まず，エフェには珍しく勤勉である。近くに駐屯している兵隊と一緒に働いていたこともある。また，外国人（人類学者）と一緒に働いたこともあり，わりと外の世界についてもよく知っている。この地域の族長（スルタニ）が遠くの村々を巡回するときなど，一緒についてまわっている。族長から，エフェのノタブレ（側近の有力者）に任命されているが，実質的な力があるわけではない。また，キャンプ一の物持ちであり，臼や食器，ナイフなどをいちばんたくさん持っている。衣服なども，他のエフェ

図1　エフェの夫婦

がそのとき身につけているものしか持っていないのに対し、彼は2組以上も持っている。彼は、最初に私がキャンプを訪れた日から、私の物がなくなってはいけないと心配して、留守番を申し出てくれたが、2、3日後にこの役を兄のパスカルと交代して、植物採集に同行して植物に関する該博な知識を教えてくれた。最初、この役は末弟のビュファローがすることになっていたが、途中で交代してもらったのである。

末弟のビュファローは20歳から25歳くらい。結婚をしていたが、かなり年上の奥さんに、面倒を見てもらっているという感じだった。最初に私が仕事について説明すると、自分から「植物のことを教えてやろう」と申し出てきたが、あまりにも知らないうえ、説明の要領も悪い。また、毎日の決められた時間に仕事に来たことはほとんどなかった。そのくせ、「チュンビ・イナチェレワ」（自分のところに塩が届くのが遅れている）とか、タバコが切れて我慢できない、などと要求ばかりきついので、数日でお引き取り願って、あとは水汲みなどの雑用をしてもらっていた。

兄弟3人のうち、兄と末弟は酒が好き、というより酔っぱらうのが好きで、毎朝のように近くの村人（農耕民）のところにいって、ヤシ酒を呑んでくる。身の軽いかれらがヤシの木に登って容器の中にたまったヤシ酒を回収し、そのかわりにご相伴にあずかるのである。そして、やっと昼前くらいになって、いらいらしている私のところに、いっぱい気分で歌を歌いながら、じつに幸せそうにして戻ってくる。いくら朝から「今日は仕事だぞ」と念をおしても、そしてかれらが、「ボン！ ダコール（いいよ、オーケー）、必ず来るから」と断言しても、こればかりは、どうしても私の思うようにはしてくれなかった。結局、働いているのは次男のブリュッセルだけで、他のふたりはほとんど遊んでいるという状態であった。

ある日、例によって酔っぱらって上機嫌で歌いながら帰ってきたビュファローに、苛立ちながら待っていた私が小言をいうと、待ちかまえていたように、兄のブリュッセルが近づいてきて、ビュファローをなじりはじめた。ビュファローの方も「キラ・ムトゥ・イコ・ナ・カジ・ヤケ・ムバリムバリ」（みんなそれぞれの仕事があるんだから（他人のことに口を出すな））とやり返す。自分がさぼっているのを棚に上げて、と私は思うけれども、負けてはいない。しかし、怒った兄がパンガ（ブッシュナイフ）をもって近づき、その側面でピタピタと弟の背中を叩くと、弟の方は動転して、泣き叫びながらキャンプから出ていった。そこへちょうど、長兄のパスカルが例によって酔っぱらって戻ってきた。今度はパスカルとブリュッセルのやりあいになり、とうとうパスカルは、自分の全財産（といって身に着けているシャツと半ズボン、それに弓矢と斧しかないが）を持って、ビュファローの後を追うようにしてキャンプを出ていってしまった（数日後に、ふたりとも何くわぬ顔で戻ってきた）。

これは、「気ままな人たち」（人類学者のターンブルは、かれらの性格をこう表現した）といわれるエフェの社会のなかで、そうした典型的なエフェの個性と、いわゆる「合理的な」個性がぶつかりあった例といってよい。近代の産業社会では、後者のような性格を持つ者が成功していくのであるが、そういう性格を持つ者自体はエフェのようないわゆる伝統的社会でも見られる。どんな社会でも、要領がいい者と悪い者、働き者と遊ぶのが好きな者、きち

図2　エフェのハンターたち

んと予定通りに動く者と刹那的な感情に行動を委ねている者というように、いろんな個性が見られるものであるが、特に狩猟採集社会のような小さな社会では、そうした多彩な個性が抑えられたり、逆に強化されたりすることなく共存しているように見える。

　本来、人間は様々な資質や性向を持って生まれるが、そういう個人差のようなものは、普通はしつけや広い意味での教育、つまり子どもから大人になり、社会化されていく過程で、ある程度決まった枠にはめられていく。その過程で、制度やルール、規範等が個人の中に内面化され、集団的な共通認識や価値基準、合意が形成されていく。これがいわゆる文化を身につけるというものであろう。しかし、ここで挙げたエフェのような小さな社会では、そのような広い意味での教育、特に公教育的なものは、皆無ではないにしても、あまり発達していない。それはかれらの社会の統合度が低いことと関係する。つまり社会的な統合や成員の求心力をつくることがそれほど重要でない社会では、社会に生じたある種の「個体変異としての個性」があまり手を加えられずに保存されていることがある。

　このようにいろんな個性を抱えていることが有利な点もある。状況が絶えず変化するような環境では、様々な異なった方面に適した多様な人材を抱えていることがその集団を成功に導く。生物の世界で、繁栄する種には多様な種内変異が見られるというのとよく似ている。こういうふうに考えると、多様な個性を擁する社会は、そこから絶えず新たな可能性が生み出され、そこからいろんな可能性に向けて分化していく、そういう母胎であると考えることもできる。

　たしかにかれらの小さな社会では、集団の求心力を作るものという意味でのアイデンティティ、すなわち集団帰属性は希薄である。しかし、アイデンティティのもう一つの意味である自己同一性については、むしろそれが保たれているといってよい。言い換えれば、多様な個性が裸のままで向きあっており、それらがぶつかりあう「人間劇」がいつでも観察される社会である。レヴィ＝ストロースは「悲しき熱帯」のなかで、南米のナンビクワラ族の社会と政治について、「ナンビクワラの原初的な政治形態の中に私が見たものは人間だった」と語っているが、そこでは、制度や組織を支える原初的な人間的な契機（個性）があからさまに見えるという状態である。

　制度化の進んだ社会では、その制度を覚えさせる（個人に内在化させる）広い意味での教育が不可欠である。公教育や家庭でのしつけがそうした役割を果たしており、そうしたものを通して共通のルールに則った振る舞いが身につけられ、内面化されていく。しかし、エフェのような小さな社会ではそうしたルールの習得よりも、周囲への気配りの方が重要であり、また、制度化された教育が欠如している反面、個性がいわば野放しの状態になっているともいえる。

　そうであるからこそ、かれらの感情表現は豊かなのであろう。エフェのキャンプでは、笑いが絶えない。何がそんなに面白いのか、と思うほど、よく笑う。わずかな酒で、感情が高揚する。同時に、悲しい時はぽろぽろ涙を流し、痛いときには、大人でさえ、大声で泣きわめく。そして夕方になると、沸きたつような声で歌い、憑かれたように踊る（神の踊り子とい

われる所以)。こうした多様な個性と豊かな感情を有する社会が,「合理的人間」を求める開発や近代化のなかで,酷い目にあわないことを願っている。

第Ⅲ部

ピグミーと隣人たち

松浦　直毅

第 9 章

ピグミーと農耕民の民族関係の再考
— ガボン南部バボンゴ・ピグミーと農耕民マサンゴの「対等な」関係 —

9-1 ▶ 一風変わったピグミーとの出会い

アフリカの熱帯雨林を遊動しながら狩猟採集によって暮らす人びと。

話に聞いたり，本で読んだりして知った「ピグミー[1]」と呼ばれる人びとは，大学院に入って人類学的なフィールドワークをはじめようとしていた筆者にとって，強い好奇心と憧憬の対象であった。かれらはどのように森の資源を利用して狩猟採集生活を営んでいるのだろうか。森と強く結びついたかれらの文化とはどのようなものだろうか。そしてそれは，私たちの文化とも農耕民と呼ばれる人びとの文化とも，大きく異なっているに違いない。

このような関心のもとで筆者が中部アフリカのガボン共和国を初めて訪れたのは，2002年のことである。ガボンのピグミーに関する研究はそれまでほとんど行われていなかったため，筆者はまず，ガボン全域をまわってピグミーの分布と生活様式の概要を調べることから始めた。

ところが，ガボン南部に暮らすバボンゴ・ピグミーの村を訪れた筆者は，バボンゴが自分の持つピグミーのイメージとは大きく異なっていることに気づかされた。自分のイメージとの相違から，「そもそも誰がピグミーなのか？」という疑問さえ抱いたほどであった。このような違和感のもととなった筆者のピグミーのイメージとは，「近隣農耕民とは一線を画したコミュニティをもち，独自の生活様式や文化をもつ人びと」というものであった。これに対してバボンゴは，近隣のバントゥー[2]系農耕民マサンゴと同じように農耕活動にいそしんでおり，マサンゴと同じ定住村

---

1) ピグミーについては，北西（本書第2章）を参照のこと。かれらの呼称については見解が分かれているが，ここでは本書の他の論文にあわせて「ピグミー」という語を用いる。
2) バントゥーについては，小松（本書第1章）に詳しい。

で文字通り軒を連ねて暮らしていた。バボンゴとマサンゴは，日ごろから仲良く一緒にいるように見え，なかには外見からバボンゴかマサンゴかを区別できない人たちもいたのである。

広域調査を終えて日本に戻った筆者の脳裏に焼きついていたのは，自分のピグミーのイメージとはうらはらに，農耕民と入り混じって見えたバボンゴの姿であった。ガボンのピグミーに関する研究がそれまでほとんど行われてこなかった理由の一つは，比較的早い時期から定住化，農耕化という社会変容が進み，農耕民との生活上の差異が小さくなっているために，森で暮らす狩猟採集民としてのピグミーの生活や文化に関心をもつ研究者から注目されてこなかったからである (Bahuchet 1993a; Knight 2003)。

筆者は，一風変わったバボンゴとマサンゴの関係を理解しようと様々な本を調べてみたが，自分が見たかれらの関係にぴったりと当てはまるものは見つからなかった。これまでの研究では，時代や地域ごとに多様なあり方を示す (Hewlett 1996; Van de Sandt 1999) とはいえ，ピグミーと農耕民の関係は，差異と上下関係を前提としたものとして捉えられることが多かったからである。なかには寺嶋 (1997) のように両者のあいだの協力や連帯を重視する論考もあるが，バボンゴとマサンゴの関係はそれともまた違うようである。それならば，自分の手で確かめるしかないだろう。このように考えた筆者は，2003年に再びバボンゴの村を訪れ，バボンゴとマサンゴの民族関係に注目してインテンシブな調査を始めたのである。

本章ではまず，これまでの筆者の研究で明らかになったバボンゴとマサンゴの関係を描写する。そして，それを他のピグミーと農耕民の関係と比較することで，差異と上下関係を前提とすることが多かったこれまでのピグミーと農耕民の民族関係を再検討したい。

9-2 ▶ ピグミーと近隣農耕民の関係

バボンゴとマサンゴの関係について述べる前に，これまでの研究で示されてきたピグミーと農耕民の関係をまとめておく必要があるだろう。ピグミーと農耕民の関係の諸相については北西 (本書第2章)，外部世界の影響による近年の関係の変化については北西 (『生態誌』第4章) にそれぞれ詳しく述べられているので，あわせてご参照いただきたい。

アンビバレント (両義的) な共生関係

ピグミーは森のなかで他の民族からまったく孤立しているわけではなく，同じ地

域に住む農耕民と長いあいだ密接な関係を築いて暮らしてきた。ピグミーが森林産物と労働力を，農耕民が農作物や工業製品をそれぞれ提供することで，両者は互いに補いあって生活しているのである。このような経済的な相互依存は，社会関係の基本となる親族関係を援用した「擬制的親族関係」（竹内 2001；寺嶋 1997）と呼ばれる紐帯によって保たれている。この関係は個人どうしにとどまらず，それぞれの家族にも適用され，さらには世代から世代へと引き継がれている。擬制的親族関係は，ピグミーと農耕民のあいだの安定した経済的関係を支えているだけではない。「子」であるピグミーにとって「親」とされる農耕民は，政治的，社会的な庇護を与えてくれる重要な存在である。一方，農耕民にとって人為をこえた畏怖すべき世界である森での生活に熟達しているピグミーは，森への水先案内人として大切なパートナーとなっている。

　ピグミーと農耕民のあいだには，擬制的親族関係のように制度化されたパートナーシップがあるだけでなく，一時的でインフォーマルな関係もみられる。経済的な交換は，擬制的親族関係のあいだだけでなく，その場で見つけた相手とも行われる。また，家族どうしのつながりとは関係なく次の世代にも継承されない個人的な友好関係が成り立つこともある。さらに，ピグミーと農耕民が一緒に割礼を受けたり，歌と踊りに長けたピグミーが農耕民の儀礼に参加して場を盛り上げたりするように，儀礼においては特定の個人間ではなく集団全体を巻き込んだ連帯がみられることもある。

　以上のようなピグミーと農耕民の結びつきは，生業形態や相手に対する経済的な依存の度合い，時代や地域ごとの政治的・社会的背景，地域の地理的・人口的な特徴などを反映して多様な形態をとる（Hewlett 1996; Van de Sandt 1999）。しかし，総じていえるのは，両者の立場が対等とはいえない場面が多く見られるということである。このことは，ピグミーと農耕民の関係が少なくとも表向きは農耕民社会の論理によって支えられていることと関係している。集団構成が流動的なピグミーは固定的な制度を持たず，平等主義的な傾向がある（Woodburn 1982; 市川 1991b）のに対し，農耕民は堅固で階層的な制度を持っており，両者の関係は，表面上は農耕民の社会制度に規定される。その農耕民の階層的な社会制度のなかで，ピグミーはより低い社会的地位に位置付けられることが多いのである。

　このようにピグミーと農耕民の関係は，一方では協力や連帯がみられるが，他方では対立もはらんだアンビバレントな共生関係（竹内 2001; 寺嶋 1997）なのである。

民族関係の変容

　もともと上下関係をはらんでいるピグミーと農耕民の関係であるが，「森と村」，「狩猟採集と農耕」というように生活場所や生業形態が異なっているために，この

ような上下関係が，ピグミーに対する差別に結びつくような状況は比較的生じにくかった。ところが，20世紀半ば以降，多くの地域で両者のあいだの社会的格差が顕在化する傾向があり，農耕民がピグミーを差別するような状況が生じつつある (Lewis 2005)。

その大きな要因は，政府による定住化政策，貨幣経済の浸透，獣肉取引の拡大，道路や鉄道の整備などの影響で，ピグミーの定住化・農耕化が進んだことにある。ピグミーが定住化・農耕化すれば，農耕民との生活様式の違いは小さくなり，両者が同じ土地や資源を利用することで競争が生じやすくなると考えられる。政治的には，農耕民が地方行政の末端のエイジェントとして定住化したピグミーを支配しようとすることもある。カメルーンのバギエリ・ピグミーに関する研究では，小規模な村に住み自給的な生活を送るバギエリは農耕民と均衡した関係を保っているが，人口が多い村では，農耕民とバギエリの土地や資源をめぐる対立が大きくなっている (Van de Sandt 1999)。一度は定住村に移住したバギエリが，農耕民との争いを避けて森の集落に戻ってしまうという例も報告されている (Biesbrouck 1999)。

定住化が進んだとはいえ，多くのピグミーは，森と結びついた伝統的な生活スタイルを保ち，平等主義的な社会に暮らしている。このようなピグミー社会には，外部からもたらされた近代的な制度は，なじみにくいものであった (市川 2001：27-28)。一方，早くから商売や出稼ぎによって貨幣経済に親しみ，学校教育を受けたり公的機関で働いたりする機会が多かった農耕民は，近代的な制度にいち早く順応し，権威を拡大させた。そもそも定住化政策自体が，「遅れた」人びとを文明化し発展させるという目的のもとで，森に深く根ざしたピグミーの生活様式を考慮せずに実施されてきた。医療や教育，社会的なサービスを浸透させるという名目でありながら，実際には税金の徴収を容易にし，統治体制を確立するために行われた定住化政策のもとで，ピグミーは半ば強制的に定住村に暮らし，国民国家に参入するよう促されてきたのである (Kenrick 2005; Lewis 2005)。税金を納めず身分証を持たないピグミーは，農耕民を介することでしか外部世界にアクセスできず，農耕民への依存を強めていった (竹内 2001：寺嶋 2001)。

1970年代から80年代になると，伐採権や採掘権の取引が盛んに行われるようになり，外国企業による伐採，採掘事業が地域社会にも進行してきた。開発事業の進展の一方で，近年の森林保護の気運の高まりによって，国際的なNGOが主導する自然保護プロジェクトも広がってきている。これらの活動は，方向性は異なるものの，やはりいずれもピグミーの存在と権利に十分な配慮をせずに農耕民相手に進められてきたケースが多く，結果としてピグミーの周辺化がますます進んでいる (服部 本書第10章)。

9-3 ▶ バボンゴとマサンゴの関係

　筆者が調査を行っているバボンゴとマサンゴの関係は，これまでの多くの研究で示されてきたピグミーと農耕民の関係と比べて，どのような点で共通しており，どのような点で異なっているだろうか。ここでは，儀礼，通婚，訪問活動に注目してバボンゴとマサンゴの関係を示し，他のピグミーと農耕民の関係と比較することでその特徴を描いてみたい。

調査地の概要とバボンゴの生活

　本章の対象であるバボンゴは，中部アフリカのガボン共和国の中南部からコンゴ共和国の南西部にかけて分布するピグミーの1グループである。正確な統計はないが，人口は1万人程度と推定される。それぞれの地域で近隣に暮らす農耕民と密接な関係を築いており，筆者の調査地ではマサンゴと呼ばれる人びとと共存している。マサンゴは，ガボン中南部のグニエ州とオグエ・ロロ州の森林帯を中心に分布するバントゥー系 (B40) の焼畑農耕民で，その人口は3-4万人と推定されている (Idiata 2008)。

　筆者は，ガボン南部のグニエ州オグル県ブトゥンビ村において4回，合わせて約1年にわたって現地調査を行った[3]。ブトゥンビ村は，ガボン南部を東西に結ぶ幹線道路上にあり，バボンゴだけからなる人口約30人の小規模な村である (図9-1)。近隣には幹線道路に沿って5-10kmほどの間隔で村が分布している。これらの村にはバボンゴとマサンゴが同じくらいの数ずつ混住しており，人口は100-200人ほどである。バボンゴとマサンゴの住居のつくりは同様に箱型であり，また，バボンゴとマサンゴの両方が住む村では両者の家が混在しており，一見しただけではどちらの家か区別がつきにくい。

　ブトゥンビ村の特異な人口構成には歴史的な経緯が関係している。聞きとりによると，もともとブトゥンビ村はマサンゴの村であり，その周辺にバボンゴが暮らしていた。しかし，1960年代にガボン政府によって複数の村を一つにまとめるリグループメント政策が実施されると，ブトゥンビ村は隣村であるムカンディ村に統合され，ブトゥンビ村やその周辺に暮らしていたバボンゴとマサンゴの全員がムカンディ村に移住した。しかし，移住後しばらくしてムカンディ村で争いが起こると，ブトゥンビ村出身のバボンゴの1家族がブトゥンビ村に戻ってしまったのだとい

---

[3] 調査期間は，2003年7-10月，2004年11月-2005年2月，2005年5-8月，2007年1-3月である。バボンゴとの比較のため，2005年2-5月の約3か月間，カメルーン東部州ブンバ・ンゴコ県のクメラ村でピグミーの1グループであるバカの調査も行った。

図9-1　調査村の外観

う。このときにブトゥンビ村に戻った人びとやその子孫が，現在でもブトゥンビ村で暮らしているのである。バボンゴの1家族が争いを避けて自分たちだけの村を築いたというブトゥンビ村の歴史からは，定住して間もない20世紀半ばころのバボンゴは，居住集団の流動性が高いながらも，バボンゴどうしの関係が密接で，現在よりもマサンゴとのつながりが薄かった可能性が大きい。これについては後で詳しく述べる。

　現在のバボンゴの生活の特徴は，著しく農耕化が進んでいることである。ほとんどの者が家族ごとに所有する畑で自立的に焼畑農耕を営んでいる。生業活動に費やす時間の半分以上を農耕活動が占め，主食の大部分がキャッサバをはじめとした農作物[4]であるというように，農耕が生活の中心になっており (Matsuura 2006)，十分に自給可能なレベルのものである。バボンゴは，農耕によってエネルギーの多くをまかなうとともに，狩猟，採集，漁撈によって副食を獲得している。なかでも跳ね罠猟と槍猟を中心にした狩猟で獲得される獣肉は，重要なタンパク質源となっている。ただし，ほとんどの狩猟活動は，村周辺の森で行う日帰りのものであり，森のキャンプに出かけることがあっても長くて1週間程度で戻ってくる (Matsuura

---

4）　キャッサバのほかに，プランテン・バナナ，トウモロコシ，サツマイモ，サトウキビ，ラッカセイなどを栽培している。

2006)。

　マサンゴの生活も農耕が中心であり，狩猟，採集，漁撈も行う。一方，マサンゴのなかには，村で日用品や食料品をあつかう商店を経営している者がいる。商店には村のお金が集まるために，商店を経営する家族は経済的に豊かで，比較的立派な造りの住居に住み，多くの家財道具や工業製品を所有している。

　バボンゴが獣肉やその他の森の産物をマサンゴと交換し，農作物や工業製品，現金を手に入れるということはない。交易人や通行人に森の産物を販売し，得られた現金で調味料，嗜好品，日用品などを購入することはあるが，その機会は稀であり，森の産物のほとんどは自家消費される。新しい畑の伐開のためにバボンゴがマサンゴに協力することがあるが，逆にバボンゴの畑を開くためにマサンゴが働くこともあり，バボンゴがマサンゴに一方的に労働力を提供しているわけではない。他の地域でみられる経済的な相互依存関係はここではほとんど見られず，両者は経済的にほぼ自立しているといえるだろう。

言語と社会制度の受容

　バボンゴにはマサンゴ語とは異なるかれら独自の言語[5]があるが，かれらは日常的にマサンゴ語を用いている。バボンゴどうしの会話でもマサンゴ語が使われることが多い。また，バボンゴはマサンゴと同じクラン（氏族）を用いている。バボンゴがマサンゴの言語やクランを取り入れる過程については後述する。マサンゴの社会においてクランは，人びとを結びつけたり境界づけたりする重要なカテゴリーである。同じクランの成員どうしは助けあわなければならない「家族」と考えられており，クランは外婚の単位でもある。初対面の相手に最初に尋ねるのはその人のクランであり，同じクランであればその人を歓待する。マサンゴ社会は，クランが母方から継承され，結婚後の居住は夫方が基本となる母系夫型居住の形態をとっている。バボンゴがかつてどのような社会システムを持っていたかは定かではないが，現在では，バボンゴにとってクランが人びとを分類する重要なカテゴリーとなっており，マサンゴと同じく母系夫方居住の社会形態をとっている（Matsuura 2006, 2009, 松浦 2007）。

儀礼の共有

　バボンゴとマサンゴは，土や水のなかに棲むとされる精霊の名を冠した「ムイリ」

5）バボンゴ語はバントゥー系に分類される。Klieman (1999) による言語学的研究によると，バボンゴの言語は，紀元後 500 年以前に近隣のバントゥー系民族の言語を取り入れて形成され，紀元後 1000 年までに分岐して独自の言語として確立したとされている。

図 9-2　儀礼の一場面
新加入者がムイリに紹介されるのを待っているところ。左手前でうずくまっているのは筆者。

と呼ばれるマサンゴ起源の男性の成人儀礼を行う。バボンゴとマサンゴの男子は，5-10歳ころになるとムイリを信仰する結社に加入するとともに，結社の規範に従うことが義務づけられている。結社への加入儀礼には，バボンゴとマサンゴが一緒に参加し，それぞれが重要な役割を対等に担う。以下は，筆者が新加入者として参加した儀礼の事例（図9-2）である[6]。

〈儀礼の事例〉

筆者が調査を始めてしばらく経つと，村の男性たちからムイリの結社への加入を強く勧められるようになった。バボンゴとマサンゴの男性が参与した会話のなかで男性たちは，「男なら結社に加入しなければならない」，「加入すればムイリの力ですべての問題がうまくいく」と，加入の義務やムイリを信仰する重要性を語った。

筆者は加入儀礼を受けることを決意し，筆者と5人の子どもたちのために儀礼が開催されることになった。5人の子どもの内訳は，バボンゴが4人，マサンゴが1人である。儀礼はブトゥンビ村で行われたが，近隣の村からも大勢の人が参加し，人口約30人のブトゥンビ村に100人以上が集まった。近隣の村からの参加者の内

---

6) 儀礼の事例の詳細については，松浦（2007）を参照されたい。

訳は，バボンゴとマサンゴがほぼ半数ずつであった。

儀礼の過程ではまず，ムイリが森から呼び寄せられ，新加入者がムイリに紹介される。入り口がバナナの葉で閉ざされた村の集会所から震えるような独特なムイリの声が聞こえてくると，新加入者は集会所の前まで連れていかれる。このときに重要な役割は，ムイリに対して語りかける役（モンドンガ），ムイリの声を演じる役（ガンド），新加入者に付き添う役（ゴンザ）の三つである。モンドンガは，儀礼において最も重要な役割であり，ガンドも儀礼への習熟が要求される役割である。モンドンガとガンドは年長者によって担われることが多く，交代して複数の者が務める。ゴンザを任されるのは，ゴンザの経験がない若い男性が多い。ひとりの新加入者に対してひとりのゴンザがつき，ゴンザが途中で他の者と交代することはない。

これらの役割を務めた人を調べたところ，モンドンガを務めたのは4人で，すべてバボンゴの年長者であった。姿を隠して声を発するという役割の性質上，ガンドを特定するのは困難であるが，ガンドのひとりは30代のマサンゴであった。ゴンザを務めた6人のうち4人がバボンゴ，ふたりがマサンゴで，いずれも20-30代であった。このような役割分担からは，バボンゴが儀礼において重要な役割を担っていることが分かる。その一方，マサンゴの協力も不可欠である。ガンドを務めたマサンゴの男性は，儀礼について幅広い知識をもち，周りの者から儀礼の能力が信頼されている人物である。

儀礼のクライマックスとなるのは，新加入者が森へ連れていかれ，ムイリと出会う場面である。新加入者は，ムイリに出会うための様々な課題にすべて失敗し，最後にムイリの棲む穴でムイリと出会うことになる。このときに重要な役割は，新加入者に課題を与え，そのやり方を説明するというものである。儀礼の進め方を特に熟知しており，他の場面でもたびたび説明や指導をする役割であり，「指導役」と呼ぶことにする。

指導役は，新加入者に規範を伝授する役割も担っている。森でムイリと出会った翌日，新加入者たちは再び森に連れていかれる。ここで指導役は，ムイリに関する秘密と結社の成員が守るべき社会規範を新加入者に伝える。また，ムイリの力の強大さについて語り，規範を破るようなことがあればムイリから制裁が与えられると教える。さらに，新加入者の体を清めるための水浴びの場では，指導役が男性の役割や性行為の仕方などを説明する。このような指導役を務めたのは，バボンゴ4人とマサンゴふたりであった。以上の役割とその分担を表9-1にまとめた。

この事例から分かるのは，バボンゴがマサンゴと同じかそれ以上に儀礼に参加して重要な役割を担っていること，もともと儀礼を行っていたマサンゴと同様にバボンゴも儀礼を熟知し，儀礼にまつわる規範を遵守していることである。

この事例の儀礼は，バボンゴとマサンゴの両方が参加した話し合いにおいて，加入の義務と信仰の重要性が語られることからはじまった。儀礼にはブトゥンビ村の

表 9-1　儀礼の役割と分担

役割	内　容	務めた人
モンドンガ	ムイリを呼び，ムイリの言葉を翻訳する	バボンゴ4人
ガンド	ムイリの声を演じる	マサンゴ1人
ゴンザ	新加入者に付き添う	バボンゴ4人，マサンゴ2人
指導役	新加入者に儀礼の手順と規範を伝える	バボンゴ4人，マサンゴ2人

　バボンゴが全員参加したほか，近隣の村から同数ずつのバボンゴとマサンゴが参加した。すべての男性が儀礼に立ち会い，女性たちも歌や踊りで儀礼を盛り上げたり，食事の世話をしたりして儀礼をサポートしていた。ムイリの結社への加入儀礼とは，バボンゴとマサンゴ，男性と女性のいずれもが尊重し協力して行うべき社会的行事なのである。単に同様に参加しているというだけでなく，バボンゴとマサンゴの双方が重要な役割を担っていた。ガンドを務めたのがマサンゴ男性であったように，マサンゴが儀礼に関する幅広い知識をもっているのは疑いないが，モンドンガや指導役のように儀礼に対する深い理解が必要な役割をバボンゴが務めていたことからは，バボンゴも儀礼を先導し，中心的な役割を果たしていることが示唆される。

　本事例の儀礼がバボンゴだけが暮らす村で行われたために，バボンゴの果たす役割が大きくなった可能性はある。しかし逆にいえば，バボンゴだけが暮らす村でバボンゴが中心になってマサンゴ起源の儀礼が遂行されるほどに，バボンゴ社会にマサンゴの儀礼が浸透していることになるだろう。調査期間中に行われたムイリの結社への加入儀礼は本事例だけであり，バボンゴとマサンゴが混住する村においてどのように儀礼が行われるかは不明であるが，筆者は，バボンゴとマサンゴが混住する村で行われた葬儀を4回観察している。この葬儀は，マサンゴの家族が主催するものが3回，バボンゴの家族が主催するものが1回であったが，どのケースでも多くのバボンゴが参加して中心的な役割を担っていた。バボンゴとマサンゴが混住する村において開かれるムイリの結社への加入儀礼でもバボンゴが同様に中心的な役割を担うと考えられる。

　バボンゴが儀礼への加入の義務を語ったり，儀礼に対する習熟が必要な役割を務めたりしたことからは，バボンゴがムイリを信仰し，規範を遵守していることが分かる。儀礼を遂行するためには，モンドンガや指導役以外の参加者もムイリに対する共通した認識を持っていることが必要である。ガンドが演じるムイリの声に応えたり，ムイリと森で出会ったりするなど，あたかもムイリが存在するような演出がなされる儀礼の過程は，全参加者のムイリに対する共通した認識と協力がなければ達成されないだろう。バボンゴにも儀礼の規範と信仰が浸透しており，マサンゴとのあいだで共有されているといえる。

儀礼にみられるバボンゴとマサンゴの関係は，他のピグミーと農耕民の関係とはどのように異なるだろうか。寺嶋 (1997) は，エフェ・ピグミーと農耕民が同一の儀礼を行うことで，両者の社会関係が全体として強化され，地域社会の活性化がもたらされていると指摘している。しかしながら，これまでに報告されてきた事例をみると，参加者数においても役割においても農耕民が主導権を握って儀礼の中心になることが多い。ムブティ・ピグミーは農耕民の割礼儀礼ンクンビに参加するが，重要な役割はすべて農耕民が担うことが報告されており (Turnbull 1957)，エフェ・ピグミーと農耕民の成女儀礼イーマでは，イマカンジャと呼ばれる中心的な人物になるのはほとんどが農耕民の少女である (寺嶋 1997)。踊りの能力に長けたピグミーが儀礼を盛り上げるのに一役買っていることはまちがいないが，表面的にはあくまで農耕民が主導権を握っている。

また，他のピグミーと農耕民のあいだでは儀礼に関する規範がきちんと共有されているわけではない。たとえば，農耕民が信じる超自然的な力を信じていないムブティが，農耕民がいなくなるやいなや儀礼をまねて茶化したり侮蔑したりすることがある (Turnbull 1957)。逆に，農耕民の若者がバカ・ピグミーの儀礼をけなし，遂行の邪魔をする例も報告されている (Rupp 2003)。同じ儀礼に参加するためには，儀礼に対する信仰がある程度は共有されている必要があるが，だからとって他の地域ではピグミーと農耕民がまったく同じように儀礼を信仰し，規範にしたがっているわけではかならずしもない。

他のピグミーと農耕民の儀礼には，ピグミーと農耕民の上下関係がみてとれる場合があるのに対して，バボンゴとマサンゴは儀礼において同じような役割を担っている。知識の差がみられる場合はあっても，それはマサンゴのなかに知識の豊富な人が存在するというだけで，全体としてマサンゴとバボンゴとのあいだに儀礼における上下関係があるわけではない。また，バボンゴの村でバボンゴが主導して儀礼が行われたことから分かるように，バボンゴとマサンゴは，他のピグミーと農耕民に比べると，儀礼に対する信仰や規範の共有の度合いが高いといえるだろう。

通　婚

バボンゴどうし，マサンゴどうし，バボンゴとマサンゴの結婚は，すべて同じ手続きで進められる。以下にその手続きを示す。まず，男性が女性の両親のもとを訪れて酒や布を渡す。次に，男性が女性の父親へニワトリを差し出し，父親が受け取れば結婚が認められたことになる。さらに男性は，食器，農作物，調味料などを贈る。その後，夫となった男性は，妻を自分の村へと連れ帰り，村では夫側の親族が中心になって祝宴が催される。結婚の際に支払われる婚資は男性の経済力によって

変わるが，おおよそ数万 CFA フラン[7]ほどであり，これは，村に住む現金収入の乏しいバボンゴとマサンゴにとってはかなり高額である。婚資の支払いはこの時だけで終わるわけではなく，夫は生涯を通じて妻の親族の世話をする必要がある。

では，バボンゴとマサンゴの通婚にはどのような特徴がみられるだろうか。ピグミーのなかで農耕民と結婚している人の割合を「通婚指数」とし，ピグミーのグループごとに通婚指数をまとめたのが表 9-2 である。バボンゴにおける通婚指数をみると，バボンゴ女性の半数近く（18/43, 42%）がマサンゴ男性と結婚しており，バボンゴにとってマサンゴとの結婚は日常的なものといえる。また，他のピグミーと農耕民のあいだではほとんど見られないが，バボンゴとマサンゴのあいだに見られるものとして，バボンゴ男性とマサンゴ女性の婚姻が指摘できる。ただし，バボンゴ女性とマサンゴ男性のケース（42%）に比べて，バボンゴ男性とマサンゴ女性のケース（11%）が少ない点は考慮する必要がある。かれらはその理由を両者の経済力の違いとして説明する。マサンゴ男性がバボンゴ女性をめとる場合が多いことについてバボンゴとマサンゴは，「マサンゴの方がお金をもっているから」，「マサンゴ女性をめとるにはお金がかかるから」と語っていた。バボンゴに比べて定住・農耕生活の歴史が長く，賃労働の経験も豊富なマサンゴは，現在でもバボンゴに比べて経済的に豊かなことが多い。バボンゴ男性にとって，マサンゴ女性の親族を満足させるだけの婚資を用意するのは困難であり，それがバボンゴ男性とマサンゴ女性の婚姻が少ない要因といえるだろう。

しかしながら，割合は低いもののゼロではなく，バボンゴ男性とマサンゴ女性の婚姻が存在すること自体が重要である。バボンゴとマサンゴの複数の成人男女に対してバボンゴとマサンゴが結婚することについてどう思うかを尋ねたところ，多くの答えが肯定的なものであった。そもそも，通婚自体があまりに日常的なものになっていてかれらが問題として意識していないため，質問の意図が伝わらず，「普通のことである」，「そういうものである」という答えしか得られないことも多かった。男女で通婚の割合が異なっている要因として経済力を挙げたが，逆にいえば，経済力があればバボンゴ男性がマサンゴ女性をめとることも可能ということになる。実際に，マサンゴ女性を妻にもつバボンゴ男性のひとりは，若いころに伐採会社や石油会社で働いて収入を得ていた者である。

他のピグミーと農耕民の通婚はどうだろうか。北西（本書第 2 章）にもまとめられているように，コンゴ共和国のアカ・ピグミーと農耕民は，互いを動物のような存在とみなし，相手に対して侮蔑的なイメージを抱いている。実際には農耕民男性とアカ女性のあいだで性交渉がもたれることはあるが，公式的には性関係をもつことには否定的であり，通婚も忌避されている（表 9-2）。カメルーン共和国のバカ・ピ

---

[7] 1 ユーロ = 655.957CFA フラン。村の物価の一例を示すと，タバコ 1 箱 1000CFA フラン，ビール 1 本 600CFA フランなどである。

表 9-2　ピグミーと農耕民の通婚

民族名	通婚指数*		参照
	♀	♂	
アカ	0	0	竹内 2001
バカ	0.02 (3/140)	0 (0/120)	Matsuura 2006
エフェ	0.17	0	Hewlett 1996
バボンゴ	0.42 (18/43)	0.11 (3/28)	Matsuura 2006

＊ピグミーのうちで，農耕民と結婚している人の割合。例えば，バカ女性の2％が農耕民男性と結婚している。

グミーと農耕民のあいだでも通婚は好まれず，通婚がある場合にも農耕民男性がバカ女性をめとるという一方的なものでしかない。カメルーン東南部で筆者が行った調査によると，バカ男性120人の妻はすべてバカ女性であり，バカ女性140人のうち農耕民男性と結婚しているのは3人だけであった（表9-2）。コンゴ民主共和国のエフェ・ピグミーは農耕民との通婚が多いことで知られており，エフェ女性の17％が農耕民男性と結婚しているという報告がある（表9-2）。また Terashima (1987) は，農耕民男性の妻の4人にひとりがエフェであることを報告している。エフェと農耕民のあいだでは「氏より育ち」が重視されており，農耕民の村で育ち農耕民の習慣を身につけたエフェ女性が農耕民と結婚しているからである。しかしながら，森での生活に親しんだエフェ女性が農耕民男性と結婚するのは困難である。また，あくまでも農耕民男性がエフェ女性を一方的にめとるだけで，逆のケースはない。エフェ女性は，農耕民との社会・経済的な交換システムに組み込まれ，農作物と間接的に交換されているといえる（Terashima 1987）。

　これらの例と比較すると，バボンゴとマサンゴのあいだでは，アカと農耕民に見られたような通婚に対する嫌悪感が存在しておらず，民族カテゴリーが結婚相手の選択に影響を及ぼしていないことが分かる。また，エフェと農耕民では生活様式が結婚相手の選択に影響を与えているが，バボンゴは定住化・農耕化が進んでおり，それも大きな問題にはならない。経済力のような個人の資質が結婚相手の選択において重要であるが，経済的な格差は存在するものの他の地域に比べて大きくはなく，経済力を持ったバボンゴも少数ながら存在する。これらの要因によって，バボンゴとマサンゴの通婚が他の地域に比べて多く見られると考えられる。

　また，通婚によって生まれた子どもの帰属においても，バボンゴとマサンゴのあいだで民族カテゴリーが重視されないようすが見てとれる。すでに述べたように，クランは人びとを分類する重要なカテゴリーとして認識されており，「Aクランの父とBクランの母のあいだに生まれた子どものクランは？」と尋ねれば，バボンゴとマサンゴの誰に聞いても，母系制にしたがって「Bクランである」と答える。一方で，「マサンゴの父とバボンゴの母の子どもはどちらの民族か？」という質問に

は，クランとは対照的に様々な答えが返ってきた。多くの答えは母系制に従った「バボンゴである」というものであり，民族もクラン同様に母系制に従って定義されるという見解が一般的ではある。しかし，「家長は父親だからマサンゴである」と答える者がおり，さらに「カフェオレである」と答える者もいた。カフェオレ（café au lait）とは，いうまでもなくコーヒー（café）にミルク（lait）を混ぜた飲み物を意味するフランス語であるが，その色彩的な特徴から，黒人と白人の混血のメタファーとしても用いられる。かれらはこのような単語を用いてバボンゴとマサンゴの混血を表現するのである。

　たとえばIDカードの記録など，共通した定義が必要なときにこそ母系制が持ち出されるものの，かれらの生活のなかで，ある人をバボンゴ・マサンゴのどちらかに排他的かつ明確に位置付ける必要がある場面はほとんどない。そのため，語りにおいては一致した見解がみられず，カフェオレという表現が用いられることもあるというように，バボンゴとマサンゴにとって民族カテゴリーの重要性が低くなっていると考えられる。

訪問活動

　民族関係を示すものとして次に注目するのは訪問活動である。その理由は，訪問活動が最も基本的な日常活動の一つであるとともに，訪問相手や訪問目的には人びとの築いている社会関係が反映されているからである（Hitchcock 1982; Sugawara 1988）。訪問活動が居住様式と密接に関わっている点も重要である。遊動生活を送っているときには居住地そのものを移す移動様式であったのが，定住生活になれば定住地をベースにした移動に変わる（Eder 1984; Hitchcock 1982; Kelly 1995）。すでに述べたように，ピグミーの定住化が進むと農耕民との交渉の機会が増加することが知られている。

　では，バボンゴにはどのような訪問活動がみられるのだろうか。カメルーン東南部のバカと比較することによってバボンゴの訪問活動の特徴を示してみよう[8]。ここでは訪問活動を簡単に紹介したあと，特に訪問先に1泊以上滞在した訪問を定量的に分析する。

　バボンゴとマサンゴは，親族に会う，儀礼に参加する，生業活動を行うなどの目的で，村のあいだを頻繁に行き来している。また，村と村とが数キロメートル離れているために，町などに出かけるときに途中の村に立ち寄ることも少なくない。そこに親族や知り合いがいれば酒や食べ物を供与されたり，家事労働に参加したりする。このような訪問活動は，バボンゴどうし，マサンゴどうし，そしてバボンゴと

---

[8] 訪問活動の詳細については，Matsuura (2009) を参照されたい。

マサンゴにおいて同様に観察された。

訪問者のなかには，訪問先に寝泊まりしてしばらく滞在する者も多い。2003–2005年の三つの期間（計223日間）に，他の村や都市からバボンゴの村であるブトゥンビ村にやってきて1泊以上滞在した者は，合わせて136人（男63人，女73人）いた。これらの内訳は，バボンゴが79人（男31人，女48人），マサンゴが44人（男26人，女18人），その他の民族が13人（男6人，女7人）であった。マサンゴの訪問者が多い理由の一つは，前項で述べたようにバボンゴとマサンゴの通婚が多く，ブトゥンビ村出身の女性をめとったマサンゴ男性が妻子と一緒にやってくるからである。それ以外にも，ブトゥンビ村近くの畑で仕事をするためにマサンゴの家族がやってきてしばらく泊まることなどがあった。都市からやってくる訪問者は，伝統医療，銃猟，植物採集などの依頼のためにやってきていた。バボンゴは，これらの仕事の報酬として現金を獲得している。このような訪問者はマサンゴが多いが，それ以外の民族の者も含まれている。

ブトゥンビ村のバボンゴも，儀礼に参加したり親族に会ったりする目的で近隣の村を訪問する。親族関係にあるバボンゴのもとに泊まるだけでなく，姻族や知り合いのマサンゴの家に泊まることもある。また，国家行事に参加したり，買い物や病院に行ったりする目的で，知り合いを頼って都市を訪問することもあった。

一方，カメルーンのバカにはどのような訪問活動が見られるだろうか。カメルーン東南部のクメラ村は，幹線道路に沿って数百メートルから1キロメートルごとに点在する16の集落[9]で構成されている。バカの集落と農耕民バンガンドゥの集落は明瞭に分かれており，両者が混じりあって暮らす集落はない。仕事の依頼や経済的交換のためにバンガンドゥが近くのバカの集落を訪れることがしばしばあるが，用事を済ませるとすぐに自分の集落に帰る。40日間の調査期間中にバカの集落に1泊以上滞在した37人の訪問者のなかにバンガンドゥはまったくおらず，すべてバカであった。バンガンドゥのなかには「自分たちがバカの集落に泊まることはない」と語る者もおり，たとえば，バカの集落で一晩かけて歌と踊りが開かれたときにも，参加したバンガンドゥはみな，夜中になると自分の集落に帰っていった。

バカが泊まる先は，バカの集落だけに限られていた。同じ村内の集落だけでなく，村の近くで活動する伐採会社やスポーツハンティング会社の基地の近くにあるバカの集落を，出稼ぎにいったり，出稼ぎをしている親族に会ったりする目的で訪問することもあった。一方で，調査期間中にバカが都市に出かけることはなかった。

カメルーンでは，バンガンドゥが仕事の依頼などでバカの集落を訪れても，用事を済ませるとすぐに帰っていたのに対して，ガボンでは，マサンゴがバボンゴの村の姻族や知り合いを訪れてしばらくのあいだ滞在していた。バボンゴとマサンゴは，

---

9) この地域の行政上の村（village）とは，いくつかの家のまとまりが集まったものである。このような家のまとまりをここでは集落と呼んでおく。

訪問先の相手の家で一緒に食事や寝泊まりをしており，両者が混じりあうことへの抵抗感がないことが示唆される。また，バカは出稼ぎ先を訪れることはあっても都市に出かけることはなかったのに対して，バボンゴの村には都市からの訪問者がおり，バボンゴも都市を訪問することがあった。都市の人びとのなかにもバボンゴに対する差別意識が希薄な者がおり，バボンゴも都市とのつながりを強めているといえる。

9-4 ▶ 関係形成の過程

これまで述べてきたようなバボンゴとマサンゴの関係は，いつごろからどのようにして築かれてきたのだろうか。次に，異なる年代の3人のライフヒストリーから，バボンゴの定住化の前後を中心にした20世紀以降のバボンゴとマサンゴの関係形成の過程について考えてみたい。

バボンゴ男性A氏（推定60代）：A氏は，遊動的な森のキャンプで生まれて10歳くらいまでそこで育った。少年期にブトゥンビ村の周辺で定住的な生活をするようになり，さらに青年期になるとブトゥンビ村に移った。このころのバボンゴは，自給できるほどの畑をもっておらず，獣肉などの森の産物と交換することでマサンゴから農作物を得ていたという。その後，リグループメント政策によってA氏の一家はムカンディ村に移住したが，しばらくしてムカンディ村で起こった争いが原因で，兄弟たちと共にブトゥンビ村に戻った。

A氏はひとりのマサンゴ男性と特に親しい関係にあり，若いころにはこの男性とのあいだで獣肉と農作物を交換していた。しかしながら，他のマサンゴと日ごろから交流があったわけではなく，幼少のころからバボンゴ語を用いてきたことから，A氏はマサンゴ語を聞き取ることはできるが流暢には話せない。妻子はいなかったが，高齢になって上に述べたマサンゴ男性が亡くなると，未亡人であるマサンゴ女性をめとった。現在，A氏はブトゥンビ村で兄弟と共に暮らしており，マサンゴの妻はムカンディ村の親族の家とA氏の家を行き来する生活を送っている。

バボンゴ男性B氏（推定50代）：B氏は，森のキャンプで生まれて5歳くらいまでそこで育った。少年期を迎えるころにブトゥンビ村に移って，マサンゴたちと一緒に暮らすようになった。リグループメント政策でムカンディ村に移ったときにムカンディ村出身のバボンゴ女性と結婚し，現在に至るまでムカンディ村で暮らしている。バボンゴ語も理解できるが，日常的に用いているのはマサン

ゴ語であり，相手がバボンゴであってもマサンゴ語で話す。マサンゴの社会制度や儀礼に精通しており，先に述べた儀礼の事例でも重要な役割を担っていた。

バボンゴ女性 C 氏 (推定 40 代)：C 氏も森のキャンプで生まれたが，乳児期には道路沿いの定住村に移った。ブトゥンビ村出身のバボンゴ男性と出会って結婚し，その後は現在に至るまでブトゥンビ村で暮らしている。日常的に用いる言葉はマサンゴ語である。通学経験はないが，マサンゴと一緒に育ったこと，都市の人びととのつきあいが多いことから，フランス語を流暢に話す。マサンゴの社会制度にも精通しており，筆者に対してマサンゴの様々な規範を教えてくれた人のひとりでもある。

以上の 3 人のライフヒストリーからは，20 世紀前半から 1960 年代のリグループメント政策の実施にかけてバボンゴの定住化が進み，バボンゴとマサンゴの関係が変容してきたらしいことがみてとれる。

定住化以前のバボンゴは，森のキャンプで狩猟採集に依存した生活を送っており，経済的な交換を通じて特定のマサンゴのパートナーと結びついていた。マサンゴ語を流暢に話せない A 氏の例から分かるように，バボンゴとマサンゴの日常的な交渉は希薄であり，両者のあいだでは差異が意識されていたと思われる。しかしながら，バボンゴが定住化してマサンゴとの接触が多くなると，バボンゴはマサンゴの言語や社会制度を取り入れていった。たとえば，幼いころから定住村でマサンゴと共に暮らしてきた B 氏と C 氏は，マサンゴ語を日常的に話し，マサンゴの制度や規範に精通していた。

バボンゴの定住化以降にバボンゴとマサンゴの関係が変容してきたことを示すデータとして，世代ごとの通婚の割合の変化を示す。調査地域でみられた婚姻の組み合わせのうち，バボンゴとマサンゴの婚姻の割合を世代ごとにまとめたのが表 9-3 である。離婚や死別後に再婚した例をのぞいて初婚のみを扱っているので，歴史的な変化とおおむね対応している。これをみると，40 歳を境にして，下の年代で通婚の割合が急激に高まっていることが分かる。通婚の割合が高まっている年代というのは，定住村で生まれてマサンゴと日常的に付き合い，マサンゴと共に成長してきた年代である。バボンゴの定住化以前には少なかった両者の通婚が，バボンゴの定住化によって両者が日常的に関わるようになって増加しているのである。

表 9-3　世代ごとの通婚率の変化

世　　代 *	通婚率 **
60 代以上	14%　（1/ 7）
40−50 代	5%　（1/20）
30 代	42%　（8/19）
20 代以下	44%　（11/25）
合計	33%　（21/71）

＊夫婦のうち妻の年齢によって分類
＊＊通婚率＝（バボンゴとマサンゴの組み合わせの婚姻数）÷（全婚姻数）
　初婚のみを扱い，離婚や死別後の再婚は除いている．

9-5 ▶ なぜ「対等な」関係が築かれてきたのか

　本章では，バボンゴとマサンゴの関係が他の地域のピグミーと農耕民に比べて以下の点で異なっていることが明らかになった．(1) 経済力や町との結びつきにおいて違いがあるものの，バボンゴとマサンゴの生活形態の差異が小さい．(2) 両者のあいだでは民族カテゴリーが重視されておらず，上下関係が希薄でマサンゴがバボンゴを差別することもない．すなわち，バボンゴとマサンゴは生活面でも社会面でも混じりあっており，他のピグミーと農耕民に比べて，比較的「対等な」関係を築いているのである．ここでは，特にバボンゴの定住化の前後を中心にした 20 世紀以降の社会変容に注目して，なぜバボンゴとマサンゴのあいだで比較的「対等な」関係が築かれてきたのかを考えてみよう[10]．

　定住化以前のバボンゴは森のキャンプで遊動的な生活を送っており，マサンゴとは生活様式が大きく異なっていた．上述の A 氏のように，特定のマサンゴのパートナーと経済的な相互依存関係を築いているバボンゴも少なくなかっただろう．しかしながら，生活場所や生業形態が異なるために，混じりあって暮らしている現在のような日常のやりとりはなかったはずであり，通婚はまれにしか起きず，マサンゴの社会制度の受容も進んでいなかった．だが，20 世紀半ばころにバボンゴが定住化し，農耕を中心とした生活を営むようになると，バボンゴとマサンゴの交渉が増加し，バボンゴによるマサンゴの社会制度の受容や両者の通婚が進んだ．現在でもマサンゴの方が経済力をもち，町との結びつきが強い者が多いという違いはみら

---

10) 数百年というタイムスケールでの民族関係の変容については，さらなる言語学的，考古学的な研究が必要であるだろう．たとえば，言語学的な証拠から，紀元後 1000 年ころに海岸部からの交易ネットワークがガボン中南部に広がると，森林資源の供給者であるバボンゴは森林生活に特化し，その結果，バボンゴと農耕民の差異が広がったとする報告がある (Klieman 1999)．しかしながら，調査地域のバボンゴとマサンゴが同様の歴史的経緯をたどっているかは不明である．

れるものの，村におけるバボンゴとマサンゴの生活形態の差異は小さくなっている。

ピグミーの定住化によってピグミーと農耕民の関係が変化するという点でいえば，バボンゴとマサンゴの関係は，他のピグミーと農耕民の関係とも類似している。しかし，バボンゴとマサンゴの関係がユニークなのは，定住化によって社会的な格差が顕在化して差別が拡大するのではなく，差異が小さく上下関係が希薄になる方向に変わってきた点である。

民族カテゴリーが重視されない要因として，マサンゴの社会システムが挙げられる。マサンゴを含むガボン南部のバントゥー社会の特徴は，母系夫方居住の形態をとることと，人びとの移動性が高いことである (Gray 2002; Vansina 1990)。そのため，クランの成員が分散して暮らすことが多くなるが，それでもクランの連帯は居住地に基づく連帯より重視される。さらに，クランによる連帯は民族という枠にとらわれず，異なる民族間でも結ばれる。たとえば，ガボン南部のバントゥー系の一民族の言葉には「クランに境界はない」というものがある (Gray 2002)。19世紀半ばにガボン南部の二つのバントゥー系民族が混住している村を訪れたフランス人の探検家 P. B. デュ・シャーユは，「両者は奇妙なほど混じりあっている」と述べ，婚姻やクランによって互いに結びついていることを指摘している (Du Chaillu 1871)。これはバントゥーどうしの例だが，相手がバボンゴであっても同じように民族の差異が重視されていないと考えられる。ピグミーを動物のような存在と見なし，差異を強く意識しているコンゴ共和国の農耕民（塙 2004；竹内 2001）の社会とは対照的である。

マサンゴの社会システムは，バボンゴとマサンゴの上下関係が希薄なこととももつながっている。母系夫方居住の社会形態をとるガボン南部のバントゥー社会では，土地との結びつきが希薄で，権威が集中しにくい (Gray 2002; Vansina 1990)。アカ・ピグミーの居住域の農耕民社会では，「ヒエラルキカルな共存の論理」（竹内 2001）や「『不平等』イデオロギー」（塙 2004）にもとづいて農耕民とピグミーの上下関係が強調され，それによって農耕民からアカへの差別も存在するが，マサンゴの社会システムからはそのようなことは生じにくいと考えられる。

一方，長いあいだ離合集散しながら遊動生活を送ってきたピグミーは，集団構成が可塑的で権威者や固定的な制度をもたない平等主義社会をもつ（市川 1991b；Woodburn 1982）。同じように遊動生活を送ってきたバボンゴ社会にもこのような特徴があると考えられる。そして，固定的な制度をもたないピグミーは，相手の制度に柔軟に対応して関係を築く傾向がある。権威が集中しにくいマサンゴと，平等主義的なバボンゴのあいだでは，もとから上下関係が希薄だったのではないだろうか。

それに加えて，外部の政治・経済状況による影響もあるだろう。ガボンでは，ピグミーは超自然的な能力を持つ存在として広く一般的に認められており，政治的な

有力者もそれを利用しているといわれている。ボンゴ前大統領が長期安定政権を築いた理由として，ピグミーとの結びつきが強い民族の出自である前大統領が，ピグミーの超自然的な力を利用したことを指摘する先行研究もある (Ngolet 2000)。また，訪問活動の項で述べたように，都市の人びとが伝統医療の依頼を目的にバボンゴの村を訪れることも少なくない。カメルーン南西部のバギエリ・ピグミーに関する研究によると，伝統医療の収入によって近隣農耕民から経済的に独立し，集落の長が伝統医としての権威を認められている集落のバギエリは，近隣農耕民との対立が小さい (Van de Sandt 1999)。このケースと同様にバボンゴも伝統医療の能力が広く認められ，マサンゴからも高く評価されており，それによって現金収入も得ていた。

一方，山地の森林帯に位置する筆者の調査地は，全体として人口密度が低いガボンのなかでも特に人口密度が低く，獣肉や森林産物の交易はほとんど行われておらず，外国資本の伐採・採掘会社や自然保護団体などの外部のアクターの進出もほとんど見られない。したがって，他の地域で報告されているような農耕民とピグミーの土地や資源をめぐる対立 (Van de Sandt 1999; Biesbrouck 1999) や外部のアクターの進出による農耕民による差別の拡大 (Kenrick 2005; 服部（本書第 10 章）; Lewis 2005) は起こっていない。

20 世紀半ばころからのバボンゴの定住化以降，バボンゴとマサンゴの民族関係は，バボンゴとマサンゴ双方の社会システムの特徴に加え，地域の政治・経済状況の影響も受けて，差異が小さく上下関係が希薄なものへと変化してきた。また逆に，バボンゴとマサンゴの社会システムやかれらをとりまく政治・経済状況が，バボンゴの生活形態の変容やバボンゴによるマサンゴの社会制度の受容をおしすすめてきたという側面もあるだろう。バボンゴとマサンゴの関係が示しているのは，ピグミーと農耕民の関係は，かならずしも差異や上下関係を前提としたものではなく，社会状況によっては，より「対等」に近いものにもなりうるということである。これまでの研究でも，ピグミーと農耕民は地域によって対立と協力の度合いが異なる多様な関係を築いているとされてきたものの，両者が混ざりあったケースにはあまり注目されてこなかった。なかには，両者の同化が進んで差異がほとんど見えなくなっているような場合もあり，バボンゴとマサンゴも同様の過程をたどる可能性がある。今後は，このような例にも留意して，ピグミーと農耕民をとりまく社会状況と，それによって様々に変わりうる両者の関係・動態を調べていく必要があるだろう。

第10章

服部 志帆

森の民バカを取り巻く現代的問題
―― 変わりゆく生活と揺れる民族関係 ――

10-1 ▶ うつろな眼差し

2000年11月の終わり，大学時代からの夢がかなった。大学の図書館で出会ったアフリカの森の狩猟採集民ピグミーに会いたくて大学院に入学し，ピグミーの森行きの切符を手に入れたのである。ピグミーのなかでも私が調査の対象としたのは，カメルーン東南部に暮らすバカであった。私は森のなかに開かれた幹線道路をヒッチハイクで移動しながらバカの集落を訪ね，住み込み調査を行う場所を探した。そして，これ以降9年間通い続けることになるマレア・アンシアン (Malea Ancien) 村を見つけた。この村のバカは，突然訪れた私を受け入れ，言葉もままならないのに毎日森へ出かけたがる私を森へ案内してくれた。

バカは，森歩きに不慣れな私を辟易させる濁流や泥沼に顔色一つ変えない。せわしなく木の根に転び，ツルにからまり，湿地に沈み込むばかりの私に，「ゆっくり」と言葉をかけ，かれらと似ても似つかない不器用な自分の姿に私が笑い出せば，大きな丸い目を愉快そうにひらきいっしょに笑う。茂みにひそむ動物の微細な動きや巨木の枝に群がるミツバチの羽音をのがさず，ひとたび獲物の気配を感じると，猟犬とともにまたたく間に森の中に消える。初めてアフリカの森を訪れた私のなかに，森でいきいきと暮らすバカの姿が刻みこまれた。

その後，私は一度日本へ帰り，本格的に調査を行うために再び調査村に戻ってきた。2001年7月のおわりのことである。戻ってから間もなくのこと，調査村では，森林保護の推進者がプロジェクトの普及を目的に集会を開いた（図10-1）。集会場には，近隣に暮らす焼畑農耕民のコナベンベと狩猟採集民のバカが呼び出され，コナベンベは木製の長椅子に，バカは土の上に置かれた板の上に腰をおろした。森林省の行政官がフランス語で国立公園の設定や狩猟規制について説明を行い，普及員

図 10-1 森林保護プロジェクトの普及集会（2001 年 8 月 12 日）

をしているコナベンベが，次々にコナベンベ語に翻訳していった（バカはコナベンベと違う言語（バカ語）を話すが，コナベンベ語を理解する）。

　ここでバカが見せた態度は，私にとって驚くべきものであった。それは，初めて村を訪れたときに，私が森で見た快活で陽気なバカの様子とはあまりにもかけ離れたものだったからである。説明されたプロジェクトの内容は，かれらの生活に負の影響を与える可能性があるにもかかわらず，参加したバカたちはいっこうに口を開く気配がない。コナベンベの陰に隠れ，心ここにあらずといった様子でただ遠くをぼんやりと見つめているだけだったのである（図 10-2）。

　一方コナベンベは，このような規制に従っていては生きていけないと，プロジェクトの再検討を要請し，さらには，森林保護の見返りとして学校や診療所の建設を強く求めた。集会が終わった後も，コナベンベは集会所に残りプロジェクトについて話しあっていたが，バカは一言も感想をもらすことなくすぐさま森へ出かけてしまった。バカとコナベンベが見せた態度はあまり対照的で，とりわけ，影のようにコナベンベにはりつきおし黙ったままのバカの姿は，私にとって忘れがたいものとなった。

　バカはなぜ，森での自分たちの活動と深くかかわる森林保護プロジェクトに対して，無関心のような態度をとるのだろうか？　これが，集会に立ち会ったあと，私のなかで芽生えた疑問である。私はまず，森林保護プロジェクトに注目することに

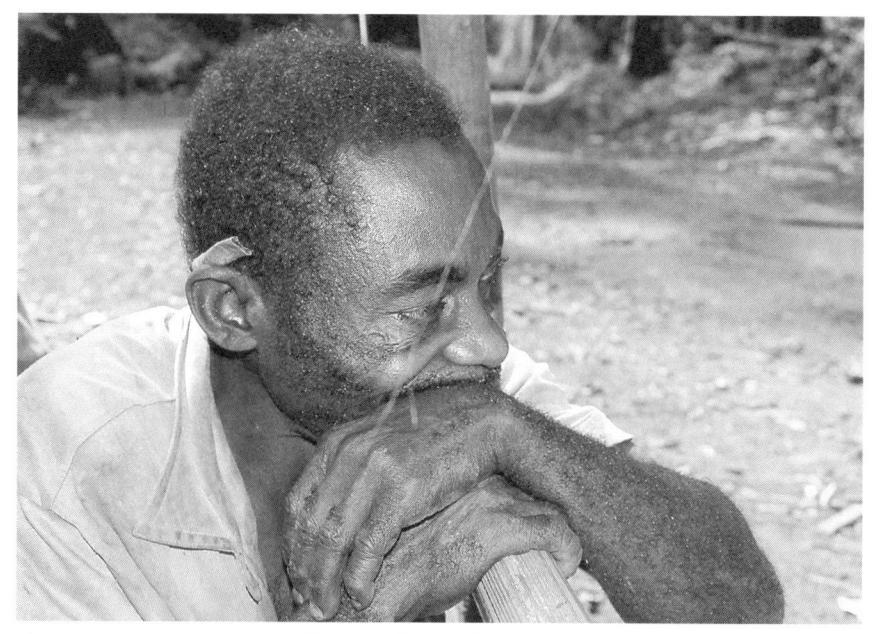

図10-2 集会に参加したバカ

よって，この疑問に答えようとした。プロジェクトの内容と集会の進め方が，バカの無関心を生み出しているのではないかと考えたのである。調査で明らかになったバカの森林利用の実態とプロジェクトの内容を比較すると，プロジェクトはバカの森林利用と大きく矛盾しており，このようなプロジェクトのもとでバカが生活や文化を維持していくことは，困難であることが明らかとなった（服部 2004）。また，集会の進め方に目を向けると，説明に使用される言語や普及員のエスニック・バランスから，バカが話しにくい状況が生み出されていることや，このことがコナベンベとの不均衡な民族関係や地域社会におけるバカの低い地位を反映したものであることが分かった。つまり，バカは集会において，かれらの生活や文化を考慮しない森林保護プロジェクトに言葉を失い，自分たちが何をいっても聞き入れられないという政治的な状況から，無口を決め込んだともいえるのである。

このように私はうつろな眼差しの理由を考えてみたが，答えは不十分であるような気がしてならなかった。うつろな眼差しを生み出す要因は，これらだけではないだろう。たとえば，狩猟採集民的心性ともいえる「現在に向けられた関心」（Ichikawa 2000）や，集団のなかでリーダーのような突出した存在を作らない「平等主義」的な狩猟採集民社会において育まれてきたコミュニケーションのマナーが挙げられる。狩猟採集民は関心の多くを現在に向けており，かれらは将来に関する関心が希薄であるといわれている（Ichikawa 2000; 木村（本書第 12 章））。いま目の前に

あるものを手にすることが最大の関心ごとであるバカにとって，動物資源を未来のために保全するという発想はなじみがないものである。このことが，森林保護プロジェクトに対するバカの無関心を生み出す要因の一つとなっている可能性がある。また，かれらの社会に貫徹している「平等主義」という観点から考えることができる。バカの社会は，集団のなかにリーダーを作らない無頭制社会である。食料は分配，道具類は共有され，集団のなかで個人が富を蓄積したり権力を持ったりしないような社会的な仕組みがある。かりに集団のなかから集団を統率しようとするものが現れたなら，集団の構成員はその人に従うどころか，その人を非難することすらある。北西功一は，バカの子供に学校教育が普及しにくいことについて，授業におけるコミュニケーションのあり方を問題の一つとして挙げている（北西2004b）。学校では，先生が生徒個人を名指しして解答を求める。集団のなかで突出した行為を避けたがる傾向があるバカにとって，学校は居心地の悪いものとなっているというのである。集会でバカが一様に黙っていたのは，近代的な集会のあり方が，かれらの社会の規範に一致しないものだったとも考えられる。

　うつろな眼差しの要因は様々な観点から考えられたが，わたしはなにやら釈然としないものを抱えながら，フィールドで1年間収集したデータをもとに，日本でバカの生活について分析を開始した。半世紀前を比較の対照とし，現在のバカの生活をみてみると，居住形態，生業活動，食生活，家財道具，家計のそれぞれに大小様々な変化がみられるようになっていることが分かった。この半世紀のあいだに，バカの生活は大きな変貌を遂げようとしていたのである。また，生活において近隣に暮らすコナベンベがより重要な位置を占めるようになっており，バカとコナベンベの民族関係が変化の兆しを見せ始めていた。さらに，両者の民族関係は，伐採会社，自然保護団体，観光狩猟会社など近年この地域に参入してきた外部社会から影響を受けるようになっていた。

　このとき，私のなかでバカのうつろな眼差しがよみがえった。うつろな眼差しに，農耕民との民族関係や地域社会におけるバカの地位が反映していることはすでに述べたが，うつろな眼差しの要因ともなっているようなバカの社会的な状況は，バカの生活や地域の政治・経済と連動しながら変化しているのではないだろうか。そしていま，バカを取り巻く状況は，バカが自らの生活や文化を存続するのを困難にしており，うつろな眼差しをますます強めているのではないだろうか。そんなふうに考えられた。そこで本章では，バカと農耕民の民族関係を，この半世紀のあいだに大きな変貌を遂げつつあるバカの生活や，近年この地域に参入してきた外部社会との交渉に注目することによって検討したい。そしてこれとともに，バカのまえに新たに立ち上がってきた現代的な問題を描き出したい。

　さて，ここで先行研究と本章の構成について触れておきたい。ピグミーのなかでもバカは定住化が進んでおり，これまでに生業活動や経済活動の変容についての研

究が行われてきた。その例として，農耕化の浸透（北西 2002），狩猟活動の変容（林 2000; Yasuoka 2006），貨幣経済の浸透（北西 2003）が挙げられる。本章では，これらの研究を調査村の状況と比較するための資料としながら，バカの生活や外部社会との関係について記載を進めていく。まず 10-3 節においては，バカの生活を定量的かつ定性的なデータをもとに具体的に記述し，変容という観点から生活を総合的に分析したい。そしてこの分析から，定住化や現金経済の浸透によって，バカと農耕民とのあいだにみられるようになった経済的な関係の変化を明らかにしようと思う。

　ピグミー研究のパイオニアである C. M. ターンブル (1965) が「至極曖昧で奇妙な関係」と表現したピグミーと農耕民の関係は，これまでに数多くの研究者の関心をとらえてきた（市川 1982；寺嶋 1997, 2001；塙 2004；竹内 2001；Rupp 2003；北西（本書第2章）；松浦（本書第9章）；戸田（本書第11章）；坂梨（本書第8章）など）。そしてこれらの研究から，ピグミーと農耕民が，互いに差別や尊敬，親愛と憎悪というアンビバレント（両義的）な感情を抱きながら，それぞれの生活や文化においてなくてはならない相互依存的な関係を築いていることが明らかになってきた。またこれとともに，地域や民族集団ごとに相互依存の程度やあり方が異なっていることが明らかとなっている。

　そこで，両者の関係を一般化するのではなく，個別の地域的・歴史的な文脈におけるダイナミクスとして描く重要性が指摘され（寺嶋 2001；塙 2004），このような視点から民族関係を捉えようとする試みがなされている（北西 本書第2章）。これらのなかでも，半世紀ほど前から進行した生活変容と民族関係について論じたものに，ガボンのバボンゴと農耕民マサンゴを対象に行ったもの（松浦（本書第9章））や，カメルーンの西部沿岸地帯でバギエリと農耕民を対象にしたもの（Van de Sandt 1999）がある。前者では，定住化と農耕化の進行によって，両者のあいだの生活様式の差異が小さくなっており，頻繁に通婚が行われるようになっていることが報告されている。生活変容とともに，民族の融合が起こっているのである。また後者では，生活の変容に連動して，両者の連帯・協力関係が弱まり，紛争の勃発が起こっていることが述べられている。この結果，バギエリの土地が農耕民に奪われるという事態が起こっている。バカと農耕民のところではどのようなことが起こっているのだろうか。

　本章では 10-4 節において，バカとコナベンベおよび外部社会との関係を取り上げ，特に近年，この地域に暮らす二つの民族のあいだで，どのような政治的・経済的な状況の相違が生じているのかを記述する。そして 10-5 節においては，カメルーン東南部において地域の政策や経済を反映してバカの生活がどのように変化してきたのか，さらに農耕民との民族関係がどのように変容しつつあるのかを論じ，今後はどのような方向に向かっていくのかについて考えを及ばせてみたい。

10-2 ▶ 調査地と方法

　調査地は，カメルーン共和国東部州マレア・アンシアン（Malea Ancien）村（北緯2度49分，東経14度36分）である。首都のヤウンデ（Yaoundé）から東南へ約600kmの位置にブンバ・ンゴコ（Boumba-Ngoko）県の県庁所在地であるヨカドゥマ（Yokadouma）がある。ヨカドゥマから約30km南のガトー（Ngato）という町から西へのびた道を進み，ブンバ川を渡って2001年に開かれた伐採路を80kmほど進むと，調査村の東端に出る。ここからベック川までの約9kmの間がマレア・アンシアン村で，この間には8つの集落がちらばっている。この地域で開発援助活動を行っているドイツの援助団体GTZ（Deutsche Gesellschaft für Technische Zusammenarbeit）の人口センサスによると（Halle 2000），マレア・アンシアン村の当時の全人口は307人であった。おもな住民は，狩猟採集民バカとバントゥー系農耕民コナベンベである。調査は，フランス語の意味のとおり，「中心」に位置しているサントラル（Centrale）という集落において行った。サントラルの人口は，バカが118人（男性56人，女性62人：2004年7月現在），コナベンベが68人（男性37人，女性31人：2002年2月現在）であった。

　ここで調査地のバカの移動歴と近年の状況について述べておきたい。バカは，数百年前には，現在の中央アフリカ共和国にあたる地域で，現在のかれらの言語と類似した言語を話す農耕民と関係を持ちながら暮らしていたといわれている（Bahuchet 1993b）。その後，奴隷を求めて森林地帯にやってきた商人から逃れるために南へ移動し，現在のカメルーンなど新たな土地で農耕民と出会った。調査村に暮らすコナベンベの古老によると，彼の祖父とその親族，そしてバカの祖先は，第一次世界大戦の影響を受けてこの地域で行われるようになったドイツ軍とフランス軍の戦いを避けて，百年ほど前に調査村から北東に約110km離れたマジョエ（Madjwe）村から移住してきたという。

　ドイツ軍に勝ったフランス軍は，カメルーンを委任統治領として支配するようになった。当時，バカは森林キャンプを移動しながら生活を営んでおり，農耕民は森林内の集落に居住していたが，両者は道路沿いの集落に居住し強制労働に従事することが求められた。このような定住化政策は，まず農耕民に功を奏したものの，バカを対象にした定住化政策は1935年ごろから開始されてきたがほとんど成功せず，1970年代にバカの遊動生活に大きな影響を与える出来事があった（J. ルイス 私信）。1960年のカメルーンの独立後，新政府と対立した左翼反乱軍がバカの暮らす東南部の森林をベースとした。政府の軍隊が，「森で見つけたものは反乱軍とみなしてすべて処刑する」と宣言し，刑を実行したため，恐れをなしたバカは村に住み始めた。反乱軍が制圧された後，バカは森へ帰ったが，この出来事はバカの遊動生活に

大きな影響を与えたと言われている。

政府は国際NGOや援助団体の支援を受けて，定住化の進んだバカを対象に，農業，学校教育，選挙の普及活動を行い，かれらを国家へ統合しようとしてきた (Hewlett 2000)。政府の思惑がそのままバカに受けいれられているわけではないが，バカの生活や文化は過去50年ほどの間に大きく変化しつつある。

さて，調査村の近年の状況について見てみよう。調査地では2001年3月に伐採路がひかれ，伐採事業が2002年9月まで行われることになった。これは，これまで町とつながる車道のなかった調査村にとって大きな出来事であった。商人がヨカドゥマから集落に車やバイクに乗って来るようになり，同時に，集落の住人が町や他村へ出かけるようになったのである。伐採会社の到着から5か月遅れて2001年8月に，森林保護の推進者である森林省の行政官や普及員がやってきて，プロジェクトの普及集会を開いた。そしてこれを機に，WWF (World Wide Fund for Nature: 世界自然保護基金) の森林保護管が調査村をときおり訪れ，狩猟活動の取り締まりを行うようになった。

2002年6月，調査村に初めてコンクリート造りの公立小学校ができ，一時的に授業が行われるようになった。2003年1月には，これまでは季節的に集落を訪問していただけの商人が，農耕民の集落に店をかまえて商いを行うようになった。2004年には，調査村から南西へ3kmほど離れたところにある川のそばに，WWFの基地が完成し，2006年には，観光狩猟会社が調査村から北西へ数十kmほど離れたところにある森一帯で営業を始めた。調査村では，伐採会社が事業を開始したのをかわきりに，バカや農耕民の外部社会との接触がきなみ増えているのである。

調査は，2001-2009年の間にのべ30か月ほど行った。バカの現代の生活を具体的に明らかにするために，居住形態，生業活動，食生活，家財道具，家計について定量的なデータを収集した。居住形態，生業活動，食生活については，1か月につき2週間分(隔週)のデータを合計1年間(2001年8月-2002年2月と2004年3-7月)収集し，季節変化を分析した[1]。この地域における季節の区分は，大雨季(9-11月)，大乾季(12-2月)，小雨季(3-6月)，小乾季(7-8月)となっている。これらの調査に加えて，生活の変容を明らかにするために，バカの古老にかつての生活様式について聞き取りを行った。外部社会との関係については，伐採会社や自然保護団体，観光狩猟会社との交渉場面について観察および聞き取りを行った。

居住形態

調査村の全人口(2001年8月-2002年2月は105人，2004年3-7月は118人)を対象

---
1) 紙面の都合から，生活についての記述は要点をまとめるにとどめた。生活についての詳細な情報は，服部(2007)に記しているので，あわせて参照されたい。

として，かれらがどのキャンプで眠ったかを記録した。調査村に不在のバカについては，家族に滞在先を尋ね，本人が集落に帰ってきた日にこれまでの滞在地を確認した。2004年3-7月にバカが滞在したおもなキャンプをGPSで記録し，地図上にプロットした。

生業活動

　成人の男女各10人を対象に，かれらが行った活動を記録した。バカは乾季に一日に二つの生業活動に従事することが多いが，このような場合は，それぞれの生業活動を0.5として計算した。

食生活

　5組の夫婦が集落や森のキャンプに持ち帰ってきたものの品目と重量を記録した。このデータから，主食と副食ごとに，1組の夫婦が1日に獲得する食料の平均重量からカロリーを算出し，大人ひとり当たりの1日分のカロリー摂取量を算出した。世帯の構成者数は，12歳未満の子供を0.5人として計算した。カロリー計算は，「摂取カロリー＝生の重さ×可食部の割合×栄養価」の数式をもとに行った。食料の可食部の割合は，Ichikawa (1983)，Kitanishi (1995)，安岡 (2004) のデータを用い，それぞれの食料の栄養価はLeung (1968) のデータを用いた。

家財道具

　2001年8月に集落と半定住集落に居住していた26世帯（それぞれに住居を持つ核家族）の住居にあったものを記録した。使い捨てにされるものや，聞き取り時に住居になかった道具類は，観察と別に実施していた植物利用についての聞き取り調査（服部2008）を参考に記録した。

家　計

　対象世帯（世帯B）の現金収入源と収入額，使途を129日間（2001年9月-2002年2月）にわたって記録した。この世帯は，1組の夫婦，青年期の男女，幼年期の子供ふたりの計6名から構成されていた。

10-3 ▶ バカの生活とその変容

居住形態

　ここではまず，バカの居住形態を説明し，その変化を見たい。調査村のバカは，

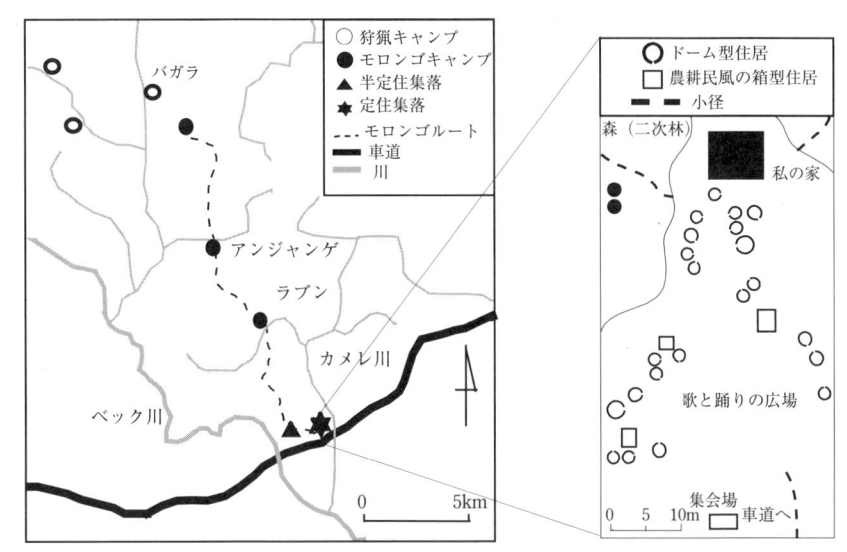

図 10-3　調査地周辺（2004 年 3 月-2004 年 7 月）

集落と森林キャンプ，そしてその中間の機能を持つ半定住集落を使い分けている。これらの居住地において，バカは草葺きのドーム型住居を作り，そこで寝食を行っているが，集落では，土壁造りの箱型住居を作ることもある。箱型住居は，定住生活者である農耕民の伝統的な住居を真似たものである。

調査地の周辺図をみると（図 10-3），集落では，歌と踊りが行われる広場を囲むように住居が並んでおり，車道のそばに集会所がある。住居の配置は，血縁関係に由来しており，親族関係の近いものどうしがまとまって住んでいる。バカの集落から東へ 15m ほど行くと，コナベンベの集落があり，日常雑貨を売る小さな商店がある。小学校は，車道をはさんだ向かいにあるが，遠隔地であるため教師がなかなかいつかず，授業が行われることは少ない。コナベンベの古老は，百年ほど前にかれらやバカの祖先がこの地域に移動してきたとき，あたりには大きな森（一次林）が広がっていたと語るが，現在では人為の跡を示す二次林とコナベンベの焼畑が続いており，車道が走るようになっている。

半定住集落は，集落から西へ約 2.5km のところにある。2001 年 8 月，伐採会社がこのあたりから撤退した後，空地となった木材置き場に作られた。これ以前，半定住集落は，集落から西へ 2km ほど離れた二次林のなかに作られ，移住するたびに位置が少しずつ変わっていたが，木材置き場の跡地は草木を切り開く必要がないので，2001 年以降，継続的に利用されるようになった。この居住地は，バカがもともと森林キャンプと呼んでいたものであるが，いまや定住的に利用されるようになっており，第二の集落になっている。コナベンベの住居は，ここから 50m ほど

離れたところに1軒あるだけである。周辺の二次林のなかには，コナベンベの畑にまじってバカの小規模な畑がみられる。

　集落や半定住集落の位置はほぼ固定しているが，森林キャンプは毎年同じ位置に作られるとはかぎらない。これは，森林キャンプが野生ヤムや有用果実の出来具合，動物の生息状況などから決められるためである。それゆえに，バカの集落と半定住集落を取り囲む森林には，これまでバカが利用してきた，または今後利用するキャンプの候補地が散らばっている。バカが慣習的に利用している森林キャンプの多くは，マレア・アンシアンと南西に10kmほど行ったところにあるガトー・アンシアン（Ngato Ancien）村を結ぶ道路の北側に位置している。

　森林キャンプには，複合的な生業活動が行われるモロンゴ（molongo）キャンプ，狩猟や採集が中心に行われるキャンプなどがある。モロンゴとは，森林を移動し，狩猟や採集，漁撈などの生業を行い，森林産物につよく依存した生活を送るというものである。期間は数週間から数か月にわたり，参加人数は一世帯から集落の全世帯までと様々な規模がある。バカが2004年のモロンゴの際に長期間滞在したキャンプ・バガラ（Bagala）は，野生ヤムのサファ（safa; *Dioscorea praehensilis* Benth., ヤマノイモ科）の群生地である丘陵のそばを流れるドコエ（Dokoe）川（Bek川の支流）のほとりに位置しており，集落から北西へ15km程度の距離にある。最終目的地であったバガラまでの間に，ラブン（Labum）とアンジャンゲ（Anjange）というキャンプが作られた。

　狩猟キャンプは，バカの男性がマカ（maka）と呼ばれる狩猟行を実施するときに利用される。マカの期間は数日間から数週間であり，参加人数は数人から数十人である。2004年3-7月にバカの男性が滞在していた狩猟キャンプは，集落から北西へ20km程度の距離にある森林に作られた。

　採集キャンプは，小乾季に大量に実るペケ（pekie; *Irvingia gabonensis* (Aubry-Lecomte ex O'Rorke) Baill., イルビンギア科）やマベ（mabi; *Baillonella toxisperma* Pierre, アカテツ科），アフリカショウガの果実トンドアスア（tondo a sua; *Aframomum letestuanum* Gagnepain, ショウガ科）を採集するために作られる。ペケは，種子が油脂香味料となり，甘い果肉が女性や子供の間食となる。マベはボリュームのある果肉が間食となり，種子からは交易用の油がとれる。トンドアスアは果実が交易品となる。これらはバカにとって重要な果実であり，特に前の二つは季節の名前にもなっている。調査期間中にバカは採集キャンプを作ることがなかったが，これらの果実のあたり年にはキャンプを作って数週間から一か月ほど森で採集にいそしむ。

　居住地別に滞在人口の割合を月ごとに見てみよう（図10-4）。年間を通して集落に滞在している人口が最も多く（19-58％），集落における1年間ののべ滞在人口の割合は44％となる。次いで多いのが半定住集落（7-37％）で，1年間ののべ滞在人口の割合は24％となっている。狩猟キャンプは年間を通して滞在者がそれほど多

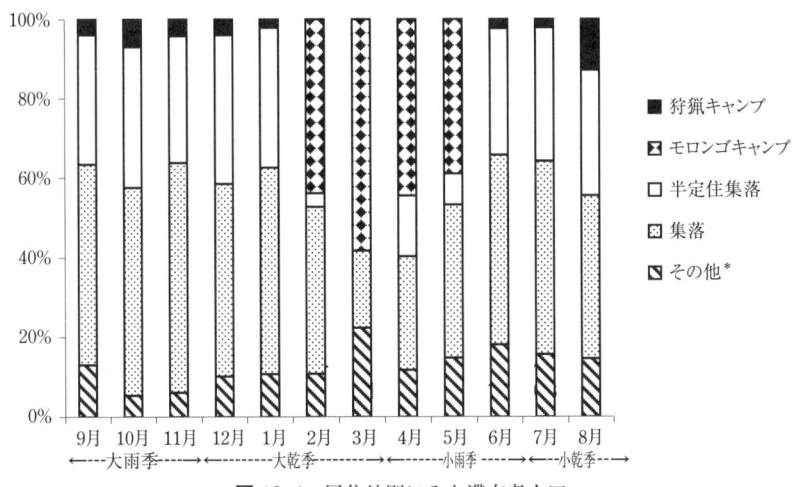

図 10-4　居住地別にみた滞在者人口

8-2 月は月ごとに N = 1470 人日，3-7 月は N = 1652 人日。
＊その他には，親戚の集落や農耕民の集落・キャンプが含まれる。

くはなく（0-13％），1年間ののべ滞在人口の割合は5％となっている。これは，狩猟キャンプがおもに男性によって短期的に利用されるという性格を持っているからである。また，バカのなかには親戚の集落に滞在したり，コナベンベの漁撈や狩猟活動を手伝うために集落を離れているバカもいる。調査村のバカは，30kmほど北東にあるソング・アンシアン（Song Ancien）村のバカと親戚関係にあるものが多く，調査村とこの村のあいだでは人の行き来が絶えない。このように村を離れているバカは年間を通して見られ（5-22％），1年間ののべ人数の割合は13％となっている。季節的な特徴として挙げられるのが，大乾季から小雨季にかけてみられるモロンゴキャンプの利用である（39-58％）。

バカの古老は，子どものころ（1950-60年ごろ），森林キャンプにおいて家族や親戚たちと多くの時間を過ごしていたと語るが，現在，かれらが集団で森林キャンプに滞在するのは，大乾季から小雨季にかけて数か月間程度となっている。狩猟キャンプは，男性のみによって構成されるようになっており，採集キャンプは，果実の当たり年に使われる。キャンプの利用頻度や形態が，以前と変わりつつあるようだ。他の地域のバカのあいだでもこのような変化が見られるようになっており（分藤 2001；林 2000；北西 2002；安岡 2004），バカのあいだで定住化が進んでいる。現在，バカは集落を起点としながらも季節的にまた短期的に森林キャンプを利用することによって生活を成り立たせているが，生業活動にはどのような変化が起こっているのだろうか。

生業活動

　バカの男性は，哺乳類や爬虫類，鳥類など幅広い動物を狩猟対象とする。動物の習性や形態に合わせた猟法を知っており，猟具の種類も多様である。これらのなかで，現在主要な猟法となっているのは，跳ね罠猟であり，1960年代にこの地域に普及したスチール製のワイヤーが材料として用いられている。男性は，パーティを結成し，森林キャンプで寝泊まりしながら，キャンプ周辺にそれぞれの罠をかけて，獲物がかかっていないか見回る。バカの男性は，ひとりでもしくは兄弟や友人と連れだって，日帰りで槍猟に出かけることもある。罠猟や槍猟でとれる動物は，ピーターズダイカーやセスジダイカーといったアンテロープ類やカワイノシシが多い。

　採集は，女性が積極的に行っている。親子や姉妹で森に出かけては，ココ（*koko*; *Gnetum africanum* Welw.; *G. buchholzianum* Engl.，グネツム科）と呼ばれる食用の葉，野生ヤム，果実，キノコ，食用昆虫の採集に励む。男性は女性ほど採集活動を行うことはないが，森で採集物に出くわすことがあればそれらを採集するし，妻や子供たちと共に採集に出かけることもある。男性の手で行われるのは，木のぼりの必要がある蜂蜜採集と倒木作業を伴うヤシ酒採集である。

　漁撈は男女共に行うが，それぞれに方法が異なっている。女性が行うのは，掻い出し漁である。川の大きさにもよるが，10人以上によって半日から一日がかりで行われることが多い。女性は，倒木や植物の葉で堰をいくつも作り，堰と堰の間の水を掻い出す。水が減ってくると，魚やエビ，カニが見えるようになるので，これらを捕まえるのである。男性は釣りを行う。単独で行うことが多いが，ときとして息子を連れていくことがある。また，男女が共に行う魚毒漁がある。調査期間は見られなかったが，魚毒となる植物の樹皮をたたき，これらを川に流し，浮かび上がってきた魚を獲るというものである。

　定住化と共に普及したといわれる農耕は，男女共に行う。ただし，調査村のバカは，この地域で農耕民が一般的に行う焼畑の一連の作業（畑の選定・伐開・火入れ作業・植え付け・除草）（四方 2004）を行っていない。集落や半定住集落にあるすでにひらかれた空地に植え付けを行っている程度であった。バカが植え付けを行っているのは，バナナ（調理用のプランテン・バナナとスイート・バナナがある）とキャッサバである。農耕民は，このような農作物のほかにラッカセイやトウモロコシ，ヤウテア，サツマイモ，タバコ，パイナップル，サトウキビなど様々な農作物を栽培している。バカは限られた空間にわずかな種類の農作物を植えているが，これでは十分な主食作物を得ることができず，コナベンベに労働力を提供することによって，これらを手に入れていた。

　バカがコナベンベに依頼される仕事は多岐にわたる。女性は，除草や収穫などの農作業や，水汲み，焚き木拾い，ヤシ油づくりの補助などの家事，森林産物の採集，

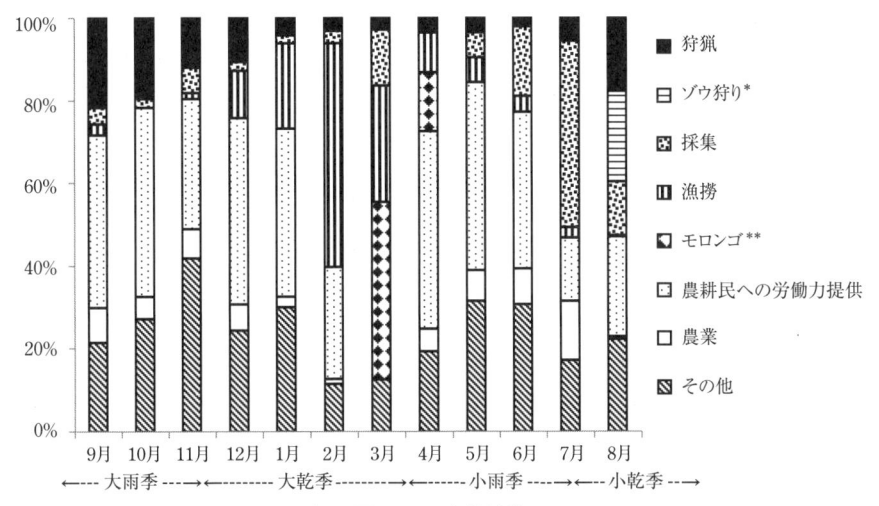

第10章　森の民バカを取り巻く現代的問題　191

図 10-5　生業活動

毎月，N＝280人日
＊ゾウ狩りは近隣村のバカによって行われ，調査村のバカはゾウ肉の運搬作業に参加しただけであり，調査村のバカが主体的に行った狩猟活動とは区別した。＊＊大乾季から小雨季にかけて集団で行われるモロンゴ（森林行）は，特に複合的な生業が行われるために他の活動と区別した。

マット作成を行い，農作物や葉タバコ，現金を得ている。男性は，農作業のなかでも畑の伐開時に行われる樹木伐採，河川での網漁の補助，罠猟の見回り代行，屋根や調理具の作成を行い，キャッサバの蒸留酒や現金，葉タバコを得る。報酬には，ときに中古の衣類や鍋，食器が加えられることがある。

　では，バカの大人がそれぞれの生業活動に従事している日数の割合を季節ごとに見てみよう（図10-5）。大雨季は雨のために採集（2-6％）や漁撈（0-3％）が困難になる。そこで，タンパク質の獲得を目的に狩猟活動（12-21％）が，炭水化物の獲得のためにコナベンベへの労働力提供（31-46％）が盛んになる。この時期は男性が狩猟に出かけることが多くなるため，女性がコナベンベのところに働きに出かける。

　大乾季になると，コナベンベへの労働力提供（45％）に加え，採集（21％）や漁撈（11％）が行われるようになり，男性が狩猟に出かける日は減少気味になる（10％）。この時期は雨に妨げられることがなくなるので，バカは一日中生業活動に従事する。午前中は，畑の開墾のためにいそがしいコナベンベに労働力を提供し，午後から夕方遅くまで森で漁撈や野生ヤムの採集に精を出すというパターンで日々を過ごす。乾季の終盤になると，バカは家財道具をまとめて森林キャンプにモロンゴにでかけ（43％），小雨季の初めまで野生ヤムや蜂蜜の採集，漁撈，狩猟を集中的に行う（14％）。

　モロンゴから集落へ帰ると，再びコナベンベのところで働き始める（48％）。小雨

季は蜂蜜が豊富であるため，集落に戻ったあとも，バカは採集に森に出かける（6-16％）。その一方で，雨が降り始めて水量が増していくので，漁撈活動は少しずつ減っていく（4-6％）。

そして，野生果実の実りの季節である小乾季が訪れる。バカは活発に果実採集を行うようになる（13-45％）。女性は早朝から夕方になるまでマベやペケの採集に励み，ときには男性も駆り出されることもある。コナベンベへの労働力提供はほとんど行わなくなり（15-24％），農作物は，採集してきたマベの果実やペケの種子との交換で手に入れる。

このようにバカは，狩猟，採集，漁撈と農耕民の手伝いを組み合わせて，生活物資を入手しているが，生業活動のなかでも目立つのは，農耕を行う頻度の低さとコナベンベへ労働力提供を行う頻度の高さである。バカの生業に関する報告では（林 2000；北西 2002；安岡 2004, 2007），バカのあいだで定住化の進行とともに，農耕が生業活動のなかで重要になりつつあることが述べられてきた。しかし，調査村のバカのあいだでは，農耕化はあまり進んでおらず（0-14％），バカはコナベンベの手伝いをすることによって主食を獲得していた。調査村のバカの状況は，定住化の進行にともなって農作物への依存が増すという点では他の地域のバカと類似しているが，コナベンベがもたらす農作物への依存が強まっているという点では特異的であるといえるだろう。では生業活動によって，バカはどのようなものをどのくらい入手しているのか，みてみたい。

食生活

バカの成人が，一日当たりに平均して摂取するカロリーを表10-1に示した。バカは，年間をとおして主食の1359-1491kcal（89-98％）をバナナやキャッサバなどの農作物から得ている。野生ヤムは大乾季から小雨季にかけてバカがモロンゴに出かけた時に食されることが多くなるが，一日平均にすると，最大でも192kcal（11％）である。これを見ると，農作物を自給できないバカが，主食をいかにコナベンベに依存しているかが分かる。一方，副食は年間をとおして274-491kcal（90-98％）を森林産物が占めており，これらはバカが自ら獲得しているものである。副食の構成は生業活動の季節変化を反映しており，獣肉は大雨季に（86％），エビやカニなどの甲殻類や魚は大乾季（8％）および小雨季（13％）に，蜂蜜は小乾季（37％）と小雨季（41％）に多くなる。タンパク質の入手が困難な雨季は，農作物であるキャッサバの葉（27-29％）が獣肉とともに消費されるが，副食のなかで見られる農作物はキャッサバの葉くらいである。

バカの古老は，子どものころ（1950-60年ごろ），野生ヤムのほかにバラカ（*mbalak*; *Pentaclethra macrophylla* Benth，マメ科），ベンバ（*bemba*; *Gilbertiodendron dewevrei* (De

表 10-1　バカの成人が一日に摂取する平均カロリー

単位 kcal

		大雨季 (9〜11月)	大乾季 (12〜3月)	小雨季 (4〜6月)	小乾季 (7〜8月)
主食	バナナ	1088	865	1256	977
	キャッサバ	209	238	89	209
	その他の農作物*	124	256	146	248
	野生ヤム	35	74	192	42
副食	獣肉	260	250	150	145
	ゾウ肉	0	0	0	100
	魚と甲殻類	4	44	55	19
	蜂蜜	0	187	179	39
	その他の森林産物**	10	10	21	21
	キャッサバの葉	29	19	27	4
	その他の農作物***	0	1	1	2
	合計	1759	1944	2116	1806

＊ヤウテア，トウモロコシ，サツマイモ，カボチャが含まれる。
＊＊食用とする葉やキノコが含まれており，アブラヤシや野生果実は含まれていない。
＊＊＊ヤウテアやカボチャの若葉が含まれる。これらは，カロリー計算のための資料が見あたらなかったため，キャッサバの葉のデータでカロリー計算した。

Wild.) J. Leonard.，マメ科)，パンダコ (*pandako*; *Calpocalyx dinklagei* Harms.，マメ科)，メコ (*meko*; *Cola rostrata* K. Schum.，アオギリ科) の仁，ヤシ植物の髄を主食として食べていたという[2]。これらは調理に手間がかかるために現在ではほとんど食べられなくなり，主食は農作物が中心になっている。コカ (*koka*; *Atractogyne bracteata* (Wernham) Hutch. & Dalziel,アカネ科) の果実はかつてバカが森のキャンプに滞在中，乳児を乳離れさせるために利用してきたが，最近はこれに代わって熟したバナナが使われるようになっている。

　バカは野生ヤムに強い嗜好性を持っており，また野生ヤムのなかには群生するために一度に大量の収穫が期待できるものがあることもあいまって，バカが野生ヤムを主食としなくなることは現在のところ考えられない。しかし，野生ヤム以外でバカの主食となってきた森林産物や乳離れに利用されてきた果実は，農作物がとって代わっている。現在，バカの摂取カロリーは年間平均で76％を農作物が占めており，特に主食は摂取カロリーの94％を農作物が占めている。定住化の進行とそれにともなう生業活動の変化は，主食に大きく影響しているといえるだろう。このように食生活の農作物化の影響を受けて，50年ほど以前と比べて利用されなくなっ

---

2) 野生ヤムの一種であるモリベ (*molibe*; *Dioscorea preussi* Pax，ヤマノイモ科) や野生サツマイモの一種エトゥケ (*etuke*; *Ipomoea mauritiana* Jacq.，ヒルガオ科) も，昔のバカの主食であったというが，これらは古老が父母より聞いた情報であり，彼女が幼い頃すでに食料とされてはいなかった。

た植物を，若い世代のバカたちは「昔の人の食べ物 (jo na kobo)」と呼ぶようになっている。

家財道具

バカは森林で生業活動を行うかたわら，材料となる植物を採集して，集落や森林キャンプで道具類を作る。また，集落においてコナベンベや商人から工業製品を得ている。道具類の種類と材料の入手先を見てみよう（表10-2）。バカが日常的に利用する家財道具は，148種類にのぼる。植物を用いて製作する道具類は，一部に鉄が使われている槍や斧，小刀の3種類を含めると78種類（53%）になる。コナベンベや商人から入手する工業製品は47種類（32%），おもに廃材を用いる道具類が10種類（7%），動物の皮や角を用いて作る道具類が7種類（4%），その他が6種類（4%）ある。

バカの古老によると，彼女が子どもの頃，男性の猟具のなかで鉄を含むものは槍くらいで，他の道具は植物だけから作られていた。衣類は樹皮布や植物性の腰紐が利用されており，古老は両親の作った樹皮布をつけていたという。調理具は，コナベンベが作った土鍋や果実をくりぬいたコップ，木製のおたまが利用されていた。しかし，製作に手間がかかることや工業製品と比べて耐久性が低いといった理由から，これらの道具や衣類は，現在ではほとんど使われなくなっている。いまや猟具はスチール製のワイヤーが主流となっており，衣類や調理具も工業製品が使われているのである。

また，調査地周辺で事業を開始した伐採会社の労働者が捨てていった釘やラジオのアンテナなどの廃材が，活用されている。このように，定住化の進行に伴って，伝統的な道具の一部が使われなくなっており，代わりに工業製品が家財道具のなかに入り込んできているのである。では，このような工業製品を購入する際，バカはどのように現金を入手しているのか見てみよう。

家計

バカは，森林産物や労働力を農耕民や商人に提供することによって現金を得ている。バカの男性は，コナベンベへ獣肉，労働力，自ら製作した屋根や調理具を提供し，商人には植物性の森林産物を提供することで現金を稼いでいる。バカの女性は，男性ほど現金を稼ぐことはないが，ラフィアヤシの葉を編んで作ったマットをコナベンベに売却したり，男性と共に採集した植物性の森林産物を商人と取引することによって家計を補っている。

バカのある世帯における現金収入源と内訳をみると（図10-6），獣肉の売買，植

第 10 章 森の民バカを取り巻く現代的問題

表 10-2　バカの家財道具

分　類	植物性の道具類 (82 種類)	農耕民や商人から入手する工業製品 (48 種類)	その他 (18 種類)***
猟具	槍*, クロスボウ, 弓, 矢, 鳥用の罠, 草笛	罠猟用ワイヤー	弓矢入れ (動物)
採集具	野生ヤム掘り棒 I/II**, 木登りロープ I/II, 吊り下ろし具, いぶし具, 蜂蜜用シート, 蜂蜜採集用スポンジ		
漁撈具	釣り糸 II, 竿, 水の掻い出し具 I	釣り針, 釣り糸 I, 水の掻い出し具 II	鉄の加工具 (鍛冶)
その他の生業具	斧*, 小刀*	山刀	
運搬具	背負い籠 I/II, 背負い具, 包み, 蜂蜜用運搬具 I/II, ヘッドバンド, 幼児用バンド		空袋 (廃材)
家具	ベッド, マット I/II, 乾燥台, 乾燥具, 椅子, クッション, 籠 I/II		
調理具	木臼 I/II, 杵, まな板, すりこぎ, 鍋 II, 容器 III, 皿 III, おたま, まぜ棒, バナナ剥き, コップ II, すりつぶしき II, タワシ II, クッキングシート, うちわ, ろうと	鍋 I, フライパン, 容器 I/II, 皿 I/II, コップ I, スプーン, タワシ I, 塩	すり下ろし器 I (廃材), 空容器 I/II/III (廃材), タマネギ (商人)
着火具	火付けの綿		着火具入れ (動物), 火打石 (鉱物), 火付けの鉄 (鍛冶)
照明具	松明	ランプ, 灯油, 懐中電灯	
衛生具	石鹸 II, テッシュ	石鹸 I, 剃刀, ハサミ, 櫛, 鏡, 歯ブラシ	
掃除具	チリトリ I, 箒		チリトリ II (動物)
薬または医療具	薬, ヤシ油 II	錠剤, 浣腸具	狩猟用の薬 (動物)
衣類	腰紐	男性用上着, 女性用上着, ズボン, 半ズボン, スカート, 巻き布, ワンピース, 下着, 靴, ビーチサンダル, 靴下, 帽子, バンダナ	
装身具	踊りの衣装, 首飾り II, 口のアクセサリー, 鼻のアクセサリー, 化粧・装飾用染料, 香	腕輪, カバン, 首飾り I	
楽器	ギター*, マラカス II/III, 木笛		太鼓 (植物と動物), 角笛 (動物), マラカス I (廃材と植物)
娯楽品または遊具		カセットデッキ, カセットテープ, ボール I	ボール II (動物と植物)
その他	紐, 接着剤, サンドペーパー, ハエタタキ, 楊枝, 傘, タバコ用巻紙, ヤシ油 I	ゴム, ペン	タバコ用のパイプ (廃材と植物), 鈴 (廃材), 釘 (廃材), 鍵 (廃材), ID カード (政府)

*植物と鉄でできている。
**I, II, III という番号を用いて道具類の種類の区別した。
***（ ）には, 材料の種類または入手先を記している。

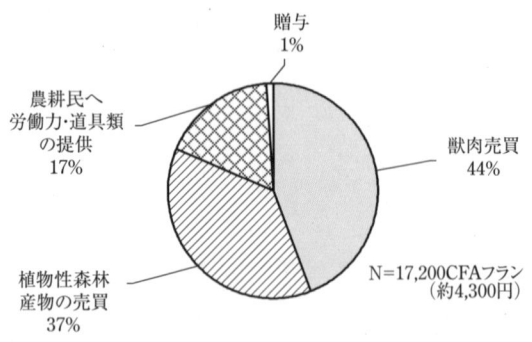

図10-6　ある世帯における現金収入源と内訳
調査世帯における129日間の現金収入と収入源の内訳を示している。

- 贈与 1%
- 獣肉売買 44%
- 植物性森林産物の売買 37%
- 農耕民へ労働力・道具類の提供 17%
- N=17,200CFAフラン（約4,300円）

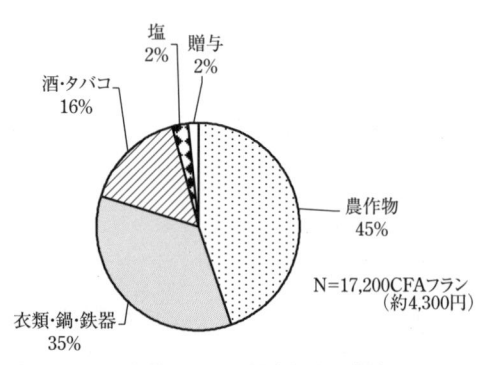

図10-7　ある世帯における現金収入の使途
調査世帯における129日間の現金収入の使途の内訳を示している。

- 塩 2%
- 贈与 2%
- 酒・タバコ 16%
- 衣類・鍋・鉄器 35%
- 農作物 45%
- N=17,200CFAフラン（約4,300円）

物性の森林産物の売買，コナベンベへ労働力・道具類の提供を行うことよって，129日間で1万7200CFAフラン（約4300円）[3]の現金を獲得していた。獣肉が最大の収入源（45%）となっているが，バカが獣肉取引を行うのはコナベンベであるので，コナベンベへの労働力提供（17%）を加えると，バカは合計で62%の現金をコナベンベから得ていることになる。つまり，バカは現金獲得においても，コナベンベに強く依存しているのである。

次に，前述の世帯が129日間で稼いだ1万7200CFAフランの使途を見ると（図10-7），主食となる農作物の購入に45%，衣類・鍋・鉄器に35%，酒・タバコに16%が費やされている。バカが最も多く現金を費やしているのは農作物であり，こ

---

[3] 1ユーロ=655.957CFAフランの固定レート，2009年10月現在，1CFAフラン≒0.2円。調査村では，ピーターズダイカーの半分に切断された生肉（4-5kg）や燻製肉は，500-1000CFAフランで売される。1000CFAフランあれば，農耕民からバナナ15kgおよびキャッサバの蒸留酒2リットルが買える。商人からは，シャツ1枚およびタバコ2パックが買える。

れは先に述べたように調査地のバカが自身の畑からほとんど農作物を得ることができていないことが関係している。農作物はもちろん農耕民から購入するわけであるが，ほかにもコナベンベから購入する酒やタバコを含めると，コナベンベとの取引は61％となる。これに対し，工業製品を入手するための商人との取引は35％である。

　バカの古老によると，定住化が進行する以前，バカがコナベンベや商人と現金をやりとりすることはほとんどなかったという。コナベンベがバカに与える報酬は，農作物，酒，土鍋，ラフィアヤシの塩などであった。現在では，土鍋やラフィアヤシの塩は取引されず，農作物や使い古しの工業製品，現金が与えられる。定住化が進行する以前にも，バカは商人と植物性の森林産物の取引をしており，アクセサリーや布，塩，下着などを得ていた。現在，バカが商人と取引しているものには鍋や既製の衣類など様々な工業製品が加わっており，現金でのやりとりもなされるようになっている。定住化の進行とともに，バカはコナベンベや商人と現金をやりとりする機会を持つようになった。

　貨幣経済が浸透しつつあるなか，注目したいのは，調査村のバカが，現金の獲得という観点からコナベンベへの経済的な依存を強めていることである。他の地域のバカのなかには，カカオ栽培（林 2000；北西 2003）や獣肉交易（Yasuoka 2006）を活発に行うことによって現金を獲得しているものもいるが，調査村ではこのような状況はみられない。調査村のバカがコナベンベへ経済的に強く依存していることは，コナベンベの農作物への強い依存とともに特徴的なことであるといえるだろう。

10-4 ▶ 外部社会との関係

　バカは，これまで見てきたようにコナベンベに物質的かつ経済的に依存しているだけでなく，政治的にも依存している。近年，伐採会社や自然保護団体，観光狩猟会社などが森林地帯で事業やプロジェクトを開始し，バカや農耕民はこのような外部社会と接触を持つようになった。ここでは，バカとコナベンベがそれぞれにどのような関係を外部社会と築いているのか，両者のふるまいや外部社会の対応の違いに注目してみてみたい。

伐採会社との関係

　カメルーン東南部で1970年代から行われている伐採事業は90年代に規模を拡大し，遠隔地であったためこれまで伐採を免れてきたエリアにおいても事業を展開するようになった。2001年3月，調査村にも伐採路がひかれ，CFEという伐採会社

が2001年5月まで，SIBAFという会社が2001年11月-2002年9月まで営業を行った。この期間に，それぞれの伐採会社の代表者が地方政府の行政官とともに村に現れ，金品を住民に渡した。

CFEは，300万CFAフランと100kgの米3袋，ビール4ダース，500mlの油3ダース，5kgの塩3袋，石鹸20個，海魚50匹を調査村の代表者であるコナベンベの村長に支払った。村長は，森林省の行政官に手数料（賄賂）15万CFAフランを支払い，残りの285万CFAフランを調査村の住人に配分した。バカの代表者は，コナベンベの村長から30万CFAフランと米1袋，油2本，塩1袋，ビール2ダース，石鹸少々，そして魚の大半を受け取った。魚の大半がバカに回ってきたのは，海魚をコナベンベが好まないからである。この際，コナベンベの村長とバカの代表者の間で，配分の内容について話しあいが行われることはなく，内容はコナベンベの村長によって一方的に決められた。

バカの代表者は，男性へ分配を行った。年配の男性に2万CFAフラン，それ以外の成人男性に1万CFAフランを配り，成人男性全員に物品が分けられた。分配を受けた男性は，現金を家族のメンバーに分配し，食料を家族で消費した。ある男性は，母と妻に1500CFAフランずつ，姉に1000CFAフランを渡した。残りのお金で斧，シャツ，半ズボン，皿，米，酒を買い，コナベンベに借金を返済した。

SIBAFはコナベンベの村長に，山刀40本，1リットル入りのワイン1ダース，100kgの米1袋，500mlの油1ダースを与えたが，現金は支払わなかった。コナベンベの村長は，住民に支払われるべき840万CFAフランはヨカドゥマの市長に流れたと述べていた。コナベンベの村長からバカの代表者へは，数本の山刀が渡されただけであった。代表者はこれを持ち帰り，集落のバカの間で共同所持している。

伐採会社と金品のやりとりが行われたのは，交渉の際だけではなかった。伐採会社が事業を行っているあいだ，住民のなかには，伐採会社の労働者となったり，町から来た労働者に農作物や獣肉を売ったりするものが現れた。ここで，労働者として雇われたのはほとんどがコナベンベであり，バカは数人が短期的に雇われただけであった。この際，コナベンベに1日1000CFAフランが支払われ，バカには500CFAフランが支払われた。コナベンベは数か月単位で雇用され6-9万CFAフラン程度（2-3か月の雇用）を得ていたが，バカは月単位で雇われることがなかった。またコナベンベは，農作物や酒を労働者に販売して臨時収入を得ていた。

伐採会社との接触に関して，注目したいのは，バカとコナベンベが得た利益に大きな差異が見られたことである。伐採会社から渡された現金は，コナベンベひとりあたりに3万7500CFAフラン，バカひとりあたりに2800CFAフランが分配されており，コナベンベはバカの10倍以上の現金を得ていることになる。またこれだけではなく，労働力や農作物，酒などを提供することによって伐採会社から現金を得たのは，ほとんどがコナベンベであった。バカは外部社会との交渉を農耕民に頼っ

ているのであるが，交渉に経済的な利益が関わる場合，コナベンベは利益をできる限り独占しようとする。バカのコナベンベに対する政治的依存が，コナベンベとバカの経済的格差をますます広げるように働いているのである。また，伐採会社のほうは，バカと農耕民のあいだにある優劣関係にのっとり交渉を行っており，雇用においてもバカを一段低く見ている。

森林保護の推進者との関係

　カメルーン東南部では，90年代以降加速化した伐採事業に対抗して，90年代後半から森林保護プロジェクトが行われるようになった。プロジェクトを普及させるために，冒頭に述べたような集会が森林保護の推進者によって各地で行われた。集会では，国立公園の設定，森林内に定められた狩猟区とその利用者の区分，これらのうち住民が森林省と共同管理する共同管理狩猟区に設置する動物資源管理委員会（COVAREF; Comité de Valorisation des Ressources Fauniques）の運営方法，住民の狩猟活動の規制（狩猟法，狩猟期，保護種，売買禁止）について説明がなされ，参加者と話しあいが行われた。

　このときの住民の反応はすでに述べたとおりであるが，集会と参加者について補足しておきたい。2001年8月12日の集会では，バカがコナベンベの村の集会所に集められた。参加者は，コナベンベの男性が27人，コナベンベの女性が7人，バカの男性が12人であった。コナベンベの男性の大半が環境教育に参加したのに対して，バカの男性は半数以上が森にいってしまい，参加しなかった。また，コナベンベは年配の女性の大半が参加していたが，バカの女性は参加していなかった。行政官とコナベンベから選ばれた普及員が集会場の中心に位置取り，その周りを取り囲むようにコナベンベが腰を下ろした。参加したバカの大半は，集会所に入りきれず外側の地面に板をひいて座っていた。このような集会は，これ以降2006年の間に3度行われたが，いずれの場合も両者の反応は大きく変わらなかった。

　では，集会で説明された動物資源管理委員会へのバカとコナベンベの参加度を見よう。この委員会は，調査村が含まれる共同管理狩猟区を運営するためのものであり，各村の代表者によって構成される。観光狩猟のハンターが支払う狩猟税の村への配分や密猟者の通報といった役割を担っている。調査村が含まれる委員会は2002年に結成され，委員会が管理にあたる森林面積は111haに及ぶ（Defo et al. 2005）。マレア・ヌーボー（Malea Nouveau）村からガトー・アンシアン村のあいだ約90kmにある13村の村長と代表者，合計31人からなる。WWFの職員に委員会のメンバーの内わけを見せてもらったところ（WWF私信），コナベンベの男性27人とコナベンベの女性ひとり，バカの男性3人から構成されていた。東部州では一般的に，行政上の村の代表者はコナベンベの村長がなる。しかし，ガトー・アンシアン

村にはバカしか居住しておらず，この村に居住する3人のバカが代表者となった。調査村からは，村長を含む計3人のコナベンベが委員会に入っている。

　2006年7月にバカの男性5人と女性5人に聞き取りを行ったところ，かれらは狩猟区の区分，動物資源管理委員会の発足を知らないと答えた。一方で，コナベンベの村長や男性の大半が，動物資源管理委員会について知っていた。村長はこの委員会について，「マレア・アンシアン村は集会の行われるマレア・ヌーボーから離れており，集会に参加できない。森林省から委員会にお金が支払われたと聞いたが，ここまで回ってこない。現在，トウモロコシの粉砕機とチェーンソーを要望しているところだ」と語っていた。

　森林保護プロジェクトに対する両者の関与の仕方を比べると，コナベンベは集会や動物資源管理委員会において自ら利益を守るまたは得るために，積極的に関与しているのに対し，バカはほとんど関与していなかった。動物資源管理委員会が発足したことを知らされておらず，地域社会における政治的な関与をコナベンベにコントロールされていた。また森林省の行政官は，声高に主張するコナベンベには対応するものの，黙ってうつむいたままのバカにはほとんど見向きもしない。動物資源管理委員会のなかに，バカがほとんど入っていないことを問題として取り上げることもない。

観光狩猟会社との関係

　東南部の森林では，1980年代から観光狩猟会社が操業を開始した (Joiris 1998)。観光狩猟は，住民の利用が許可されている共同管理狩猟区の外側に位置する一般狩猟区において，1-6月のあいだ欧米系外国人によって行われている。調査地域に隣接する一般狩猟区では，2006年から観光狩猟会社が営業を始めた。その結果，バカと観光狩猟会社のあいだで土地や資源をめぐる新たな対立が生まれ始めている。

　この会社のオーナーであるトルコ人が営業を行っている地域は，バカがこれまでに慣習的に利用してきた場所であり，バカの森林キャンプが散在している。オーナーは，バカが一般狩猟区内の森林を使っていることをこころよく思っておらず，バカが森へ入ってこないように，調査村を車で通過する際に，威嚇することがあった。バカに，一般狩猟区内の森林に入ったら殺すといい，バカの猟犬や川岸にとまっているコナベンベの船に発砲するのである。このため，バカは森林キャンプに出かけることを恐れるようになり，バカの森林利用に影響が表れ始めている。

　2004年のモロンゴのときにバカが利用したキャンプ・バガラの近くに，外国人用のキャンプができ，バカはこの地域の森林を利用することが特に難しくなっている。2006年にバカがモロンゴを実施する際，キャンプ・バガラが避けられ，これ以降，この付近にある狩猟キャンプも利用がおさえられている。そのようななか，

一般狩猟区内の森林へはモロンゴや狩猟へ行かないというバカが現れているのである。しかし，食料や現金を獲得するために，森林キャンプを利用しないわけにはいかず，バカの多くはオーナーの目を避けながら，キャンプ・バガラから離れた森林でモロンゴや狩猟を行っている。オーナーは，商売の敵であり自分の目をかいくぐって狩猟を行おうとするバカに対して強い反感を持っており，バカのほうも自分たちの生活を困難にするオーナーに対して反感と恐怖心を高めている。

では，コナベンベのほうはオーナーとどのような関係を持っているのであろうか。コナベンベは，バカのように一般狩猟区内の森林へモロンゴに出かけることはないが，この森で狩猟活動を行っている。コナベンベは，農耕や漁撈を行っており，食料や現金の獲得をバカほど狩猟に頼っていないが，それでもかれらにとって狩猟は，生計活動の重要な一部を占めているのである。そのため，村内で鉄砲を用い威嚇を行うオーナーに対して，コナベンベもまた反発と恐怖を募らせていた。コナベンベの村長は，森林省の役人にオーナーの暴行について陳述書を提出し，2006年7月13日に森林省の役人が調査村の視察を行った。村長によると，これによって状況の変化が見られたわけではない。

しかし，その後2008年3月に私が調査村を訪れたとき，コナベンベの村長のオーナーに対する態度が急変していた。村長はオーナーから，この地域の森を観光狩猟会社が利用することに対する手当（補償金）を得たのである。額については語らなかったが，オーナーの様子から決して少なくはない現金が支払われたと考えられる。村長はこのお金を村内の住民に分けたというが，バカの村長に聞くと，「そのようなことは知らない，コナベンベが使ってしまったのだろう」と答えた。

観光狩猟会社との接触においても，森林利用の規制に対する補償はコナベンベのところへ流れていた。ここでもまた，コナベンベに対するバカの政治的な依存が，バカが補償へアクセスすることを困難にしていたのである。

10-5 ▶変わりゆく生活と揺れる民族関係

ここでは，10-3節で記したバカの生活と10-4節で記した外部社会との接触の様子をまとめ，変わりつつあるバカの生活と農耕民との民族関係について考えてみたい。
- ・定住化の進展：集落および半定住集落に滞在する期間が増加している。
- ・生業活動の変化：農耕化は進んでおらず，集落で農耕民へ労働力提供する機会が増加している。
- ・食事の農作物化：主食の大半を農耕民から入手する農作物が占めている。
- ・家財道具の工業製品化：農耕民や商人から得る工業製品が占めている。

・貨幣経済の普及：現金収入の多くを農耕民へ依存するようになっている。
・外部社会との接触：外部社会からの補償が農耕民からバカへ不均衡に配分されている。地域社会における政治や経済へバカが関与することを農耕民が制限している。

これまでの生活と民族関係

　定住化が進む1970年以前，バカは森のキャンプを移動しながら生活を送っていたといわれている。しかし，1970年代以降，バカの間で定住化が進み，バカの生活は大きく変化し始めた。前述のまとめをみると，現在バカのあいだで，農作物や工業製品，現金が以前より重要になっており，バカはこれらの多くを農耕民から手に入れている。定住化の進行とともに，バカは農耕民に対する物質的，経済的な依存を強めているのである。

　では，他の地域のバカと農耕民の経済的な関係はどのようになっているのだろうか。カメルーン東南部に暮らす多くのバカのあいだでは，定住化の進行とともに農耕が普及しており，バカは主食となる農作物を自給するようになってきている（林2000；北西2002；安岡2004, 2007）。バカのなかには，商品作物であるカカオ栽培を行い，まとまった現金を獲得するものもいるくらいである（北西2003）。また，自分たちではカカオ畑を持たないものの，農耕民のカカオ畑で働くことによって，現金を得ているものもいる（坂梨 本書第8章；北西2003）。バカはこれまで農耕民から得ていた農作物や工業製品の多くを自己調達できるようになっており，農耕民への物質的かつ経済的な依存を弱めているのである。

　これに対し，なぜ調査村のバカの間では農耕化や経済的な自立がすすんでいないのだろうか。それは，交通路の整備が遅れたことによると考えられる。調査村は，カメルーン東南部の幹線道路から離れた遠隔地に位置しており，町からの交通路が2001年まで整備されなかった。そのため，農耕化政策やカカオ経済の影響を受けにくかったのではないだろうか。調査村の農耕民は，カカオ栽培のかわりに網漁によってまとまった現金を入手しているが，網漁を行わないバカは現金を獲得するのが困難な状況にあり，農耕民から主として現金を得ている。また，調査村がカメルーン東南部のなかでも特に人口密度の低い遠隔地であったために，豊富な森林資源を手にすることができたことも，農耕化が進まなかった理由として挙げられよう。この結果として，調査村のバカと農耕民のあいだでは，現在のような農耕民に経済的に強く依存した関係がみられるようになったと考えられる。

　次に，バカの農耕民に対する政治的な依存状況の変化について，外部社会との接触から考えてみたい。定住化が進む以前，少なくとも1910年ごろから，調査村のバカは農耕民と関係を持っていた。この時期にバカが農耕民のほかに関係を持って

いたのは、森林産物の交易を行うために森林地帯を訪れていた商人くらいだっただろう。その後、新たにバカが接触を開始する外部社会は、1920-30年代ごろからこの地域を委任統治領として統治するようになるフランスである。農耕民の古老によると、フランスによる統治が行われたあいだ、農耕民やバカは天然ゴムの採集や道路整備のための草刈りを求められたという。このことは、バカの間でも言い伝えとして残っている。

このときバカが森での遊動生活に重きをおいていたことを考えると、かれらが委任統治領政府の行政官とどの程度接触を持ったかは分からないが、定住的な生活を送っていた農耕民が交渉を担っていたことは間違いないだろう。その後、1960年代からカメルーン新政府が新たに統治を開始した。この地域に近代的な学校教育が導入され、各地で学校が作られた。調査村は遠隔地に位置しているため、学校がなかなか作られず、農耕民は学校のある村や町に住む親類のところに身を寄せ、教育を受けることとなった。そして、農耕民は公用語となったフランス語の能力や外部社会との交渉能力を高めていった。一方、遊動生活を維持し現金をほとんど持たないバカは、学校教育を受ける機会に恵まれず、フランス語や外部社会との交渉能力を持つことができなかった。その結果、新政府をはじめとする外部社会との交渉を農耕民へますます委ねていくことになる。

さらにカメルーン東南部では、1970年代以降から伐採会社や観光狩猟会社が営業を開始し、1990年代後半から自然保護団体が活動を行うようになった。交通路の整備が遅れた調査村では、2001年以降これらの外部社会が一気におしよせてきた。農耕民が調査村の代表となり、交渉能力を発揮してこれらの外部社会に対応している様子は、10-4節でみたとおりである。そのようななか、バカと農耕民の間の経済的な格差が大きくなっており、両者の間の不平等が顕在化している。定住化の進行によって、バカの農耕民に対する経済的な依存が強化されるなかで、外部社会からバカが得る利益を農耕民がコントロールすることによって、両者の経済格差が広がっている。また、農耕民は地域における政治的権力を拡大しており、バカが政治的に周辺化されつつあるのである。

では他の地域のバカのところでは、どのような政治的状況が生まれているのだろうか。バカの農耕民に対する政治的な依存状況については十分な報告がないため、判断するのが容易ではないが、農耕民から経済的に自立しつつあるバカのなかには、学校教育の影響やカカオ商人との直接交渉などによって外部社会との交渉能力を高め、農耕民への政治的な依存を弱めているものも少なくないかもしれない。

これからの生活と民族関係

今後、バカと農耕民の関係はどのようになっていくのだろうか。カメルーンの東

南部に暮らす多くのバカのところでは，定住化と農耕化の進行によって，バカの農耕民に対する経済的な依存が減少していた。かりに，経済的に力をつけてきたバカが，外部社会との交渉の際に自分たちの利権を主張し始めていたとしたら，これまで両者のあいだで上位にあった農耕民はこのことを不満に思い，両者の関係は以前よりも対立的なものとなりつつあるかもしれない。さらに生活の変容によって，両者が経済的かつ政治的により対等に近づいた場合，カメルーンの西沿岸部のバギエリと農耕民のあいだで見られたように (van de Sandt 1999)，利益をめぐって争いが起きるかもしれない。利害のからんだ外部社会との交渉は，バカと農耕民のあいだの対立を増大させる可能性をはらんでいるのである。
　農耕民への依存を強めている調査村のバカのあいだでも，今後農耕化がすすみ，農耕民に対する経済的かつ政治的な依存の度合いが減少することになるのだろうか。2008年3月に調査村を訪れたとき，多くのバカが自ら畑を開き始めている様子がみられた。今後，調査村のバカの間で農耕化が進むことは間違いないだろうが，農耕を始めたばかりのバカが，農作物を自給できるほど育てることができるようになるには，しばらく時間がかかるだろう。そのようななか，外部社会との接触が増加すれば，コナベンベのバカに対する権威がさらに拡大し，バカの経済的かつ政治的な周辺化が進むかもしれない。
　ここで，外部社会が民族関係だけでなくバカの生活にも与えている影響について述べておきたい。バカは半世紀ほど前から，委任統治領としてカメルーン東南部を統治したフランスや独立後のカメルーン新政府によって，集落において定住生活や農耕を行うことを求められてきた。バカはこれに応えつつも，これまで森で行ってきた遊動生活（モロンゴ）や狩猟採集活動を完全に放棄せず，折り合いをつけながら生活を営んできた。このようにバカが従来の生活を維持することができたのは，フランスや新政府が農耕生活を奨励したものの，これまでの狩猟採集生活を禁止しなかったことによる。
　しかし，ここ数十年のあいだに，バカが従来の生活を維持していくことを難しくする状況が生まれている。森林資源に目をつけた外部社会が政府を促して，バカを森から排除しようとしているのである。バカがこれまで利用してきた森では，伐採会社や観光狩猟会社が営業を開始し，自然保護団体が国立公園をつくっている。もちろんバカの立ち入りは禁止され，バカは遊動生活や狩猟活動が行えなくなりつつある。先進国の企業や自然保護団体，そしてこれらに協力している政府は，バカや農耕民との交渉においてだけでなく，事業や政策によってもバカの政治的かつ経済的周辺化をすすめているのである。バカが森に強く依存しており，森林における最大の利害関係者であることを考えると，外部社会がバカにいかに多くの不利益をもたらしているかが分かる。森林の利用が規制され，それに対して補償や発言の機会が十分に与えられないなか，バカはますます従来の生活を維持していくことが困難

な状況に追い込まれているのである。このような状態が続けば，バカは森に根ざした生活を放棄せざるを得ない日がいずれくるだろう。

　最後に，バカと農耕民の関係に新たに影響を与えるような外部社会について述べておきたい。国際社会で盛り上がりを見せている先住民運動の影響を受けて，近年アフリカの熱帯雨林において，先進国の先住民支援団体がピグミーの文化を守るための運動を展開し始めた。これらの団体は，ピグミーに対する差別や政治的な周辺化を問題とし，政府に対してピグミーの慣習的な森林利用権の容認を求めている（詳しくは，北西の総説（本書第2章）を参照されたい）。中部アフリカ諸国で活動を行っており，カメルーンを重要な活動拠点のひとつとしている。このような流れを受けて，自然保護団体の内部でも，バカを森林と調和的に暮らしてきた先住民として，農耕民と差異化しようとする動きが見られるようになっている。バカを特別視しようとするこのような動きは，バカと農耕民の関係に新たに緊張をもたらすのではないだろうか。両者の対立や農耕民によるバカの抑圧が起こる可能性は否めない。ただしその一方で，先住民運動や先住民支援団体が，バカの政治的な周辺化をとめ，バカがかれらの生活や文化を維持していける状況を作り出す可能性もあわせ持っている。

　バカが今後どのように農耕民との民族関係や自らの生活を，継続または変容させていくのかは分からない。ただいえることは，森林地帯に新たに現れた外部社会が，これまで以上に重要なファクターとなってきており，農耕民との関係やバカの生活が揺れ動いているということである。果たして，バカがうつろな眼差しのまま声を上げることもなく，ただ森を奪われていく状況を変えるすべはあるのだろうか。このことが重要である。この半世紀の間に生活を大きく変化させながら今もなお森と深いかかわりを保っているバカが，今後森と共に生きていけるかどうかは，バカが支援団体の協力を得ながら，どのように農耕民や外部社会と関係を築いていけるかにかかっている。

第11章

戸田美佳子

カメルーン熱帯雨林地帯の「障害者」
── 身体障害を持つ人びとの生活実践とその社会的コンテクスト ──

11-1 ▶「隠された障害者」という神話

カメルーンでの体験

　2006年10月，私はある目的意識を抱いて，カメルーン東南部熱帯雨林地帯を初めて訪れた。しかし，その目的をどう伝えればいいのか分からず日々を過ごしていた。心のなかで，センシティブな問題だと思っていたからであろう。そのような逡巡のなかにあったある日，道路沿いに村を訪ねて歩いていたとき，上腕の逞しい男性が，見馴れないハンドルの付いた三輪車（図11-1）に乗り，子供たちと一緒に舗装されていない道路を一気に下っていた。それが障害者用の車椅子だと分からなかったほどだった。私は彼と話がしてみたくなり，すぐに彼の家におじゃまするようになった。彼の母はしっかり者で，私は農作業の方法や料理など，この土地で暮らす術を一から教わった。そして，3か月が過ぎた頃，私は初めてこの地を訪れた本来の目的を伝えた。その目的とは「ローカル・コミュニティにおける障害者の営みを調査すること」である。それを知ると，彼は家族について話していたのと同じように屈託なく自分の話をよく語ってくれた。また，ほかの障害者も紹介してくれた。「障害者」について「調査する」ことを口に出すのをためらっていたときの緊張感は，いざそれを口に出してしまうとすぐに消えた。それからは，他の村人と話すのと同じように，かれら障害者と生業活動や結婚，家族について話すことができるようになり，日々インタビューを続けた。そして，調査が進むにつれて，なぜ私は初めこの問題について話すことを躊躇したのか自問するようになった。日本では，障害者をじっと見つめたり，障害のことを触れたりすることがはばかられる雰囲気を感じることがしばしばある。しかし，私が調査のあいだに経験したことはそれと

図 11-1　三輪車型の車椅子

は異なる人びととの接し方であった。そこでは一見すると障害者に対して特別な配慮がみられないし、また特別視もされていないように感じられた。

　これまで、マスメディアは、アフリカ諸国を含む途上国の障害者が、世帯の女性、特に母親にケアをされてきたために、外部に対して隠蔽され、コミュニティから放置されているという「隠された障害者」像を発信してきた。それに対して、ウガンダでフィールドワークを行ったB. イングスタッドは、このような障害者像が、マスメディアによって強調され、さらには世界保健機関（WHO）や国際労働機関（ILO）のような権威のある国際機関を通じて「公式の事実」の性格を帯びるようになったと指摘し、それを「隠された障害者という神話」として批判している（Ingstad 1991）。このように、途上国の障害者の実情が明らかではないにもかかわらず、ステレオタイプなイメージが戦略的に発信され続けてきたといえる。それはまさに、私がカメルーンで暮らしてきたなかで感じた障害に対する認識（障害観）と、センシティブな問題として捉えていた障害観の関係のようである。この論文のテーマは、この二つの障害観の関係を紐解くことである。

ローカル・コミュニティにおける「障害者」

「障害」すなわち身体および精神に関する損傷は，あらゆる社会に存在している。生物学的に治癒困難な損傷は，一定以上の生活をするための行動を制限するだろう。しかし，この損傷は，生物学的な意味合いだけではなく，社会的コンテクストのなかで「障害」として現れたり現われなかったりするのである。

これまでの西洋的障害観は，"健常者"と"健常から逸脱した障害者"という二項対立的発想をもちつつも"平等を望ましい"とするイデオロギーに彩られてきた。こういったイデオロギーが，障害を差異化し，スティグマを生んできたといわれている (Stiker 1982; ホワイト 2006)。

現在，先進国を中心とした先行研究では，「障害」に関して大きく分けて二つの視点が提示されている。一つは，医療モデル (individual model)[1] であり，もう一つは社会モデル (social model) である。医療モデルは，個人の心身の機能的な損傷 (impairment) が「障害」を生み出すと見なし，個人の身体のなかに阻害要因を求め，それを取り除くことを目指してきた。1970年になると，「障害」は個人の問題ではなく，社会的に構築される不利や制約 (disability) こそが問題であり，変わるべきは社会であるとの見方が障害者当事者から打ち出された[2]。M. オリバーが提唱したこの社会モデルは，障害者問題に大きな発想の転換をもたらしたといえる (Oliver 1983; 1990)。しかし，医療モデルが個人のみを対象にしてきたのに対し，社会モデルは社会全体の仕組みや制度まで一気に飛躍しており，どちらのモデルも個人の心身の機能的な損傷(以下，これを「機能障害」と呼ぶ)を持つ人びと(障害者)と，コミュニティの他の人びと(非障害者，もしくは「健常者」)との関係を具体的に見ておらず，機能障害を抱えた人が，周りの人との関係のなかで生活をなりたたせているという視点がこれまで抜けておちていた。そこで，本章では，カメルーンの障害者が，複雑な民族関係のなかで生計手段と世話人を確保している現状を踏まえ，西洋的障害観が想定するものとは異なるアフリカの障害者の日常を描き出すことを試みる。そのうえで，国際機関によって提示されてきた「隠された障害者」像とは違っ

---

1) 英語では individual model と記述されるが，日本語では医療(医学)モデルといわれることが多い。障害学を研究している星加良司は，「社会モデル」と対概念として「個人モデル」を採用している(星加 2007)。

2) 障害学 Disability Studies という枠組みのはじまりは1970年代の英米に遡る。障害者運動の転換の中で，障害者を「治療・保護・管理」の対象と見て施設収容を推進する福祉政策や，「リハビリテーションで一生を過ごす存在」といった障害者に対する対応への異議申立てが，障害者自身によって開始された。なかでもイギリスの UPIAS (隔離に反対する身体障害者連盟) は，「障害」に関する身体面と社会面を分離し，社会面こそ重要だとする主張を展開した。つまり，障害者が抱える問題の原因は身体的損傷ではなく社会的障壁にあるのであり，社会環境を変えることで「障害」は取り除かれると主張したのである。この視点は後に，オリバーによって「社会モデル」と名づけられた (長瀬 1999)。

た，新たな障害者像を提示したい。

まず，調査地において障害者とはどのような人が含意されているかを示す前に，西洋的障害観をもとにした植民地政府や現政府による障害者の認定の仕方やそのような人たちの人数について紹介しておこう。

「平等」を理想に掲げる西洋的障害観が，アフリカなどの非西欧社会においても適用可能であるかどうかは，検討を要する問題である。能力障害，社会的不利，リハビリテーションは，西欧諸国の特定の文脈のなかで生み出されてきた概念である。このような障害観はアフリカ諸国では植民地政府によって導入されたことが知られている。「イギリス植民地時代のアフリカ初期のセンサスで，慢性的に働くことができない人びとの鑑別が始まった。1983年，タンザニアでは村役人が働くことができない村の成人の数を記録することになっていた。これらの例は，能力に基づいて「障害者」というカテゴリーを確立することに向かった段階を代表している」(イングスタッドとホワイト 2006: 55)。カメルーンにおいては，1980年に国連が医療モデルをベースにした障害者統計の質問表を加盟各国に送ったことを機に，初めて障害者政策が行われた。国際障害者年の2年後にあたる1983年には障害者保護法 (loi protégeant la personne handicapeée) が制定され (République du Cameroun 1982, 1983)，1983年から1984年にカメルーン全土において戸別訪問が行われ，障害者の統計調査が初めて実施された。それにより，全障害者数は9万2380人であり，そのうちの43％は身体に障害のある人びと，続いて40％が目の見えない人びと，9.8％が耳の聞こえない人びと，であることが知られた (MINAS 2006)。しかし，1980年当時のカメルーンの人口は1000万人をこえており，WHOの基準に基づくと約10％の100万人が障害者であったと推定されているにもかかわらず，実際の統計では10分の1にしか満たない。このように，調査対象，そして調査範囲がカメルーン全土で統一的に行われたかどうかは定かではない。現在，政府による障害者政策が導入されつつあり，障害者政策を管轄する社会問題省 Ministère des Affaires Sociales (MINAS) の支所がカメルーン全10州に設置され，障害者手帳の交付をはじめ，車椅子の無料配布などを限定的に行っている (République du Cameroun 1993)。しかし，調査を行ったカメルーン東部州では，人口比から障害者数を2500人と見積もっていたにもかかわらず，2008年時点で登録数は198人と大きく下回る結果となっている[3] (MINAS 2008)。

このように非西欧社会における障害者問題に答えるためには，何よりもまず調査

---

[3] 障害者手帳の交付が地方でより機能していない理由の一つとして，煩雑な手続きが挙げられる。都市でも地方でも同様に，障害者個人人はまずIDカードを取得し，写真を用意した上で医師に診断書を書いてもらう必要がある。このような諸手続きを行うことは僻地の農村部では極度に困難であり，調査対象である狩猟採集民バカの多くはカメルーン国民であるというIDカードさえ持っていないという現状もあり，せっかくの行政サービスも十分に行き届いていなかった。そして，都市部と農村部では，公立病院や社会問題省事務所など公的機関でさえ障害者の認定基準が異なる現状がある。

地域のなかで，機能障害を持つ人びとすなわち「障害者」とはどういう人びと指しているのか考える必要がある。ここでは，限定的ながら，この問いに答えることを試みたい。

　主な調査対象である狩猟採集民バカの人びとは，カメルーンの公用語の一つであるフランス語でいう personne handicapées（障害者）の訳語として，バカ語で *wà póà*（「身体的障害を持つ人びと，奇形，湾曲した体を持つ人びと」の意味（Brisson & Bounsieur 1979））という言葉を用いている。その一方で，身体に障害のある人に対して，特に運動面に障害を持っており歩くことが困難な状態にある人びとを *wà kúmà*[4]（「脚が自由に動かない人びと」の意味（Brisson & Bounsieur 1979））と呼んで *wà póà* との使い分けを行っている。しかし，一人ひとりの身体に障害を持つ人びとと話をすると，同じ障害に対して違う言葉を用いることがある。1年前に目が見えなくなった，すなわちフランス語でいうと aveugle（盲目）に相当する男性は，自分では *mèngòmedè*[5]（佐藤 2001）というバカ語の病名を用いて自分の障害を説明していた。Brisson & Bounsieur (1979) のバカ語の辞書にもあるとおり，バカ語のなかには，aveugle（盲目）に最も近い言葉として *lέ-ε nyúkò*「彼の目は閉じている」の意味）があるにもかかわらず，彼は視力を失い1年以上が経過したとしても，それを一時的な病気として扱っていた。アフリカの障害観に関する先行研究においては，南部ソマリアでフィールド調査を行った B. ヘランダーが，フベールの人びとにとっては病気（disease）と障害（diasbability）とのあいだに明確な区別がないことを指摘し，障害が通常の病い（ill）に関連したプロセスを通して社会的に生み出されていることと述べている（ヘランダー 2006）。このように，人類学的視点から障害を定義すると，病気と障害の区別が曖昧であることが分かる。

　さらに，カメルーンにおいて都市部と農村部では，障害の認識されかた自体にも相違がみられる。先天性の色素脱失症であるアルビノは，カメルーンのバミレケの人びとに多いことが知られており（Aquaron 1990），首都ヤウンデでは，アルビノのための障害者組織（Association Mondiale pour la Défense des Intérêts des Albinos）が運営されている。またイスラーム教徒が大多数を占めるカメルーン北部では，アルビノに関して「奇異な存在」としてスティグマを受けていると報道されており（Sinior 2006），カメルーン北部で調査を行っている稲井啓之によれば，出生時にアルビノの赤ん坊は命を奪われることもあるという（稲井 私信）。一方で，カメルーン東部州でのフィールド調査のなかでは，アルビノの人びとは太陽から身を守るために傘をさして歩いており目立つ存在ではあるが，バカやその他の民族集団（カコ，バン

---

[4] バカの近隣に居を構えているバンガンドゥもまた身体，特に脚に障害をもつ人びとに対して "wa koumo" と似た言葉を用いていた。バカ語の *wà kúmà* はバンガンドゥの借用語の可能性も考えられるが，本論では「障害」に関する用語の調査は不十分であり今後の課題としたい。

[5] 佐藤弘明は，バカの89の病名の一つにこれを自然にかかる眼病として挙げている（佐藤 2001）。

ガンドゥ）は、「アルビノは病気でも障害でもなく治療が行われるようなことはない」と認識している。

このように、都市部でのミッション系NGOの働きかけにより「障害者」が特別視されたり、民族または地域ごとに「障害」に付与する意味が異なったりすることから、機能障害を持つ人びとのコミュニティにおける社会的な関係が多様であることが示唆される。このような社会において、医者でもない私が現地調査のなかで「障害者」の画定をすることは困難であった。たとえば、精神遅滞や統合失調症などの精神疾患は障害ではなく病気であると、農村のなかで何度も聞かされたのである。

そこで本章では、現地の民族語 wà póà（バカ語）、農耕民の言葉で mo jem-ti[6]（カコ語）と呼ばれる身体障害をもつ人びとを調査の対象とした。調査をはじめるにあたり、一緒に生活していた下肢障害をもつ男性からの個人的な紹介によって調査の範囲を広げたために、調査対象者が下肢障害者（wà kúmà）に偏ったといえる。しかし、この方法による調査対象の選定は、行政サービスを受ける障害者もしくは国際的な基準に根ざした障害者ではなく、現地の言葉で語られる身体障害を持つ人びとという枠組みであり、社会的コンテクストにそった障害者の営みを見ようとする本研究には、即した方法であると思われる[7]。

11-2 ▶ 調査地域に暮らす人びと

調査のはじまり

カメルーンの首都ヤウンデから、東へ600kmほど車を走らせると、カメルーン東南部熱帯雨林地帯の大きな町ヨカドゥマにたどり着く。そこから、コンゴ共和国との国境に位置する町モルンドゥまで南北に幹線道路が続いている。調査地を探してヨカドゥマから南へと車を走らせている間、深い緑におおわれた熱帯雨林はしだいに樹高が高くなり、道の両端に土壁造りの家やドーム状の草葺の家屋が集まった集落をいくつも通過した。この道路沿いには、1950年頃からフランス植民地政府

---

[6] バントゥー系言語であるカコ語の mo jem-ti もまた、wà póà 同様にフランス語でいうところの障害者 personne handicapées と訳され、盲（もう）mo dib-namisi（カコ語）や聾（ろう）mo dib-nameto（カコ語）などを含めた身体障害者と一般という意味がある。

[7] 精神遅滞や統合失調症などの精神疾患は、恒久的な障害ではなく、治癒可能な病気であるという人びとの意見に従って、本章に含まれていない。無論、精神障害者も含めることで、身体障害とは違うコンテクストが読み取れたとは思うが、精神障害者かどうか判断することは困難な作業でもあった。一方で、癲癇患者である農耕民ふたりとバカひとりに村のなかで出会うことができた。意外ではあったが、同じ集落に暮らす人びと、そして本人からも癲癇患者は障害者（personne handicapée）であると認識されていた。

の政策により半定住生活を送りはじめたピグミー系狩猟採集民バカ（北西 第2章参照）と，主な生業として焼畑農耕を営む複数の民族集団が混住している。ここに暮らす男たちは昼下がりになると，自らの畑から戻り，バンジョ（*banjo*）と呼ばれる小屋で暑い時間をゆっくり過ごし，ゲームをしながら目の前を行き交う伐採トラック，乗用車，人びとを眺めている。このようにして，新参者である私が，この地にやってきたことも，かれらの知るところになったに違いない。実際，白人のシスターが乗った車が通過するたびに，「ブラン（フランス語でいう白人）が通った。」「お前のキョウダイが通った」と報告しては，「何も挨拶もせずに通り過ぎた。」と文句をいいにきていた。

　私は，ヨカドゥマとモルンドゥのほぼ中間に位置するモンディンディム（Mondindim）村（以下M村）で，調査を始めた。この村には，インフォーマントとなった下肢に障害を持つ農耕民男性A氏と盲（もう）の狩猟採集民バカの男性B氏がいた。A氏はのちに調査対象となる *mo jem-ti*（カコ語），*wà póà*（バカ語）と呼ばれる人びとを紹介してくれた。

　村のなかでの食生活に私の胃袋も慣れ，かれらの生活ぶりを理解しはじめた頃，私はこの盲のバカの男性であるB氏の行動が，ほかのバカの人びとと異なっているのではないかと感じるようになった。そのきっかけは，2007年1月，カメルーンでも冷え込む大乾季のある夜の出来事であった。その日，村は悲しみに満ちていた。妻も幼い子供もいる農耕民の20代の青年が急死した。近くの集落から農耕民そしてバカも集まり，夜通し死者への弔いが行われた。夜が深まるにつれて農耕民の集落は，ダンス・パーティの会場へと変化した。死者が弔われている家のなかで，農耕民の女性たちが嘆きながら歌い踊り続けていた。その家を中心に，農耕民の若者たちは大音量で流されている音楽にあわせて休むことなく踊り，年長者たちがバンジョでマタンゴ（ヤシ酒）を飲みながらゲームに興じていた。私のインフォーマントである農耕民の男性A氏も車椅子に乗ってやってきて，ゲームの輪に加わっていた。その円の中心から，一つ外れたところでバカの若者たちが踊っていた。その日，農耕民とバカの間には，ひとりのバカの男性を除いて，明らかな空間の隔たりが形成されていた。その男性こそが先ほどのB氏である。彼ひとりが農耕民の円の中心で踊っており，農耕民は彼の踊りを見入り，一緒に踊り，時には揶揄したり，彼が度を越して踊りに興じていると円から外したり，また円に戻したりしていた。

　このバカの男性B氏と私は以前からよく知る仲であった。なぜなら，彼は私が寝泊りしている農耕民の家に，キャッサバの製粉や草刈などを手伝いに毎日のように来ていたからである。その仕事は農耕民の女性・子供の勤めであり，村のなかで彼以外の青年男性がこのような作業をして金銭を得ている姿はそれ以前もそれ以降も見ることはなかった。一方，インフォーマントであるA氏は，洋裁で得た金で

バカを雇い，農業をしていた。収穫や開墾の時期のみに雇う農耕民とは違い，毎日彼の家にはバカが訪れ，たまり場となっていた。かれらの生活に，改めて焦点を当てて問い直すと，かれらの行動様式が，"農耕民"らしくない，"狩猟採集民バカ"らしくないように見えてきたのである。その理由を挙げる前に，まずは，狩猟採集民バカと近隣農耕民の生活様式の相違に主眼をおきながら調査地の概要を記述する[8]。

狩猟採集民バカと近隣農耕民の生活様式

調査地域であるカメルーン東南部には狩猟採集民バカと複数の農耕民の集団が暮らしている。まず，バカについて紹介しよう。バカは，ウバンギ系に属するバカ語を話す。バカはもともと狩猟採集民であるが，特に幹線道路沿いのバカは，定住化政策と農耕化政策が打ち出されて以降，1年の大半を定住集落で過ごし，集落の周辺での農作業に最も多くの時間を費やすようになった（Joiris 1998）。主な農作物はプランテン・バナナ，キャッサバ，ヤウテア[9]などである。近年では，バカの男性が，現金の収入源になるカカオ畑を所有していることも少なくない。しかし，その大きさは，近隣の農耕民と比べると小さい。また，主要作物の栽培面積も十分ではなく，農耕民の畑仕事の手伝いを行うことで主食となる農作物の多くを得ている。その一方で，現在でも乾季を中心に狩猟，採集，漁撈が行われており，これらの森での活動もまたバカの生活サイクルのなかで重要な位置を占めている（林 2000; Kitanishi 2003; 安岡 2004）。

バカは，定住集落では土壁造りの家やドーム状の草葺の家屋に住んでおり，それらの多くは夫と妻およびかれらの子供たちからなる核家族が単位となっている。定住集落内の核家族は，主として男性が父系によって結ばれており，これはバカの婚姻制度が男性側からの婚資を伴った夫方居住婚を原則としていることと関係している（都留 2000）。

一方，隣接する農耕民の言語集団は，地域によって異なっている。コンゴとの国境沿いに位置する町モルンドゥ周辺ではウバンギ系の言語を話すバンガンドゥ（Bangandou），そしてヨカドゥマからサラプンベの周辺ではバントゥー系言語を話すポンポン（Mpongmpong），コナベンベ（Konabembe），ボマン（Mboman）が，またヨカドゥマから北にはバントゥー系言語を話すカコ（Kako）と自称する集団が居住

8） 2006年10月から2007年2月と2007年9月，2009年1月の計7か月の間に，カメルーン東部州ブンバ・ンゴコ県ヨカドゥマ郡とモルンドゥ郡にあたる，ヨカドゥマとモルンドゥの二つの町と幹線道路沿い約250kmのあいだに位置する13の村で，参与観察と広域的な聞き取り調査を行った。

9） ヤウテア（*Xanthosoma* spp.）は中南米と西インド諸島原産で，サトイモに似た根茎などを食用にする（小松「生態誌」第3章）。

している。これらの農耕民はプランテン・バナナやキャッサバを主要作物とする焼畑農耕を行っている。また，農耕民は換金作物であるカカオの栽培を盛んに行っており，カカオの収穫期（9-12月）や伐開期（1-2月）などに近隣のバカを雇用している。

　行政レベルでは，この地域の幹線道路沿いのバカの集落の多くが，近隣農耕民の集落と合わさって一つの村として扱われている。しかし，両者が同じ村に居住する場合でも，村のなかで民族ごとに集落の区分が明瞭であり，両者の間には明確な境界が見られる。近隣農耕民の多くは，バカの集落に足を踏み入れることを好んでいないようであり，バカの人びとも畑仕事の手伝いなどの労働を除くと，農耕民の集落に長く居座るようなことはあまりみられない（松浦 本書第9章参照）。

　M村の成り立ちは，約50年前に，バントゥー系農耕民カコの2組の夫婦が開拓したことに始まる。現在は第2世代，第3世代が結婚し世帯をもっている。第2世代では，近隣の農耕民とのあいだの結婚が多く，同じ民族での婚姻関係は特に第2夫人において見られた。第3世代になると，再度，同じ民族であるカコどうしの婚姻が多くなる。また，バカはカコの人びとによって村が開拓された以前からこの地域の森のなかで移動生活をしていたと伝えられている。そして，バカは植民地政府による定住化政策以降の1960年代にこの村の両端に分かれて定住した。このような村の婚姻関係（表11-1）から明らかなように，調査地域においては，最も多いのは同一民族間での婚姻（25/53）であるが，農耕民どうしでは他の民族集団との通婚も頻繁である（21/53）。しかし，農耕民と狩猟採集民であるバカとの婚姻の例（2/53）は少なく，そのすべてがバカの女性が農耕民に嫁ぐ「上昇婚」である。

　調査地域のバカと近隣農耕民は，一緒に作業をすることはあるものの，その形態は労働を提供する側と雇用する側にはっきり分かれた形になっている。つまり，バカが農耕民に農作業などの労働力を提供し，それに対して農耕民はバカに現金や農作物，酒などを支払うのである。

　農耕民とバカは日常的に頻繁な交渉を維持しながら暮らしているものの，居住形態や婚姻相手の選択に見られるように，両者の間には社会的な障壁と上下関係が存在しているといえるだろう。

　農耕民とはいえ，焼畑農耕以外に日々の食糧確保のために男性によって罠猟や銃猟が行われ，女性たちによって掻い出し漁や副菜となる植物の採集が行われている。このように，農耕民とバカの生業活動では，それぞれの活動に割く時間配分や畑の大きさなどの量的な違いはあるものの，活動の内容そのものに大きな違いがあるわけではない。しかし，この量的な差に基づく現金収入の多寡やそれに伴う雇用関係，そして社会的地位の違い（北西 本書第2章，服部 本書第10章）が，両者の生活に違いを生み出す要因の一つとなっている。

表 11-1　M 村（2007 年 2 月時点で人口 238 人）の婚姻関係

民族名		婚姻数 [N = 53]
同民族間 [N = 25]	Baka = Baka	11
	Kako = Kako	8
	Mboman = Mboman	2
他民族間 [N = 21]	Kako ♂ = Bangandou ♀	6
	Bangandou ♂ = Kako ♀	1
	Kako ♂ = Mboman ♀	4
	Mboman ♂ = Kako ♀	1
	Kako ♂ = Mbimo ♀	4
	Yanguere ♂ = Baka ♀	2
	Kako ♂ = Haoussa ♀	1
	Yanguere ♂ = Kako ♀	1
	Kako ♂ = Baya ♀	1
不明 [N = 7]		7

※一夫多妻制のため，男性に関しては重複あり．

村における機能障害への対処：「障害」と「病気」

　調査地で私を悩ませた第一の問題は，これまで人類学者が指摘してきたような病気と障害の区別の曖昧さである。wà póà（身体障害者）と紹介され，話を聞いていた人びとが，突如として病いへの対応と同様の治療を，ローカル・コミュニティのなかで始めたりすることがある。たとえば，調査地を訪れるのも 3 回目になり，初めてマラブーと呼ばれるイスラームの聖職者に出会ったときの事例である。

> 　ある日，イスラームの衣装をまとったマラブーが調査村を訪れた。村の人びとは，列をなし日々の出来事や自らの病いについて相談をしていた。そのなかで，治療行為が必要と見なされた喘息の発作をもつ高齢の女性と，2 度による開腹手術を行って腹痛を訴える女性が，治療のためにマラブーと共に隣村に出かけていった。私が，隣村まで彼女たちの見舞いにいくと，以前インタビューをしたことがある下半身のマヒをかかえた少年に対して治療が行われていた。「なぜ，病院（カトリック・ミッションの医療施設が 12km 先の町サラプンベ（Salapoumbe）にある）に行かないのだ」と質問をなげかけると，マラブーは「この病には原因がある。」といい，人びとは「ここで治す病だ」と説明したのである（M 村，2009 年 1 月）。

　また，機能障害をもった人びとが語る言説と，その家族集団の語りにも違いがみられた。ヨカドゥマから 20km ほどの村に住むバカの少年と両親へのインタビューから得られた事例を紹介しよう。

　バカの少年（12 歳）は，右の足首が反り返った状態で生まれた。現在では，サッカー

ができるまでになったが，これまで村のなかで2度の治療を経験してきたという。少年の村の隣にあるミントン (Minton) 村に住むバントゥー系農耕民ボンボンの女性は，彼女の娘をマッサージすることで治した (と伝えられている)。少年は彼女の家で2歳のころからマッサージを受けていたが治らず，少年と同じ村 (Ngola 20 村) のバントゥーの男性に3歳からマッサージを受けていた。その治療も効果を上げることはなかった。次に，父が代わりに家のなかで治療を続けた。その父は，お金がたまったらリハビリ施設にいくつもりだと語っている。一方，その少年自身は「歩くこと，ましてやサッカーすることもできる。これ以上の治療行為をしたいとは思ったことなんてない」と語っていた (Ngola 20 村，2007 年 9 月)。

　私はそれまで自分が「障害」と「病気」を別のものとして考えて，「障害」を治癒困難なものとして見なしていた。そして，そのような西洋的障害観に基づく障害者像を思い描きながら，かれらの環境や社会への適応に関心を抱いていた。カメルーンでの体験はそのような自分の考え方が固定観念にすぎなかったことを私に教えてくれたのだった。

外部者による障害者への取り組みとその影響

　この地域においても，リハビリテーションプログラムなどを通じ，医療モデルに基づいた「障害者」という枠組みが導入されてきた。調査地である東部州ブンバ・ンゴコ県には，ヨカドゥマ，モルンドゥ，そしてサラプンベに白人シスターが在住するカトリック・ミッション教会がある。また，1970 年代以降から，ミッション系 NGO がこの地域で幹線道路沿いに暮らすバカを対象にした無料診療所や初等学校の建設と運営を行ってきている。このようなミッションの活動が活発化するなか，次第にミッションのシスターを中心に身体障害者に対する特別支援にも力を入れ始めた。1990 年には，東部州で初めてバトゥリにリハビリ施設 Centre Familial Pour Handicapes Moteurs (C. F. P. H. M.) がやはりカトリックの司祭によって設立され，1995 年にバカの子どもたちに対して，短期型リハビリ支援が始められた。

　調査地域における個々の機能障害に対する行政サービスと慈善活動について具体的に示したのが図 11-2 から図 11-4 である。調査地はヨカドゥマとモルンドゥの二つの町とそれらの間を走る幹線道路沿い (黒い太線の部分) の 13 村 (ただし，ヨカドゥマの Ntiou から Ngola 120 までの約 100km は未調査) である。図 11-2 は，全調査対象者の分布を表している (農耕民の身体障害者男性：町 23 人・村 15 人・計 38 人，農耕民の身体障害者女性：町 17 人・村 9 人・計 26 人，バカの身体障害者男性：村 13 人，バカの身体障害者女性：村 7 人，総合計 84 人)。真ん中の図 11-3 は，図 11-2 内の社会問題省からのサービス受給者の分布である (農耕民男性 6 人，農耕民女性 5 人，バカ男性 0 人，バカ女性 0 人)。右の図 11-4 は，カトリック・ミッションからの援

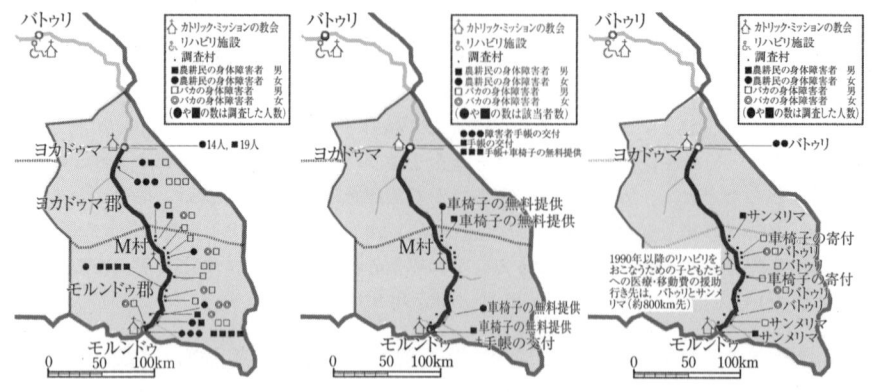

図 11-2　調査対象者の分布（ブンバ・ンゴコ県）　図 11-3　社会問題省のサービス受給者の分布　図 11-4　カトリック・ミッションの援助受給者の分布

助受給者の分布を表している（農耕民男性2人，農耕民女性2人，バカ男性6人，バカ女性3人）。障害の内容別にみると，農耕民では，肢体マヒ8人，先天性の身体欠損2人，潰瘍4人，ハンセン病1人，事故後遺障害3人，視覚障害5人，聴覚障害1人で，バカでは肢体マヒ9人，先天性の身体欠損3人，潰瘍2人，マヒ2人，視覚障害3人，聴覚障害1人となっている。

　調査を行った身体障害者の84人中，政府の行政サービスや慈善活動は約3分の1にあたる人しか受けていなかった。県庁所在地であるヨカドゥマで支給されている車椅子や障害者手帳などの行政サービスを受けた人は，84人中11人（図11-3）にしか満たないうえ，そのすべてが農耕民であった。一方で，84人の身体障害者のうち13人がカトリック・ミッションの援助を受けていたが，そのほとんどはバカであった（図11-4）。

　また，私が調査を行った地域以外でも，11人のバカの障害児が，2006年にバトゥリのリハビリ施設に無償で行ったと，カトリック・ミッションの資料に記載されていた。このようにミッションの援助がバカに特化していることは，カトリック・ミッションの活動が，これまでバカを社会的弱者と見なして，主にバカに対して慈善活動を続けてきたことを反映している（Hewlett 2000；北西「生態誌」第4章）。

　カトリック・ミッションが狩猟採集民のみを弱者と位置付け援助することにより，「慈善の対象となる狩猟採集民障害者」と「慈善の対象に外れる農耕民障害者」という線引きが生じている可能性が示唆される（図11-5）。カトリック・ミッションの活動を通じて，バカの子供は，無料で義足を手に入れている一方で，農耕民の子供は，親が1万円以上の費用を支払い，義足や松葉杖を購入している（図11-6）。また，この地域におけるミッションの慈善活動が，障害に新たな意味付けをしていることも考えられる。それを示唆する事例を述べよう。

第 11 章　カメルーン熱帯雨林地帯の「障害者」　219

図 11-5　子供の日のセレモニー
サラプンベで開かれたカメルーンの祝日である子供の日 (2月11日) のセレモニーで，バカの子供たちがノートなどをもらっているときの様子 (写真左)．それは農耕民の目の前で行われていた (写真右)

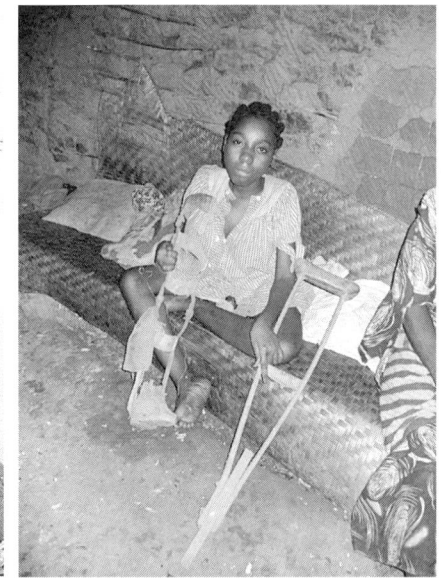

図 11-6　慈善活動をとおして現れた線引き
左：援助により義肢を付けているバカの子供，右：義足が壊れたままの農耕民の子供

　幹線道路と木材伐採会社 (S. E. B. C.) への道の交差点には，商店が並ぶ小さな街が作られている．トラック運転手が食事をしているなか，バカの青年が地面に座り，物乞いをしていた．一緒に暮らす彼の母と弟が亡くなった父のカカオ畑で農耕を営んでいるあいだ，彼は 2km 先のバカの集落から毎日ここまで通っていた．8年ほど前，彼は白人シスターとリハビリセンターにいったことがあった．その時，車椅子を貰い，ここまで来るようになった．すでに車椅子は使い物にならないが，今では手だけで体

を動かし，わずかな物をもらうためにここに通っている（Lokomo 村 S. E. B. C の交差点，2007 年 9 月）。

このように，この地域には見られなかった物乞いをするバカが現れるという現象は，ミッションによる障害者のための慈善活動が，障害者を援助を受けるべき弱者として位置付けたことと関係しているのではないだろうか。そのほかにも，1990年代以降になり伐採会社が東部州まで参入し始め（市川 2002），それによりトラック運転手という地域住民以外の人との関係が生まれたことも，彼の生活に多大な影響を与えているであろう。この地域の経済が，急速に市場経済へと取り込まれつつあることが，物を乞うことができる相手の登場を促したともいえる。その点において，物乞いはあくまで現金経済と結びついた行動様式とも指摘できる。

以上のように，調査を行った東部州では，農耕民と狩猟採集民バカに対して異なる援助や行政サービスが提供されている現況が明らかとなった。現在，農村社会の障害者は，外部社会と主体的にであれ非主体的にであれ，関わりを深めている。特に 1995 年以降，身体障害を持つ狩猟採集民の子供に対して，「マイノリティのなかのマイノリティ」であるとして援助が活発化するなか，障害者という立場は地域社会において一層社会的に特別な存在となりつつある。かれらにとって，機能障害をもつことは，病いになることとは異なる次元のものへと変化しつつあるのかもしれない。

11-3 ▶ 身体障害者の生活実践とその社会的コンテクスト

農村の身体障害者の生計

前節で，調査地の身体障害者の多くが，自らの機能障害に対して福祉的・慈善的手立てを用いてはいないことが明らかになった。このような状況は，特に大人の身体障害者に多い現象であった。そこで，ここでは大人の身体障害者が日常生活のなかでどのように生業活動を営んでいるのか，その生活戦略を記述する。

カメルーン東部州の熱帯雨林地帯に居住する障害者の生計手段を表 11-2 にまとめた。調査の対象は，*mo jem-ti* とされる農耕民男性 15 人，農耕民女性 9 人，*wà póà* とされるバカの男性 13 人，バカの女性 7 人である。これらの個々の身体障害者に対して，食料を確保するために用いられた方法で，一番頻度が高かったものを聞き取り調査した[10]。

---

10) ブンバ・ンゴコ県ヨカドゥマ郡 3 村とモルンドゥ郡 10 村の障害者に対して，直接観察と聞き取りによって収集した。当人による直接の聞き取りをしたが，脳性マヒなどにより会話が困難な場合は，世話をしている人びとから聞き取りをした。

第 11 章　カメルーン熱帯雨林地帯の「障害者」

表 11-2　農村における身体障害者の生計手段とその担い手

性別 [ ]内は人数	障害	担い手		畑の所有者	生計手段	人数 [N=44]
		同居世帯	世帯外			
農耕民男性 [N=15]	肢体不自由	本人，妻，子供		本人の畑	収穫した農作物と自らのカカオ生産による現金収入	5
		妻，子供		息子（旧本人）の畑	息子のカカオ生産による現金収入	1
		親		父の畑	収穫した農作物と父のカカオ生産による現金収入	3
			兄家族	—	食事の提供	1
	視覚	本人，妻，子供		本人の畑	収穫した農作物と自らのカカオ生産による現金収入	2
		本人		—	村内の日雇い労働による現金収入	2
		本人と子供		本人の畑	収穫した農作物と自分のカカオ生産による現金収入	1
農耕民女性 [N=9]	肢体不自由	本人と子供		本人の畑	収穫した農作物	2
		本人と弟		父の畑	収穫した農作物と父のカカオ生産による現金収入	1
		本人，夫，子供		夫の畑	収穫した農作物と夫のカカオ生産による現金収入	1
		親		父の畑	収穫した農作物と父のカカオ生産による現金収入	2
			隣人	—	食事の提供	1
	視覚		息子家族	息子の畑	分配，食事の提供	1
	聴覚	親		父の畑	収穫した農作物と父のカカオ生産による現金収入	1
狩猟採集民バカ男性 [N=13]	肢体不自由		父系親族	同集落の畑	食事，農作物の分配	5
		親		親の畑	食事，農作物の分配	3
		妻，子供		本人の畑	収穫した農作物，本人の畑のカカオ園の貸出運賃	1
		本人		—	トラック運転手から得る物乞いの現金収入	1
		本人		—	民宿の受付業による給与	1
	視覚		父系親族	同集落の畑	分配，叔父のカカオ生産による現金収入	1
		本人と妻	父系親族	同集落の畑	分配，農耕民の手伝い	1
狩猟採集民バカ女性 [N=7]	肢体不自由		父系親族	同集落の畑	食事，農作物の分配	2
		本人，夫，子供		本人の畑	収穫した農作物，農耕民の手伝い	1
		本人		—	農耕民の手伝い	1
		親		親の畑	収穫した農作物	1
	視覚		息子夫婦	息子の畑	収穫した農作物と亡夫のカカオ園の貸出賃金	1
	聴覚	本人	父系親族	同集落の畑	分配，農耕民の手伝い	1

調査の結果，農耕民の身体障害者は，自分自身および同居する家族によって生計を立てていることが分かった（表11-2）。特に，農耕民男性の多くは，自分自身が少なくとも生計の一部を支えていると答えている。また，16歳以上の農耕民男性11名のうち，中央アフリカ共和国からの出稼ぎ少年と，車の修理・整備をしている男性の二人を除いた9人は，全員がカカオ畑を所有し，多くはキャッサバ，ヤウテア，ラッカセイ，トウモロコシ畑も所有していた。土地所有の経緯は，父から譲り受けた場合が多かったが，かれら自身のカカオ畑からの現金収入をもとに，農地の拡大も試みられていた。Yenga村の村長であるバンガンドゥの男性は，右足がマヒしているが，5人の妻と25人を越える子供と共に暮らして，広大な畑を所有している。

一方で，狩猟採集民バカは，同集落の父系関係で繋がった兄弟や家族などからの世帯を超えた広範な分配に依存することよって生計が維持されていた。狩猟採集民の間では，非障害者（健常者）であっても，相互の分配において生計が維持されている部分が大きい（北西 1997, 2001）。ただし，狩猟採集民の障害者は農耕民（障害者も含む）ほどの現金収入となる生計手段（広くて生産性のあるカカオ畑など）をもっていない。

農耕民の身体障害者（の一部）が，なぜ自分自身を中心として自身の生計を維持することができるかについては，農耕民に対するバカからの労働提供の存在との関係からさらに検討する必要がある。

身体障害者の生業活動の社会的コンテクスト

ディスアビリティ（dis-ability）という言葉は，ICIDH[11]の基準では能力障害と訳される。この言葉は，労働生産性が低いという理由で，障害者を社会的に排除することを正当化するコンテクストで用いられてきた（Morris 1969; Oliver 1990）。このようなコンテクストのなかで，労働力を「個人の能力」として捉えるなら，農作業や狩猟採集のような身体的な労働で生計を立てる農村社会では，身体障害者の生業活動は不可能もしくは著しく困難であるということになるだろう。しかし，カメルーン東部州の農耕民男性の生計を見るかぎり，農地の所有や配分に関しては，非障害者とのあいだに，目が見えないことや自由に動けないことといった身体的制約に起因した差が生じにくいようである。農耕民男性における農地の所有や，バカどうしの狩猟・採集物の分配に差異がないといったことは，障害者が生計を営むことを保障する基盤となっていると考えられる。しかし，「農耕」あるいは「狩猟採集」といったところで，その実際の作業の内容は多岐にわたる。そこで前述の，M村に居住

---

[11] WHOが1980年に発表した医療モデルをベースとした障害分類（ICIDH International Classification of Impairment, Disabilities, and Handicaps 1980）。

する下肢に障害のある男性（A氏）と，視覚障害のある男性（B氏）のふたりの事例を挙げ，身体的制約をもつ人びとが生業活動をどのように実践しているかを，次に記述する。

【生業活動の事例1】農耕民男性A氏の生業活動：農耕におけるバカの存在
A氏は，1977年，農耕民カコの母と，農耕民ヤンゲレ（Yangére）の父のあいだに10人兄弟の長男として生まれた。彼が3歳のとき，激しい下痢をともなう病いに襲われ，ミッションのクリニックで注射を打った。彼と初めて話したとき，彼は何かよく分からない呪術で両下肢が萎縮したのだと言っていたが，時々注射が原因だったのではないかと疑うこともあった。彼が大事に保管していた診断書にはポリオと記載されていた。彼の母は，長老教会（E.P.C.）の信者代表を務める敬虔な信者であり，村の子供たちの多くを取り上げてきた助産師でもある。両親は，かれらの娘が亡くなったことをきっかけに，M村の中心から村の北側に位置するバカの集落の近くに家屋を移した。2002年，彼は両親と同じ集落に自らの家屋を持ち暮らすことを決心すると，バカの女性と結婚し，現在，6歳と4歳の娘をもつ二児の父となっている。

彼は，父から譲り受けたカカオ畑とプランテン・バナナ，ヤウテア，ラッカセイの畑をバカの妻と一緒に栽培している。2008年のカカオの収穫量は5袋（一袋＝80－100kg）で約26万CFAフラン[12]であった。彼はまた，村でただひとりの仕立屋であり，ミシンを購入した1999年から2006年までに62人分の仕立てをおこない，約19万CFAフランの現金収入を得ていた。彼は，村では，大きな収入となる仕立ての仕事を自らの農耕生活を支えるための現金獲得源であると語っていた。このような彼の生業活動の1日の記録を紹介する。

・近くの集落に住むバカの子供2人が，M村の中心にある公立小学校から戻り，彼の畑から19本のヤウテアを収穫してきた。彼はそれを4等分にわけ，妻と自分に10本，残りの9本をバカの子供ふたりに渡した。その後，バカの子供たちは，彼の集落のバンジョで長らく座っていたが，途中で彼のために水汲みにいき，車椅子の整備（オイル塗りと水洗い）を手伝いながら，夕方6時を過ぎて自分たち（バカ）の集落に戻った（2006年2月22日，M村）。
・カカオの収穫が始まり出した9月初め，彼は毎日，4-5人のバカに手伝いを頼んでいた。収穫の手伝いに集まったのは，普段彼の家にいるバカの子供たちとその兄弟である。彼は自分のカカオ畑まで一緒にいくと，バカたちに収穫の大部分を任せ，自らは山刀を使ってカカオ割りや低い位置で生っているカカオを集めていた（図11-7）。その日の終わりに，バカ4人に対して1000CFAフラン（1CFAフラン≒0.2円）を賃金として渡した（2007年9月，M村）。

【生業活動の事例2】狩猟採集民バカB氏の日課：バカと農耕民の集落の行き来

---
[12] 1ユーロ＝655.957CFAフランの固定レート，2009年10月現在，1CFAフラン≒0.2円（小松 本書第1章参照）。

図 11-7 自分のカカオ畑で働く農耕民の身体障害者（写真左）とバカの子どもたち（写真右）

　彼は，1960年代，父親が住むモルンドゥ近くのバカの集落で長男として生まれた。その後，母は父と離婚し彼を連れてM村のとなりのLepango村に引っ越し，母は再婚し，娘を授かった。彼は，父の集落のバカの女性と結婚し，現在，母の兄の集落（父系で繋がった7家族）で，妻と2人の娘と暮らしている。かれらの長女が生まれてまもなく，彼の視力が低下し始めた。現在，彼の左目は失明し，右目も人を識別することはできなくなった。それでも，木の棒を使って，村中を毎日歩き回っている。

　彼は，バカの集落に自らの小さな家屋を構えており，他のバカと同様に，同集落の父系親族などの世帯を越えた食事の分配があった。彼が10日間でとった食事の内（食事数19回），世帯外親族からの食事の分配が最も多く（14／19），妻や娘が料理した世帯内の食事（4／19）に加え，農耕民からの食事の提供があった（1／19）。

　一方で，同集落のバカが森で狩猟や野生植物の採集をしている間，彼は農耕民の集落で過ごしていることが多かった。彼の日中の活動は以下のように他のバカの人びととは異なり特徴的であった。

・その日，彼は，朝から農耕民の集落をひとりで訪れていた。いつも世話になる老年の農耕民カコの女性の家で，6時35分から草刈りをして，報酬にコップ一杯の蒸留酒とタバコの葉をもらい，その後となりの農耕民の家で，キャッサバを臼で挽いて製粉をしていた（図11-8）。そのときの報酬は，プランテン・バナナ3本と蒸留酒コップ一杯（金額に換算すると約100CFAフラン）であった。その後も，2軒の農耕民宅を訪問し，夕方5時，自分の集落に戻った。集落に戻ると，妻と

図11-8 農耕民の家でキャッサバの製粉をする盲のバカの男性

同じ集落のバカの女たちが採集してきた野生のヤムとココ[13]の煮付を妻が分配してくれた（2006年11月22日，M村）。

　生業活動の事例1では，身体の動作の制約を受けながらも，農耕民の障害者は，バカの集落の近くで，狩猟採集民バカの子供たちに助けられながら共に日常生活を営むことで農作業を実践していた。また事例2では，狩猟採集民の障害者が，他の者が彼にとっては困難な森での狩猟活動をしているあいだ，農耕民の集落で農作物の製粉作業をして現金や作物を得ていた。

　この二つの事例は，前述したような社会的な障壁もしくは格差が存在する民族集団の混住状況において，障害者が両集団を社会的・経済的に「越境」して生業活動を営んでいる姿を示しており，この「越境」によって障害者の生計は維持されているのである。ただし，そのような農耕民とバカの間での相互依存は，障害者に限られるものではなく，非障害者の生業活動の場でも，程度の差こそあれ，日常的にみられるものである。

---

13) ヤムはヤマイモ科ヤマイモ属（*Dioscorea* spp.）の植物で根茎などを食用にする（安岡「生態史」第2章参照）。ココは葉が食用となる野生のつる性植物である。

生活実践における世話人

　これまでの先行研究において，途上国では多くの場合，家族の中の女性，特に母親が，障害者の生活実践における介助者もしくは世話人の役割を担っていると報告されている（中西 2008）。このような母親やその他の家族の集中的な負担に，家族自身の貧困が重なることによって，悲惨で放置された障害者が生じているとされてきた。カメルーン東南部の農村社会においても，障害者は家族集団のなかで世話をしてもらっており，幼少期には家族特に母親によって養育が行われている。しかし，このような関係は，成長の過程で，自らが生計を成り立たせることが必要となる年齢になるとともに変化している。それは，前節で述べたような農作業などに何らかの形で参加するといった生業活動の場での変化である。生業活動の事例１の農耕民男性Ａ氏は，彼は10人兄妹の長男として生まれ，幼少期は母親によって養育されていた。独立して生計を立て始める時期に，カカオの収穫など農作業の場面でバカとの関係が始まったと話していた。さらに，彼はバカの人たちと雇用関係以外のところ，たとえば水汲みや車椅子の整備など日常生活のいたる所でサポートを受けており，親密な関係へと発展していっていたという。

　狩猟採集民バカと近隣農耕民は，労働力と農作物の交換という経済的な相互依存関係をもっているが（北西 本書第２章），障害をもつ農耕民男性の場合も，このような関係を利用している。かれらはバカの人びとの労働力を借りて，生業活動を実践している。しかし，狩猟採集民バカの人びとと生活を共にしながら調査を続けている服部志帆が指摘するように，近隣農耕民とバカの関係は相互に依存しながらも緊張を伴うセンシティブな関係である（服部 本書第10章）。それにもかかわらず，調査地の障害者とほかの民族の人たちは，生業活動だけではなく，日常の生活のいたる場面で世話を通して，非障害者よりも緊密な関係を築いていた。

　このようなかれら障害者と周囲の人びととの社会関係が，私に，かれら障害者の行動を"農耕民"らしくなく，そして"狩猟採集民"らしくなく感じさせることになったのであろう。

11-4 ▶ 考察
―― 健常である・ないという論理をこえた生活戦略 ――

　調査地における「障害者」の営みを論文としてまとめる作業のなかで，私は久しぶりにある感覚にとらわれていた。それは調査のはじめに私が体験した逡巡の日々と同じ「障害者というセンシティブな問題」を扱っているという心苦しさにも似た感情である。私は調査のなかでこの感覚を忘れていたかのように思えたが，日本に

戻り筆を執るに当たり，決して忘れることのない感情としてよみがえってきた。それは，私が近代社会のなかで育ち，西洋的障害観に影響を受け，「障害」を認識しているからだろう。そこで，自らが近代社会から来た調査者という立場にあることを意識しながら，カメルーン東南部の障害者の生活実践を改めて問い直してみる。そのなかで，かれらが持つ非西欧社会の障害観について考察したい。

まず，西洋的障害観を，ミッションや政府の活動と絡めて考えると，
・近代社会における障害者への差別や隔離，排除という障害観
・ミッションや政府の援助政策にある「障害者は援助が必要な特別な存在，憐れみの対象としての障害者」という障害観

という一見すると逆と思える障害観を私たちは知っている。この二つの障害観によって実際にとる行動も異なってくることがあるが，認識の根本は同じ「障害者を特別視すること」といえる。このような認識に則った近代的な潮流は，調査地においてもミッションや政府による障害者のための慈善活動そして公的サービスのなかで，援助を受けるべき対象として「障害者」を位置付けることにより浸透しはじめている。それは，農耕民によるバカの障害者への反感，「障害者」というカテゴリーとして憐れみの対象や，時として差別の対象になりうる状況を調査地に与えているのかもしれない。

一方で，調査地域において，かれら障害者は *mo jem-ti* や *wà póà* と認識されているように，身体障害をもつ異なる人びととみなされているにもかかわらず，かれらの機能障害を理由にコミュニティのなかで特別な扱い（たとえば生業や社会活動ができない人として区別されて扱われるなど）を受けることはない。このような他者の態度が，農地の所有や狩猟・採集物の分配に差が生まれず，身体障害者がほかの人びとと同様に農耕やその他の作業を営むものとして自他共に認められているという状況を生み出しているようである。このように，カメルーン東南部のバカと農耕民では，障害者に対する「特別視」が顕在化していない。

では，この違いはどこから生じるのであろうか。それは，端的にいってしまうと「自立した個人」という幻想を持っているかどうかということによるのではないだろうか。

何より，バカにおいては個々人で生計を維持しているという考え方自体が成り立っているとはいえない。それは，狩猟採集民社会において，食料やその他の消費物資がはるかに広範囲に分配されており（市川 2001; 北西 2001），障害者にかぎらず生計は個人で成り立たせているわけではないからである。身体の機能障害の有無に関わらず，すべての人に食物の分配が保障されており，全員が相互依存関係のなかで生活を営んでいる。他方，バカの身体障害者は，他のバカの人びとが森で狩猟・採集活動をしているとき，バカと農耕民の雇用関係を利用して生計を立てていた。

しかし，このような相互依存関係は根本的には，程度の違いこそあれ，バカの社

会だけではなく地球上に生きるすべての人に当てはまることであろう。何らかの分業体制のなかでほとんどの人は生活しており，私たちは他人の労働力によって作られたものやサービスに一部は依存している。純粋に，もしくは完全に自立した個人は存在しない。それにもかかわらず，近代社会のなかで私たちは個人が自立しているように考えているのではないか。

調査地において，バカはもちろん農耕民も「自立した個人」という考え方をしていないのではないかと思うことがあった。人は当然のことながらひとりでは生きていけず，誰かの世話になって生きている，また自分が他の人の世話をすることもある，という当たり前の事実をそのまま受け入れているように感じられた。ただし，どのような世話を受けるか，もしくはどの程度の世話を受けるかについては，個人によって違いはあり，インフォーマントのA氏のように同じ人でも人生の段階によって当然違いが現れる。しかし，かれらは，どこかで区切ることによって，ここまでは「自立した人間」，ここからは「依存した人間」とするようなことはなく，連続的なものとして捉えていると思われる。調査の上では，調査対象を明確にするために *wà póà*（もしくは *mo jem-ti*）といった現地語で区別をしたが，実際に誰が *wà póà* で，誰が *wà póà* ではないかということは，かれらのあいだでも揺れることがありえるだろう。また，かれらのあいだでは，病気と障害の区別をしていない，もしくは，その認識が揺れていたが，それはもともと連続的なものであったと考えられる。西洋の障害観と同様に，近代社会から来た調査者（である私）が連続的なものに無理やり線を引こうとしていたともいえる。

ここで議論を障害観にもどしたい。本来，自立と依存の境目ははっきりせず連続的であったものを，不連続にする力が働いた社会こそが西洋近代であり，それが「健常者」と「障害者」の区別とも対応していると考えられる。社会モデルを提唱したオリバーは，両者の区別と障害者排除の過程を資本主義市場の成立によって説明している。「資本主義の登場にともなう排除の過程は，障害を医療の対象となる個人的問題という特殊な形態へと変化させた (Oliver 1996)」。それはまさに，資本主義労働市場が「働くべき者（労働者）」と「働けない者（非労働者）」の区別を明確にしたことにより，その社会における「健常な人間」が確立されたと同時に，どのようにしても「健常な人間」になりえないものが子供や老人と同様に「障害者」とされてきた (Stone 1984; 杉野 2007)。つまり，近代の市場経済は，生産を効率化するために，労働者を標準化，規格化したといえる（たとえば，製造工場では，誰がやっても同じ品質の物が同じだけできることによって，工場内の流れ作業を効率よくすることに成功した）。その標準・規格に外れた人が「働けない人」となっていった。他方，調査地における農耕や狩猟採集のような生業活動では人々は複雑な道具は用いず，自ら自然を相手にしており，標準化や規格化を必要としてこなかったのではないだろうか。

次に，障害者個人に焦点を当てると，機能障害を抱えて生活することは，非障害

者に比べて生活実践のあらゆる場面で手助けが必要である。その点において，かれら障害者は周囲とより濃い関係性を必要とする存在であるといえる。かれらがこのような社会的存在であるがゆえに，狩猟採集民バカと農耕民の垣根をこえる人となった。それはまた，機能障害を持つことが，社会から隔離された限定的な空間に押し込まれるという結果を生み出すのではなく，むしろ新しい選択肢を利用可能にしている。調査地域では，障害が他の社会へ向かう越境的動きを障害者に与えているといえる。

　このような障害者に越境的な動きを可能としている背景こそが，かれらの障害に対する認識であるのではないだろうか。調査地域において，身体障害者自身も周囲の人びとも，障害を「異常な状態（通常の状態が想定されており対処が求められる状態）」として見なし，特別な対処が必要な存在として否定的に捉えるのではなく，自分とは異なる人として，「異化（違うものとして見なすこと）」していると私は主張したい。だからこそ，調査地のようなローカル・コミュニティでは，障害者が社会のなかで否定的な存在として固定的に捉えられるのではなく，障害者自身が状況に応じて既存の社会・経済的関係を利用して生計を成り立たせることが可能となったのであろう。

　バカと農耕民の社会では，実際の障害の程度は個人によってそれぞれ違うが，障害者自身がそれに応じて自分のできることを見つけ，周りの人たちもその人にできることをその人に任せてきた。このようなことが可能なのも，労働を規格化や標準化しようとしていないからであり，またこのような多様な対応であるのは，ローカル・コミュニティのなかの障害者とまわりの人びとが，「対等[14]」，つまり今ここでの私とあなたという関係を持っているからだろう。しかし，このような対等な関係に基づく対応は，小さい社会だからこそでき，大きな社会においては効率的に行うことは困難であろう。

　調査を行ったカメルーン東南部の農村は，首都から600km以上も離れた遠隔地である。カトリック・ミッションの援助を除くと，かれら障害者の多くは，自らの機能障害に対して福祉的・慈善的手立てを用いていなかった。インフォーマントのA氏のように，車椅子を使用している人もいるが，それはかれら自身の不断の努

---

14) ローカル・コミュニティのなかで同化されていない障害者と非障害者の関係を，「対等」という概念を用いて説明できるのではないか。インタラクションを研究している木村は，「平等」と「対等」という概念を以下のように説明している。「平等」とは，「すべてのもの」というように全体の枠を規定する語が用いられおり，「対等」には双方という言葉が用いられる。「平等」には鳥瞰的な視野に基づいた視点があり，一方，「対等」は「いまここでの」「私とあなたの」という，ローカルな視点のもとに成り立っている概念である（木村 2006c）。このような，対等性という概念が，ローカル・コミュニティにおいて，機能障害を抱える人びとをあえて同化していないような，障害者と他者との関係を説明しているといえる。しかし，「対等」である「場」は，人と人が名前で呼びあえるような関係性を築く，時間的・空間的に小さく局限的な場でもある。

力の賜物といえる。A氏自身，車椅子を手に入れるために14年もの間，バトゥリ，ヨカドゥマ，モルンドゥの役場まで要望書を送り続け，サラプンベの市長からの寄付でやっと手元に車椅子が届いたのだという。彼のような車椅子を用いていない人の多くは，自らの腕力のみで体を浮かせ手で移動をしたり，誰かにおぶってもらったりしていた。このようにかれらが自らの機能障害に対して特別な対処をなされていないことで多くの生活上の困難を抱えていることは確かである。一方，かれらがローカル・コミュニティのなか生活を営んでいるからこそ，特別視されず，他者と「対等」な関係を築いているといえる。

　調査地域のようなローカル・コミュニティのなかの障害者は，このような両義的な関係のなかで，生活のための戦略をつくりだしているのではないだろうか。何より，私が出会ったカメルーン東南部熱帯雨林地帯に生きる障害者は，健常である・ないという論理をこえて，その社会において「一人前の人間」だったというのが，私がもっとも強く感じたことである。

Field essay 2

仲なおりの魔法
—— 森の民ピグミーが歌と踊りを愛する理由 ——

▶ 服 部 志 帆

　日が沈み，森に囲まれた小さな村に月が顔を出す頃，どこからともなく太鼓の音が聞こえ始める。夕食を終えた女性たちは広場に集い始め，その美しい歌声を村に響かせる。女たちの歌声が少しずつ大きくなるのを待ちきれないとでもいうように，子供たちは広場に駆け出し，はじけるように踊り出す。踊りは子供だけでなく，男性の名手やときに個性豊かな精霊が登場して繰り広げられる。ピグミーの歌と踊りの種類は豊富で，かれらは毎晩のように歌と踊りに興じている。かれらが奏でるポリフォニー（多声音楽）はいくつものメロディーやリズムが同時に展開していくというもので，古代エジプトのファラオから現代の音楽家や研究者にいたるまで数多くの人びとを魅了してきた。私も例外ではない。大学院でアフリカの森へ行くことを決心したのは，CDで聴いたピグミーの歌声が忘れられなかったからでもある。それにしても，ピグミーはなぜこれほどまでに歌と踊りを愛するのであろうか。

　カメルーンの熱帯雨林でピグミー系の狩猟採集民バカの調査を開始して数か月ほど経ったある日，私の怒りはついに頂点に達した。私は，森の小道ですれ違ったバカの男性サンゴンゴに向って，「あなたたちは口を開けば，石鹸，石鹸という。朝も石鹸，昼も石鹸，夜も石鹸。村でも森でも石鹸だ。石鹸しかいえないの？そんなことばかりいうあなたたちは，私の家族ではないし友達でもない。私の家にはもう来ないで！」と怒鳴りつけた。

　突然烈火のごとく怒り始めた私に唖然としているサンゴンゴと，植物採集に出かけるために小道をともに歩いてきた女性モボリを残し，私はひとりで足早に村

図1　踊りの衣装をつけた子供たち

へと帰っていった。土壁とラフィアヤシで出来た家に戻ると，土壁にはりついている小さな二つの窓と形の歪んだ戸を荒々しく閉めた。

部屋のなかに瞬く間に闇が広がった。ランプを灯した後，私はしばらく椅子に座っていたが，憤りはなかなかおさまってくれない。靴を脱ぎベッドに体を横たえた。すると，森から帰ってきたサンゴンゴとモボリの声が聞こえてきた。森での私の様子を村の人に語っているのだろう。村の人たちの相槌や驚きの声が，草葺きのドーム型住居の立ち並ぶ村のあちこちから聞こえてきた。

興奮した人びととの会話を聞き取ることは難しく，「シホ（私の名前）」や「スクラ（石鹸）」，「ジェレ（興奮）」という言葉が頻繁に繰り返されていることは分かったが，かれらが私の言動についてどう語っているのかは分からなかった。しかし，もうどうでもよかった。何といわれたっていい。ともかくかれらの顔を見ていたくない。明日，荷物をまとめて街へ出よう。ここからブッシュタクシーが来る村まで40kmほどあるが，2日間も歩いたら着くだろう。その先のことはそれから考えればいい。ランプの明かりを頼りに，私は暗闇のなかで荷造りを始めた。

私が調査を行っているバカの村は，カメルーンの東南部の森林地帯のなかでも特に辺境に位置している。かれらは森の動植物を食料や道具類の材料にするとともに，近隣に暮らす農耕民に労働力を提供し農作物を入手したり，商人と森林産物を交易することによって工業製品を入手している。町から遠く離れたこの村に交易にやってくる商人の数は少なく，村の人が工業製品を入手する機会は大変かぎられている。かれらは鍋や衣類，石鹸など工業製品の不足について語るものの，それでもこれらのものが無ければ無いで，村内で貸し借りをしながら，また森の動植物を材料に作った道具類で間に合わせながら暮らしを立てている。

そのようななか，村に突然現れ調査を開始した私が，お礼にと石鹸を配り始めた。大きなたらいにいっぱいの水を汲んでもらったら石鹸を一つ，焚き木を取ってきてもらったら石鹸を一つ，野生ヤムやハチミツを分けてもらえばそれぞれ石鹸を一つというように，ことあるごとに私は石鹸を渡した。そしていつの間にかかれらのなかで，「私＝石鹸をくれる人」という認識が出来上がり，私の顔を見ればみな口をそろえて「石鹸が欲しい」というようになった。

朝，まず食事の調査のために村内を回れば，皆くちぐちに「石鹸」という。村や森を歩いている時，ばったりと出会えば「石鹸」という。調査の合間に家でくつろいでいると，戸口からひょっこり顔をのぞかせて「石鹸」。さらに，収穫物や夜の食事の調査のときも，こりずに「石鹸」。そのうち，村の住人だけではなく，噂を聞きつけた近隣の村の人びとが家にやってきては，「石鹸」というようになった。

世話になっている人に対してどのようにお礼をしたらいいのか戸惑いながら，慣れない調査に神経をすりへらしていた頃である。日本では経験したことのない面と向っての無心に対して，私はうまく対応できず，村の人たちとのコミュニケーショ

図2　太鼓の練習に励む子供たち

ンに悩んだ。石鹸が村にないのは分かっているし，できればみんなにあげたいが，みんなにあげるほどは持ちあわせていない。お世話になっているという感謝の気持ちと石鹸の残存量というどうしようもない問題，さらには石鹸のことばかり話す人びとへの不満が私のなかでうずまいた。気持ちを伝えたほうがいいのではないかと思うこともあったが，車やバイクを乗り継ぎ最後は徒歩でやっと見つけた調査村である。村の人たちに嫌われるのが怖くて，怒りや不満をぶつけることができないまま，私は朝から晩までの石鹸攻めに疲れ果てていった。疲れが頂点に達していたとき，森の小道でサンゴンゴに出会った。彼がいつものようにのんきな調子で「こんにちは，シホ。石鹸が欲しいな」といった瞬間，私のなかで積もり積もった怒りと不満が爆発したのである。

　私は荷造りを終えると，水浴びには行かず，少し早めの夕飯をバナナと缶詰ですませた。夕方になり，森や畑に行っていた人びとが次々と帰ってきているのだろう。収穫物を入れた籠や焚き木を下ろす音にまじり，人びとの話し声が聞こえた。いつもなら，収穫物の調査を行うために慌てて村中を回る時間である。しかし，その日は調査どころか外に出る気にもならず，私は寝袋のなかにもぐりこんだ。しばらくのあいだ，頑な心と共にベッドに横たわっていると，外からは焚き火のはじける音と夕飯の匂いが流れこんできた。

　村は活気を取り戻し，広場で遊んでいる子供たちを呼ぶ母親の声や子供たちにいじめられて心細げに鳴くイヌの声，酒につぶれ大声でわめく男の声やその様子にクスクスと笑う女の声が満ちていた。家族が共に食事をとりながら，今日一日村や森であったことを語りあう人びとにとって最も心休まる時間がまさに訪れようとしていた。私が森でサンゴンゴに怒鳴った後，家に閉じこもっていることも夕飯の話題となるのだろうか，それともそんなことはすでに忘れて何かもっと愉快な話をしているのだろうか。ゆっくりと揺れるランプの光を見つめながら，私は自分ひとりだけが別の世界の住人であるかのように感じた。無理やり眼を閉じ眠気が訪れるのを待ったが，昂ぶった心では安穏の世界が訪れてくれるはずもなかった。

　突然，太鼓の音が家の前で鳴り響き，力強い太鼓の音にのせて村の女たちが奏でる歌声が聞こえきた。繊細な歌声が幾重にも重なりあい，やがて村中に響き渡るほどになった。私は何が起こったのか分からず，家をゆらすかのごとくに響く太鼓と歌声を呆然と聴いていた。しばらくして，はっとした。村の人は私を歌と踊りに参加させるために，舞台を広場から私の家の前に移し，歌と踊りに興じているのではないだろうか，そんなふうに思えた。

　私は歌と踊りが好きである。さすがに広場で毎夜のごとく行われる歌と踊りのすべてに参加することはできないが，かれらの歌を聴きに広場に出る夜は少なくない。ときに，かれらと一緒に夜遅くまで歌い踊ることもある。調査を始めたばかりの頃，かれらの歌と踊りが見たくて，夕方になるとつたないバカ語で「今日は歌と踊りは

無いの？」と聞いたものだった。そう尋ねた日は，必ずといっていいほど村の人たちは歌い踊ってくれた。家の前で踊りの名手が体を揺するたびに，体につけた楽器がリズミカルな音を刻む。姿は見えないが，戸を一枚隔てたむこうでは，高まる太鼓の調子と女の歌声に合わせて，踊り手が激しく踊っている様子がありありと想像できた。

　私は寝袋から抜け出し，窓をそっと開けてみた。しかし，暗くて外の様子は見えない。とうとう我慢ができなくなり，私はランプを持って戸口から飛び出した。村の人たちは，部屋から出てきた私を気にも留めない様子で歌い踊り続けていた。ランプの光が，私の家の前を行ったりきたりしている踊り手の姿を闇に映し出した。サンゴンゴだった。サンゴンゴは植物の飾りを腰に羽根のようにつけ，筋肉でたくましく盛り上がった上半身をあらわにして踊っていた。私はサンゴンゴの近くにランプを下ろし，歌い手のなかにまじって踊りを見つめた。サンゴンゴは，ランプの周りをまわったりランプを股の下にくぐらせて一心に踊った。

　明かりを楽しむように踊るそのユニークな様子に歌と踊りはますます盛り上がり，私はいつの間にか女たちの歌に加わっていた。人びとの楽しそうな様子を見ながら声を張り上げて歌っているうちに，自分があれほど気にしていた石鹸のことが急にバカらしく思えてきた。もし私が，かれらの立場だったら同じことをしただろうな，そんなふうにも思えるようになった。明日また「石鹸」といわれても，もう怒ることはないだろう。笑って，「今度また持ってくるね」と答えられるだろう。私はその日，久しぶりに夜が更けるまで村の人びとと歌い踊った。

　私はアフリカの森で経験した歌と踊りにまつわるこの出来事をとおして，ピグミーが歌と踊りをこよなく愛する理由について考えた。それは，歌と踊りがかたく閉ざされた心を解き放ち心と心をつなぐ力を持つからではないだろうか。かれらは，森の世界に突然現れ人びととのコミュニケーションに行き詰った私を歌と踊りで慰め，行き場の無かった怒りや心をさいなんでいた孤独感をみごとにやわらげてくれた。ピグミーにとって歌と踊りは，他者に対する優しさがつまった仲直りの魔法であるのかもしれない。コミュニケーションの達人ともいえる歌と踊りの民は，あの夜以降「石鹸」の話をしなくなり，私は合計2年半間近くの調査をピグミーとともに歌い踊りながら続けさせてもらっている。日本での生活があるので，かれらとともにいつも歌い踊っていることはできないが，今夜もまた，アフリカの森にはピグミーの歌声が響いているだろう。

第Ⅳ部

相互行為の諸相

第12章

木村大治

バカ・ピグミーは日常会話で何を語っているか

12-1 ▶ フィールドにおける会話分析

「かれらどうしの会話」をみること

2007年，コンゴ民主共和国の調査で，セスナで調査地ワンバに入ったときのことである。途中で給油のため，セメンドアという小さな町に降りて1泊し，ゲストハウスで，アメリカ人の操縦士 David 氏と，お互いの仕事について話していた。「あなたはどういう研究をしているのか？」と聞かれたので，「土地の人びととのコミュニケーションを調べている」と答えると，彼はすかさずこう言った。「かれらのカルチャーは90%以上コミュニケーションだろう？」。実に的を射た言い方だな，と感心した。実際，字を書いたり読んだりする機会があまりない人びとにとって，文化を伝承し実践する手段は，日常の会話がそのほとんどを占めているというのは疑いようのない事実である。

人類学者としてフィールドに身を沈めたとき，「この人たちは一日中，いったい何を喋っているのだろう」ということを疑問に感じない人は少ないだろう。集会所で，台所で，森への道中で，日々紡ぎ出される膨大な量の発話，その中から多くのものを汲み出せないか。これが私のかねてからの課題であった。

しかし，土地の人びとどうしの日常会話をそのままの形で書き起こすのは，大変な労力を要する作業である。そんなことをしなくても，調査者がかれらに直接インタビューすればいいではないか。そう考えるのが普通かもしれない。そして実際ほとんどの人類学的調査は，そのような形で行われているのである[1]。そういったイ

---

[1] とはいえ，最近の人類学では次第に，個人の語り (narrative) が素材として重視されるようになってきている（たとえば，（田中，松田編 2006））。しかし本章で試みているような，土地の人びと同士

ンタビューと，日常会話の書き起こしとは何が違うのか。この問題については，本書第5章の総説「農耕民と狩猟採集民における相互行為研究」に書いたので詳しくはそちらを参照していただきたいが，簡単にいえば，書き起こしという方法論は，言葉を対象とはしているものの，調査者のインタビューに対する土地の人びとの言説を議論の根拠とする「聞き書き主義」には与さず，むしろ「具体的なものを見る」ことを重視する生態人類学の流れを汲む行き方だというのが私の考えである。

会話データの採集と分析

　ここで分析するデータは，カメルーン東南部に住む狩猟採集民バカ・ピグミーの村で記録した，かれらの日常会話である。(ピグミーに関しては，北西(本書第2章)を参照されたい。)これまで私は，バカの会話を対象とした調査を続けてきており，その「形式」についていくつか論文を書いてきたが(木村1995; Kimura 2001, 2003)[2]，会話の内容についての分析は，(木村2003)の中でわずかに行っただけだった。その後の調査で書き起こし(転記)のデータが増えたので，本章でより具体的な発話内容の分析を試みることにした。

　本章で扱った会話の採集方法は，以下のようである。私はカメルーン東南部熱帯林のドンゴ村に設置された，カメルーン・フィールドステーションの基地(といっても土地の人たちの住んでいるのとほぼ同じ家だが)に寝泊まりしながら調査を続けている。そこでの生活の中で，人びとが集まって会話をしているそのときどきの場面においてビデオカメラを回し，会話場面を撮影した。後に示す転記例で分かるように，私が撮影しているということはほとんどの場合，撮られている人に分かっている。私は，「こういうことを喋ってくれ」といったように，人びとの会話の内容に介入することはしなかった。(ただし，発話が私に向いて向けられた場合は，その会話に参与した。)したがって，採集された会話において何が話題となっているのかは，起こしてみるまではさっぱり分からない，という状況であった。転記・翻訳作業は，バカのインフォーマント，モビサ氏と共に行った。作業に際しては，調査地域のバカも男性ならほとんど理解可能なリンガ・フランカのリンガラ語を用いた。

　これまでに転記，翻訳を完了したバカの会話は15セッションである。ここでいう「セッション」とは，(1)約2分から10分程の長さの，連続した録画の会話を完全に転記，翻訳したもの，(2)10分ほどの長さの連続した録画の会話のあらましを説明してもらったもの，の二つである。

　私がバカ語に習熟してないということ，起こした会話が重複を多く含むかれらどうしの会話であること，さらに各単語のニュアンスを細かく聞き取る必要があった

の会話を起こすというところまで行っている研究は菅原(1998)などを除けば多くはない。
2) そこでは，バカの会話における発話重複の多さと，一方での長い沈黙の存在を明らかにした。

ということで，転記・翻訳作業には大変な時間がかかった[3]。5分のセッションを起こすのに1週間かかるほどであった。そのようなわけで，起こした会話の総時間数はそう多くはない。内容に関しては，バカの日常会話を小窓からちらりとのぞき見した程度といわねばならないだろう。しかしそうであるにしても，この会話起こしを通じて私には，「何々はどうなの？」といった形の，人びとへの質問に対する答えとしてはけっして明らかにはならないだろう，バカの姿が見えてきたという実感がある。会話起こしは大変だが，それは中から何が出てくるか分からない，おもちゃ箱を開けるときのような楽しみでもあったのである。

12-2 ▶ 狩猟採集民的心性

まず取り上げてみたいのは，バカの会話の中に，かれらの「狩猟採集民らしさ」といったものが見て取れるか，という問題である。安易な生業決定論に与するつもりはないが，私は多くの狩猟採集民研究者と同様に，そういった「らしさ」は存在すると考えている。A. バーナード (2003) は「狩猟採集の思考モード」という言葉でそれを呼んでいるが，彼によると

・即時的消費[4]，コミュニティ内での広範囲の分配
・リーダーシップの欠如
・社会を親族構造をもとに分類する
・土地は譲渡可能なものではなく，不可侵である
・「国民」としてではなく，エスニック・グループとしてのアイデンティティを第一に考える

といったものがそれにあたるという。

眼前への関心

バーナードのいう狩猟採集の思考モードのうち，「即時性」について，市川光雄は「現在への関心 interest in the present」という言葉を用いて言及している (Ichikawa 2000)。すなわち，かれらの関心は主として，過去や未来ではなく「現在」に向いている，というわけである。またピグミー研究者ターンブルもまた，ピグミーにとっては「或ることがいま，ここで起こっているのでないならば，それはまったく重要なことではない If it is not here and now, then it is of no significance」と書

---

3) この転記・翻訳時における様々な困難については，（木村 2006b）に記した。
4) この概念は (Woodburn 1982) の「即時リターンシステム immediate return system」を受け継いだものである。

いている (Turnbull 1983)。

　私はバカの会話の転記作業を始めてすぐに気づいたのだが，いざ会話を起こしてみると，それは実は，私がまさに目の前でしていたこと (多くはビデオの撮影) についての描写や論評であった，という場合が非常に多かったのである。

　さっそく，いくつかの転記例を挙げてみよう。転記の中の［　］は木村による注釈を示している。また，この転記では発話の長さや重複など，会話分析 conversation analysis において扱われる多くの情報を省略していることを断っておきたい。転記中にあらわれる人名は3文字の記号で表し，すべて大文字の記号 (例：MBS) は男性，大文字＋小文字の記号 (例：Kwd) は女性を示している。

彼は言葉を取る　このセッションは，我々の調査基地のすぐ外で，数人のバカの男女が会話しているシーンである。(この例のみ，バカ語の日本語への翻訳プロセスを示すため，バカ語を添えている。)

1　MBS：moa (あなた) kbɔ (入れる) momo-bo (人の口) a ngoma (言葉) ea (彼) ja (取る) ea ja.
　　あなたは［木村のこと？］人の口に (の？) 言葉を入れる。彼は取る，彼は取る。
2　男性：んーん...
3　MBS：iye nde (疑問形) na (彼) *commence* na me (する) a kɛ (それ)．
　　彼はそれをする［ビデオを撮る］のを始めていないだろうか？
4　MLG：wo (かれら) tɔ (渡す)［pfe：省略］kɛ (それ) e a le (私のもの) a (私たちに？)。
　　かれらは私たちに私のもの［写真］を渡す。
　　(中略)
5　MKG：wa (かれら) ja (取る) noo (他の) bo (人)．
　　かれら［木村のこと］はほかの人を写真に撮る。［このとき木村がビデオの向きを変えた。］

このように，かれらの会話をビデオに収めている私の行動が，それを見ているかれらの会話にそのまま現れているのである。

言葉はテープレコーダーに入る　バカの村の中にある，みんなが集まって話をするための小屋「バンジョ *mbanjo*」での男性たちの会話である。このとき，会話をクリアに録音するため，各人に首飾りのように小型テープレコーダーをぶら下げてもらい，集音マイクを胸につけて録音してもらうというかなり人工的な状況であった。かれらは前にもそれをしたことがあり，その話題が語られている。

1　SAC：ところで，私はいう，私のこの姻族［AUMのこと］よ，私はあなたにこの

ようにいった。[このテープレコーダーのことについて]
2 MBS：私はそれを得る。私は水[酒のこと]を置いておく。
3 EWA：くれよ，おおお！ あんたは何をしているんだ[少し怒っている]！ ここにくれ。
4 SAC：それはこのようだった，我々はテープレコーダーを持っていた，我々はこのように，[テープレコーダーを]身につけるだろう。
5 SAC：いまあなたは見るだろう，このとき，ちょっとした仕事，この仕事を白人が持ってきて，このようなすぐれた，よいもの[テープレコーダー？]をこのように[持ってきて]住む。
(中略)
6 MBS：人びとはいう。聞きなさい，ある人がいい，そのあとで別の人がいう，そのあとで，彼の友達が取る[聞く]。というのは，それはテープレコーダーに入るからだ。[テープレコーダーに声が入って，木村の友達があとで聞く]

6の発話で分かるように，私がテープレコーダーで会話を録り，それを他の人に聞かせて仕事をするのだということは明確に認識されている。

日本人は会話を取る BZL氏，MNT氏らが，基地の小屋の中で森のキャンプに植えたタバコの話を，男たちがしているところだが，突然そのなかで，BZL氏が言葉を挟む。

1 BZL：我々はここで会話をしている。かれら[日本人]は，別のある種の仕事[会話を採取するという]を与えている，ハハ。

このあとすぐ，トピックはすぐにタバコの話に復帰する。

写真の彼はブマを踊っている 基地の中でMBS氏らの会話を採取していたら，かれらがたまたま机の上に出ていた，この地域で進んでいるJengiプロジェクトのパンフレットを見つけ，バカがブマの踊りを踊っている写真が載っているのを話題にしている。

1 MBS：ふふ，脇腹を見せてワララ・ワララと彼はブマを踊っている。
2 MNT：彼はひとりで座っている。[写真を見て]

このコンピュータはすごい 同様に，眼前の机の上に置いてあるもの[私のコンピュータ]を見ての話題である。

1 DED：大石は彼のもの[ビデオカメラ]を[コンピュータに？]繋いだ。画面に。
2 MBS：テレビに。
(中略)

3 DED：それは［コンピュータの］中で越える［画像を表示する］。それらが働いて，スクリーンが働いて，人びとはあなたたちを見る。
4 MBS：なぜなら，かれらはもう一つのそのコンピュータを持っていて，その中に接続するからだ。
5 MBS：かれらはバッテリーに接続する。
6 MBS：それで，それ［人の画像］が出てくる，きれいに。人びとは，［コンピュータの中に］人を見る。
（中略）
7 MBS：それ［コンピュータ］はすごい［強力な能力を持っている］。
8 DED：すごい，まったく。
9 MBS：かれらはそれら［撮影］をここでして，かれらはここで繋いで，もしかれらがそれを撮ったらかれらは行って，テレビにそれを渡す。
10 MBS：かれらの森［土地］；「その土地」というのを「その森」と表現する］。
11 DED：かれらはそれを売る。

　この転記からは，かれらのコンピュータに対する知識・関心の様子が分かり，興味深い。また，10における「その土地」を「その森」という言い方は，森棲みの人たちらしい表現だといえる。
　こういった会話例のほかにも，眼前の状況を語っている会話というのはたくさん採集されている。もちろん，目の前でもの珍しい機械を出して変なことをしている日本人を見て，それを話題に出すというのはごく自然なことかもしれない。しかし，やはりこれは，バカ・ピグミーのもつ「現在への関心」の一端を示すものだと私は考えている[5]。その傍証の一つとして，農耕民の日常会話との比較がある。私は現在，同様な方法を用いて，コンゴ民主共和国の農耕民ボンガンドの日常会話を記録している。まだデータを整理し，発表するにはいたっていないが，そこで転記を行ったデータの中には，このような「眼前のできごとを話題にする」というものはほとんど出てこないのである。ボンガンドの会話は，バカと比較すると「いま・ここ」を離れた，ある種の抽象性を帯びたものが多いという印象がある。
　注意しておくべきは，このような傾向があるにしても，バカが常に，いま・ここでのことしか語ってないというわけでは決してないということである。このあとの転記例で，昔行った採集活動のことを生き生きと語るという場面が出てくる。また他の狩猟採集民の会話研究（菅原1998；大村2005）においても，語りの中で記憶が甦っている例が報告されている。このような形の語りについても，今後検討していく必要がある。

---

[5] ただし，市川（Ichikawa 2000）は present という語に，必ずしも「眼前の」という意味を込めているわけではなく，もう少し社会経済的なコンテクストでこの語を使っている。

森との関わり

　いまでは定住化し，カカオ栽培などの農耕活動を盛んに行っている現在のバカであるが[6]，森での狩猟採集への関心はどのようになっているのだろうか。次にこの点について見てみる。

フェケの汁とダイカーの肉　日本人調査者が基地にしている小屋の前で収録された会話の一部である。参与者は，若い男女8人である。この年は，森でフェケ (*Irvingia gabonensis*) の実が大豊作だった。フェケは種から油を取るのだが，果肉も甘くてなかなかおいしい。途中のやりとりで，このフェケの実をかじって，汁で服が汚れている，といったことが語られている。また，3以降に出てくるゲンディ（ピーターズダイカー *Cephalophus callipygus*）とは森林性の小型のレイヨウで，罠でよく捕獲される。

1　Sau：ヘヘヘヘヘヘ！！［服がフェケの汁で汚れていたので笑っている］
2　EWA（MKG に）：［MKG の］服がフェケの汁で汚れている。ぜんぶ赤くなってしまっている。
3　Sau：ヘヘヘヘヘヘ！
4　Kwd：う，ふ，フェフェフェフェ！
5　Sau：EWA はゲンディで［それを食べて］太った。
6　Kwd：EWA はフェケの汁を飲んで痩せてしまった……
7　Bgs：彼［EWA］はそれを食べる，皮までも，皮までも。あなたたち，フェケ［の汁］がどのようにしたか見たか？
8　Bgs：［MNT は］ゲンディ［の肉］で太る。
9　Sau：フ，ンフ，服がフェケの汁で。
10　MLG：彼［木村］は写真を撮った。
11　MKG（EWA に）：あなたの，あなたの父［MNT］，あそこにいる彼は，ひとところにいる。動物がよくいるところに，フェケ［と動物］を食べて。
12　Bgs：ふ，んふふ。
13　Kwd（EWA に）：あなたは私たちに蜂蜜を持ってきてくれないのか？
14　MKG（EWA に）：親戚よ［EWA のこと］，あなたは知っている，あなたは知っている，我々はフェケを［たくさん］割るだろう［コンゴで］。我々は［それを］置いておく。
15　Kwd：EWA！
16　MKG：我々は村［ンジャメナ］に帰る。
17　？（男性）：ええ？
18　Kwd：あなたはなぜ蜂蜜を渡さないのか？［先ほどのをもう一度いう。］

6）本書の姉妹編「森棲みの生態誌」の中に，バカの生業に関する多くの記述がある。

19 EWA：見ろ，［コンゴで］あなたたち［MKGとその妻］は渡さないのか。フェケをつぶしたものを渡さないのか。私はここにいる。すでに私は［バカ村の北の森に］帰るところだ。
20 MKG：ああ．
21 Kwd (EWAに)：私たちは知らない，私たちが知っていたら，出てきた人たち［森に入っていた人たち，私たちのこと］は，あなたのためにフェケをしまっておく．

このように，フェケの実，ゲンディの肉，蜂蜜など森から取れる産物の話題が，楽しげに冗談めかして語られている。狩猟採集活動への強い関心を示しているといっていいだろう。会話を起こしていても，こういった話題はダイナミックでとても面白い。

ゾウがバイに来る　次の例は，やはり我々の基地の中で収録された，大人の男たちの，森のキャンプ，タバコの話，ゾウ狩り[7]の話である。7以降出てくる「バイ」とは森林の中に点在する草地で，動物がおそらくミネラルを摂取するためによく集まり，バカの狩猟活動が行われる場所である。

1 MNT：そこ［MNTの居た森のキャンプ］はまるで村のようだった［臼もあったし，下草もきれいに切っていたし］。
2 BZL：私は臼を持って歩く。そこはまるで村の中心のようだ。
3 SAC：まったく．
4 SAC：それは村［のよう］だ．
5 BZL：んん．
6 MNT：あなたはあちらの場所［森のキャンプ］から出てくる。こんどの乾季［1月］まで，彼は我々と［そこを掃除］するだろう。［1月までそのキャンプはきれいに保たれているだろう。］
   （このあと，その森のキャンプでタバコを栽培する，という話が続く）
7 BZL：あなたたちはポト［＝バイ］で寝たのか？ そのとき，そっちに行ったときに。
8 ？（DEDのようだがよく分からない）：我々はそっちの，ポト［バイ］で寝た。［目印になる大きな］バドの木を過ぎて，あっちの，上流の方で。
9 BZL：そうか！
10 DED？：あっち，上流の方だ．
11 BZL：あっち，あっちの上流の方だ．
12 DED？：それ［ポト］はそっちのほうだ．
13 BZL：ええ，ええ，ええ，そのようだ．
14 MNT：かれら［人びと］はする，かれらは行ってかれらはそれら［ゾウ］が，越し

---

7) ゾウ狩りについては，林（『生態誌』第16章）を参照．

て，越して，そっちの我々の所，フェケの木の下に［フェケの実を食いに］出て
くるのをを見る，かれら，そのもの［ゾウ］を探しているその人たちは，かれら
は来る。［その頃，キャンプの近くのフェケの木のところに，ゾウが出てきてい
たらしい。］
15 MBS：ふん！
16 MBS：誰だ，それ［ゾウ］を探しているのは。
17 MNT：かれら，かれらはその動物，そのゾウについて嘘をいった。たぶん，
18 MNT：銃声を，かれら［ゾウたち］は，銃声を聞いて心配している，あのバイで。
19 ？：大きな動物［ゾウ］は，それは走る。
20 BZL：バイは死んで，死んで，動物はいない。
21 BZL：バイは死んで，動物はいない。
22 ？：かれら［ゾウ］はバイの中で寝ない。
23 BZL：かれら［ゾウ］は来る，かれらは来る，かれらは来る，ますます，そのとき，
かれらが前に来たときのようにではなく。［ゾウが猟師たちを恐れて前のように
バイに来てない。］
24 DED：その後で，かれら［ゾウ］はただ，走って帰った。［ゾウはバイをちょっと
見て，猟師の気配を感じてすぐに帰ってしまった。］
25 DED：ただ走って。
26 BZL：それ［バイ］は死んだ。
27 DED：かれら［ゾウたち］は帰った。
28 BZL：バイは死んだ。
29 DED：人びとはどこに罠を仕掛けたのだ？
30 DED：それを，あっちの，そこに。

今日でも，バイを中心としたバカたちのゾウ狩りは行われている。「バイは死んだ」
という言葉がどういった意味合いで語られているのかは定かではないが，バイにお
けるゾウ狩りの成否が，かれらの強い関心の対象となっていることがうかがえる。

ハリナシバチの蜜とヤムイモ　次の例は，基地のある集落の集会小屋（バンジョ）
において収録したものである。参加者は男性5人である。ハリナシバチの蜂蜜
（ダンドゥ）採集，ホロホロチョウ，ツチブタ，野生ヤムの一種サファ（*Dioscorea
praehensilis*）等々，採集と狩猟に関する様子が，次々と楽しげに語られている（この
転記例では全部は示してないが）。

1　EWA：それはこのようなことだった，友達よ，バカ川の上流の方での。
2　EWA：それはこのようなことだった。
3　SAC：コップの半分，少しの酒を，白人はくれた。私は雨のあとで［酒を分けた
ときの前に雨が降っていた］それを手に入れた。
4　EWA：BIDたちはいった。

5　EWA：私はかれらにいった，本当に［ハリナシバチの蜂蜜（ダンドゥ）を見たと］。
6　EWA：行け，行こう，ちょっと歩こう，私たちはちょっと歩く，山を。［サファ（野生ヤムの一種）を探しに行った。］
7　EWA：ああ，私は彼［BIDのこと］が来るのを見た。
8　SAC：それはどの場所だ？［鳥の巣とハリナシバチの巣があった場所を聞いている］
9　EWA：あっちのバカ川の川上から。
10　SAC：ああ。
11　EWA：私は彼が来るのを見た。彼はいった，彼と私，こっちへ来い。
12　EWA：こっちへ来い，かれらがこれをンゲレ（幹を削って赤い染料を取る木）と呼ぶこの木に鳥の糞がある。
13　SAC：ええん。
14　EWA：私はパパパパ［擬態語］と来た。
15　MBS：あなたは，［録音機の］中へと喋れ，友達よ，よくあなたの声を［録音機の］中に。［私のインフォーマントであるMBS氏が，私の調査のためにしっかり喋れ，といっている。］
16　EWA：私はパパパパパパと来た。
17　EWA：私は［そっちに］行く，私は［以下のように］いう，それ［鳥の巣］はどこだ，おお？　それはそこだ。
18　？：それはそのようだ。
19　SAC：私たちのそこにあったそのようだったもの［ハリナシバチの巣］は，前の［自分の取った］もののようだったのではないか？［木には下に鳥の巣，上にハリナシバチの巣があった。］
20　EWA：そうだ，それは，えーと，それは……私は来て，私は来て，私はンゲレの木の根本を触り回した［そして樹上を探した］。
21　EWA：私は，私はいう，そう，［木の］穴，穴，その穴，彼は穴を越す，口［木の穴］，口，これ，これ，その口，ええ，それはいい，ええ，えへん，私は言う。
22　SAC：ウェ，ウェ，かれらが呼ぶ，かれらが呼ぶこのようなものは，口［鳥の巣の入り口］ではなかった。来て見ろ，来て見ろ，友達よ，［それは］別の良いもの［蜂の巣］だった，あなたはそれを良いものと呼ぶ。
23　YGM：ええ，人びとは，私たちは，かれらはただそのようにいう。［木の名をそのように呼ぶ］

　まだ紹介したい転記例がいくつもあるのだが，紙幅が許さないので2例だけ概要を紹介して終えよう。
　一つは，Mbaka IIIと呼ばれる集落で，女たちが家の前で雑談をしている様子を撮影したものだが，そこではこれから行こうとしている漁撈キャンプの話題が語られていた。そういったキャンプでは，*mosuka* がたくさん食べられるというのだが，

mosuka とはバカ語で，肉・魚といったタンパク性の食べ物の総称である。(ちなみに，*fene* という言葉があるが，これは *mosuka* の不足，*mosuka* に対する飢えを表している[8]。) 彼女らは，キャンプに持っていく鍋などの道具，そして食事の算段についてにぎやかに語っている。

　もう一つは，起こしてみてその内容に大変驚いた話である。集会所バンジョで，BZL 氏ら3人と，中年の女性がけっこう激しく発話を重複させながら喋っているシーンである。概要は以下の通りである。「ンジャメナ集落の19歳ぐらいの若い女が夫と喧嘩し，おかしくなって数か月，ひとりで森に入っている。かなり広い範囲を，半裸状態でふらふらとうろついているのだが，森で食べ物を得て生きながらえている。ミンドゥル集落で YGM 氏がその女に「逃げるな」といって手をつかまえた。YGM 氏は，彼女が家に帰ったら呪術師に連れていくといった。」この話がどの程度事実なのかはよく分からないが，少なくとも，森の中で半裸状態でほとんど何も持たなくても，長期間生活できるということに人びとは何の疑いも抱いてないようである。

12-3 ▶ 他者たちとの関係

　およそ人間のする会話の中で，一番多く登場する話題は，人の噂話であるように思われる。(もしそれが正しいとして) その理由を考えてみると，人の持っている知識のうちのかなりの割合が共有されている，いわゆる「ハイ・コンテクスト」(ホール 1983) な社会において，新奇な話題というのは，やはり刻々と移り変わる互いの社会関係であって，それ以外の新奇な話題というのはそうそう登場するものではない，ということだろう。

　バカたちの会話の多くも，そういった他者たちに関する話題である。その他者たちとしては，同じバカどうし，バクウェレをはじめとした農耕民，そして我々日本人の調査者や，WWF，木材伐採会社といった，地域社会の外部から来たものたち，などの様々なアクターが存在する。以下では，転記例の中から，それらのアクターたちへのバカのまなざしをあぶり出すことを試みる。

対人関係の話題

　バカの会話に現れる他者の評価は，おっとりとして見えるかれらの外見とは裏腹に，しばしば辛辣だが，かれらはそれをいかにも楽しげに，ときには興奮して話す。

---

8) *mosuka* や *fene* のような，タンパク質性の食物に特化した表現は，バントゥー系の言語においてもよく見られる。

たとえば，以下の例のようである。

DED 氏が酔っぱらってひどいことをした　数人の女たちが，DED 氏が酒に酔ってひどいことをしたので，妻子が実家に帰ってしまった問題について喋っている。みなひどく興奮し，「彼は死ぬだろう」などという穏やかでない発言が飛び交っている。発話は激しく重複している部分が多く，また同じ言葉の繰り返しも頻繁に見られる。

1　Ngl：もしあっちで彼がここを呼んだら，彼 (DED 氏) はあっちの，彼のオジ [AJK] の所で問題を語る，彼に問題を語る，彼に問題を語る，彼に問題を語る，別の人，オジのように [まるでオジでないかのように無礼に語ったということのようだ]。
2　Ngb ? Myn ?：そうだったのではないのか！ [そうだ]
3　?：イヨー [歓声]．
4　Myn：[そのとき AJK の語った言葉] その時，彼は彼 [AJK] にしなかった，彼はあなたに良くした [だろうか？]。
5　Ngl：たぶん，たぶん，彼は [問題の] 中を呼んだ。[彼 (AJK) は DED 氏を承認しようとした。]
6　Ngb：彼 [DED 氏] は，老人 [DED 氏の母] を，妻だと考えているのか？ [そうではないので，ひどいことをしてはいかん。]
7　Ngl：ウェウェ！ [歓声？]
8　Ngb：老人 [AJK] が立って，DED 氏は [酔っぱらって] 行ってしまう。[説得に失敗した？]
9　Ngb：彼 [DED 氏] は彼女 [母] を殺すだろう，立っているのが良い，彼は行く。
10　Ngb：それを，私はあなたに問う，そのあなたたちの老人，オジは，彼はあっちにどのようにして歩くのか。[彼はコンゴに DED 氏の妻を迎えに行くことはできない [病気らしい]，彼の体はそこで震えている。]
11　Ngl：彼は行って妻を得てくるのか？
　　（中略）
12　?：もし，彼があなたを呼んでも，もし，Myn, あなたが彼が，森の小道を来るのを見ても [何もしてはいけない]。
13　Myn：友達よ [Ngb のこと]，呪物を身につけてきたら，彼は死ぬだろう。
14　Ngb：この子供 [Myn の子供，DED 氏のこと] は何をするのだ。
15　Myn：彼は死ぬだろう，友達よ，[その問題を] 置け，彼は死ぬだろう。
16　Myn：彼に，そのもの，呪物が入るだろう。

N 氏が酔っぱらって妻を叩いた　次の例も，酒の上での失敗の話題である。N 氏がゆうべ，酔っぱらって妻を叩いたという話である。

1　BZL：それ［酒？］はN氏に家を叩かせた。［酒によって家の壁を叩いたということ？］
2　KPM：しかし，かれらは寝ない。
3　？：あなたは夜に私を避けた，なぜだ？［N氏の妻の言葉］
4　KPM：かれらは寝ない。
5　BZL：朝まで。
6　EWD：その人たちは今日酒をひどく飲んだ。
7　BZL：かれらは好まない。
8　BZL：彼は家を叩く。

BKLは帰ってこない　次の発話は，MNK氏が集会所バンジョに座り，一人で大声で発していたものである[9]。息子（？）であるBKLが，家を出てふらふらしているという不満を滔々と述べている。（そのような独白の発話なので，他の書き起こしとはスタイルを変えている。）

BKLは喋った / BKLはした，え，した，ええ！ / 私［BKL］はそのようにする，私はそのようにする / 私は来る，私は来る［BKLになったつもりで語っている］/［しかし］彼は去る / BKL，あの，あそこの / いつもBKLは［ンジャメナ集落に］居る / 彼はいつも行ったまま / 今日まで彼は我々を見ない / もし私がそこに行かなければ，私はかれらの母を…… / 私はあなたにここで言う / MYL，ここに来い / あなたの母は苦痛を味わう / MYL，おい，ここに来い / あなたの母は苦痛を味わう / はー，そうだ / 私は来るだろう，私は来るだろう，私は来るだろう［とBKLは言う］/［しかし］私は彼を見ない / もしあなたが今日強くあれば / この日曜日，この日，この日 / あなたたちがあなたの母と，いやあ，再び暮らさないだろう / もしあなたが［彼女を］再び見るなら / 私はあなたたちに子供たちを送る / あなたたちは［病気の問題を］教えるために行く / MYLは来る，彼は来る / あなたはこれを言う / ずっとずっと，［母の］咳は終わった［と思うか？］/ もし何かが今年あなたに起こったら / あなたはそれ［咳］が早く終わると思うか？

青年期のバカの男たちは，自分の集落を離れ，かなり遠くの村や町まで出かけ，長期間そこに滞在することがあるようである。それは仕事のためということもあるだろうし，またおそらく，妻を見つけるための旅という意味もあるだろう。

バクウェレの呪いでバカの子供が死んだ　次の例は，バカと農耕民バクウェレがかかわる，呪いの話である。BZL氏と女たちが，基地の前の庭で喋っている。概略は以下のとおりである。「バクウェレのEmのカカオ畑に仕事に行っていたバカの

9）こういった発話形式は，私がコンゴ民主共和国のボンガンド社会で記載した「ボナンゴ」（木村2003）に類似している。

子供たち Ew，A が，仕事先のバクウェレの女性が料理したものをよく盗んで食っていた。その女性は怒って，食べ物に呪薬を入れて料理した。それを食べたバカの子供のひとりが，家に帰った後死んでしまった。女性の夫 Em はそれを知って，ひどく怒っている。」話の内容自体の当否はさておき，バカの子供が死んだのは事実なのだろう。

 1 BZL：それ［呪薬］は人の［彼の］体の中に来る。その子供，彼［Em］の［雇っている］子供たち［Ew, A ら？］の，かれら［Ew，A］はいつも物［呪薬］を得る。
 2 Ngl：彼女ら［Em の息子の嫁たち］は，家の中に［悪いものを］持ってきた。かれらの場所に。
 3 BZL：彼女らは家の中に［問題を］持ってきた。彼［Em］は［それが何か］知らなかった，彼は知らなかった。［別の場所に行っていて，そういう事件が起こったことを知らなかった。］
 4 Ngl：かれら［そこにいた人びと］は，呪術師がいることを知っていた。
 5 BZL：よろしい，彼の，彼の［ところにいる］呪術師，彼は「彼女らが彼に彼女の呪術を与えた」といった。彼女の呪術を，かれらが彼にその呪術［mbo］を与えた。
 6 BZL：彼女は人を食わない，彼女は人を殺さない［そのようであるべきなのだが］。
 7 BZL：彼の，彼の呪術師は，彼女は肉のなかに行く［肉を食う］。血を，彼女は肉を食うだろう［人を食わず，そのように動物を食うべきだ］。
 8 Ngl：呪術師は fene［肉や魚に対する空腹］のものを食べるのが好きだ［そのようであるべきなのだが］。
 9 BZL：fene のものを，とても［食べるのが好きであるべきだ］。
10 BZL：それ，［Em の］物語ったことはそれだ。
11 BZL：その長い物語で，それで，彼は声をだして泣き始めた。
12 BZL：彼は［死んだ］彼の子供［働きに来ていた Ew］のことを泣いた，泣いた，泣いた，泣いた。
13 BZL：ところで，彼はいつも頭［考え］を，語りに突っ込んでいる。
（後略）

　この転記例は，このあとで述べるバカと農耕民との関係，そしてバカ社会における呪術の位置について考える上で重要な事例である。この話では，結局呪いをかけた人はバクウェレの女性であるが，バカの子供はその呪いのために死んでしまった。バカ社会にもともと，農耕民的な呪いの概念が存在したのか，それともこの事例のように，それは「力は及ぼすけれども外部からやってきたもの」なのかは，今後注意深く調査してみる必要がある。

民族間関係

　狩猟採集民研究の中心となるトピックの一つに，かれらと近隣の農耕民との関係がある。(本書第Ⅲ部「ピグミーと隣人たち」に収められた諸論文でも，この問題は取り上げられている。) バカの日常会話において，農耕民(特にバクウェレ)，我々日本人調査者，そして政府やNGO関係者たちはどのような形で現れているのだろうか。

　具体的な転記例に移る前に注意しておきたいのは，他民族との関係性の開陳は，当の他民族との対面的な状況では相当違った形になるということである。私の印象に強く残った一つの事例を挙げてみよう。2007年10月21日，私はドンゴ村で行われた集会(フランス語でréunion)の様子を見せてもらっていた。最近頻繁に行われているカカオ畑の貸し借りで様々な問題が起こっているので，そのことについて話しあうために開かれたものだった。その席には，十数人のバクウェレのほか，3人のバカが参加した。貸し借りの問題について，2時間40分にわたって議論が行われ，バクウェレたちは延々と喋り続けたのだが，バカたちは，「お前，どうだ？」といった形での質問に対してほんのひとこと答える，という場面が数回見られたのみで，あとはずっと何も喋らずに座っていたのである。

　服部志帆も同様な様子を，本書第10章の論文において記述している。環境教育の集会の席で，農耕民たちは声高な主張を繰り返すのだが，バカたちは「うつろな眼差し」をしたまま後ろに座っており，集会が終わった後は感想をひとこともももらすことなくすぐさま森へ行ってしまったのである。

　しかし以下の転記例では，自分たちだけで話しているときは，けっこう辛辣に農耕民の評価をする，いわば「内弁慶」のバカたちの様子を見て取ることができる。

私はあの女が好きではない　バカたちは家の中にいても，常に外の道を歩きすぎる人たちに注意の一部を向けている。この転記例は，外を歩きすぎるバクウェレの女に関する論評である。

1　MBS：彼［バクウェレの男］はお前に何をした？［外を歩いているバクウェレの女に対して，ゆうべ行われたベカの踊りで起きた暴力沙汰のことを尋ねた］
2　女：［答えを返すが遠いので分からない］
3　MBS：ええ？［女に聞き返す］
4　MNT：その時，彼は酒を飲んでいた。
5　BET：私はあの農耕民の女が好きではない。
6　MNT：私はこのようにいることが好きではない。［というのは，村ではきのうの酒での争いのような騒ぎが多いから］
7　BSG：彼女［今通り過ぎていったバクウェレの女］がRにそのようにしたことは，彼女が侮辱したことは悪い。

8 ？：そうだ。

私たちのボールだ　次の例は，日本人調査者の基地の中で記録されたもので，参与者は MBY，YMB，BMT，MOB（すべて成人男子）である。かれらはテーブルを囲んで椅子に座り，サッカーボールのことを喋っている。私はこの調査に，フィールドの人びとへの土産としてサッカーボールを二つ持参した。ひとつはドンゴ地区へ，もう一つは隣のレゲ地区へ寄贈するつもりだった。しかし「ドンゴ地区に一つもらっても，農耕民バクウェレたちに取られてしまって，我々は使えないだろう」というバカたちの意見があり，もっともだと思ったので，レゲに渡すのは止め，一つはドンゴのバクウェレたちに，一つはバカたちに，ということにしたのである。

1　MBY：それを教えてくれ，私は［ボールのことを］見る。
2　YMB：丸いもの。
3　YMB：我々は行って子供を［産んで］残した私のニワトリを捕ることができる。［それを木村にごちそうする。］
4　MBY：我々のボール，それらはどこだ？
5　MBY：ふーん，別の我々のボール，それらはどこだ？
6　？：見ろ，見ろ，ボールの本体は土の上にある。
7　BMT：もしそれが森におかれてないなら［つまり，ブルドーザーの連中に森を開いてもらってサッカー場を作るということらしい］，それで私は問題をいう。
8　YMB：それ［ボール］は二つだった，一つそこにある。
9　BMT：彼［木村］は言う［だろう］，その［ブルドーザーの］人びとはそこを掘るだろう。かれらは我々のために，ここにボールの土地［サッカー場］を作るだろう。その人びとはボールを蹴るだろう。かれらはなぜ農耕民に渡したのだ。
10　YMB：その一つを，Sはかれら［ドンゴの人びと］が取り，一つはここに残るようにした。
11　MBY：かれらはなぜかれらに渡したのだ。
12　YMB：MNKがボールの問題を切った。［MNKが以前来て，何でボールをバクウェレにやるのかと詰問したことをいっている。］
13　YMB：彼［MNK］の口はそのようにどんどん進む［どんどん文句をいう］。その日［bekaの祭りがあった日］に［うるさくて］彼は眠らなかった。
14　MBY：眠らなかった。
15　MOB：ん。
16　MBY：まったく，我々はかれら［日本人］がかれら［バクウェレ］に［ボールを］渡すのを好まない。
17　YMB：Sがここに来て，彼はいった，もし私がそれ［バクウェレが悪いこと］を知っていたら，ボールは［バクウェレの所に］行かなかっただろうに。この頃，かれら［バクウェレ］はここ［の家］に入らない。［かれらはここを避けている］

18 YMB：あああ。
19 MBY：そう。
20 YMB：もし，この後でバクウェレがそのようなことをいい続けると悪い。
21 MBY：我々は，我々は好まない。

すぐれて状況依存的なバカたちは，農耕民のいない自分たちだけの場においては，このような論評を繰り返しているのである。

"yekeyeke"はバカ語か？　次は，バカが共住している農耕民たちと自分たちの文化的差異をどのように捉えているかを示す転記例である。"yekeyeke"という言葉がバカ語かどうか，という問題が論じられている。(この転記例ではリンガラ語が混在して語られているので，その部分をスモールキャピタル [例：KILIKILI] で標記している。)

1　AJK：それはバカ語だ。[このあたりから，"yekeyeke" という単語がバカ語かリンガラかという話になっているようだ]
2　MNT：かれらは [リンガラで] 何と呼ぶのか？　KILIKILI か。
3　AJK：ええ。
4　MNT：ああ，それは農耕民の言葉だ。
5　SAC：農耕民の言葉ではないのか？
6　AJK：ええ。[同意]
7　MNT：ウェイ [同意]
8　SAC：それ，それを我々のバカ語で呼ぼう。
9　DED：それ，それは，リンガラに行っている。[自分たちの言葉にリンガラが入りつつあるということ，たとえば，KILIKILI といった。]
10　AJK：あああああん。
11　MNT：ふん，ふん。
12　DED：あっちの，それはリンガラだ。
13　MNT：かれらはそれを [バカ語で] "yekeyeke" という。
14　DED：それ ["yekeyeke"] はリンガラだ。
15　SAC：その談義は混乱 [yekeyeke] している。
16　MNT：yekeyeke。
17　AJK：そうだ，それ ["yekeyeke"] はバカ語だ。
18　MNT：バカ語だ。

転記作業を行っていてよく分かるのは，かれらが日常喋っている発話でさえも，バカ語の中に，公用語のフランス語はもとより，リンガラ語，バクウェレ語，バンガンドゥ語などといった農耕民の言語がかなりの割合で入り混じっているということである[10]。しかしこの例から見るかぎりは，かれらは，そういった言語の差異に

---
10) このことは，ピグミー研究で常に問題となる，「原ピグミー語」というものが存在したのかどうか

は自覚的であるようだ。

カカオを割りに行こう　一方，バカたちは，特にカカオ生産に関わって，農耕民およびこの地に定住しているハウサの人びととのあいだに緊密な経済的関係を作り上げている。この転記例では，バンジョで男たちが，バクウェレの下働きとしてのカカオ割りの話をしている。

1　KPM：我々は夜の時間に，そのようにするべきではない，みんな，歩くべきではない。
2　KPM：そうだ，たとえば朝が来たら，しなければならない。
3　KPMの妻：本当だ。
4　KPM：人びと［我々］はあっちへ行こう，一回だけ，行って［カカオを］割る，割る。
5　BZL：あはん。
6　？：［意味不明］
7　KPM：［仕事を］良く終わらせて，行こう，これ［仕事］を取り除こう，いちどきに。

カカオ畑の貸し借り　またすでに述べたように，カカオをめぐっては，畑の貸し借りが問題になってきている。おもに，バカたちが農耕民に年単位で自分たちの畑を貸し，手っ取り早く現金を手にするのである。この男たちの会話の転記例では，ハウサとの間のカカオ畑の問題が話されている。

1　MBS：そのMKWの問題，かれらはする，モルンドゥに行くのはなぜだ。
2　DED：カカオのせいだ。［MKWの妻Mskがハウサのカカオを盗んだという問題だそうだ。］
3　MBS：うぉ，そのカカオを，かれらは人の所から取ったのか？
4　DED：そうだ，彼女らだ，彼女らが盗んだ。
5　MBS：誰のところで？
6　DED：KBLの畑で。［KBLはその畑をハウサに売り渡していたらしい。］
7　MBS：おお，EKBか。
8　DED：それで，KBLは畑をSALに貸していた［この問題は，MKWがSALに金を払うことによって解決したという］。
（中略）
9　MBS：彼はそのとき，その問題をいつも置いておこうと激しく考えた，彼女らは行ってそれを摘み取る，だめだ，あなたたちはもう一度それをするのは。
10　MBS：というのは，その畑は，それはすでに別の人が仕事をしている。
11　MBS：どのように，彼女らは誰に［カカオの］負担金を渡すのか？
12　DED：たしかに。

という議論と関わってくる。この問題に関しては，北西（本書第2章）を参照。

日本人の基地で灯油をもらおう　次の例は，我々日本人調査者とかれらの関係を示す男たちの会話である。我々の基地で灯油をもらおう，という話が出ている。

1　MKG：[木村のところで] かれらが帰ったら来て灯油のことを聞いてみる
2　MBS？：ん…んふ
3　MBS：かれらが空の瓶を探してこい。かれらはここでここで [灯油を] 得るだろう。
4　MKG：うん，人びとは瓶をここで探す。
5　MLG：BSG はランプを持っていないが，私は私のそれを得る。
6　MKG：人びとは灯油を得る。

このような友好的なものも多いが，一方，日本人への羨望を覗かせる会話も記録されている。たとえば，日本人の調査者の一人が，バカたちに森でやってもらった仕事に対して金を払ったのだが，そのとき財布に入っている大金を見せた。あんなに金を持っていて私たちには少ししかくれない，と愚痴っている，といった例がある。

運転手はパトロンに挨拶をしない　この転記例では，日本人調査者の運転手をしている ALN 氏のことが話題になっている。

1　YMB：ところで，運転手 [ALN 氏] はあっちへ行く。
2　YMB：彼 [運転手] は来て，ここに，人 [木村] に自動車を置いていかなかった。[ラックの方に行ってしまった。]
　　　（中略）
3　YMB：運転手は彼のパトロンに挨拶をしない。彼は行き過ぎる，行き過ぎる。
4　YMB：しかし，あの人は彼 [木村] を避ける，[それは] 悪い，たいしたもんだ。
5　BMT：かれらは避ける，かれらは避ける，なぜかれらは人 [木村] を避けるのだ。
6　YMB：その人は体をふるわせる [木村を避けて]。
7　MBY：いいや。
9　？：彼は我々の人 [ではない]。
10　YMB：彼は何だか，一緒の所にいるのを好まない。
11　BMT：あ，お，おお！　我々は上の枝 [先に生まれたもの] だ，上の枝だ。
12　YMB：それはそうだろう？
13　YMB：何でお前たちはそのように彼 [ALN 氏] といさかいを起こすのか？　私はお前たちにいう，あなたは行きなさい，あなたが行く時間だ。
14　BMT：運転手は行ったのか？

ALN 氏は大変優秀な運転手で，土地の人とも仲がよいのだが，ここでは ALN 氏の行状がけっこう辛辣に語られている。

もう一つ注目すべき点は,10の「おお！ 我々は上の枝だ,上の枝だ」という発話である。これは一種のイディオムなのだが,インフォーマントに説明を求めると,以下のような答えが返ってきた。樹木の枝のなかで,上についているものは先に芽を出して成長したものであり,上の枝は「先に生まれたもの」という意味を持つ。そのように,バカたちは森の中で「先に居たもの」なのだ。つまり日本語でいえば,「我々は先住民だ」ということになろうか。昨今の先住民に対する世界的な関心の高まりのなかで,当の地域社会において「先住民性」といったものがどのように捉えられているかは大きな問題である。もともとはなかった「先住民性」の概念が,先住民運動のプロセスのなかでその土地に「輸入」される,といった事態も考えられる。しかし,このようなバカたちの生きる森の樹木に例えるイディオムを見るかぎり,バカが熱帯林の先住民だという考えは,この土地に古くからあったもののように思われるのである[11]。

グローバル化のなかで

バカたちの住む地域社会も,グローバル化のなかで,否応なしに外部との関わりを強めることになっている。この地域においては,1980年代に盛んになった木材伐採の事業,そして国立公園・動物保護区設立に代表される自然保護活動がその主なものである。カメルーンの外貨獲得のための欧米への木材資源の輸出,国際的な自然保護運動の高まり,といった遠く離れた状況がこの地に影響を及ぼすという,まさにグローバルな状況であるといえるだろう。

服部 (2004,本書第10章) は,そういった外部からの介入に対するバカの無関心を描き出しており,それはたしかに私自身の実感とも一致する。しかし一方,以下に示すように,かれらの日常会話の中にはけっこう,外部社会や世界情勢に関する関心を示す話題も登場しているのである。

ブルドーザーが来る この会話が収録された時期,ドンゴ村の周辺では自動車道路の補修作業が行われており,ブルドーザーが道を広げていた。男たちが,それに削られて畑が減る,といった話題を語っている。

1 MNT：その道を,かれらはそれを残さないだろうか？ しかし,かれらは場所を直すだろう。[Mbaka IIIの人たちが,道が広がると村の位置を後ろに直すだろうということ]
2 MOB：ええん。

---

11) この地域の農耕民たちの間にも,バカが森に先住していて,後から来た農耕民を森に案内してくれた,という言い方がされている。

3　MNT：かれらは［道を］切るだろう。
4　MNT：私はいう，今，それ［坂の部分］は，［ブルドーザーに削られて］下がる。
5　？：うん……あ
6　MNT：かれらは切るだろう。私はあなたにいう。今，そこは，そこは［Mbaka III の脇の土は削られて］下がる。
7　MNT：なぜなら，私はここで見た。カカオの畑を，それ［ブルドーザー］はあっちで削る
8　MOB：それは削る。
9　MNT：そのかれら［ブルドーザーの人たち］は，かれらはあっちの土地を得る。［村の土地を削り取って道にする］
10　MOB：うん。
11　MNT：そのかれらがなかにいる［住んでいる］あっちの土地を，
12　MOB：うん。
13　MNT：そう，かれらは，かれらはみんな［家の場所を］直す。［ブルドーザーがやって来てもここを削ってくれと教え，家を移す必要はないということらしい］。
14　MNT：そう，かれら［ブルドーザーの人びと］は，かれら［Baka III］の庭の場所を切るだろう。

このように，かれらは自分たちへ利害が及ぶ事柄に対しては敏感で，よく話題にしている様子である。残念ながら会話としては採取できなかったが，国立公園設立のためのWWFの活動に関してもかれらは強い関心を抱いている。かれらはWWF（フランス語で「ドゥブルヴェ・ドゥブルヴェ・エフ」）のことを訛って「ドビドビ」と発音するが，私と話していても「ドビドビのせいで我々は動物を取ることができなくなる」「我々はドビドビを好きではない」といった言葉が頻繁に聞かれたのである。

アメリカ人は悪い　最後の転記例は，私のインフォーマントのMBS氏，DED氏たちが，基地の中に座り，机の上に置いてあった「傭兵部隊」という文庫本の表紙にある兵士のイラストを見て語っている会話である。

1　DED：警護の人たちだ。
2　MBS：ええ，これは軍人か？［木村に］
3　MBS：その本の中にある物は，人は。
4　木村：本？
5　MBS：その絵。
6　木村：これ？
7　MBS：この人は，軍人か？
8　木村：ええ，彼は兵士だ。アメリカの兵士だ。
9　DED：ウェウェ。
10　木村：かれらは，……行く，いろいろな所へ。

11 MBS：ああ，かれらは……
12 木村：かれらは戦争をする。
13 MBS：おお，私は戦争の中で彼を見る。
14 MBS：アメリカ人たちは，かれらは悪い。
15 木村：んふふふ。
16 MBS：本当に。
17 MBS：かれらはいつも争いをする。
18 木村：うん。
19 MBS：アメリカ人たちはしばしば，争いのプログラムを持っている。
20 MBS：そのとき，かれらの心が欲したなら，そう，かれらはいたる所ですでに戦争を始めていた。
21 MBS：同じように，黒人を，かれら［アメリカ人］はかれら［黒人］を殺す。
22 MBS：アメリカ人は悪い白人だ。
23 NGJ：んん．
24 DED：その人たちの良さは［ない］。

　アメリカ人＝戦争，というイメージはイラク戦争によって強められたのではないかと思われるが，バカも一部の人びとはラジオを持っており，こういった国際情勢に関する知識を得ているのだということが分かる。そういった状況は今後ますます加速するであろうし，その結果バカたちもこれまで以上に「世界の中で生きる」ことになるのである。

12-4 ▶ 会話から覗く社会

　以上で，転記例から分かったこと・考えたことの記述は終わる。それぞれのトピックについていえることは，その場所に書いたので改めて繰り返すことはしない。ここでは最後に，読者が転記例に目を通されたことを前提に，もう一度，かれらどうしの日常会話を素材にすることについて論じてみたい。

コンテクスト性

　まず会話をそのまま書き起こしたものは，注釈を加えないと，何をいっているのか，にわかには理解しがたいのが普通である[12]。（これは程度の差はあるが，日常会話の書き起こしにおいてはバカの場合にかぎらず普通に見られる現象ではある。）つまり，

---

[12] 一方，民族誌としてみたとき，「データをして語らしめる」のではなく，注釈をつけないと話ができない，というのは，この方法論にまつわる大きな問題だろう（木村 2001）。

かれらはかなりの知識，考え方を共有した「ハイ・コンテクスト」な状況に生きており，あえて伝達しなければならない新しい出来事はそう多くはないのである。しかし，そういった状況でも会話は続く。R. ダンバー (1998) は，こういった情報伝達的にはあまり意味のない会話を，霊長類のグルーミングにたとえ，それはもっぱら社会関係を作り上げるために行われているのだと論じたが，私もそれは正しいと思う。また，そこで話題として登場するのは，次々と新しい状況が生まれてきて「ネタ」として尽きることがない，自分たちの対人関係であることはすでに論じたとおりである。

日常会話と「現実」

　私は「日常会話を見ることによってこそ，かれらの現実の姿を見ることができる」といった過大な期待を抱いているわけではない。そもそも「現実」とか「真実」などというものは，常に相対的な概念だからである。そしてむしろ，かれらどうしの日常会話の中にこそ，当該社会のバーチャルといってもいいイデオロギーが，より強烈な形で発露しているということもありうる。たとえば私は，以前調査した鹿児島県トカラ列島の一小離島において，島民たちの会話に，「この島の人たちは（他の島に比べても）とても仲がいい」という言い方が頻繁に現れることを記載し，それを「島褒め」と呼んだのだが，島では実際には，互いの悪口もまた非常に多く発せられていたのである（木村 1987）。

　しかしそれでもやはり，会話を起こしてみて初めて見えてきたバカたちの姿というのは私のなかにたしかにある。眼前の物事への言及が非常に多いということは「意外な」発見であったし，ダイナミックでとても楽しげな森との関わりについての物語，様々なオノマトペ（擬音，擬態語）や巧妙なイディオムの転記作業は，こちらも楽しくなる経験であった。対人関係の話題によっても，（三面記事的な興味もあるとはいえ）かれらが社会の中でどのように生きているのかということに対する私の理解は，確実に深まったといえる。まだ小さな窓に目を当てて覗き込んでいるというに過ぎないが，会話研究はこのような意味で，人びとの「生きざま」を多面的に見るための有効な手段だと私は信じる。

第 *13* 章

北西功一

所有者とシェアリング
—— アカにおける食物分配から考える ——

13-1 ▶ 狩猟採集民の所有・分配・平等の研究における課題

狩猟採集民が食物を分かち合う人たちであることはよく知られている。かれらが狩猟で得た獲物の肉を集団のメンバーに平等に（もしくは均等に）分けるといった説明は頻繁に見られる。私自身もそのような狩猟採集民の経済の仕組みに興味を持ってアフリカの熱帯雨林に行き，本章で取り上げるアカの調査を始めた。しかし，現地で実際の食物分配を観察すると，かれらは個人ごとにとってきたものをそこにいる人や家族すべてに均等に分けたり，集団のメンバーが取ってきたものをいったんどこかに全部集めてそれを均等に分けたりしてはいなかった。それぞれの食物には所有者が存在し，その人が誰に分けるかの決定に関わっていたのである。しかし，個人の所有者の存在と食物を分けることのあいだに，違和感を覚える人もいるだろう。私も当初そう感じていた。ここではまず，狩猟採集民における所有者・所有権に関する議論を紹介しながらその違和感の理由を分析し，本章における問題意識を明らかにしよう。

狩猟採集社会の所有権に関する議論は 100 年以上前に始まった。それは，土地や食物などが共同体（もしくは何らかの集団）によって所有されているのか，個人によって所有されているのかということだった。L. H. モルガンは 1887 年に原始共産制という用語と共に共同体による所有を主張した（モルガン 1958）。それ以来，現在にいたるまで様々な議論がなされている。最近では，知的所有物（歌，神話，儀礼に関する知識など）にも関心が広がっているが（Barnard & Woodburn 1988 など），食物や土地の所有といった古典的ともいえる問題が解決したわけではない。

1970 年代から 80 年代にかけて，狩猟採集民の民族誌の集積とともに，食物や土地の所有における共通の事実が明らかになってきた。それは，土地やそこにある資

源へのアクセスは集団のメンバーであれば自由にできる，つまりアクセス権は共有であるということと，狩猟採集によって獲得された食物や道具などは個人によって所有されているということであった (Leacock & Lee 1982; Barnard & Woodburn 1988)。

その一方で，ほとんどすべての狩猟採集社会において，狩猟で獲られた大きな獲物は広く分配されることが知られていた。だからこそ，食物の所有権が問題になったともいえる。個人的な所有と分配は矛盾するように見えるからである。

A. バーナードとJ. ウッドバーンによると，この問題の議論の方向は二つあった (Barnard & Woodburn 1988)。一つは，狩猟で獲られた獲物は共有財産であり，集団のメンバーはその分け前を得る権利を持つが，所有者が存在することで与え手と受け手が生まれ，それによって物のやりとりから社会関係が生じることを可能にしているというものである。たとえば，J. ドウリングは，獲物に対する個人の所有権とは実際には獲物を分配しそれによって威信や名声を得る権利であるとし，人びとはこの威信や名声の獲得のために競争しているという (Dowling 1968)。E. リーコックとR. リーによると，個人的な所有権は個人の贈与とバンド間の交換システムの基礎を形作り，それらによって広い範囲にわたる互酬性のネットワークが可能となっている (Leacock & Lee 1982)。T. インゴールドも，所有権の概念は，与え手と受け手の区別を作り出し，気前の良さや与えることによる名声などを生み出す基礎になっていると述べており，ただであげるためにはある人が最初に持ち，他の人が持っていないという状況が必要であるという (Ingold 1986)。

このような考え方に対してバーナードとウッドバーンは反論している。かれらによると，食物分配では互酬性は強調されず，誰が与え手かを決めることによってその人が将来の受け手になることが保証されるわけではない。また，サンにおける研究などから明らかなように，獲物の所有者は肉の分配を通して威信や名声を得るべきではないとされ，威信や名声を得ようと振る舞う人は非難される。与え手の役割を強調するために個人的な所有権が存在する一方で，他の文化的な慣習が与えることや与え手の重要性を否定しているという説明は，不自然である (Barnard & Woodburn 1988)。

バーナードとウッドバーンは，個人的な所有権が何かの目的のため（上の例では与え手と受け手を作り出すため）に存在するのではなく，本来的に存在するのだと述べている。「個人としての私が私自身で獲得した物もしくは作った物，たとえば私が摘んだベリーや私が作った掘り棒は，労働（個人的な技術や創造性の実践を含む）が物質を所有物に変換するというはっきりと普遍的に認められた根拠に基づいて私の物である (Barnard & Woodburn 1988: 24)。」つまり，自らの労働の産物は自分の物になるという論理である。その一方で，平等主義的な権利を強調するイデオロギーによって，生産物は生産者から疎外され，分配を強制される。さらに，ウッドバーンは，肉の分配は義務であり，所有者にそれを拒否する権利はなく，また誰にその

肉を分配するのかを決めることにおいてほとんど影響力を持たないと述べている。すべてのメンバーは共同の所有者として分け前に対して権利を持っているのではなく，政治的に平等な者として分け前を受け取る資格があるという（Woodburn 1998）。

　私は，ウッドバーンの労働と所有権を結びつける論理と，所有者が肉の分配において影響力を持たないという主張には賛成できない。前者については，実際の狩猟採集社会において労働と所有権は単純に結びついていないケースが見られるからである。ピグミーやサンでは獲物の所有者は狩猟に用いられた道具の所有者であり，ハンターではない（市川 1991b）。ピグミーでは蜂蜜の所有者は蜂蜜を採集した人ではなくハチの巣を発見した人である（北西 2004a）。後者についても，私の調査地では，所有者は分配において何らかの影響力を実際に持っている。ただし，これだけでは，そのような違いが地域やグループによって生じる理由を説明していない。

　私がこれまで書いてきた論文（北西 2004a など）では，インゴールドにならい，個人的な所有権は与え手と受け手を生み出すという役割を果たしていることを強調してきた。ただし，バーナードとウッドバーンが指摘している個人的な所有権の存在と与えることや与え手の重要性の否定のあいだの矛盾について，これまで議論してこなかった。

　もう一つ，食物の個人による所有権で問題となるのは，平等との関係である。狩猟採集社会は平等社会であるとこれまでいわれてきた。一方，個人的な所有権は食物を持つ人と持たない人を生み出し，そこには不平等が生まれるかもしれない。この矛盾を解決するのが食物分配である。持つ者から持たざる者へ食物が与えられることによって，この不平等は解決される。

　しかし，問題はそう単純ではない。食物分配と平等の議論では，威信と負い目の発生や互酬性が問題となる。市川光雄によると，食物分配によって食物の消費の面での平等は確保できるものの，食物分配は贈与であるため，与える側に威信が，受け取る側に負い目が生じてしまう。もしも食物の一方的な流れが生じるなら，社会的不均衡が生まれてしまう可能性がある。ただし，アフリカの狩猟採集民はそのような社会的不均衡が拡大するのを防ぐ様々な方策を講じている（市川 1991b）。たしかに，集団猟で比較的小型の動物がたくさんとれる網猟では，獲物の獲得量がある程度平準化されているようだ（Ichikawa 1983）。しかし，個人で大きな獲物を獲得する狩猟採集社会では，ハンター間での個人差が大きく，食物の一方的な流れは実際に生じている（Woodburn 1998, Kitanishi 1996）。全くお返しを期待できないにもかかわらず分配が行われているが，一方的に与える人と受け取る人の間に社会的な上下関係は生じていないという事実が存在するのである。そこでは互酬性や負い目などが現れない形で物のやりとりが行われているのではないだろうか。

　さてここで問題点をまとめてみよう。まず，個々の獲物などの食物に個人の所有者が存在することは確かなようだが，その所有者の役割には地域やグループによっ

て違いがあるようだ。本章では，まず，私の調査地における所有者の役割が集団のサイズと獲物の大きさによって違ってくることから，他の地域との差異が生じる理由を考えていく。

次に分配における互酬性や負い目とそこから生じる不平等という問題を議論する。本章ではシェアリング sharing という物のやりとりの様式を取り上げている。これまでシェアリングは狩猟採集民の分配の研究で頻繁に用いられてきた用語であり，多様な使われ方をしてきた。しかし，ここでは最近出た狩猟採集民の所有と平等に関する論文集である Property and Equality の中のいくつかの論文で取り上げられているシェアリングを参考にしている（Widlok & Tadesse 2005）。この本におけるシェアリングは「その場にいる人に対するその場限りの分配」とでもいえる。シェアリングについて説明した後，アカの食物分配がシェアリングにあてはまることを示しつつ，そこから生まれる集団のあり方についても考える。

最後に，「個人的な所有権の存在」と「与えることや与え手の重要性の否定」のあいだの矛盾について考察する。ここではまず，物のやりとりが贈与交換なのかシェアリングなのか（または商品交換なのか）ということは，本来，当事者の解釈によって決まるものだということを示す。そして，与えることや与え手の重要性を否定することは，そのやりとりをシェアリングであると当事者が解釈しようとしていることだと考えられるのではないかということを述べたい。

13-2 ▶ 調査地とそこに住む人びと

私が本章で主に取り上げるのはピグミーの1グループのアカである。私は1991年から1992年にかけてと1995年の二度にわたり，のべ15か月間，コンゴ共和国北東部のモタバ川最上流の村であるリンガンガ・マカウ村（焼畑農耕民イケンガの村）周辺に居住するアカを対象にして調査を行った（詳しくは Kitanishi 1995参照）。村周辺にはおよそ350人のアカが居住し，15-100人からなる居住集団が10前後存在していた。これらの居住集団をもとにアカはキャンプを形成し，移動しながら生活を送っている。ただし，大きな集団では一時的に集団のメンバーが分かれて住むこともある。

1990年代前半のリンガンガ・マカウ村のアカの生活は，森における生活と農耕民の村における生活に大きく分けられる（Kitanishi 1995）。森においては，野生動植物を狩猟や採集によって手に入れ，それらのほとんどすべてをキャンプ内で消費する。森のキャンプは数週間から数か月で新たな森のキャンプもしくは村近くのキャンプに移動する。一方，村では農耕民に労働力や野生動植物を提供し，農作物や塩，タバコ，酒，鉄製品，服などを手に入れている。男性は農耕民から貸与された銃を

用いて狩猟を行うこともある。一般的に，かれらは一年のうち4-8か月を森で過ごし，残りを村近くのキャンプで過ごしている。

森と村ではかれらの食物獲得方法や獲得される食物の種類が大きく異なっているが，それによって食物分配の過程に違いがあるわけではない。ただし，定量的なデータのほとんどは森のキャンプで収集しているので，本章では森のキャンプを中心に述べていく。

13-3 ▶ 食物分配における所有者の役割

食物分配の過程

最初にアカの食物分配の概要について簡単に説明しよう[1]。森でのアカの重要な食物は，獣肉，イモやナッツなどの植物性の食物，蜂蜜，芋虫などであるが，ここでは主として獣肉について取り上げる。

まず，自然から獲得されたものの所有者を決めるルールがある。狩猟で獲られた獲物の所有者は獲物に最初に打撃を与えた道具の所有者である。アカは集団槍猟，罠猟，網猟などを行うが，集団槍猟では一番槍の所有者，罠猟では罠（ワイヤー）の所有者，網猟では獲物のかかった網の所有者である[2]。

獣肉の分配は三つの段階に分かれる。まず，第一次分配では獲物の特定の部分が狩猟においてある特定の役割を果たした人に対して分配される。これは規則に基づいた義務的な分配という点で他の分配と異質であり，この分配に関しては所有者の役割はほとんどなく，誰がやっても同じように分配されるので本章では分析しない。

獲物の所有者や第一次分配で肉を手に入れた人は，さらに規則に基づかない分配を行うことが多い（第二次分配）。分配の対象者には一時的な訪問者や私自身も含まれる。この分配を受けた人がさらに別の人に分配をすることもある。

獲物の所有者や第一次，第二次分配で肉を手に入れた男性は，分配を終えると自分の手元にある肉を妻（未婚の男性なら母）に渡す。女性はそれに自分がもらった肉と数種類の植物性食物を加えて煮込み料理を作る。女性はこれをキャンプにいる人たちに分配する（第三次分配）。この分配にも規則はない。

---

1) 詳しくは北西1997参照。
2) 狩猟方法の詳細はBahuchet 1985; Kitanishi 1995参照。

所有者の役割

　所有者は分配においてどのような役割も持っているのだろうか。先に述べたように，ウッドバーンは，獣肉の所有者は分配の場面で何らかの役割を果たすことはほとんどないという (Barnard & Woodburn 1988; Woodburn 1998)。しかし，私の調査地のアカでは原則として所有者の存在のもとで分配が行われ，もし所有者がいない場合は帰ってくるのを待つ。不在の場合でも所有者の近親者がその代理としての役割を果たしている (北西 2004a)。

　アカの場合，所有者が分配の場面で行っているのは，誰にどれだけ与えるのかを決めることである。解体された獣肉はまわりの人が勝手に持っていくのではなく，所有者もしくはその妻が持って行ったり，または子供に持って行かせたりする。料理の分配でも調理をした女性は子供を使ってまわりの女性から皿を集め，料理を盛りつけてそれを子供に持って行かせる。

　ハッザやオーストラリア・アボリジニなどでは相手からの要求に基づいた分配 demand sharing が行われている (Woodburn 1998; Peterson 1993)。この要求に基づく分配において，所有者はその要求を断ることができない。このことからウッドバーンは，大きな獲物の分配において所有者であるハンターはほとんど役割を果たしていないと結論付けている (Woodburn 1998)。しかし，アカでは少なくとも食物に関してあからさまな分配の要求はほとんど見られない。これはピグミーにある程度共通するようである (Ichikawa 2005)。たとえば，私は以下のような事例を観察した。

> ある女性が夫とけんかをし，自分の出身キャンプに帰っていたのだが，彼女が1か月ぶりに夫のキャンプに戻った。彼女の帰還を喜んで夫の母親やその姉妹たちが，その女性を取り囲んで会話をしていた。朝から長い距離を歩いてきてお腹をすかせた彼女のために，夫の母親は急いで食事を作った。しばらくして料理が完成し，料理の分配の準備を始めたとき，それまで楽しげに会話をしていた夫の母親の姉妹たちが自分の小屋に戻ってしまった。

　アカにとっては，分配のときに分配する人の近くにいることだけで分配を催促していることになる。彼女たちはそれを避けたのだった。ただし，そのあと姉妹たちは分配を受けている。アカは，少なくともアカどうしでは，あまりにもあからさまな食物分配の要求をほとんど行わず，分ける人への分配の強要を避けようとさえすることもある。

食物の量，集団サイズと食物分配

　所有者は尊重されるが，自由に食物を処分しているわけではない。そこにははっ

きりしたルールではないが暗黙の了解のようなものが存在する。それはある食物を分配するかどうか，するとしたら何人くらいに分配するかということと，その食物の量との関係である。たとえば，獣肉なら小さな獲物，たとえば陸ガメ（甲羅や骨を合わせて2kg程度）などは解体後にまったく分配しないこともあり，また一匹丸ごと与えてしまうこともある。小さな獲物が分配されないこともあるという事例は，他の狩猟採集民でも報告されている（Woodburn 1998など）。一方，ある程度の大きさ以上の食物なら必ず分配する。それは獣肉でも料理でも同じである。女性が調理した料理を分けずに自分（と子供）だけで食べたときにその理由を聞いたところ，返ってくるのは「*mosoni*（少ない）」という答えだけであった。また，食物が大きくなるほどたくさんの相手に分配される傾向がある（北西 2004a）。これも，獣肉，料理の両方にあてはまる。

　このような食物の量と分配される数の暗黙の了解があるため，3，4家族くらいからなる小さなキャンプでは，よほど所有者が手にしている食物の量が少なくないかぎり，すべての家族に分配することになる。そこに所有者の選択の余地はほとんどない。一方，大きなキャンプ，たとえば10家族以上からなるキャンプの場合，大きな獲物であっても所有者は細かく分割してすべての家族に分配することはほとんどなく，所有者から直接分配を受けない家族もある。

　大きなキャンプの場合，所有者は自らの意思で分配相手を選択しているように見える。ただし，実際の分配を定量的に分析してみると，そこには明らかな傾向が見られる。獣肉はキャンプ全体に広く点々と分配する。一方，料理は所有者の近くの人にもれなく分けていく。広い範囲に点々と行う分配と狭い範囲に漏れなく行う分配を組み合わせることによって，大きなキャンプであってもキャンプ全体に食物が行き渡っている（北西 2004a）。

　他の狩猟採集民でも食物分配とキャンプサイズの関係に関する記載がある。しかし，それは私がここで述べたものとは違い，キャンプサイズの方を食物分配にあわせるというものである。たとえば，ハッザでは，最も大きな獲物が獲れる季節には，獲物を倒したハンターのまわりに十分な分け前を得られる限界までの人数が集まるという（Woodburn 1998）。また，私の調査地から西のコンゴ共和国サンガ州に居住し現金経済が浸透しているアカでは，獣肉の半分をキャンプのメンバーに分配し，残りを現金収入のために売却することがあるが，そのような意図を持った人は小さなキャンプを作り，肉をもらえないことによって人びととのあいだで生じる緊張を避けようとしているという（Lewis 2005）。

　私が集中的に調査したグループは総勢80人程度（1995年には100人程度に増加）からなる集団であり，その付近では飛びぬけて大きな集団であった（この地域での平均サイズは34人で，二番目に大きな集団は50人）。30人程度の集団であれば，食物分配において所有者の選択の余地は小さいので，所有者の果たす役割は見えてこない

だろう。ウッドバーンが調べたハッザの集団のサイズも通常は25-30人程度である（Woodburn 1998）。私が調査した集団のサイズが大きかったのは、集団の中心となる年長男性が他のアカから非常に信頼されており、彼を慕って多くの人が集まったことによると思われる[3]。このような集団だったからこそ、所有者が采配を振るう余地が生まれたともいえる。とはいえ、それでもキャンプ全体に食物が行きわたるようにきちんと配慮しているのである。

　ただし、所有者が食物分配において何らかの役割を果たしているのは大きな集団に限ったことではない。これまでのピグミー研究において、商品経済の浸透に伴って狩猟で得られる肉が外部社会に売却される事例が多数報告されてきた（ムブティでは Hart 1978, Ichikawa 1991, アカでは Bahuchet 1985, Lewis 2005, バカでは Köhler 2005, Kitanishi 2006）。そのような場合、所有者はどれだけの肉をキャンプのメンバーに分配し、どれだけを売却に回すか葛藤し、また特に獲れた肉の量が少ない場合、他のキャンプのメンバーとのあいだに分配する量をめぐって緊張が生じるという（Ichikawa 1991; Lewis 2005）。もしも分配が強制的な義務ならば売却は生じず、逆に所有者がすべての獣肉を自由に処分する権利を持っているなら所有者は分配をめぐり葛藤しないはずである。商品経済の浸透に伴って獲物の所有者に私的所有に近い権利が新たに生じたと考えることもできないわけではないが、私の調査地の大きなキャンプでの分配を考慮すると、もともと所有者は、まわりの人たちに配慮しながら誰かが直接は受けとらないこともありうる形で分配することができたと思われる。サンガ州のアカでは理由（罰金の返済、借金の支払、薬の購入など）があれば、半分程度売却にまわしても認めてもらえるようになった（Lewis 2005）。それは、明確なルールや厳密な義務・権利が変更されたのではなく、かれらのあいだでの暗黙の了解、もしくはみんながどのあたりで納得できるかという妥協点が、日常的に繰り返される分配と売却によって少しずつ変化していったのだろう。

分配における秩序と所有者

　分配の場における所有者の役割は、所有者がいなくなってしまった場面を観察すると分かる。実際に所有者がいないという場面はアカだけの中ではほとんど生じず、アカ以外の人たちが関わったときに見られる。これまで私が他の論文で取り上げたものとは別の事例を紹介しよう。

　　ある夜、大勢のアカが集まり村近くのキャンプで踊りが開催されていたが、それを

---

[3] この男性のことは近隣に知れわたっていた。彼は1995年に亡くなったのだが、その葬式にはリンガンガ・マカウ村周辺のアカに加えて、歩いて数日程度かかるところからも多数のアカが集まり、3週間にわたって歌と踊りが彼のために行われた。

私や農耕民，仕事で村の外からやってきて長期滞在している男性の妻などが見学していた。村の外からやってきた女性は，踊りが盛り上がってきた頃を見計らって，1箱分くらいのタバコをアカが踊っている場所で地面にばら撒いた。踊っていたアカは踊りをやめ我先にとタバコを取りに集まった。そのタバコは地面から早く拾った人のものになっていった。すべてのタバコを拾い終わるまでは人が入り乱れ大混乱になったが，いったん誰かがタバコを手に取ればそれが小さな子供であっても奪い取ったりはしない。そしてその後で分配が生じていた。タバコをばら撒いた女性は，自分の富をひけらかすという意図もあったのだろうが，アカが踊りの最中であってもタバコを早い者勝ちで取りに集まって混乱するということを知っていて，アカのそのような姿を見て面白がっていたのである。そこにはアカに対してより動物に近い無秩序な存在であるという見下した認識があったと思われる。

　他の論文で挙げた事例でも共通しているが，所有者のいない食物（上の事例ではタバコ）は，森でまだ狩猟採集されていない食物と同様に誰がどれだけとってもかまわないものとなる。このような場合，誰かその場を仕切る人が出てきて，地面に落ちているタバコを1本ずつ配るということは起きない。そのため一瞬無秩序な状況が生まれるが，手に取ることで個人の所有が確定し，混乱は収まる。

　さて，もしも農耕民の前で同じようにタバコをばら撒いたらどうなるだろうか。農耕民もアカの混乱した様子を笑っていたことからすると，自分たちは違った対応をすると思っているのだろう。多分，かれらは秩序だった分配を行うに違いない。そこにいる人のなかから仕切る人が現れ，タバコを分配するのだろう。もしかするとその人が独占してしまうかもしれない。農耕民の社会ではほとんどすべての場面で適用可能な秩序の確立の仕組みが存在する。その秩序は年齢や親族関係，性別などに基づく上下関係である（小松 本書第1章 参照）。

　アカにはそのようなオールマイティな秩序確立のルールは存在しない。何のきっかけもないところから自動的に誰かがリーダーシップをとることが難しいのである。かれらはその場その場で秩序を作っていく必要がある。そのような社会での秩序作りのきっかけになるのが所有という仕組みである。

　これまで述べてきたように，所有者は分配の場においてある程度のリーダーシップを発揮する。アカにおいてリーダーシップが発揮される場面がいくつかある。たとえば，ゾウを倒した男性にはトゥマ *tuma* という称号が与えられ，優秀なハンターとして尊敬を受け，集団槍猟やゾウ狩りでは中心的な役割を果たす。またンガンガ *nganga* と呼ばれる呪医は，森の薬草に熟知し病人に薬草を与えるとともに，いくつかの儀礼において中心的な役割を果たすとされている（Bahuchet 1990）。しかし，トゥマやンガンガは狩猟や儀礼の場面のみでリーダーシップを発揮し，それが他の場面にまで及ぶことはない。そうすると，所有もその物の分配に対する一時的なリーダーシップであり，それが他の場面にまで及ぶことがないものであるのかも

しれない。もし食物分配がその場限りのものであるなら、そこに互酬性もしくは贈与に伴う負い目の問題などを想定しなくともよい可能性がある。そのようなもう一つの物のやりとりの形態として狩猟採集民研究で取り上げられているのがシェアリングである。

13-4 ▶ シェアリングと平等

シェアリングとは？

　狩猟採集民における所有と平等に関する論文集である Property and Equality に収められている論文の中には、狩猟採集民における物のやりとりのやり方の一つとしてシェアリングを取り上げているものがいくつかある (Widlok & Tadesse 2005)。たとえば、A. ケーラーは商品経済が浸透しつつあるバカの経済について分析しており、それによるとバカの経済は商品経済、贈与経済、シェアリングの三つの物のやりとりの様式に分かれており、それを相手など状況に応じて使い分けている (Köhler 2005)。これらの論文で取り上げられているシェアリングの私なりの理解を、商品交換や贈与交換（もしくは互酬性）と比較しながら説明しよう。

　商品交換は、物と物との関係に基づいて交換を行い、相手が誰であろうともかまわず、その行為はその場で完結し、物をやりとりした両者に社会関係は生じない。一方、贈与交換は特定の相手との社会関係を維持・形成するための交換であり、物をやりとりした両者の関係は持続する。シェアリングは、その場にいる人に見返りを求めず分け与え、物のやりとりやそれに伴う社会関係がその場かぎりであるような物のやりとりである。その社会関係とは、そのときに一緒の場にいることを容認しあうというものである。

　贈与交換とシェアリングでは異なる点がいくつかある。まず特定の相手を意図して行うものか、相手が限定されていないかという点である。贈与交換は相手を特定するが、シェアリングはその場にいる人ということで、たまたまその場にいた人もシェアリングを受けることになるかもしれない。もう一つ異なる点は、時間軸である。贈与交換では特定の相手との関係を継続していくことが期待されているのに対して、シェアリングではその時点だけが問題であり、過去にシェアリングを受けたことが現在に影響を与えたり、現在のシェアリングが将来に影響を与えたりすることはない。

アカの食物分配とシェアリング

　アカの食物分配をこのシェアリングという視点から見てみよう。アカは，突然現れた訪問者やいつやって来ていつ去るか分からない私のような部外者に対しても，もともとそこで暮らしている人たちと同じように分配する。私は森に滞在中にかれらから獣肉の分配を受けたが，その1日あたりの量はかれらの平均値と変わりなかった (Kitanishi 1996)。また，狩猟採集民の特徴の一つに集団のメンバーシップの流動性の高さが挙げられるが，同じ相手との頻繁な分配にもかかわらず，集団の出入りが簡単に起きるということは，頻繁な食物のやりとりが固定的なつながりを形成しないということを示している。

　これをさらに定量的に分析するために，集団が一時的に分裂しまた融合した場合の分配相手の変化を見てみよう。大きなキャンプでは，獣肉の分配は広く点々と行われ，女性による料理の分配は近くにもれなく行われる傾向がある。そこでは，料理の分配と獣肉の分配におけるその場の広がりが異なっており，獣肉の分配におけるその場はキャンプ全体であるのに対して，料理の分配におけるその場はキャンプの一部であると考えられる。この料理の分配におけるその場の変化を取り上げる。

　私が調査していた集団は調査地において例外的に大きな集団であり，一つのキャンプにまとまって暮らすこともあれば，一時的に二つ以上に分かれてキャンプを形成することもあった。1992年6-7月には3家族が森で生活し，残りの13家族は村近くでキャンプを形成していたが，8月には森に入っていたアカのところに村にいたアカすべてが移動した。さらに9月の初めに半数の8家族が村に移動したが，10月にはまた森のキャンプに合流している。9月の初めに移動した家族には，6-7月に森に滞在していた家族と，していない家族の両方が含まれていた。一年間の調査で分かったことは，この集団の離合集散において固定的なサブグループが存在しないことである。つまり，離合集散のたびに誰と誰が一緒に住むかは異なっていた (Kitanishi 1995)。

　実際の料理の分配を見てみよう。6-7月に3家族という小さな集団で森に暮らしていたとき，料理をした女性は量が少なくないかぎりすべての家族に分配をしていた[4]。

　8月に村からやってきた人が加わり大きなキャンプが形成されたとき，もとからいた人の近くに4家族が小屋を建て（小屋グループ1），残りの9家族はすぐ隣に彼女たちだけで円状に小屋を作り（小屋グループ2），二つのサブグループに分かれたような配置となった（図13-1）。そこでの料理の分配の多くはそのサブグループ内で行われた。また，小屋グループ1内では6-7月から滞在している家族と新しく

4）　具体的なデータは北西 1997：27 の付表3，親族関係は北西 1997：7 の図3aを参照。

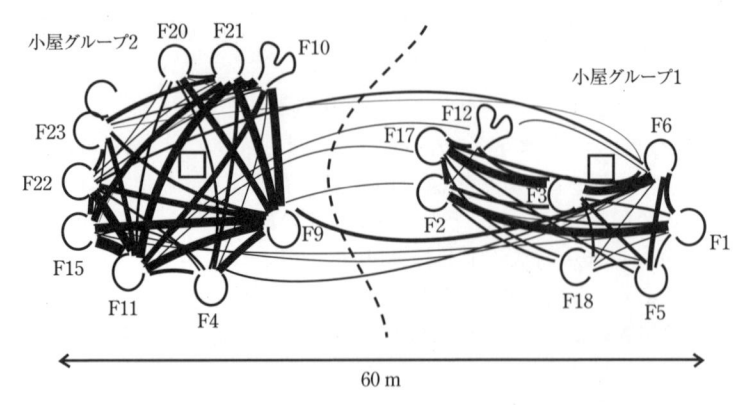

図 13-1 1992/8/25-9/2 における料理の分配の頻度。
両者のあいだでの料理のやりとりの回数を線の太さで示した。

来た家族の間で同じように料理の分配は行われていた。9月の初め，半数のアカが村に行ったとき，料理の分配は大きく変化した。これまで形成されていたサブグループがなくなり，キャンプ全体で料理を与えあうようになったのである（図13-2）。10月に入りまた大きなキャンプが形成されると，料理の分配は8月の状況に戻り，二つのサブグループに分かれて分配しあうようになった（図13-3）。

　この結果からすると，女性間での頻繁な料理の分配は，固定的な人間関係を作り出すことに寄与していないようである。6-7月の小さな集団での分配は8月の小屋グループ1内での料理の分配に影響を与えていない。8月における小屋グループ1内及び小屋グループ2内での頻繁な料理の分配と9月初めに森と村に集団が分かれたときのメンバーシップにも関係はない。また，9月のサイズが半分になったときの分配に，8月における料理の分配のサブグループ化は影響を与えておらず，9月に小さくなったキャンプで料理を分配しあった相手に10月の大きなキャンプになっても料理を分配し続けるということはなかった。

　平均のアカの集団サイズは6-7家族程度であるが，その大きさの集団なら料理の分配でサブグループが生じることはない。集団の大きさがそれよりもかなり大きくなると，集団内でもらえる人ともらえない人が存在するといったことが起きてしまう。このため，特別な事情がないかぎり，アカの集団サイズはこれくらいの大きさになるのだろう。私が調査をした集団は例外的に集団サイズが大きく，単にみんなで分けあうという形ではなくなってり，集団の離合集散なども起きているが，そのために固定的な関係を作らないというシェアリングの性質がよく分かる結果となっている。

　また，要求による分配についてもシェアリングから考えてみることができる。アカは言葉に出した明白な要求はほとんどしないが，同じキャンプにいることや近く

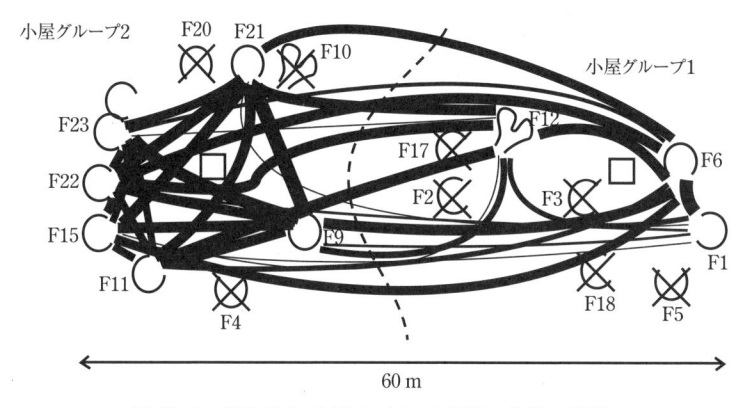

図 13-2 1992/9/3–9/13 における料理の分配の頻度。
両者のあいだでの料理のやりとりの回数を線の太さで示した。×は不在の小屋。

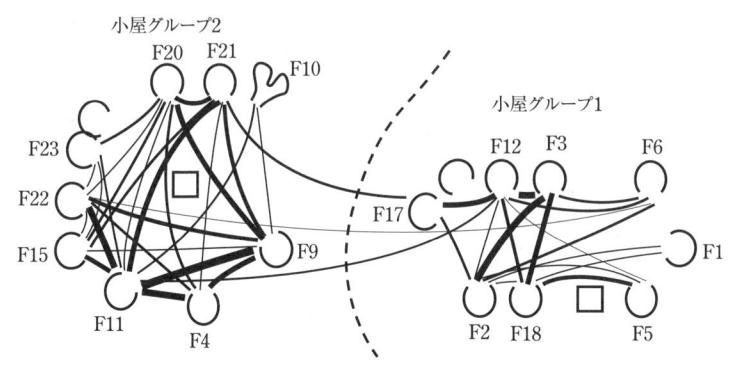

図 13-3 1992/10/10–10/15 における料理の分配の頻度。
両者のあいだでの料理のやりとりの回数を線の太さで示した。

に小屋を作って住んでいること自身が，その場にいることに，もしくはその場にいることを主張することになる。アカの場合，暗黙の了解に基づいて所有者が分配しているかぎり，あからさまな要求は必要ない。ただし，その暗黙の了解を理解しない人に対してかれらは執拗に分配を要求する。実際に，私はアカからタバコを頻繁にせがまれた。私が大量にタバコを持っていながらかれらにあまり分配しなかったからだろう。

シェアリングと二者関係のネットワーク

　その場にいる人たちへの分配という表現には注意が必要である。その場を明確で固定的な境界のある人間の集団もしくは空間の範囲と見なしてはいけない。料理の

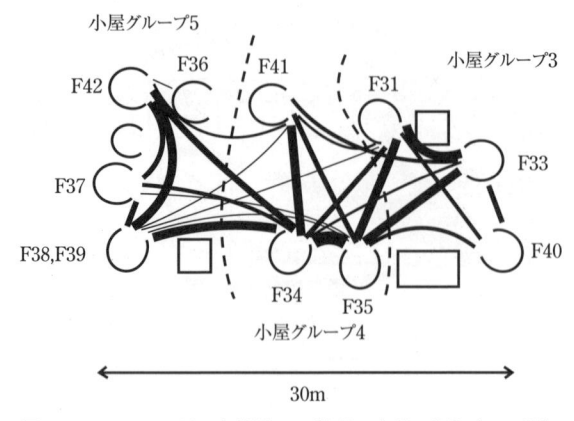

図13-4 Bグループの女性間での料理の分配の頻度（11日間）。
両者のあいだでの料理のやりとりの回数を線の太さで示した．

分配でサブグループが形成されるときは，境界のある集団が形成されているように見える．しかし，現実の食物分配では頻度は少ないもののサブグループ内で分配を受けないこともあり，またサブグループ外でも分配を受けることがある．

ここで別の集団の料理の分配の事例を紹介しよう．これは10家族からなる集団で，全体で料理を分けあうには少し大き過ぎるというサイズである．この集団の料理の分配ではサブグループは形成されず，それぞれがまわりの人に分配をしているという状況だった（図13-4）．右端のF40やF33は左端のF42，F37などと分配しあうことはない．一方中央右側に位置するF35は，同じく中央のF34やF41に分配するとともに，右側のF31，F33にも多く分配している．中央左側のF34は，F35やF41に分配するとともに左側のF38，F42などに多く分配している[5]．

集団のメンバー全体に均等に分けることを目的とするなら，個人が所有者となってあちこちで分けるよりも，集団のメンバーが取ってきたものをすべて1か所に集め，それを個人ごともしくは家族ごとに分けたほうが簡単で，しかも厳密に均等になるだろう．これは食物を集団で共有するというやり方である．しかし，アカはそのようなことはしない．私は最初そのような集中と再分配というやり方をしないのは，もしそうすると集団に食物の流れの中心が生じ，それを仕切る人が現れたときに，権力が生じてしまうためであると考えていた．しかし，それとは違う理由があると今は思っている．集中と再分配は，明確な境界を持った集団を形成してしまう可能性がある．なぜなら，食物を集めてそれを再分配する範囲を決めないと，このやり方は成り立たないからである．そのためその範囲の外の人は分配から排除されることになる．この集中と再分配という仕組みと贈与交換が組み合わさると，固定

5） 具体的なデータは北西 1997：27 の付表3，親族関係は北西 1997：7 の図3bを参照．

的な境界を持ちメンバーシップの安定した集団が形成されるのだろうが，アカはそのような性質の集団を形成しない。

　分配は基本的には二者の関係であり，その二者関係がネットワーク状になって集団全体に広がることによって，集団がつながっているというのが狩猟採集民の集団のあり方ではないだろうか。個人を所有者とし，その個人がその場にいる人は誰であるかを判断し，その場にいる一人ひとりに分配していくという形をとっている。あらかじめ誰がその場に属し誰がその場に属していないかが決まっているのではない。所有者が，まわりを見ながら，時には分配を受けたい人が近づいたり視線を送ったり要求するなどしてその場にいることを主張するが，それを考慮しながら決めている。小さなキャンプの場合や分配のサブグループを作る場合は，そのメンバー全員にとって全員がその場にいるという状況である。しかし，その場合であっても，基本は2者間の関係である。集団の構成が2者間の関係が網状につながったものであることで，集団のメンバーシップの柔軟性が生じ，また自由なサブグループ化が可能になる。狩猟採集民の食物分配はすべての人に開かれているのである。

　以前の私の食物分配の論文（北西 2004a）では，所有者が存在することによって与え手と受け手の非対称的な関係が生じることを強調していたが，そうではなく，個人を所有者とすることによって二者の間で食物のやりとりが行われることを強調したほうがよいのかもしれない。非対称的な関係の強調は贈与交換に見られるものだからだ（威信と負い目）。2者間の関係が網状につながるという形で集団を形成し，明確な境界を持った排他的な集団を作らないということがかれらの社会関係のあり方を支える重要な特徴であると私は考えている。

13-5 ▶ 物のやりとりとその解釈

　ここでは，食物分配において，与えることや与え手の重要性を否定することについて考えてみたい。ここでまず取り上げる事例は日本の話である。実は，この論文でシェアリングの話を書こうと思ったきっかけは，私がこの論文を書けずに悩んでいたときに経験したどこでもありそうな出来事だった。場所は私が勤める大学である。

> 　私は新学期が始まったころ，自分の担当のコースの学生控え室で1，2年生向けに授業の履修指導を行っていたが，それが一段落したところだった。部屋には私の他に学生がふたりずつ2か所に分かれて座っていた。ふたり組のうちの一つでは，新製品のチョコレート菓子を食べながらその味をふたりで批評しあっていた。私ともう一つのふたり組の学生はその話し声が気になり，ついチョコレート菓子を食べているふたり

組のほうを見てしまった。するとチョコレート菓子を食べていた学生のひとりがそれに気付き，すぐに立ち上がり，「あんまりおいしくないけれど」といいながら，私とあとふたりの学生にチョコレート菓子を配った。

　ここでなぜ彼女が私たちにチョコレート菓子を与えたのかを考えてみたい。彼女は直接的な見返りを求めて（商品交換）チョコレート菓子を与えたのではないだろう。チョコレート菓子をもらったからといって私がお金を払うわけもなく，また私が彼女の成績を甘くつけることを期待していたとも思えない。彼女は私や他の二人の学生と仲良くなるためにチョコレート菓子をプレゼントしたのだろうか（贈与交換）。私や他の学生との関係の維持や発展を少しは気にしていただろう。しかし，私や他の学生との過去の関係や将来の関係よりも，その場における関係を彼女は意識していたのではないのかと，私には感じられた。

　彼女が私とふたりの学生にチョコレート菓子を与えた理由の少なくとも一部は，単に私たちがそこにいたためと考えられる。当初，チョコレート菓子はふたりで食べていた。そのときの彼女たちにとっての食べていた場はふたりだけの範囲だった。しかし，彼女たちの話が私と他のふたりの耳に入り彼女たちの方を見たときに，場が私たちにまで広がり，私たちもその場にいることになってしまった。彼女にとって，私たちが彼女たちの話を聞いていて彼女の方を見ているということは，私たちもその場にいるということを私たちが主張していることだった。それは，シェアリングであり，要求に基づく分配だったのだろう。

　ただし，上記の彼女の行為の説明はあくまでも私の解釈である。彼女には彼女なりの解釈があるかもしれない。たとえばスーパーで食品を買うなど明らかに商品交換としか考えようのない物のやりとりもあるが，物のやりとりのなかにはそれに関わる人たちの解釈の余地を残すものも存在する。さらに，物のやりとりには複数の意味を持つものが存在する（上の例では贈与交換とシェアリング）。なじみの店で買い物をしておまけしてもらうことは，商品交換と贈与交換の両方の意味を持つだろう。

　ケーラーは，バカが相手（バカ，農耕民，商人）など状況に応じて商品経済，贈与経済，シェアリングを使い分けていると述べているが（Köhler 2005），かれらがやっているのは単なる使い分けではない。一つひとつの交換にそれらが違う比重で混ざっており，しかもそれは両者の解釈に依存するものである。たとえば，狩猟採集民の食物分配はシェアリングが優越している物のやりとりではあるが，その他の意味がまったくないというわけではないだろう。また，アカどうしでの槍の穂先や斧の刃のやりとりは特定の相手と集中しておきる傾向があり，贈与交換の意味合いが強い。サンで報告されているハロ *hxaro* と呼ばれる特定の相手との贈り物の交換もそうだろう（Barnard & Woodburn 1988）。さらに，物のやりとりにおける解釈の相違

が生じることはアカと農耕民のあいだでよく起き，双方の不満の原因となっている（北西 本書第 2 章参照）。

　市川は食物分配において上下関係を発生させない仕組みの一つとして「権威発生の心理的な抑制」をあげているが（市川 1991b），これがバーナードとウッドバーンがいう与えることや与え手の重要性の否定にあたる。具体的には，獲物をしとめてきた人が控えめな態度をとり自慢しないことや，他人もハンターを賞賛せず，また肉の分配を受けたとしても感謝を表さないことなどである。

　ここまで述べてきたアカの物のやりとりのように，きちんとしたルールや契約などが存在しない状態で他人に物を与えることは，それだけでは贈与交換ともシェアリングとも解釈可能である。両者は文脈をもとにその解釈を定めていく。その文脈を示すものが市川のいう「権威発生の心理的な抑制」の行為にあたるのだろう。これにより，この物のやりとりはシェアリングと解釈しましょうということで与え手と受け手が一致する。

　さて，これによって，個人を所有者とすることと，与えることや与え手の重要性の否定のあいだの矛盾を説明できるだろうか。どういう状況になっているかはある程度説明できるだろう。シェアリングというやり方をとり，個人を所有者として分配することで，明確で固定的な境界のある集団を形成するのではなく，2 者関係がつながった形で社会が形成される。また，その 2 者関係は所有者自身が分ける相手を状況に合わせて選択することで作られる。ただし，それはその時のその場限りの場の共有である。そうするためには贈与交換であることを否定しなければいけない。それが与えることや与え手の重要性の否定となる。とはいえ，なぜかれらがそのようなことをするのかという説明にはなっていない。いまのところ，それがかれらのやり方だとしかいえない。

13-6 ▶ 今後の課題

　本章では三つの問題を取り上げた。所有者の役割がグループや地域によって違うのはなぜか，食物を一方的に与えることによって威信や負い目が発生し上下関係が生まれないのか，個人を所有者とすることと与えることや与え手の重要性を否定することは矛盾するのではないか，である。

　一つ目の問題では，狩猟方法や獲得される獲物の大きさ，集団のサイズ，外部への獣肉の流通の有無などによって食物分配における所有者の役割が異なる可能性を示した。後半の二つの問題はシェアリングという物のやりとりの様式を取り上げて分析した。アカの食物分配はシェアリングによくあてはまるように思える。また，物のやりとりをシェアリングと解釈しようとすることが，与えることや与え手の重

要性の否定につながると考えた。とはいえ，このシェアリングに関して，これまでの交換や贈与，分配に関わる議論の中での位置付けをきちんとしていない。たとえば，「一般的互酬性」(Sahlins 1972) という概念がこれまで狩猟採集民の食物分配で用いられてきたが，これとの関係を分析していない。

　初めに触れつつも本章で取り上げなかった問題が二つある。一つ目は，所有者の決定方法の由来，つまり道具の所有者が獲物の所有者になり，蜂の巣を発見した人が蜂蜜の所有者になる理由である。二つ目は，そのようにして決まった所有者に，なぜ本章で述べたような役割が発生するのかということである。考えなければいけないことがまだたくさんあるということだけは確かなようだ。

第14章

亀井伸孝

「子どもの民族誌」の可能性を探る
―― 狩猟採集民バカにおける遊び研究の事例 ――

14-1 ▶「子どもの民族誌」は可能か

　本章は,「子どもの民族誌」というものがいかにして可能となるか, アフリカ熱帯雨林の狩猟採集民バカの子どもたちに関する研究の事例に基づきつつ検討することを目的とする。

　ここでは,「子どもの民族誌」を,「ある社会における子どもたちの集団と, それが持っている文化を網羅的に描いた民族誌」を意味するものと定めておく。

　これには, いくつかの留意点がある。まず, ここでいう「子どもの民族誌」の研究とは, 育児や教育をめぐる人類学や民族誌的研究とは視角を異にしているということである。これまで, 教育人類学および乳幼児に関する民族誌的研究が行われてきたが, これらは基本的に「ある社会のおとなたちが, 子どもたちをどのように扱うか」を描くという, おとなの視点に立ったものであって, 子どもたち自身が民族誌の主役になるものではなかった[1]。

　また, 教育学や社会学の領域において「児童文化」が論じられることがあるが (東ほか編 1996; 川端ほか編 2002), これは一般に, おとなによって子どもに与えられる事物, たとえば, 絵本や児童文学, 童謡, マンガ, ゲーム, おとなが考案して子どもに与える遊具などを総称して指すことが多い。すなわち, 本章で念頭に置いている, 子どもたちが自律的に創造し, その集団内で伝承している文化とは異なるものである。この系譜もまた,「おとな目線」で子どもを語る文化論であった[2]。

　子どもたちの集団とその文化を, 単体として民族誌の主題とすることは可能であ

---
1) 箕浦康子 (1990) ほか。また, 乳児に関する民族誌的研究の系譜については, 高田明 (2009) が詳しい。
2) この点で, 藤本浩之輔 (1985) は, 児童文化とは区別するかたちで, 子どもたちが自律的に創造し伝承する「子ども文化」を重視することを主張する数少ない論者であった。

ろうか。そのためには、どのような認識を前提とすることが必要であり、どのような調査法を用いるのがよく、子どもたちの世界観においておとなを含む社会全体との関係をどう位置付けることができるであろうか。

これらの問題を検討するために、本章の前半では、事例として、狩猟採集民バカの社会における子ども集団を対象として行われた一連の研究の概要を紹介する。後半では、この事例に基づき、「子どもの民族誌」研究の具体的な方法論の検討を行う。これらを踏まえ、「子ども」という社会のサブグループ（下位集団）を主題とした民族誌を編む試みが、人類学においてどのような意義と波及効果を持ちうるかを検討する。

14-2 ▶ 子どもという「異民族」に出会う

子ども集団への参与観察

筆者は、1996-1998 年にかけての 17 か月にわたり、カメルーン共和国東南部の熱帯雨林地域において、狩猟採集民バカの子どもたちを対象とした人類学的調査を行った（バカについては北西（本書第 2 章）、安岡（「森棲みの生態誌」第 2 章）などを参照、調査地については本書冒頭の地図参照）。

この調査では、バカの社会における *yande*（子ども、複数形は *yando*）というカテゴリーに属する、推定年齢がおおむね 5-15 歳程度の少年少女が対象となった[3]。

調査方法は、子どもたちの集団における参与観察を中心とし、あわせて、毎夕、その日一日何をしていたかの聞き取り調査を行った。調査のテーマは、子どもたちの日常活動、狩猟採集などの生業活動、遊びとおもちゃ、学校教育の影響、子どもどうしの社会関係、居住、自然観など、多岐にわたった。そこで得られたデータは、まさしく「バカの子どもたち」という一つの「民族」[4] の文化要素を網羅しているかのごとくであり、かつ、それらが複合的に関連しあって全体文化を構成するという複雑な様相を呈していた。この調査結果に基づき、筆者はバカの子どもたちの民族誌を執筆した（亀井 2010a）。

特に、この調査のなかで筆者が重視したテーマは、森の中における子どもたちの遊びである。おとなたちの指示を受けることなく、自ら集まりを構成し、多様な遊

---

3) R. Brrisson & D. Boursier (1979) は、*yande*（子ども）をおおよそ 6-16 歳としており、筆者の調査対象にほぼ該当する。なお、バカにおいては自分や自分の家族の年齢を把握していないことが多いため、子どもの年齢は、知ることができた範囲の生年月日、長幼関係、身長、出産間隔などに基づいて推定した。

4) ここでの「民族」とは、言語と文化と帰属意識を共有する集団という程度の意味で用いている比喩である。

び方と素材の収集・利用法を知悉し，それらを子どもたちの間で共有しているさまは，まさにおとなが何らかの期待とともに授け与えるものとしての「児童文化」ではなく，子どもたち自身が生み出し，共有する「子どもの文化」と呼ぶに値するものであった。ここで印象づけられた子どもたちの自律的な姿が，やがて，本章の後半に示される理論的な関心へと接続されることとなった。

なお，バカの子どもたちの遊びの詳細については，すでにいくつかの文献で紹介したため，本章では，理論的検討に関係すると思われる結果を抜粋して紹介する（亀井 2001, 2010a, Kamei 2005, 亀井編 2009）。

狩猟採集社会における遊び＝教育論

狩猟採集社会の子どもたちを，おとなの視点によるのではなく，子どもの視点において理解しようとしたとき，てきめんに明らかになることがある。それは，従来の民族誌における解釈が，十分に子どもたちの行動選択のあり方を分析してこなかった点である。その典型例が，「子どもの遊びは，当該社会における社会化の過程で必要とされる教育・訓練の一環をなしている」という解釈である。

狩猟採集社会においては，おとなが子どもたちに何かを覚えさせるべく積極的に教育や訓練を行うことがないという傾向が，しばしば指摘されている（原 1979；原子 1980；山本 1997）。このような社会において，子どもたちはおとなの活動を観察し，遊ぶ経験を通して，その社会が成員に対して要請する知識や技術を学ぶと見なされる。

古典的な民族誌のなかにも，そのような理解が見いだされる。ムブティの子どもたちの遊びを描いた C. M. ターンブルは，子どもたちにおけるおとなのまねが「教育の第一歩」であるとし，やがて「自分たちのやっていることが最早単なる遊びではなく本物（の狩猟採集）であることに気づく」と記す（Turunbull 1961,（　）内は引用者による）。

原子令三も，やはりムブティにおける子どもたちを観察するなかで，生業活動を模倣した遊び，おとなの遊びを模倣した遊び，子ども独自の遊びを見いだし，子どもの遊びは成長段階に応じて変化してゆく，「意識されずに遂行される教育」であると解釈した（原子 1980）。

子どもの遊びとおとなの活動の間の類似性を見いだし，これら模倣が教育・訓練の一部をなしているという指摘は，子どもの行動に関する簡潔な解釈のスタイルとして，狩猟採集社会の民族誌的記述において共通して見られる傾向である（青柳 1977；澤田 1998b；竹内 1998）。

教育されるつもりのない子どもたち

　ところが，このような遊び観，子ども観は，おとなによる期待を前提になされている解釈であることに気づく必要があるであろう。実際，子どもたちの集団に参与観察をしながら遊びを観察していると，遊んでいる子どもたちは，「何も教育されるつもりで遊んでいるようには見えない」のである。

　おとなの視点においては，子どもという存在は常に「できかけのおとな (adults-in-the-making)」(Hirschfeld 2002) でなければならない。そして，子どもたちにおいて見られる諸現象は，すべておとなになるための準備と位置付けられなければならない。このような期待とともに，おとなによって子ども像が描かれるとき，おとなの諸活動に類似した遊びが優先的に選び出され，その共通性が強調され，子どもの行動はおとなの文化のひな形という位置におさめられるであろう。このような理解のプロセスでは，子どもたちが自発的に遊びの行動や種類を選択したり，自律的に文化を創造，共有したりする姿は，後景に押しやられてしまう。「子ども」という他者像を選択的に構築することにより，そうと意図しないままに「おとな」という自画像を確認しようとする，同一社会内において発動される一種の「オリエンタリズム」といってもよいかもしれない (サイード 1993)。

　子どもをめぐる現実の事象に接近するためには，観察者は (仮に自分がすでにおとなであったとしても)，おとなの視点を一度降りてみるのがよいであろう。子どもの集団に参与観察してみると，これらの「遊び＝教育」解釈が，子どもの集団に内在した理解ではないこと，子ども集団の外側から貼られたイメージにすぎないことが見て取れる。おとなの活動とは似ても似つかない遊び，教育や訓練に何ら関係なさそうな遊び，あるいは，遊び始めたときは形式が似ていても目的を大きく逸脱してしまう遊びに出会うことも多いからである。

　子どもに見られる諸現象を，拙速におとなの文化と接続することを保留しつつ，まず観察と記載を行う。おとなの論理にからめとられることを慎重に排しながら，おとなの行動との類似点や相違点を明らかにする。そして，子どもの文化の側から，おとな社会との接続を試みる。子どもの民族誌は，そのような調査と理解の姿勢を自他に求めるのである。

14-3 ▶ バカの子どもたちの遊びの実際

遊びの概要

　遊びの調査は，カメルーンの東部州ンギリリ村周辺のバカの集落に暮らす，34

人の子どもたち（少年 17 人，少女 17 人）を対象にした，参与観察のかたちで行われた。遊びが見られたときにそれらを記録する，アドリブ・サンプリングの方法を用いて事例を収集した。その結果，269 件の遊びの事例を記録し，それらは，以下の 7 カテゴリー 85 種類の遊びに分類することができた。

1 生業活動に関わる遊び（15 種 64 事例）：わな，空気鉄砲，シロアリとりなど（図 14-1）
2 衣食住・家事・道具に関わる遊び（20 種 36 事例）：小屋作り，調理ごっこ，人形など
3 歌・踊り・音に関わる遊び（13 種 65 事例）：伝統的な歌と踊り，精霊ごっこ，たいこなど
4 近代的事物に関わる遊び（9 種 29 事例）：自動車，オートバイ，飛行機に着想を得た遊びなど（図 14-2）
5 ルールの確立したゲーム（3 種 26 事例）：ソンゴ（ボードゲーム），サッカーなど
6 身体とその動きを楽しむ遊び（13 種 23 事例）：とっくみあい，おいかけっこ，キャッチボールなど
7 そのほか（12 種 26 事例）：サルのまね，ブランコ，菓子売りごっこなど

1 の狩猟採集関係や，3 の歌・踊り関係のように，バカ社会のおとなの文化に類似した遊びが豊富に見られる一方で，4 のようにバカ社会のなかにはない，近代的な事物を借用した遊びを作り出したり，5 のサッカーなどのように，近年，外部社会から伝播したと考えられるスポーツやゲームに興じたりすることもあった。

おとなの文化要素との類似性

　各種の遊びを，バカ社会のおとなの活動と比較すると，両者の類似の度合いによって三つのグループに分類することができる。
　第 1 群の遊びは，おとなたちの活動を忠実に模倣することを楽しんでいると見られる遊びである。たとえば，少女たちが未熟のバナナを結わいて肩にかけて練り歩く「ミニチュアのバナナ」は，焼畑からバナナを収穫して持ち帰るおとなの女性たちを模している。少年たちが弓矢で射止めたクモを解体して調理するという「動物の解体のままごと」は，おとなの男性たちの狩猟後の動物の解体・調理のさまを忠実になぞっている。これらの遊びにおいては，いかにおとなとそっくりの振る舞いをするかが楽しまれている。
　第 2 群の遊びは，子どもがおとなたちの活動から何らかの要素を借用して構成し

図 14-1 槍猟
槍をかまえ，山刀を下げて，獲物が捕れなくても，いでたちは立派なハンターである。

直した遊びである。たとえば，パパイヤの中空の葉柄を用いて作るピストン状の「空気鉄砲」は，銃猟から材を借用している。細く裂いたバナナの葉を身にまとって踊る「精霊ごっこ」は，おとなたちの精霊儀礼の様式を借用しつつ，自作の歌などもまじえ，歌い踊ることを楽しんでいる。いずれも，部分的におとなの活動の要素を取り入れながら，独自の要素をまじえて遊びを構成している様が見られる。

　第 3 群の遊びは，バカのおとなたちの活動のなかにモデルを見つけることができない，子どもたち独自の遊びである。たとえば，アブラヤシの木の葉を束ねてぶら下がる「ブランコ」や，バナナを削って作る「ミニカー」などについては，バカの社会において類似のおとなの文化要素を見いだすことが難しい。たとえこれらの遊びの技法に熟達したとしても，やがて収斂すべきおとなの活動がバカ社会に存在しない。

　全般的に，子どもたちはおとなの諸活動の一部分を抽出し，それらを巧みに組み合わせて用いることが多かった。つまり，子どもたちにとって「隣接する異文化」であるおとなからの影響は，広範に見られていた。ただし，必ずしも忠実な模倣を演じているとはかぎらず，類似性のみを強調することもまた適切な理解ではないことが分かる。

図 14-2　運転ごっこ
運転ごっこ。狩猟や採集に関わる遊びのほか，自動車などの近代的事物に関わる遊びも多く見られた。

おもちゃの素材

　子どもたちが使うおもちゃの素材の事例を収集し，分析してみるとさらに興味深い。子ども自身が森や焼畑のなかから植物などの素材を集めてきて，遊びの目的で使うものである。アフリカショウガの茎でつくるおもちゃのやりや，バナナの葉で作る精霊の衣装，ラフィアヤシの若葉でつくる髪飾り，キャッサバの柔らかいずいを活かした空気鉄砲の弾など，その種類と用途の組み合わせは72種類に及んだ。

　そのうち，おとなの物質文化のなかで観察される素材利用と共通していると考えられるのは，わずか8種類にすぎなかった。つまり，森林の素材利用の大部分は，子どもたちのあいだで共有され，伝承されるおもちゃの文化であると見なすことができる。

　ところで，このように自分たちが作ったおもちゃのほとんどは，大切に保管されることなく，しばらく遊ばれた後はやぶのなかにポイと捨てられる。狩猟採集民のおとなにおいてもしばしば見られる「即製かつ使い捨て」(丹野 1984)の物質文化に似かよっている様子をうかがうことができる。

遊び場の特性

　遊び場については，子どもたちの実際の使用方法と語りに基づくと，「森林」「集落」「校庭」の三つのカテゴリーに分けることができた。これら三つの遊び場は，でたらめに用いられているのではなく，それぞれの場所において特定の種類の遊びが行われる傾向があった。

　一つ目の「森林」では，植物素材を集めて小屋を作ったり，精霊に扮した子どもたちが現れたりするなど，森の文化に関わりが深い伝統指向の遊びが多く見られた。一方，「集落」では，調理ごっこや歌・踊りの遊び，ミニカー作りなど，家事や日常生活，近代的な事物の影響がある遊びが多かった。最後に，「校庭」ではサッカーなどの競争的ゲームを含む，近年伝播してきたと考えられる遊びが行われていた。

　これらの遊び場の利用のしかたの傾向を，おとなの文化と直接的に比較することは難しい。バカのおとなたちは，学校の校庭で生業活動などを営むわけではないからである。また，子どもたちが「森林」といいなしている遊び場については，実際には，普段暮らしている集落からたとえば5mていどの近距離にある藪のなかであることもしばしばである。つまり，おとなが狩猟採集活動を営む，本来の意味での「森林」とはスケールが異なっている。

　おとなの空間認知における「森林」や「集落」というカテゴリーを借用しつつ，子どもなりの遊び場の分類を行っている様子であると解釈することができるであろう。

遊びの精神

　いくつかの異なる遊びに共通して見られる，「遊びの精神」ともいうべき共通の傾向があることも指摘できる。

　まず，いくつかの遊びにおいて，顕著な「攻撃性」が見られた。弓矢ややりをかまえてハンターとなった子どもたちは，地面をはう昆虫，トカゲ，鳥や小型哺乳類などを標的とし，それらを目がけて攻撃をしかけることに熱中する。このほか，地面にパパイヤを転がして射抜く遊び，死んだヘビをつつく遊びなどもあり，標的が必ずしも生きた動物ではないこともある。

　また，いくつかの遊びでは「競争性」が見られた。子どもたちが日常生活や遊びの中で，お互いに競いあう場面を見ることはさして多くないが，サッカーやソンゴ（ボードゲーム）など，おそらく近年外部社会から伝播してきたゲームに参加するときは，子どもたちが競争的な状況のなかで熱中する場面があった。

　三つ目に「平等性」である。平等性は，たとえば，狩猟ごっこでしとめたクモを，その場にい合わせた子どもたちの間で平等に分配するままごとなどで観察された。

攻撃性や競争性のような，瞬間にわき上がる衝動的な欲求によるというよりも，食物を平等に分配するおとなたちの所作を忠実に模倣し演じる遊びとして見られた。

ここで，「遊びの攻撃性は将来の狩猟技術を身につけるため，ままごとの平等性は将来の食物平等分配の慣習を身につけるための萌芽である」というふうに，おとなの文化要素に急ぎ接続して解釈する必要はないはずである。子どもの集団に視点をすえて理解しようとするならば，子どもたちは動く物への攻撃を楽しむ能力を持っており，また，おとなの生活慣習の一部である食物平等分配の行動を模倣して楽しむ能力を持っているということにすぎない。

また，狩猟採集社会においては，生業においても儀礼においても，特段に競争的な場面を見ることがないといわれているが，部分的にでも，子どもたちが競争的な遊びに熱中している姿が見られたことは，おとなの文化との同一視には慎重でなければならないことを示す一つの事例であろう。

性別と役割

少年は概して狩猟や動物の解体を，少女は採集や小屋作り，子守りなどに材を借りた遊びをする傾向があり，これは，バカのおとなにおける男女の性別分業とよく対応しているように見受けられた。

また，少年も少女も共に参加する遊びにおいては，しばしば分担が見られた。たとえば，ネズミ狩りでは少年がハンターを，少女が勢子（獲物を追い立てる役割）をする。森の精霊ごっこでは，少年がドラムとして鍋の底を叩き，少女が手をたたいて高らかな声で歌い，これら少年少女たちにはやし立てられた幼児たちが精霊役となって踊るといったふうに，やはり大枠でおとなの男女の役割分担に対応するような行動の違いが見られた。なお，自動車やオートバイをモチーフにした運転ごっこやミニカーの遊びでは，少年と少女がまざりあい，特段の役割に分かれることなく遊んでいる傾向があった。

このような傾向を見いだしたとき，おとなの眼差しにおいては，「子どもたちはそれぞれの性別ごとに遊びを通して教育され，ジェンダー規範を身につけて社会化するのである」という説明を付したい誘惑に駆られる。しかし，これも明らかにおとなによる期待のバイアスを含む解釈であることに留意したい。子どもたちは，おとなの男性や女性になるために遊びに従事しているのではなく，自分たちが任意に遊びを選ぶなかで，結果的に現象として現れたのが，おとなの男女の行動と類似した遊びであったということを示しているにすぎない。

日本ではしばしば少女がままごとを好むが，バカの社会では，調理などのままごとは少年の遊びである。このことを見ても，一方の性に，ヒトとして生得的な特定の遊びの嗜好性がそなわっているとは考えにくい。そうであるとすれば，この観察

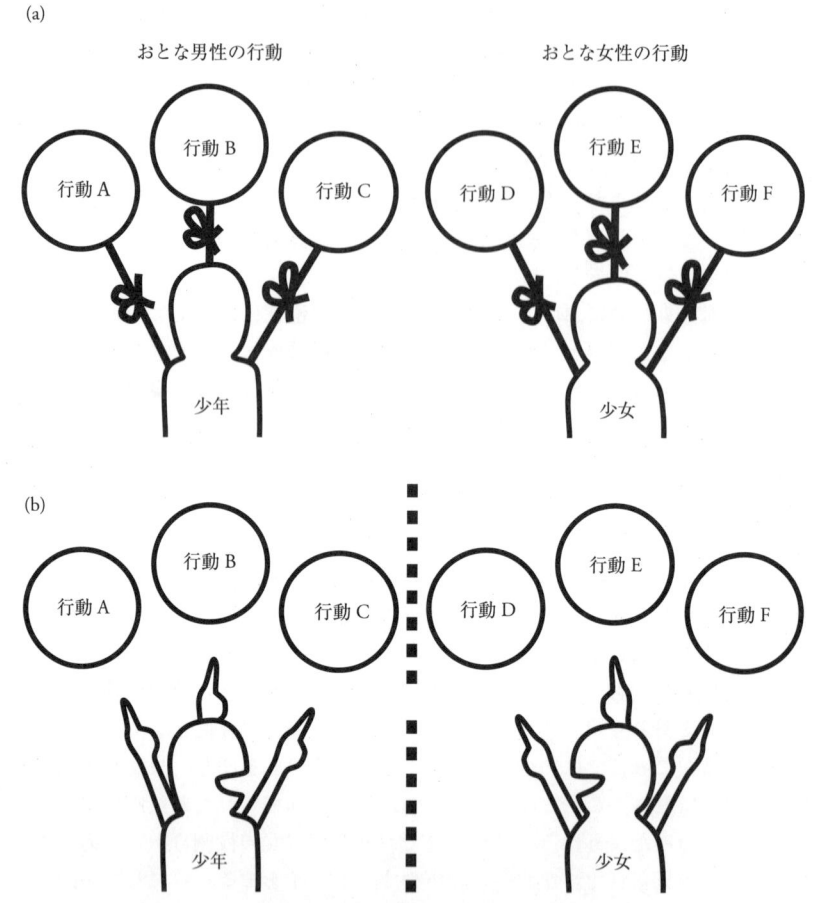

図14-3 子どもにおける性別の行動選択を説明するモデル

おとな男性の行動（A～C）が少年に，おとな女性の行動（D～F）が少女に，生得的な特性として分ちがたく結びついているという証拠はない（図(a)）。むしろ，子どもたちはおとなの行動群を二つに区別し，自分たちの性別の違いと重ね合わせて理解することで，自らの行動を選択するときに参照していると考えられる（図(b)）。

から指摘できるのは，「子どもたちは自発的に遊びを選ぶとき，自他の性別を参照し，同じ性別のおとなの行動の要素を取り入れる傾向がある」ということであろう。行動それ自体が特定の性と結びついているのではなく，異なる行動群の間の違いを，性のあいだの違いと重ねあわせて理解する能力を，子どもたちがそなえていると考えられる（図14-3）。

この着想は，トーテミズムの分析を行ったC. レヴィ＝ストロースの議論を援用したものである（レヴィ＝ストロース 1970）。一般に，トーテミズムにおいては，動植物などの特定の自然物と人間集団が関係づけられていると信じられている。この

現象に対し、従来は、特定の自然物と集団が直接的な関係を取り結んでいる（「食べるのに適している」）といった機能主義的な理解が多く行われていた。しかし、実はそうではなく、自然物どうしの違いと集団どうしの違いを重ねあわせて理解する思考様式が当該社会に存在しているのだ（「考えるのに適している」）とレヴィ＝ストロースは指摘した。

これにならうならば、おとなの行動様式を、性別を参照しながら子どもたちが自発的に取り入れていく様とは、おとなたちの行動群が「教わるのに適している」のではなく、「考えるのに適している」のだということができるであろう。子どもの文化をおとなの文化と比較し、その類似性を、おとなの側の論理に引きずられないような慎重さとともに理解するならば、このような解釈ができるはずである。

おとな文化との接続

子どもの集団は、おとなの社会と分離して存在しているわけではない。子どもにとってのおとなたちとは、毎日接する集団であり、生計のうえでも依存することが必要な相手であり、やがては成長とともにそちらに移籍するべき対象集団でもある。こうした条件から、子どもたちにおいて見られる様々なことが、「おとなになる準備段階である」との解釈を招きやすい構造がある。

しかし、そのことによって、「子どもは結局おとならしくなる」といった、結果を先取りする見方が卓越し、子どもたちの具体的な行動選択のあり方を分析する契機が失われてしまうならば、子どもの理解からかえって遠ざかってしまうであろう。

子どもたちは、生まれながらそなわった能力を活かして、身近な自然物や社会行動の諸要素を取り入れ、それらを組み合わせて遊びを構成する。このとき、おとなたちの生業活動などの諸文化要素を、格好の「資源」として利用する。文化の借用のチャンネルをとおして、性別に分類された行動群が、子どもたちの集団に流入し、遊ばれる。本来の目的を逸脱した行動となることもしばしばであるが、それらをとがめず、放任しておくのが、多くの狩猟採集社会の傾向である。子どもがそなえた能力と、放任的な子ども文化の醸成が、結果として文化伝承の一部を担っている。

では、なぜ放任的な扱いをしていても、子どもたちは、きちんとおとなの文化要素をいくぶんか取り入れ、類似した遊びを再現したいと自発的に思うのであろうか。その理由の一つとして、身近な行動を模倣したいと思い、自然物を探索することを楽しみ、競争的環境に思わず熱中してしまうという、遊びへの強い志向性がそなわっていることが考えられるであろう。ヒトが生み出す遊びは多岐にわたり、文化によって修飾されているものの、おおむね普遍的な性質を見いだすことができると、多く

の遊び論者が指摘してきた[5]。もう一つには，自他の性別を参照しつつ，その社会で見られる行動を二つに区別し，一方の行動群を自ら選び，もう一方の行動群を選ばないという思考様式も関わっていると考えられる。

「文化の形式は，子どもたちにとって覚えやすいというだけの理由で広く普及する」という指摘を受け止めるのであれば（Sperber 1996; Hirschfeld 2002），それが達成されるために必要かつ十分な子どもたちの能力を，その文化的営為に即して分析することが求められる。子どもを，「結局はおとなに収斂する受動的な存在」として描くのではなく，「自らの指向性に従って行動選択をする自由な主体」という認識とともに描く試みは，文化伝達のメカニズムの巧妙さ，それが人類史においてもつ意味，それを成り立たせるヒトの行動特性に光を当てる，有意義な民族誌を生むことであろう。子どもに関して放任的な態度をとることが多い森の狩猟採集社会は，その手がかりを分かりやすいかたちで示してくれたといえる。

14-4 ▶ 子どもの民族誌の視点と技法

子どもの眼差しをもつ：文化相対主義の適用

以下では，このような遊びの調査から得られたいくつかの視点と技法を抽出し，今後の民族誌に活かすための一般化を検討してみたい。

前述の調査を通じて，筆者が得た方法上の成果の一つは，「子ども集団のなかへ視点を移動させることの有用性」である。

眼前にいる子どもたちとは，共時的に存在する他者にほかならない。しかし，おとなの眼差しというバイアスが入ると，子どもたちは，いつしか通時的な時間軸における「おとなの前段階」という存在に変換されてしまう。それは，かつて人類学者たちが，同時代の狩猟採集民を農耕社会に先立つ初期の段階と位置付けた，進化主義人類学の眼差しと酷似している。この「前提」（結果ではなく）に従って諸社会を階段状に序列化した世界観は，やがてフィールドワークを主要な柱とした文化人類学が成立するとともに，批判されることとなった。

おとなが子どもを描こうとするとき，「時系列的な前段階」というおとなにとって都合のよい子ども像を手に入れるための説明を付したくなる誘惑がたえず浮上する。「子どもの民族誌」，すなわち，子ども集団に参与観察し，子どもの文化を，子どもの内在的な視点とともに描こうとする試みは，この誘惑に抗し続けることである。その結果，子ども自身がどのような能力や傾向を持っているかを，直接見抜こ

---

[5] 詳細は，遊び研究に関するレビュー「人の遊びをどうとらえるか：遊び論の二つの系譜」（亀井編 2009：1-20）参照。

うとする視座が養われる。
　視点を移すこととは，言い換えれば，おとなの視点をもつ観察者が，子どもに対して文化相対主義をきちんと適用することにほかならない。

子どもの文化を定義する：文化の古典的定義の再活用

　筆者が得た方法上の二つ目の成果は，「古典的な文化の定義の有用性」である。
　ここでの「子どもの文化」が，おとなによって子どもに与えられる児童文学や童謡などの「児童文化」とは異なるという点については，冒頭で触れた。では，「子どもの文化」をいかに定義するのが適切であろうか。子どもたちにおいて見られる，おとなとは異なるあらゆる事象を総称して，「子どもの文化」といいなすのが適切であろうか。
　文化人類学においては，文化の定義をめぐる議論が百出し，統一した見解を見ていないことは周知の通りである (Kroeber & Kluckhohn 1952)。しかし，「子どもの民族誌」を観察によって記載する研究を進めるにあたっては，「文化は，特定の社会の人びとによって習得され，共有され，伝達される行動様式ないし生活様式の体系」(石川ほか編 1994) という古典的な文化の定義が，意外にも有用性を発揮する。
　子どもの文化を「子どもたちの集団によって習得され，共有され，伝達される行動様式ないし生活様式の体系」と定めてみる。このことで，その子ども集団において持続する特徴としての文化を具体的に拾い出すことができる。一方で，必ずしも共有，伝達されない突発的，あるいは個人的な行動特性を，慎重に除外することができる。
　ここでは，あえておとなの文化との「違い」を発見することに専心する必要もないはずである。上記の定義に従うかたちで，子どもの文化要素を収集した後，それがおとなの文化と類似するのか否かを比較する作業を進めることのほうが，文化伝承のメカニズムなどを探るうえで重要であるだろう[6]。

子ども集団に入り込む：参与観察調査の技法

　方法上の三つ目の成果は，「子ども集団への参与観察の技法を集積することの有

---

6)「ある集団で見られる現象が文化であるかどうか」を，観察可能な事実により検証できることの有用性は，きわめて高い。たとえば，筆者は「ろう文化 (Deaf culture，手話を話すろう者たちの文化)」の意味を，ここでの議論と同様に，文化の古典的定義に従って定めることを提唱している (亀井 2009, 2010b)。マイノリティの文化を，解釈をめぐる無限の論争のなかにおいてしまうのではなく，観察可能な条件によって定義し，具体的な記載を進めることが，よりよい理解のための方途と考えるからである。生態人類学的な客観的・物質的な文化観が，汎用性をもつことの証であるかもしれない。

用性」である[7]。

「子どもの視点で観察する」ということは，言うは易く行うは難いことである。なぜなら，多くの場合，観察者はすでに子どもではないからである。

筆者は前述の調査を進めるにあたり，子どもたちとの間にラポール（信頼関係）を築くことに，相当工夫を重ねた。白い肌をした見慣れない外国人のおとながいきなり集落に住み着いて，近隣をうろうろと歩き回り，子どもたちの後を追いかけ始めたら，子どもたちが警戒するのは自然なことであろう。

私は，自分が住んでいる家の一部のスペースを子どもたちに開放し，「ンダ・ナ・ヤンド（子どもたちの家）」と呼んで，気がねなく座りに来ていいようにした。しかも，そこには時どき飴を置くようにしていた。子どもたちをあわてて調査の対象と位置付ける必要もなく，近くにいても警戒する必要がない人物であるという様子を示すことにした。やがて，人見知りが激しかった子どもも，家のベンチにちょこんと腰掛けて，静かに私の挙動を眺めていられるような雰囲気ができた。

コミュニケーションを工夫することも重要であろう。バカ社会のような学校教育が普及していないところでは，当然，公用語であるフランス語はあまり役に立たない。特に子どもたちを相手にしたとき，フランス語では会話ができないだけでなく，私があたかも学校の教師や教会の神父であるかのような印象を与え，相手に心理的な圧迫を感じさせるおそれもある。私は，子どもたちとの会話の中で，つとめてバカ語を使うようにした。また，しばしば動植物や遊びの行動をスケッチしては，描き上げた絵を子どもたちに見せて，いっしょに楽しんだりしていた。絵を描くことは，子どもたちとの会話のネタを増やし，さらに言葉を覚えるためにも役立った。

やがて，遊びや様々な活動の仲間に，少しずつ入れてもらえるようになった。一緒におやつのパパイヤを食べたり，狩猟についていったり，食物分配のままごとが始まったら，引きちぎられた虫の分配にあずかって食べるまねをしたりもした。

自分はおとなであるというようなプライドは捨てて，叱ったり教えたりするでもなく，むしろ，遊び仲間に弟子入りするという感覚で，子どもたちの輪の中に入れてもらった。このような心がけを重ねるなかで，遊びに出かけていくときには，「ノブウ，ドモ！（おいで！）」（「ノブウ」とは筆者のニックネーム）と誘ってもらえるようになった。

14-5 ▶ 子どもの民族誌から多様なサブグループの民族誌へ

「子どもの民族誌は可能か」という問いに対しては，次のように答えることがで

---

[7] 子どもを相手にする参与観察調査の方法の詳細は，亀井（2010a）で紹介した。

きるであろう。

　これまでに示したように、「子どもの文化」を客観的に観察可能なかたちで定義し、文化相対主義をきちんと適用し、ラポールを形成しながら参与観察を行うという、きわめて古典的な文化人類学のスタイルによって、それは可能であると筆者は考える。そして、それは、おとなの眼差しに覆い尽くされてしまいがちな子どもの姿を、子ども自身へと取り戻し、その実態に即した理解を可能とする新しい領域を開くであろう。子どもを子どもとして描く民族誌的研究が、いっそう振興されることが望ましい。そのためには、子ども集団への参与観察調査をめぐる方法や倫理をめぐる事例が、経験としていっそう蓄積されることが望ましいであろう[8]。

　今後のさらなる展開について、構想してみよう。「子どもの民族誌」が成立することは、これまで単体として民族誌の対象と見なされにくかった、社会のなかの様々なサブグループに光を当てる試みの一翼をなす可能性がある。

　おとなの眼差しで子どもが描かれてきたのと同形の構造の問題を、私たちは社会の他のサブグループにおいても見て取ることができる。なかでも、ジェンダーをめぐるテーマは、おそらくこれまでもっとも関心が寄せられ、かつ、議論が進展してきた分野であるだろう。男性中心の視点で描かれた民族誌の数かずが批判的に吟味され、女性人類学者による民族誌の蓄積が進んでいるからである。

　しかし、ジェンダー以外の様々な社会の内部の差異について、人類学がきちんと眼差しを向け、民族誌的研究を蓄積するという目立った活動は見られていない。

　子どもたちが「育児・教育の対象」としての位置付けに絡めとられてきたのと同様、たとえば、高齢者や障害をもつ人びと、手話を話す人びとなどは、常に「福祉、介護、支援の対象」として、特定社会を描いた民族誌の端役を演じる役目を与えられるにすぎなかった。それぞれに生活世界があり、習得、共有、伝達される文化があり、固有の視点があるにもかかわらず、それらの人びとにきちんと文化相対主義が適用されてこなかったのはなぜであろうか[9]。

8）日本の小学生の集団において参与観察を行った水月昭道は、子どもにカメラなどの機器を傷つけられるリスク、いたずらを目の当たりにしてしまうケース、子どもたちにジュースをごちそうしたときの失敗など、子どもを相手として調査を行うときの特有の技法や留意点について紹介している（水月 2007）。

9）B. イングスタッド & S. R. ホワイト編（2006）のように、障害を持つ人びとに焦点を当てる民族誌的研究が現れ始めているが、概して非欧米世界における身体的マイノリティを、その異文化社会のなかの客体として描く傾向が強い。「その本人たちにとって世界がどう見えているか」というところまで分け入って理解しなければ、フィールドワークに基づいた相対主義としては「道半ば」であろう。その点、手話言語集団を形成するろう者の民族誌的研究は、比較的早くからろう者コミュニティの中へと入り込む参与観察を行ってきた（詳細は、ろう者の民族誌に関するレビュー「ろう者観の転換へ：文化人類学のために」（亀井 2006：193-196）参照）。ちなみに、自ら障害を持つにいたった人類学者による自伝的民族誌（マーフィー 1997）は、相対主義的な参与観察を一気に通りこし、ネイティブの人類学の実践へとたどりついた希有な事例であるかもしれない。なお、関連文献として、戸田（本書第 11 章）も参照。

「支援」などの解釈の眼差しに絡めとられてしまう状況を方法的に回避するために，生態人類学の特徴である，物質的環境を調査する視座と計量的な手法は，有効に活用できる可能性がある（亀井 2008）。

「子どもの民族誌」の試みは，社会の差異にきめ細やかに向き合う様々な民族誌的研究を振興する糸口となるかもしれない。さらには，文化相対主義の先にある「自文化人類学 (native anthropology)」（桑山 2008）へと道が開かれる可能性もあるであろう。「子どもによる子どもの民族誌」，「高齢者による高齢者の民族誌」「ろう者によるろう者の民族誌」など，そもそも均質ではありえない社会の多様な差異を，細やかに理解する視座が生まれるに違いない。

そのために必要な道具立てとは，意外にも，古典的な文化人類学のスタイルである。文化の古典的定義，文化相対主義，そして参与観察が，新しい民族誌の諸分野を切り開く可能性に満ちたツールであり続けることは，間違いないようである。文化相対主義の適用を待っているフィールドは，実はすぐそばにあるのだ。

第15章

都留泰作

ピグミー系狩猟採集民バカにおける歌と踊り
――「集まり」の自然誌に向けて――

15-1 ▶「規範なき社会」でヒトはなぜ集まるのか？

集団で生きられる音楽

　ピグミー系狩猟採集民（以下ピグミーと記す）の歌と踊りへの愛着は古くから知られている。古代エジプト人たちが残した，ピグミーについての最古の記述では，かれらは「神の踊り子であるコビト」と表現されている。現在のピグミー社会においても，歌と踊りは，生活に深く根付いている。特に，洗練されたポリフォニーの合唱曲については，CDも発売されている。私自身，ピグミーの研究に惹かれた理由の一つが，かれらの音楽であった。多くの人びとの声が織物のように結び合わさって一つのハーモニーを奏でるかれらの音楽は，唯一無二の魅力を放っていた。それは，私には「集団による音楽」という感じがした。まるで集団で歌うということが，かれらの集団原理そのもの，さらには生きることそのものであるかのような印象さえ持ったのである。実際に調査を行った今では，それが一面的な印象に過ぎなかったということがよく分かるが，あながち完全な勘違いだったというわけでもないと考えている。

　ピグミーの音楽については，S. アロム（Arom 1985a）をはじめとして，膨大な民族音楽学的な研究蓄積があるが，私は，実際の調査に入る前から，集団行動としてのかれらの音楽実践の場を，社会的な行動として記述・分析したいと思っていた。その作業を通じて，ピグミーの文化の重要な特徴をあぶり出すだけでなく，人類の集団形成や社会行動について何らかの示唆が得られるに違いないと考えたのである。

　調査地に赴いた私が目にしたのは，CDでの印象のとおり，毎晩のように広場に

集まって集団で歌と踊りを展開する,「ベ (be)」という集まりであった。本章では,この「ベ」という営みを記述分析することを通じて,ピグミー社会における集団形成の原理について,何がしかの考察を得ることを試みたい。

狩猟採集民・ピグミーの社会

まず,ピグミー社会における「集団」とは何であるのか,ということから筆を起こさなければならないだろう。かれらの集団生活の特質を感覚的に捉えるうえで,ピグミー研究の嚆矢となった,C. M. ターンブル (Turnbull 1961) の「森の民」は,未だに輝きを失ってはいない。ターンブルは一貫して,森の民であるムブティを,気ままで権威嫌いの自由な民として描いている。たとえば「ピグミーは一定のルールに拘束されない」,かれらの社会では「すべてが一見無秩序にひとりでに解決してゆく」などと描写され,ターンブル自身が,ピグミーたちは仕事を共にこなす相手としては「あてにできぬ」と感想をしたためているのである。かれらは,あまりに気ままで自由で自分勝手であり,秩序だった集団生活にはいささか不適合な人びととして表現されているといえるだろう。

このような特質は,ピグミーにかぎらず,多くの狩猟採集民社会で報告されている知見と重なりあうところが多い。豊富なサケの群れを食料源とし,階層化した首長制社会を実現していた北太平洋海岸部インディアンを別として,多くの場合,狩猟採集民の社会は,不安定で収量の低い天然の動植物を食料源としているため,少人数で分散した低人口密度のバンド社会とならざるをえない。これらの社会集団は,高い移動性と,頻繁な離合集散によって特徴付けられる。個人は,特定集団に強い愛着を抱くことはなく,ちょっとしたトラブルや気まぐれで,所属集団を転々とする。原ひろ子 (1989) が,ヘヤー・インディアンについて強調するように,かれらは徹底した「個人主義者」である。集団の助力をあてにせず,ひとりで生きてゆくことを前提として生きている。

個人レベルで描写されることを集約してゆくと,かれらは,集団を無視したり必要としたりしないかのようだ。このような人びとにまともな社会生活を送ることなどできるのかとさえ思えてくる。実際には,多くの観察者が報告するように,かれらの集団生活は,暖かく家族的な雰囲気の中で,平穏に過ぎてゆく。そこで期待されるルールは,平等に資源を分かちあうこと (平等主義),そして,特定個人に権威が集中することを阻むことであって,個人の自由が,規律によって縛られる場面はほとんどない。かれらの社会は,見方によっては,個人の自我を押さえつける集団的権威や組織の規律,富の格差から解放された理想社会ということもできるだろう。

群れとしての集団

　ここで問題となるのは，この「規範なき社会」は，伝統的な文化人類学的な前提からは理解しにくい部分があるということだ。文化人類学では，文化とは，集団に共有された記号と象徴のシステムであるとする大前提がある。社会システムも文化の一部であり，様々なルールの束や，記号的・象徴的に伝達されるイデオロギーによって成り立っている。このような考え方からすると，「規範なき社会」などというものは，人間社会にかぎっていえばあり得ないものなのである。

　しかしながら，私たちは，日常的に，文化的規範を意識しなくとも，集団をなすことができることを知っている。私たちは，お互いを空気のように感じて，ただ集まっていたり，情緒的に共鳴したりすることがある。集まりを背後で支える，これらの仕組みは，記号や象徴に変換して表すことが困難である。その多くの面が，私たちが霊長類の祖先から引き継いだ，暗黙の身体的感覚に多くを負っているからである。人間集団が持つ，こういった側面は，従来の文化人類学では，正面切って扱うことが難しい性格を持っている。

　たとえば，狩猟採集民の「平等主義」や「原始共産制」というものは，イデオロギーとして書き表すことができるものなのだろうか？　それは，見知った者どうしが織りなす交換の網の目の中で，特定の者の取り分が，多すぎたり少なすぎたりすることを防ぐ仕組みであるが，この仕組みは，記号的・象徴的な論理よりも，生物としての人間が持つバランス感覚に多くを負っているように思われるのだ。たとえば，同様の仕組みは，サルにも存在することが知られている (de Waal 1994)。チンパンジーは財の交換こそ行わないものの，個体どうしの力関係や損得勘定のバランスを取りながら，争ったり同盟したり，仲直りをしながら，集団の秩序と均衡を，全体として達成する仕組みを持っている。狩猟採集民の「平等主義」は，新石器時代のマルクスが「発明」し，言い伝えのような形で文化的に伝承されてきたものというより，このような生物学的背景と強い関わりがあるように思われる。文明が崩壊し，すべての知識が失われたとしても，人間は，祖先から受け継いだ生物学的能力に基づき，狩猟採集民のような平等主義社会から，再び始めることになるのではないだろうか。

　ここで私が意識したいのは，群れを観察するサル学の手法である。集団でまとまり，ある程度の秩序を持った社会を形成するのは，ヒトもサルも同じである。しかし，サルには，人間のような規範や，文化（個体間の模倣によるものではなく，集団の一体性を保証するものとしての）が存在しない。それでは，かれらはどのように社会集団を維持するのだろうか？　動物行動学の一分野であるサル学では，個体どうしの相互作用に目を向ける。そこでは，個体どうしの間で，協力・同調・敵対・競争など様々なコミュニケーション行動が展開している。一個体一個体は，自由にその場の

文脈に沿って「気まま」に行動しているだけであるが、全体として、一つの集団としてのまとまりをなす。すなわち、「群れ」である。群れは、一つのまとまりを形成し、しばしば群れどうしの間で敵対関係が生まれることすらある。

このような群れとしての集団のあり方は、上で述べてきた、「無秩序な」狩猟採集民の社会の様相と重なってこないだろうか？　そこでは、個体（個人）はこれといった規範に縛られることなく、自由に行動しているのだが、全体として、自然な流れのうちに、集団としての秩序らしきものが立ち現れてくるのである。

人間の社会もまた、自発的な個体としての人間が一つの場を共有し、相互作用を行うという意味で、上で述べてきた「群れ」としての側面があるだろう。「人間の群れ」という言い方が常識的におかしいということであれば、多少柔らかめに「集まり」と言い換えてもよい。

「集まり」の観点から儀礼なり社会なりを記述するためには、規範や記号のような形で人間の信念や行動を切り出し、それらの相互関係を記述しようとする、通常の文化人類学的方法はあまり有効とはいえない。むしろ、サル学における動物行動学的手法を、人間の集団行動にあてはめる形で、参加者の間の相互作用を虚心に観察することが必要になってくる。動物の群れを観察し記述する方法を人間にあてはめるという意味で、この思考法を「集まりの自然誌」と呼んでみたい。

「集まりの自然誌」に向けて

ここでは、「集まり」というものを、サルの群れにも相通ずるような、文化的に言明される規範を伴わない、無秩序な形でイメージしている。狩猟採集民の社会は、そういう意味で、「集まり」としての特質を多く備えている。しかしながら、狩猟採集民の社会では、共同体のメンバーが一同に会して、実際の「集まり」をなす場面はかぎられている。日々の狩猟採集など生業活動は個人単位で、また男女が別れて個別的に行われる。ピグミー社会で認められる、そのような集まりは、集団で獲物を網に追い込む網猟（バカでは行われない）か、バカの場合「ベ」と呼ばれる、歌と踊りを伴う集会に限られる。

バカは、この「ベ」をどのような意識のもとに、どのような形で営むのだろうか？　これを明らかにすることが、バカとピグミーの社会の成り立ちについて何がしかの考察を与えてくれることは疑いない。

さて、人間が集まりを成り立たせるうえでは、いろいろな要因が絡んでくるだろう。大きく分けて、霊長類の祖先から引き継いだ能力に多くを負っているような生得的要因と、規範的・形式的な、文化的要因である。集まりにかぎらず、人間の行動においては、両者は深く絡みあって、しばしば見分けがつかない。たとえば挨拶の様式は、身振りなど、ある部分では文化的な様式に多くを負っているが、別の部

第15章　ピグミー系狩猟採集民バカにおける歌と踊り　301

分では，生得的な要因に多くを負っている。人が出会うときに感じざるを得ない緊張感や警戒心は，明らかに私たちが霊長類の祖先から引き継いだ心理的反応である。この両者の絡みあいが，挨拶を生み出すのである。

　バカの「ベ」は，基本的には集団で歌って踊り，原初的な，集まりをなしてがやがやしたいという衝動を解放する営みなので，上でいったような生得的要因に多くを負っている。しかし，かれらは私たちと同じ人間であるから，集まりの形成にも規範的な部分がまったくないというわけではない。「ベ」は，文化人類学のメジャーな研究対象となってきた「儀礼」としての側面を持つ。「ベ」においては，扮装などで表現された，森に住む宗教的な存在「メ」が登場して女性たちの合唱に合わせて踊る（都留 2001）。また，合唱で歌われる歌は，人びとが夢の中で祖先から教わって，それを朝起きた時に思い出しながら人びとに伝えるものとされている。これらの歌を皆で合唱し，森に住む種々の精霊を呼び寄せ，かれらと交流するのである。このような儀礼としての「ベ」の実施には，多くの形式的な仕掛けが施される。

　しかし，かれらの「ベ」は，私たちが「儀礼」と聞いて思い浮かべるような，かしこまった，型にはまった演技的な行動形式とはずいぶんとかけはなれている。それは，依然として歌や踊りを人びとが無秩序に楽しむ，ただの集会，「集まり」のように見える。しかしこのような見方は，「儀礼」に対する，私たちの硬直した考え方を反映しているに過ぎない。上で述べたような「群れ」や「集まり」ということを意識して考えを逆転してみよう。そうすると，儀礼の場とは，個人が，日常の自発性や自由を一時的に放棄して，かしこまった場を共同で営む，特殊な集まりの形ということになる。通常の社会では，特に儀礼の場においては，このような個体の自発性（たとえば葬式の場で笑ってしまうことなど）は，抑圧され，制御されている。このような見方で「ベ」を振り返ってみるならば，「ベ」とは，通常は抑制されている人間の自発性というものが，そのまま表面に出てきている儀礼なのだ，ということができる。そして，このことは，バカの狩猟採集民としての「無秩序な」社会的特質を反映する現象の一つとも考えることができるのだ。

　本章では，上のような観点から，バカの人びとが，集まりを「霊長類ヒト」としてどのように楽しみ，「文化的生物」としてどのように形式的・儀礼的な仕掛けを施し組織していくのかをひっくるめて記述し，かれらが集まりというものをどのようなものとして意識し組織しているのか，をあくまで「自然誌」的に分析することを試みる。さらに，この作業を踏まえて，ピグミーの社会形成について指摘されている特質について，自分なりの考察を加えてみたい。

15-2 ▶ バカの「ベ」と社会的背景

社会的背景

　バカは，コンゴ盆地西部（カメルーン東南部，中央アフリカ西部，コンゴ共和国北部）の熱帯雨林に居住する狩猟採集民で，その人口は3万から4万とされている。私が調査したのは，カメルーン東南部のバカである。

　調査地域のバカは，村人の村落に隣接して半ば定住化した生活を送っている。主食は畑で収穫されるプランテン・バナナやキャッサバである。バカ社会は，農耕民を模倣した農耕システムや定住的なライフスタイルに傾きつつあるが，狩猟採集への高い依存，従来の狩猟生活に見られる季節的な移動など，狩猟採集社会の特質も保持し続けている。何よりも，森に対するかれらの愛着と知識は，しっかりと保持されている。

　バカの居住集団の単位となっているのは，半定住的な集落「バ」である。居住集団は男性を中心とする核家族によって営まれる。各核家族が一つの家屋を構え，広場を囲んで同心円状に配置されている。居住集団の平均的なサイズは，子供の数も含めると，だいたい50人程度である。核家族の中心となる男性たちは，父系の絆で結束し，居住集団を統率する。居住集団は，この父系出自の集団を核に形成されるといえる。村全体を統率する明確な権力は存在しない。ココマと呼ばれる年長者が，「村長」として名指されることがあるが，これはカメルーン政府などに対する連絡先を勤めるといった程度の役割であり，特別な権力や威信が付与されているわけではない。

　各々の父系出自集団は，さらにイェ（ye）と呼ばれる上位集団（クラン）に属するとされる。同じイェに属す者どうしは結婚できない。しかし，イェが，共有された出自の記憶や神話などに基づいた地域集団の形成につながることはなく，その意味では，あくまで日本の「名字」に当たる程度の意味合いしかもたない。イェは地域集団としての輪郭を持たず，バカの社会では，居住集団の中核となる父系出自集団よりも高いレベルで統合された集団は存在しないと考えられる。

　調査地域では，カメルーン政府やカトリック教会によってバカの定住化が推進されているが，兄弟，従兄弟間の反目などによって，もともと一つの居住集団だったものが分かれて住むようになったり，逆に別の集団とくっついたりしていることもある。ただし，このような離合集散は，かれらが接触している農耕民の集落の周囲で展開するだけなので，広域的に見ると，かれらの付き合う人間は生涯を通して大幅には変わらない。

　かれらの社会は，定住化や村人の影響による変化を被りながらも，分散的で流動

的な「狩猟採集民らしさ」を残しているといえる。

「ベ」の実施

　「ベ」というバカ語は「歌」，または「歌うこと」を指す言葉であるが，一般に踊りと歌を楽しむ集まり自体をも指す。「ベ」は，個々の集落を構成する居住集団ごとに行われる。

　「ベ」が行われる時間帯は，一般に，採集狩猟や農作業など一日の労働が終了した夜間である。まず成人女性たちが，広場の一角に固まって座り，合唱を始める。居住集団のほぼ全員，10-20人程度の女性が，歌い手として合唱に参加する。「ベ」では多くの曲目が歌われるが，いずれも歌詞を含まず，歌い手は語彙的には意味のない「アー，アー」という発声のみを使って歌う。そのうちに，居住集団に属する成人男性がひとりから数人程度，様々な衣装を身につけて登場し，中央の広場に出て歌い手の合唱に合わせて踊る。踊りに用いられる衣装や身振りの様式は演じられる「ベ」の種類によって異なっている。男性たちはまた，歌のリズムを維持するための太鼓演奏も行う。踊りや太鼓に関わらない男性は，見物か，踊り手の補助に回る。踊り手としての男性と歌い手としての女性は，共に欠くべからざる要素として，相補的に「ベ」を成立させている。

　ピグミー系狩猟採集民が示す，歌と踊りへの並々ならぬ熱意と関心は顕著な社会的文化的特質である (Turnbull 1961)。バカでも，人びとの「ベ」に対する意欲は高く，「ベ」はきわめて頻繁に行われる。どのような「ベ」が行われるかは日によって異なるが，ほぼ2日から3日に1回の割で行われている。「ベ」は，「村に活気を与えるため」というような気軽な動機で行われることが多い。「ベ」はレクリエーションとしての意義づけが大きく，その遊戯的な特質がうかがえる。なお，バカの近隣に居住する村人も，「ベ」に似た集会を行うが，バカにおけるような高い頻度ではない。

　「ベ」は，宗教儀礼としての社会的文化的意義を担っているが，基本的には歌と踊りを楽しむことを目的とした自然発生的な集まりでもあるということができる。

合　唱

　「ベ」の実施の根本となるのは，女性の合唱である。歌い手は，1か所にグループを作って座り，合唱する。歌い手のグループの人数は，最初は5人程度で少ないが，時間の経過とともに徐々に増えてゆき，集落の女性全員が揃うと，15人から20人にまで達する。男性の踊り手は，合唱がある程度盛り上がるのを待って登場し，合唱に合わせて踊る。

　「ベ」の歌には非常に多くの曲目が存在する。一つの「ベ」においてさえ，数十程

度の曲が含まれることもある。これらの歌は，他のピグミー系集団の音楽の例に漏れず，単純なフレーズの繰り返しから成っている (Olivier & Furniss 1999)。また，どの歌も，テンポとメロディにおいて並行する，二つのパートから成っている。

　歌い手は，二つのパートのうち，いずれか一方を選択し，数秒から十数秒の短いフレーズを，繰り返して歌う。歌には，終結部に当たる部分がない。「ベ」においては，歌い手たちは，同じフレーズを延々と繰り返すが，きりのよいところを見計らって休憩する。

　合唱は，一斉に開始されるわけではない。先導をつとめるひとりからふたりの歌い手が歌い始めるのに合わせて，そこに他の歌い手が徐々に加わってゆく。他の歌い手たちの協調が得られず，合唱にいたらないこともある。合唱はいったん成立すると，数分程度持続する。合唱への参加者が少なくなり，ついには誰も歌わなくなると合唱は終了する。歌い手たちは，相互の反応を確かめあいながら，合唱を成立させてゆくのである。合唱は，うまく同調すると，一定時間，安定して持続するが，平均持続時間は 199.3 秒（SD = 174.55，N = 1133，最長で 960 秒）であり，さほど長くはない。本章では，この各々の合唱の持続を，「セッション」として扱う。「ベ」の全過程を記録した 53 例から，合計 1133 のセッションに関する資料が得られた。

　合唱は，集団的な協調行動であって，女性たちは，口頭で「歌え，歌え」と励ましあったり，逆に合唱に熱がこもりすぎる場合には，「まずはゆっくりと」などと抑制的な指示を発したりして，うまく協調を得ようとする。

　歌い手たちは，うまく協調が得られた場合の，理想的な状況がどういうものであるかを感覚的に把握しているが，このことは歌に関する言語表現に見て取ることができる。

　特にうまく協調が得られた歌は，「熱い (loka)」と表現される。フランス語の「chaud (熱い)」という語彙が用いられることもある。「熱い」という表現は，群衆が多く集まりざわざわした状態，水が沸騰した状態などに対しても用いられる。また，「ベ」を鼓舞しようとする際には，「熱くしろ (chauffez!)」という動詞の表現が用いられる。すなわち，「熱い」という表現は，合唱における熱心な一致状況を，水が沸騰する状態になぞらえつつ，これを望ましいものとして肯定する意識を反映している。このような審美的意識が，歌い手たちの協調を情緒面から支える基本的了解となっているのである。ただし，歌が「熱い」とは，単ににぎやかな状態を指すのではない。たとえば，子供たちが，非常に大きな発声を用いて熱心に合唱を行うことがあるが，このような状態は単に「強い (peke)」と表現されるのみで「熱い」とは表現されない。「熱い」歌という表現は，合唱の経験を積んだ大人の歌い手たちにしか達成できないような，熟練の境地を指すともいえよう。

　このような合唱の進行に関わる「感覚」をうかがわせるもう一つの行動に，ナ・スエと呼ばれるものがある。

バカの歌は音楽構造としての終結部を持たず，ナ・スエと呼ばれる特殊な合唱の
フェーズが，合唱を完結させる上で重要な役割を果たす。ナ・スエは，歌をやめて，
特有のテンポを持つ手拍子のみを行う状況を指す。これに，「エーッ」という独特
のかけ声が加わる場合もある。ナ・スエの持続時間は，合唱に比べると短く，通常
1分程度で終了する。平均持続時間は 87.55 秒（SD＝55.54，N＝422）だった。バカ
にナ・スエを行う理由について質問したところ，「ずっと歌っていると疲れるので，
合唱を終わらせるために行う」という答えが一般的である。ナ・スエは，合唱を終
結させるための形式的な行動ということになるだろう。
　ナ・スエについてのさらに微妙な感覚的意識は，語彙的な意味を検討すること
でうかがい知ることができる。na は動詞の不定形を示す接頭辞，sue は動詞の不定
形である。スエという動詞は，単純に「歌を停止する」というだけの言葉ではなく，
もう少し微妙なニュアンスを含んでいる。たとえば，「人をスエする」という表現
が取られる場合もある。これは，生きている人物に対して，「お前は1週間後に死
ぬだろう」などと予告して，その人の現実の死を積極的に引き起こそうとする呪術
的行為を指す。この用法から，「べ」における「ナ・スエ」の意味を照らしあわせる
と，これは，活性状態にある合唱を，人間のように生きている物と見立て，生命を
断ち切るようにして完結させる行動を指すといえよう。歌い手は，「熱い」歌を続
けて，徐々にそこへの没頭の程度を深めてゆくわけだが，それがある極点に達し
たところで，「もう十分だ」という判断が働いて，歌は断ち切られる。ナ・スエは，
だんだん高まってゆく歌い手の高揚感が，極点に達したことの表明であり，クライ
マックスの意識を儀式的に表現したものともいえる。
　また，活発な合唱がナ・スエを経て終了した直後には，参加者が，合唱に対する
満足感を表明するために，定型化したかけ声を挙げる場合がある。すなわち，歌い
手を鼓舞する男性もしくは，主導的な歌い手が「トルル (Trrrrr)」もしくは「ホイ
ヨー (hoiyo)」と叫び，これに呼応して歌い手たちが「ホー (hoo)」と答え，合唱が終
了する。このようなかけ声の後には，次の合唱に備えて休憩が取られるとともに，
合唱の余韻を楽しむ状況が訪れる。この状態を「べ」を「トゥコ (tuko)」すると表現
する。トゥコとは，容器に入った水，食物，ゴミなど集合した状態にあるものを，
容器から取り出して捨てる動作を指す動詞である。これは，合唱における集団的な
一致状態を，ものが1か所に集められた状態に見立て，合唱を終えて余韻を楽しむ
状態を，いったん集められたものが投げ捨てられ目前から消えてゆく状態になぞら
えた表現といえよう。
　このように，かれらにとって，合唱とは，ある程度の参加者の熟練が要求される，
集団的な協調行動なのである。そこでは，歌い手たちが一致して合唱の中に没入す
る境地のようなものを集団で形作ることが目指されている。その境地を作り上げて
その状態を楽しんだあと，それをいったんナ・スエによって「チャラ」にして，敢

えて「捨て」たのち，休憩して余韻を楽しむ。歌い手たちは再び歌い始め，その境地に戻る。本章でセッションの繰り返しとしているものが，これである。ナ・スエや掛け声は，皆でそこに協力してうまく「熱い」集団の状態を作り上げたことを確認し，喜びを分かち合う儀礼的行動でもある。

　これは感覚的にしか把握できない点であるが，かれらのポリフォニーの音楽をCD等で聴いていると，聞くものを巻き込み幻惑する魅力がある。私自身は歌に加わる能力がないので分からないが，おそらくは参加者たちは，ただ聞いているよりももっとビビッドに，合唱の渦の中に巻き込まれるような感覚を味わっているのだろう。合唱とは，そのような渦を皆で作り上げ，自らその渦の中に身を投じてゆく技法のようなものなのだろう。

15-3 ▶「べ」の比較分析

　合唱は，集団が，自らを素材として作り上げる芸術といえるだろう。すなわち，集団が，自らの状態を自ら導きながら，理想的な一致状態（「熱い」状態）へと練り上げてゆく営みなのである。それは芸術活動であると同時に，集団的な儀礼行動でもある。

　この「熱い」状態を，「はじめに」で述べたような，狩猟採集民の離散的な社会のあり方と対比してどのように考えればよいのだろうか？　かれらが集まりとしての「べ」をどのように扱い，感じ，考えているのかを問い直す必要がある。

　この「集団芸術」は，男性による踊りが加わることによって完成するわけだが，この踊りは，特に男性が女性たちの合唱を刺激するために多様な工夫を凝らして行われるものである。そこには，特に男性たちが，合唱を中心とする「べ」をどのような場として設計しようとしているか，その思想のようなものが表出しているように思われる。

　踊りの種類によって「べ」をいくつかに分類し，それぞれの集まりの様相を比較することによって，かれらの集まりに対する「設計思想」を浮き彫りにしてみよう。

「べ」の種類

　「べ」には，多くの種類があり，それぞれに歌のレパートリーを備えている。しかし，それぞれの「べ」の集まりとしての性格を決めているのは，様々な踊りの形式である。「べ」では，合唱の存在はいわば「当たり前」であって，踊りこそが集まりの「うまみ」であり目的であるかのように扱われる。実際，歌は女性が集まりさえすればできるが，踊りは，事前の準備や特別な道具立てを必要とする。「べ」に

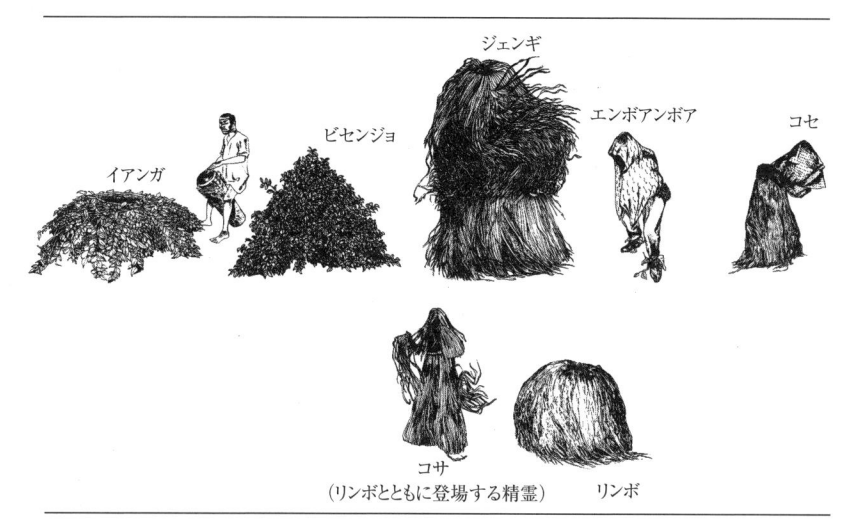

図15-1 精霊の衣装

おける歌と踊りの位置付けは，食事における「めし」と「おかず」の関係といってよいだろうか。もちろん，踊りが「おかず」に当たる。踊りは，純粋な意味での「ダンス」だけではなく，それらを演出するための多くの演技や儀礼的行動を含んでいるので，踊りを中心とする「パフォーマンス」と表現するのが適当である。

ここでは，主要な踊りの形式として，精霊パフォーマンス，円舞パフォーマンス，ンガンガのパフォーマンスを取り上げ，それぞれの「ベ」におけるパフォーマンスの役割と，集まりとしての性格を相互に比較してみよう。

精霊パフォーマンスは，バカの人びとが「メ (me)」と総称する，いわゆる精霊に関連する「ベ」である。精霊「メ」は，普段は森で生活しており，時に応じて踊り手として「ベ」に参加すると考えられている。これらの「ベ」では，男性が扮した様々な種類の精霊が，女性の歌に合わせて踊る（図15-1）。精霊パフォーマンスは，通常，男性たちが結成する精霊の儀礼集団によって運営される。精霊の儀礼集団は，特定の精霊と特権的に結ばれた男性である「精霊の父 (nie me)」を中心に形成される。精霊の儀礼集団に属する男性たちは，精霊の存在を示す様々な演技的動作を協同して行う。その際，精霊の正体は女性に対して念入りに隠され，森に住んでいる精霊が村を訪問し，人びとと交流するために踊りや歌を楽しむという状況が演じられる。

ティンバ (timba)，ンバラ (mbala)，メンビアシ (membiasi) などの名称をもつパフォーマンスは，円舞パフォーマンスとしてまとめることができる。これらの「ベ」はもっぱら思春期の少女たちによって実施され，宗教的な意味付けを持たず，遊戯としての位置付けを受けている。しかし，円舞パフォーマンスは，実施の頻度も高

＊輪の中央にいるのが踊り手
　進行方向にいる歌い手とバトンタッチして再び輪に加わる。

図 15-2　円舞

く，「べ」を記載する上で無視することはできない。

　円舞パフォーマンスでは，思春期の少女たちが，歌い手と踊り手を交替で演じる。踊り手と歌い手の交替は，非常に単純なルールに基づいている。まず，通常 10-20 人程度，多いときには 50 人程度が輪を描くように並んで向き合う（図 15-2）。「べ」の参加者は，まず手拍子を取りながら歌い始める。やがて，参加者の中の 1 人が，ステップを踏みながら輪の中央を横切って，他の参加者の目前に進んで次の踊り手を指名する。これらの行動を繰り返すのが，円舞パフォーマンスである。次の踊り手として指名された者は，前の踊り手と同じパフォーマンスを演じるという具合に，歌が続く間，延々と同じ行動の連鎖が繰り返される。

　円舞パフォーマンスに宗教的な意義付けが行われることはなく，遊戯として扱われる側面が強い。また，「子供の『べ』」として，大人たちが参加主体となる「べ」より一段低いものと捉えられている。ときに成人女性が参加することがあるが，成人男性が参加することはない。

　ンガンガ（*nganga*）のパフォーマンスは，精霊とは別個に，邪術信仰と関わりが強い。これらは，腰みのをつけて踊るパフォーマンスの形式を取る場合が多い（これらは，アバレ（*abale*）およびブマ（*buma*）と呼ばれる）が，ここでは特に，呪医ンガンガによる治療と託宣のパフォーマンスを取り上げる（図 15-3）。ンガンガのパフォーマンスにおいては，呪医ンガンガは，邪術による病気を治療する対抗儀礼を執り行う。ンガンガは，女性の歌にあわせて踊りながらトランス状態に陥ることで，居住集団の将来や狩猟の成否に関する託宣を行う。

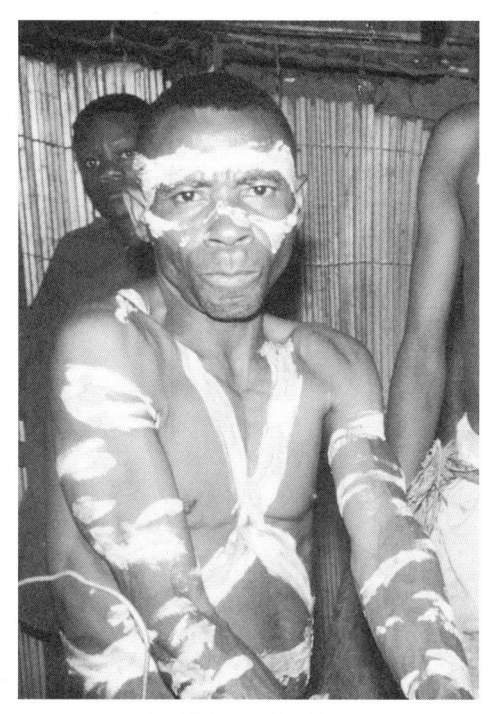

図 15-3　ンガンガ

精霊パフォーマンス

　踊り手は，合唱が「熱い」かどうかを判断しながら，どのセッションで踊るかを決める。実際に踊りが観察されたセッションは，1133 セッション中で 444（39 パーセント）であった。

　踊りの進み方を，精霊パフォーマンスの一つ「リンボ（*limbo*）」を例に見てゆこう。精霊パフォーマンスでは，男性が扮する「メ」が，女性たちの合唱に合わせて森から出てきて踊る。「メ」は，よい合唱に反応して踊るために村に来ているということになっており，合唱と踊りが一段落するたびに，精霊の聖域であるンジャンガ（聖域）に戻る。「メ」はンジャンガと広場を往来しつつ，広場に待機する歌い手の前で踊りを演じる。踊りの振り付けには，精霊の種類による相違が認められる。精霊リンボの踊りは，踊り手が手をついた状態で回転し，ラフィアの若葉で作った衣装を同心円状に広げる動きを多用する。踊り手は，1 か所に止まって踊るだけでなく，広場を動き回りながら踊り，演技に工夫を加えることも多い。

　踊り手の行動が歌い手との関係でどのように変化するかを検討するために，踊り手の演じる精霊（リンボ）の動きを，精霊と歌い手との距離に着目して模式的に表

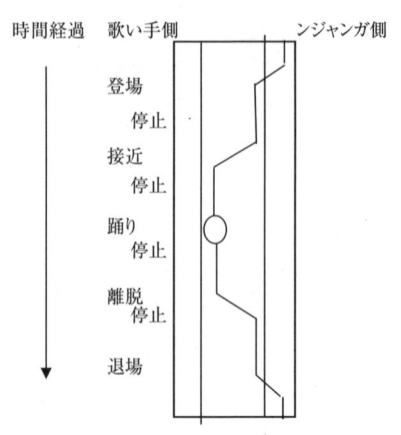

図 15-4　精霊の動きの模式図

した（図 15-4）。このやり方で，踊り手の行動を実例に即して示すと図 15-5 のようになる。踊り手は，様々な動きを，アドリブに基づいて次々に繰り出してゆく。特に「回転」の動きを集中的に行っている状況を○印で指し示したが，これらは多くの場合，合唱を鼓舞することを意図している。

　精霊の踊りは，決まったストーリーや手続きを踏んで行われるものではなく，あくまでもアドリブに基づいている。あくまで，歌い手を驚かしたり，わくわくさせたりし続けることが眼目である。精霊パフォーマンスが，超自然的存在との交流を共同体にもたらすという意味で「儀礼」といえる側面を持っているのは確かだが，その進行過程を「儀礼的」と言うことは難しい。そこには，何らかの象徴的メッセージを伝達し，世代を超えて保存するような，固定したプログラムや形式的行動は，あまり見られないのである。

　これらの精霊パフォーマンスの場を集まりと見なした場合，むしろ，ターンブルがムブティの社会行動にあてはめたような「無秩序」という言葉がふさわしい。ターンブルは，この言葉を「混乱」や「でたらめ」という意味で用いているのではない。引用すると，「かれらの社会では，すべてが一見無秩序に，ひとりでに解決してゆく」(Turnbull 1961: 107) のであり，たとえば妻がいつまでも小言をならべて寝つけぬ場合には，周囲から様々な人びとが介入してくる。さらには，仲裁者や，やかましいから騒ぎを止めにしろ，という者が現れたり，新たな喧嘩が生じて，別の事柄に関心が移ったりしてしまう。すなわち，その場その場の人間どうしの相互作用の中で，社会関係がおさまるところにおさまってゆく，「無作為な」様を指しているのだ。すべてはその場で繰り出されるアドリブなのである。そのような意味で，精霊パフォーマンスにおける精霊の演技の流れは，そのような無作為な「狩猟採集民らしさ」に満ちたものなのである。

第 15 章 ピグミー系狩猟採集民バカにおける歌と踊り | 311

図 15-5 精霊の動きの実例

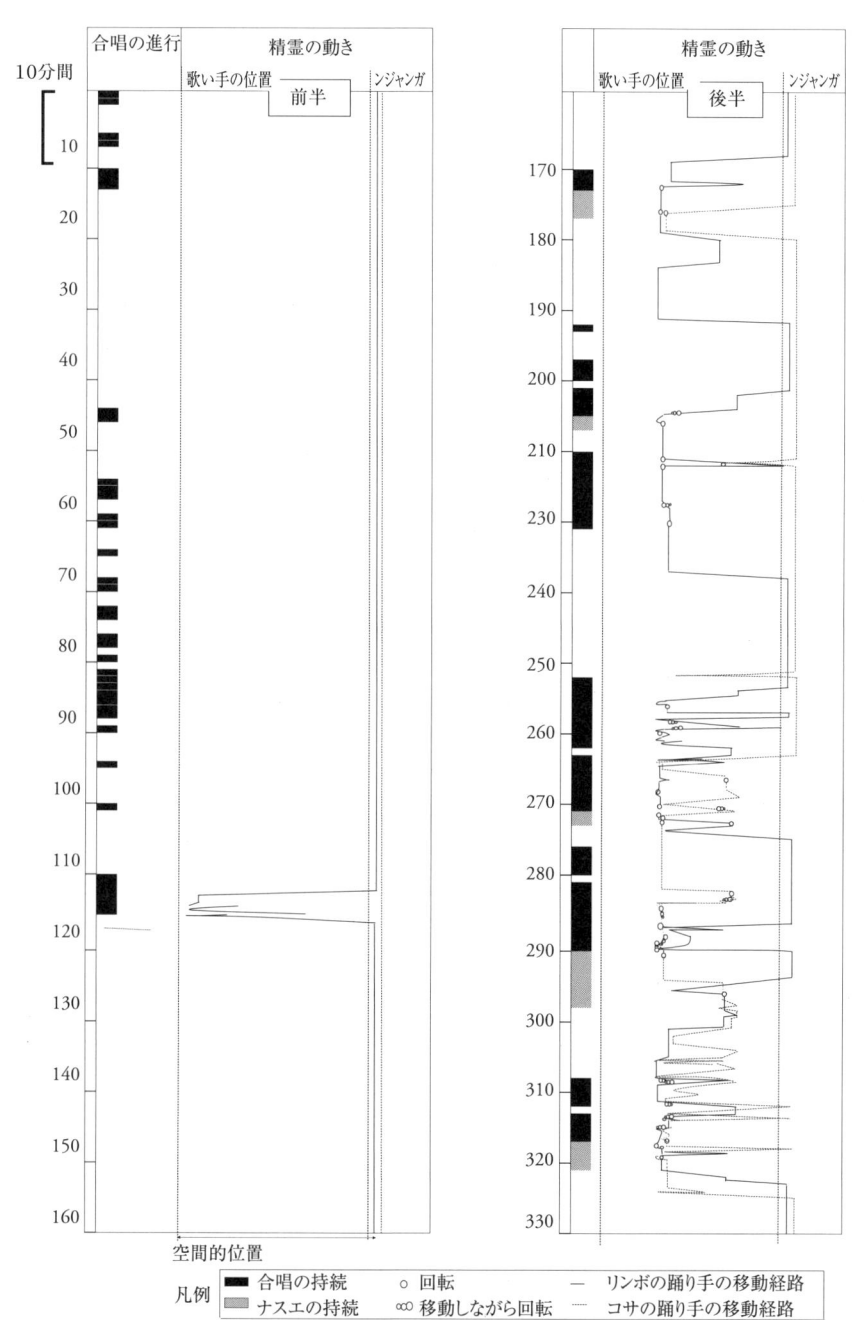

凡例
- ■ 合唱の持続
- ▨ ナスエの持続
- ○ 回転
- ∞ 移動しながら回転
- ── リンボの踊り手の移動経路
- ┄┄ コサの踊り手の移動経路

精霊の動きは，歌い手に近づいているか遠ざかっているかで示した。左側にいるほど近く，右側にいるほど遠い。右端の最も遠い状態では，ンジャンガの中に入っていて隠れている。

ただし，精霊パフォーマンスが，完全に無作為な集まりであるかというと，そうではない。精霊パフォーマンスは，共同体が全体で演じる演劇のようなものであり，集まりそのものも，入念に構成されたものとなる。精霊パフォーマンスは，「ベ」の中でも特に手の込んだものである。精霊の衣装は，事前に男性儀礼集団の成員によって，昼間のうちに準備される。精霊の居所として，女性が立ち入りを禁じられた「ンジャンガ」という空間が用意される。精霊の訪問を演出するために，「ベ」の始まる前後には，精霊の種類に応じて，独特の声を挙げる音声パフォーマンスが行われる。これは精霊の到来を告げ，「ベ」の始まりを印づけるものである。さらに，「ベ」の終わりにも，この音声パフォーマンスが行われる。これは，精霊が森へと去ることを示すものである。これらの「ベ」は，始まりと終わりが構造として意識されており，精霊の演技をつかさどる男性たちは，集まりの全体としての流れを意識して，演技を構成するのである。

　この演技の目指すところは，「ベ」を徐々に盛り上げていって，終盤にクライマックスをもたらすことである。精霊パフォーマンスのような大掛かりな「ベ」の参加者たちは，「ベ」を，クライマックスの実現に向けて進んでゆく過程としてイメージしている。このようなイメージは，「ベ」の参加者がその進行を督促する際に「行け」ないし「進め」といった，空間的な前進を表す語彙を用いることにも表れている。「ベ」の参加者は，後盤のクライマックスを「ゴール」とする「前進」をイメージしながらセッションを繰り返し，情緒的な高揚感を高めてゆくと考えられるのである。

　ある精霊パフォーマンスの事例について，踊りと，合唱の持続時間，ナ・スエの頻度が，セッションが進行する過程の中でどのように変化するかを示した（図15-5）。序盤では，踊り手は登場せず，登場したとしてもあまり活発な動きを見せない。合唱の方も，持続時間は短く，ナ・スエも行われない。逆に，「ベ」の後半では，踊り手の動きが活発化し，踊りの頻度が上昇する。これに応じて，合唱も活発化し，持続時間が長くなるとともに，ナ・スエの頻度も高くなる。この結果，「ベ」の終盤（開始後250-320分の期間）で，踊りと歌ともに最も盛んになり，クライマックスを迎える。「ベ」がクライマックスにいたるのに応じて，参加者たちによる極端な精神的高揚の表出が起きる場合がある。たとえば，通常は座って合唱に専念する歌い手たちが，高揚すると立ち上がって踊りだしたりする。

　参加者の満足が行くようなクライマックス状況が実現すると，しばしば，踊り手のあいだから，「『ベ』は終わった」という発言がなされ，集まりの解散が促される。意欲的な歌い手などが居残って自ら踊ったりするものの，参加者は三々五々解散してゆき，自宅に帰って眠りにつく。

　もちろん，「ベ」そのものは杓子定規なプログラム通りに進行するわけではなく，特有の自然発生的で自由な雰囲気のもとに進行する。だが，これらの集まりは，一

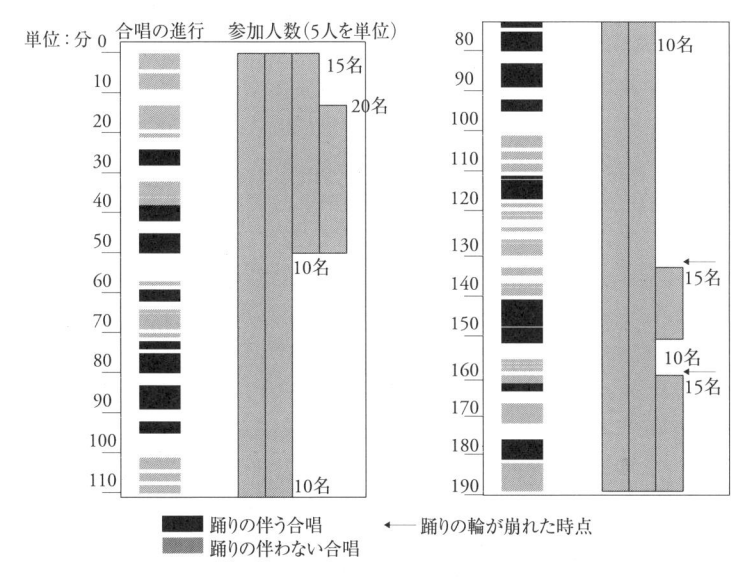

第15章　ピグミー系狩猟採集民バカにおける歌と踊り　│313

図15-6　円舞への参加人数の増減

面で，最後のクライマックスを目的化しており，「仕組まれた」側面を持っているのである。それは，踊りを中心とした精霊パフォーマンスによって方向づけられた集まりということができる。原子の述べた「無構造性」は，精霊パフォーマンスでは，やや影を潜めており，曖昧ではあるが，構造らしきものを備えているのである。精霊パフォーマンスのこのような特質は，構造化への意図や方向付けを欠く円舞パフォーマンスと対比すると，より明らかになるだろう。

円舞パフォーマンス

　円舞パフォーマンスは，精霊パフォーマンスとはかなり異なった進行過程を示す。円舞パフォーマンスの「ベ」への参加者の増減を示す実例を示した（図15-6）。参加者は，「ベ」から出たり入ったりし，これに応じて踊りと歌も，活発になったり低調になったりする。合唱の持続時間は，長くなったり短くなったりし，これに応じて踊りが行われたり行われなかったりする。たとえば，「ベ」の開始後50分から130分にかけては，それ以前の段階では20人程度あった参加人数が，10人に減少しており，特に100分から130分にかけては，踊りと歌ともに低調となり踊りの輪が崩れてしまう。このように参加者が減少すると合唱の持続時間が著しく短くなり，踊りもまったく行われなくなる。同様の状況は，150分から160分にかけても起きている。

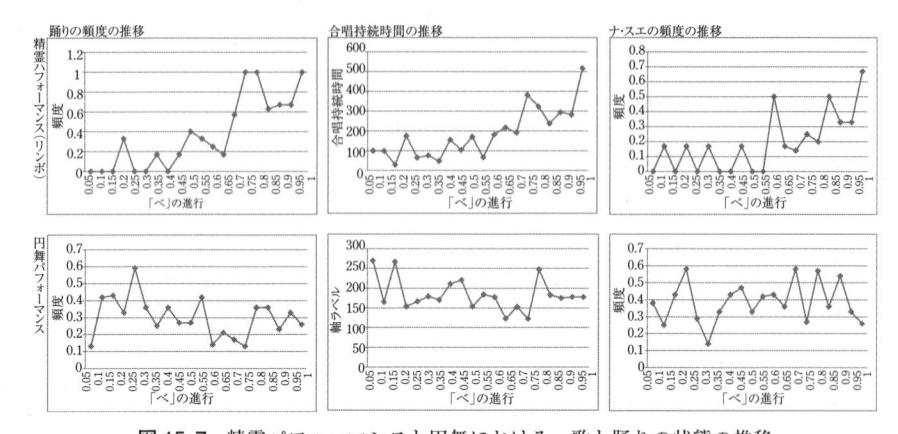

図 15-7　精霊パフォーマンスと円舞における，歌と踊りの状態の推移

「ベ」の進行に従って，踊りの頻度，合唱の持続時間，ナ・スエの頻度がどう変化するかを検討した。

それぞれの「ベ」の事例で観察されたセッションを前から順番に1ずつ番号を割り振り，事例ごとの総セッション数で割った。

その上で，「ベ」の進行度を，開始＝0，終了＝1として示した（0に近いほど，開始に近く，1に近いほど終了に近い）さらに，0-0.05までの値を取るグループを最初のセッションのグループ，ついで0.05-0.1までの値を取るものを次のセッションのグループという具合に分類した。

グループごとに踊りの頻度（踊りを伴うセッションの割合），合唱の平均持続時間，ナ・スエの頻度（ナ・スエの伴うセッションの割合）を求めて，グラフ上に表した。

　ひとことでいえば，円舞パフォーマンスにおける集まりは，特に方向づけを受けることなく，常に同じような調子で歌と踊りを楽しむ場が展開してゆくだけなのである。ある種のストーリー性を持った精霊パフォーマンスに比べ，円舞パフォーマンスは，見る者にとっては，はなはだ退屈な集まりである。若者たちが若さにまかせてひたすら歌い，単純な動きを繰り返しているだけである。参加者はただ，疲れるまでひたすら歌い，踊って発散するのみである。

　円舞パフォーマンスでは，参加者は気ままに「ベ」に出入りし，クライマックスに向けて一致団結することがない。これに応じて，円舞パフォーマンスでは集まり全体のクライマックスも存在しない。円舞パフォーマンスと精霊パフォーマンスについて，収集したデータを集約し，踊りの頻度，合唱持続時間，ナ・スエの頻度が，「ベ」の進行とともにどのように変化するかを検討した（図15-7）。円舞パフォーマンスでは，踊りの頻度（踊りを伴うセッションの割合）は，0.5-0.7のあいだをランダムに推移しており，精霊パフォーマンスのように徐々に高くなっていくわけではない。「ベ」の進行度と，踊りの頻度，合唱持続時間，ナ・スエの頻度との間に有意な相関は認められない。

　このように，円舞パフォーマンスは，ある種「ランダムな」集まりとしての性格を帯びているわけだが，ここで重要に思われるのは，同様の踊りと歌が，ピグミー集団に普遍的に見られ，集団によっては明確な宗教的意義づけを受けている事実で

ある。エフェで認められるウワラ (*uwara*) は，人の輪が形成され，その中で参加者が平等に踊る点で，バカの円舞パフォーマンスと酷似している。しかし，ウワラは，その参加者が，成人の男女も参加する点が，バカの「ベ」と大きく異なっている (澤田 1991)。また，ウワラの踊りと歌は，先祖から教わったものだとされ，共同体儀礼としての意義づけがなされている (澤田 2000)。澤田の解釈によれば，そこでは，人びとは，死者から教わった歌を歌い，それにあわせて踊ることで，死者の経験をなぞり，死者と生者の一体化という特異な経験にいたるのである。精霊パフォーマンスのような扮装を用いた演技は，ピグミー系集団を見渡すと，必ずしも普遍的な要素ではない。ターンブル (Turnbull 1961) の記述するモリモの儀礼では，精霊モリモは音声で表現されるのみで，扮装による表現を伴わない。

　精霊パフォーマンスは，むしろ，西・中部アフリカの農耕社会で広く見られる仮面儀礼によく似ている。私は，これらのパフォーマンスは農耕社会からの影響下で，バカの歌と踊りの中に取り入れられたものではないかと疑っている。むしろ，円舞パフォーマンスは，ピグミー系集団の普遍的で特徴的な儀礼パフォーマンスのあり方を示す形式と思われるのである。ピグミー系集団の中でも，バカは特に「農耕民化」が著しい集団といわれている（ムブティが行わない農耕を，バカは村人から受容して実践している）。農耕民化の過程は，儀礼にも及び，仮面儀礼の形式を主要な儀礼形式として受け入れるのと平行して，もともとの円舞パフォーマンスが，子供の遊びとして周縁化していったのではないだろうか。

　ピグミーの「無秩序で，すべてが自然に進行してゆく」社会のあり方と，円舞パフォーマンスのような，メリハリのない，だが，無作為な「集まり」のあり方は，重なりあって見える。そこには，集まりを方向付ける形式や規範で参加者を縛るのではなく，ただ，個々の参加者たちの自発的な活気や，集まり騒ぎたいという素朴・原初的な欲求があるだけである。

　非常に意地悪な見方をすると，精霊パフォーマンスでは，このような原初的な集まりを意図的に操作しようとする「作為」が見え隠れするのである。それでは，この「作為」をもたらすものは何なのだろうか？

ンガンガのパフォーマンスと操作への意図

　精霊の踊りとパフォーマンスをコントロールしているのが，男性儀礼集団員たちであるという点は無視できない。集まりとしての「ベ」は，ただ無作為に集まりを楽しむだけではなく，特に男性主導の下，何らかの社会的目的を達成するために，操作の対象と見なされる場合がある。そのような意識が露骨に現れるのが，次に述べるンガンガのパフォーマンスである。

　ンガンガのパフォーマンスにおいては，ンガンガが病人をいやすための儀礼的な

身振りがメインとなる。たとえば，患者の患部に手を当てて「診察」して見せたり，患部を手でさすったり押さえつけたりすることで「治療」の遂行を表現する。患者の患部に口を当て，病気の源を吸い取る動作が演じられることもある。

ンガンガの「治療」は，合唱と同時に行われる傾向が強いが，これは，歌を盛り上げるためではなく，高揚した合唱には呪術的な「熱」が備わっており，それに「治癒力」があるとする特有の観念による。

ンガンガのパフォーマンスにおいて，「熱」の観念は重要である。たとえば，ンガンガの超常的な治療の能力は，儀礼にあたって用意されるたき火の熱から得られるとされているが，歌い手の合唱もこのようなたき火に相当する位置付けが与えられている。ンガンガの治療のパフォーマンスには，炎から熱を摂取することを表現する身振りが多く取り入れられている。たとえば，ンガンガは，たき火で赤くなるまで熱したナイフの刃を自らの手の平や足の裏に当て，その手や足で患者の患部に触れたりする。乳児の健康を祈願するためにその全身を火の上にかざしたりする行為も見られる。ンガンガの踊りの振り付けにも，たき火の熱を手で体の中に掻き入れるような身振りが含まれている。

ンガンガのパフォーマンスにおいては，女性による合唱にもまた，たき火と同様に「治療」に役立つ「熱」が備わっていると考えられている。手で熱を体内に取り入れるようなンガンガの振り付けが，歌い手に向けて行われることさえある。このような考え方は，活発な合唱を「熱い」と見なすバカに特有の美意識を基盤としていると思われるが，ンガンガのパフォーマンスでは，合唱の「熱」は，単なるメタファーではなく，あたかもたき火のような物理的熱に相当するものとされる点で特異である。

ンガンガにとって，歌や踊りを楽しむことは二の次であって，呪術的目的のために合唱を利用しようとする側面が色濃い。ンガンガの歌い手に対する姿勢はしばしば威圧的な形を取る。ンガンガは，しばしば口頭で合唱を促したり，先導するように歌を歌ったりする場合が多い。また，歌の合間には，ンガンガが延々と演説し，儀礼の目的と重要性を強調することもある。この背景には，ンガンガ儀礼が，ンガンガ自らの利益のために行われる場合が多いという事情もある。呪医ンガンガは治療儀礼の謝礼として，患者やその親族から多額の金品を受け取るので，個人的な利益追求の場という様相を帯びるのである。

ンガンガのパフォーマンスでは，集まりとしての「ベ」と，その基盤となる合唱は，呪術的な儀礼を成立させるための道具でしかない。無作為な集まりとしての様相は影をひそめ，我々が「儀礼」と聞いて思い浮かべるような，不自由で義務的な場に近いものが現れている（とはいえ，女性たちは歌うこと自体を十分に楽しんでいるのではあるが）。ンガンガのパフォーマンスは，集まりをコントロールしようとする意図が，いわゆる「儀礼」に近い構造化された集まりを作り出しつつある現場を我々

に見せてくれているのではないだろうか。

15-4 ▶「個のコネクション」が集団を産出する？

集団のコントロールと，精霊による集団統合

　上で述べてきたように，「ベ」の場をどのように成り立たせているか，その背後にある「設計思想」はどのようなものなのかを見てきた。まず，非常に印象深く思われるのは，バカの人びとが，集まりとしての「ベ」を，生命を持ったものとして捉えていることである。「ベ」の場は，参加者が，ある生き生きとした活気，生命感のようなものを協力して追及することで成立するのである。この生命感を得るためには，無理強いは禁物である。集まりの温度や空気を読みながら，徐々に導いてゆかなくてはならない。「ベ」の盛り上がりに関わる語彙に見るように，それは，生命がそうであるように，かよわい形で生まれ，成長し，死んでゆくものである。この生命としての集まりをどのように扱うかは，踊りの種類によって様々に異なる。円舞パフォーマンスにおいては，野生の植物が育ってゆくように，ただなりゆきのままに集まりの成長を楽しむ態度が見られる。これこそが，狩猟採集民としてのバカの本来の態度のように思われるわけだが，同様の態度はどの「ベ」でも程度の差こそあれ存在する。精霊パフォーマンスでは，農民が作物に対してするように，肥料を与え，畑を整備し，集まりの生命感を強化してゆこうとするような態度が見られる。ンガンガ儀礼では，このコントロールや作為の傾向が顕著であり，それは女性の合唱の盛り上がりを，操作すべき物質的なエネルギーとして読み替えている点に如実に表れている。大げさにいえば，ンガンガは，科学者のように，生命を物質として（たき火として）取り扱おうとするのである（むしろ，フレーザーが指摘したような，科学的思考の原型としての呪術的思考が表れているとするべきなのかもしれない）。

　バカの精霊パフォーマンスは，集まりの無秩序な有様と，形式的な仕掛けが混在して，全体としての秩序らしきものを成り立たせている点が興味深い。このような儀礼的・形式的仕掛けは，どのように集まりの中に導入されてきたものなのだろうか？　たとえば，精霊パフォーマンスで，それまでの「ベ」で登場してきたおなじみの精霊に加えて，男性たちが新たに考案した，「脇役」の精霊が初めて登場する場面に遭遇したことがある。この際，新顔の登場に先立って，「精霊の父」である男性が，歌い手の女性たちに向かって「これから二つの精霊が現れて踊るが，慣れないからといって，気を乱さず歌に集中しなくてはならない」などと説教するのが観察された。このような行動は，男性たちが，女性たちの合唱を，自らが操作し方向付けるべき対象と見なしていることを示している。同時に，それは，無理やり新

しいパフォーマスを導入しても集まりに混乱を引き起こすことを，男性たちがはっきりと意識していることも示している。

具体的な「群れ」としての集まりを，人びとがコントロールしようとする試みのなかで，形式的な行動が徐々に結晶化し，精霊パフォーマンスのような，意識的に組み立てられた「集まり」を生み出すということではないだろうか。文化的なルールや技法，規範は，神が人に与えたものでも，誰かがゼロから考え出したものでもなく，日々の「無秩序な」個々人の相互交渉の中から，徐々に浮かび上がるように生成してくるものではないだろうか。

ピグミー系集団における「社会秩序」

これまで，バカの「べ」を集まりとして記述することを試みた。次に，狩猟採集民の心性や，さらに広く人類の社会というより広い問題から考察してみたい。

狩猟採集民社会の特質は，まず第一に，生態学的要因から説明される。小集団社会であり，分散した資源にアプローチするための絶え間ない移動や環境の変化に対応するために，常に集団の規模を伸縮させる必要があり，メンバーの離合集散が容易に行われる。かれらの集団は，生態学的な秩序の中に組み込まれているかのように描かれる。

しかし，ターンブルが行ったように，生態学的条件を度外視し，かれらの人間関係や社会だけに目を向けると，それは無秩序な様相を帯びるのである。これといったルールもなく，その場の雰囲気だけで全てが進行してゆく。しかし，かれらの社会生活を，本当に「無秩序」という言葉だけで片づけられるのだろうか？　かれらの社会は，たとえば集団パニックのような本当の無秩序ではない。また，昨今の若者文化についていわれるように，衣食足りて，他人に関心を抱かず個人の内面に閉じこもるような，社会的なアノミー状況ともまったく異なっている。そこでは，集団が生き生きと活動している。

バカの「べ」を集まりとして観察する中で浮かび上がってくるのは，ターンブル（Turnbull 1961）の述べたような狩猟採集民的特質である。すなわち，一見無秩序にすべてが進行するように見えて，おさまるところにおさまる。そこでは，個人が規制されることはなく，のびのびと暮らしている。かといって，まったくの無秩序が蔓延するというのではなく，社会全体としては均衡が保たれている。ターンブルの描いたような「無秩序な理想郷」の有様は，バカの「べ」の場でも再確認することができるように思う。

バカの「べ」は，儀礼として見ると，これといった式次第も厳密な形式性も象徴的な表現も伴わず，あまりにも無構造でいい加減に見える。しかし，かれらの集まりは無秩序ではない。秩序だった集団のイメージというものが共有されているので

ある。感覚的に会得された，集まりを維持するための技法というものが常に意識されている。注目すべきは，集まりが，機械や建築物のような静的な相ではなく，生きて動いている「生き物」になぞらえられている点である。生き物を型にはめすぎると活気が失われ，死んでしまうのと同じ道理で，かれらは「ベ」の場も，一定の一体感や高揚感といった好ましい状況を実現するために，勢いを「生かし」ながら，注意深く導いてゆこうとする。当たり前であるが，かれらの社会は，食物さえ満足されれば，あとは自動的に作動するような機械的なものではなく，意識的な努力を必要とする。かれらの社会秩序を，明確なルールや形式として記述できないのは，かれらが，自分たちの社会の秩序を，明文化したり象徴的に視覚化したりできるような静的なものとは考えていないためであるように思われる。集まりは常に，生命の神秘に基づいて常に移り変わり，動的な有様をしめす。かれらの社会秩序は，結局のところ，生命活動がそうであるように，仕組みははっきりしないが，直感的に感得される一種のパワーやタイミングに基づいて進むものなのである。このパワーは，人間の大多数が，天賦の才で感得するものであって，そのような神秘的なものに則っている以上，あらかじめごちゃごちゃと取り決めても，集まりは結局うまくいかないのである。このようなことは，文明社会であれ，人びとが集まりを形成しなければならないところでは，日常的に経験されているところであろう。いわば「空気を読む」ということである。

　この点で，ムブティの「平等主義」についての市川光雄の記述は興味深いものである（市川 1982）。これは，市川が都会から持ち込んできた米を，ひとりで食べようとした時の記憶である。これまで繰り返し報告されてきたように，平等主義社会では，独り占めは禁物であって，獲得された食物は必ず分配の対象となる。やましい気持ちで食物を食べていた市川がふと視線を感じて目を上げると，あるムブティの男と目が合った。そのとき，神秘的ともいえるタイミングで，市川は，分配への意図を感じ取ったのである。市川の言わんとしているところは，かれらの「平等主義」とは，綱領や法典の形で明示されたルールというより，常に空気のように，「平等」や協調への同意が行き渡っている状況というべきものなのである。日本人ならば，あうんの呼吸と呼ぶようなものが社会の中に遍在しているわけだ。

　狩猟採集民社会では，このような集団維持の「技法」や秩序が内在していると考えるべきである。かれらの社会生活は，行き当たりばったりのようであるが，おさまるべきところに物事をおさめてゆくために，生命体としての「集まり」の生態を知り尽くし，繊細な感覚を発揮して集まりの空気を導いてゆかなくてはならない。ターンブルが活写した出来事もまた，ただの「無秩序」ではなく，そのような繊細な感覚に基づく技法のようなものと解するべきなのだ。

　本章で詳しく述べた精霊パフォーマンスのあり方は，そのようなかれらの集まりの動的な有様を色濃く反映している。たとえば能のような形式の定まった演劇をバ

カの人びとに見せたら，退屈で眠ってしまうだろう。精霊のようなキャラクターに仮託して，人びとの目を集め，飽きる前に，新たな展開をアドリブで繰り出してゆく手法が必要なのだ。生き物としての集まりは，常に生き生きした焦点を維持し続けなくては退廃し，無気力に陥ってしまう。

　ピグミー系集団の社会には，個人の自発性と集団のまとまりとの折り合いを付ける，規律や規範とは異なる「もう一つの」秩序が存在するはずなのであるが，それは何なのだろうか。

　問題は，ピグミー系集団の社会が，軍隊のような明瞭な指揮命令系統や，階層的な位階システムでは理解できないということである。そこでは，個人個人は好き勝手に動き回っているように見えて，実際には全体のまとまりが生まれている。バカの会話分析を行っている木村大治（2003）も，このようなかれらの社会システムをモデル化することに苦心しているひとりだ。木村は，コンピュータ・システムを例に挙げて次のように説明する。かれらの社会は，「中央処理ユニット（CPU）」と呼ばれる一つのユニットに，他のすべてのユニットが付き従うことによって単線的に処理が進む，いわゆるノイマン型コンピュータのモデルでは説明できない（軍隊のシステムや位階システムは，このモデルで十全に理解できるわけだが）。木村の提案によれば，バカの社会は，システムの明確な中心を持たず，ユニットとユニットが，膨大なコネクションの網の目で相互に結びつくことで，全体の一体性が維持されるような，「並列分散処理（PDP）」によるシステムとなぞらえて理解するべきである。木村の魅力的なたとえを借りれば，バカの集団は，一つの巨大な脳のようなもので，個人個人は，一つの脳を構成するニューロンとして機能しているというのである。このたとえは，「生き物」としてイメージされている，「ベ」の集まりの状況とよく重なりあう。

　また，利己的な個体や要素が相互作用する中で，一定の秩序が生まれてくるとする複雑系の議論も興味深い。R. アクセルロッド（Axelrod 1984）は，ゲーム理論の方法で，利己的な個体が最大の利益を求めて相互作用する中で，社会的ルールに似たものが内発的に生成してくる様を記述する。この議論は，ピグミー系狩猟採集社会において，本章で展開してきた議論と，問題の構成は似ている。これらの社会では，自発的な個人が相互作用を展開する中で，群れにも似た自然発生的な集まりが維持され，全体として一定の秩序を形成する。

　さらに重要に思われることは，秩序形成へのプロセスの一つの結実として，コントロールのための形式的なコミュニケーションが生成してくる点である。バカの「ベ」では，特に男性が，集まりの場をコントロールしようとする試みの中で，未だ「儀礼形式」というには不十分ではあるが，それに十分に類似した，様々な儀礼的仕掛けが発達しつつある様を観察することができる。これらの形式的コミュニケーションは，まさに，文化人類学者たちが愛好してきた，「象徴」や「規範」とい

う概念そのものである。かれらは，それらの形式的コミュニケーションにのみ視線を集中し，それらが，あたかもCPUの上位システムであるかのように描き出してきた。そこでは，実際の集団（「民衆」という侮蔑的な名称があてられることもあった）はあくまで背景に過ぎず，CPUの下位システムとして，それに受動的に反応しているかのようであった。本当にそれでよいのだろうか？　主人公は，あくまで生きている集団ではないだろうか？

　バカの「ベ」における集まりの様子を見ていると，これらの形式的コミュニケーションは，集団の「主人」であるどころか，あたかも「生命体としての集まり」が分泌した結晶や外骨格のように感じられてくる。本章で展開してきた「集まりの自然誌」は，CPUの上位システムのように描き出されてきた「社会システム」や「文化システム」が，実は，PDPシステムが自発的に生み出す，固定したコネクションのパターンに過ぎないこと，それを明確に記述する一般的な方法がどこか他にあることを暗示している。これを明らかにするためには，従来の文化人類学における，規範や形式のみを重視するような，従来の記述では不十分であることは明らかだ。そこには，実際には単線的な指揮命令系統に類するものは存在しないからである。一見無駄にも思えるような行動人類学的手法を用いて，個々のユニット（すなわち，集まりを構成する個人）が，具体的にどのようなコネクションのパターンのもとにあるのかを描き出すことが必要になるのである。

Field essay 3

音響空間としての森と子どもたち
── ピグミー系狩猟採集民と森の音楽的関係性 ──

▶ 矢 野 原 佑 史

　2009年8月，私はピグミー系狩猟採集民が暮らすカメルーン東南部の熱帯雨林を再び訪れた。まだ大学院1回生であった2006年12月から3か月間行った初のフィールドワーク以来，実に2年半ぶりの「帰郷」であった。カメルーン首都ヤウンデにおいてヒップホップ・カルチャーを実践する若者たちの調査に専念していたため，度々カメルーンを訪れる機会はあっても，なかなか森に戻ることができなかったのである。

　ヤウンデから森へと向かう道中，四駆の窓から見える景色が次第に変わるにつれ，薄れていた2年半前の感覚が徐々に思い出されていった。それは景色だけではなく，森の匂いや虫たちが絶えず奏でる音のためでもあったのだろう。そして，なぜか都市とは時間の流れが変わっていく独特の感覚も思い出された。

　初めてアフリカを訪れ，ピグミー系狩猟採集民バカと日常を共にさせてもらった際には，正直，かれらの文化のありとあらゆる側面に感嘆したのだが，元来の音楽・音好きが昂じ，やはりかれらの音楽文化，ひいては日常に生まれる会話のリズムや，掻い出し漁などで生まれる生活音，子供たちが即興で作曲し合唱する遊び歌などに強い興味を抱くことになった。そこでいつも，なぜ，かれらはこれほどまでに，子どもから老人まで皆でリズムやハーモニーをあわせることに長けているのだろうかと思うのであった。しかも，かれらの音楽の特徴は，ポリリズムやポリフォニー，即興性であるから，単に「あわせる」といっても，機械的にタイミングがあうというのではなく，まるで森で鳴く鳥や虫たちのようにダイナミックかつ自然でのびのびとしたものである。これまで，食物分配の研究などから，かれらの社会システムの特徴として「平等性」が示唆されてきた。しかし，私は，皆でポリリズムとポリフォニーを奏であわせるという音楽性からも，その平等性の一側面が考察できるのではないかと思う。かれらの奏でる音楽では，主旋律を奏でる成人女性の声や「ンドゥーム」と呼ばれる太鼓の音だけではなく，まだ小さい子どもの甲高い声

やかわいい手拍子，また，うまく耳のチューニングをあわせると聴こえる成人男性の野太く低い声，それらそれぞれが「一つの音楽の一部」として機能しているのである。もちろん，歌わない者も，疲れて踊らない者も，大声で談笑するだけの者もいる。その，一人ひとりが各自の好きなパートを担い，それをまた各自が聴きあいながら呼応して，メロディーやリズムを発展させて「一つの」大きなうねりを生むという構造にも，かれらの社会が持つ「対等性」や「自由と協調の同居」とも呼べる一側面が垣間見られるように感じるのである。

ところで，かれらの象徴的な音楽文化としては，これまで研究の対象としても取り上げられてきた「ベ」と呼ばれる歌と踊りの宴が挙げられる。特にかれらが「ジェンギ」と呼び，最も畏敬の念を払う最大の精霊を鼓舞する「ベ」は，数ある歌・踊りの中でも最大のものとなる。私は今回，自分の調査集落に向かう途中，大先輩にあたる分藤大翼氏の調査地・ディマコを訪れる機会に恵まれ，好運にもこのとき，生まれて初めてジェンギに遭遇することができた。2年半ぶりの「ベ」，しかも分藤氏いわく，「過去，最大級の盛り上がりだった」という歌と踊りの迫力と興奮は，その詳述だけで紙面を尽くすに値するほどの感動を与えてくれた。

しかし，ここではあえて，その本番の迫力に押されてしまいがちな，宴の「準備段階」で覚えた感動について記述しておきたい。

昼前にディマコに到着した後，分藤氏から，「到着を祝ってくれるということで，もしかしたら今晩ジェンギが見られるかもしれない。」と聞いた。それから興奮して待つこと数時間，集落のすぐそばの森をロジェという名のバカの男性と散歩していると，少し離れた辺りから，何やら子どもたちの歌声が聞こえてきた。「ただ遊んでいるのか。」とロジェに尋ねると，どうやら子どもたちが森で何かしているらしいという答えが返ってきた。急いで集落に戻り，分藤氏に再度尋ねてみると，「きっと今晩の準備をしているのだろう。子どもたちの歌もなかなかいいものだから，是非見に行ってみたら」と助言していただいた。実は，2年半前に，森の中で子供たちがのびのびと歌い遊ぶ様に感動した体験が強く心に残っていたので，まだ「準備」といわれてもすでに私の中では，野外コンサートのメイン・ステージに向かうような心持ちがし，子どもたちの歌声がどんどん近付いてくる方向に向けて，森の道を足早に突っ切っていった。そして，少し開けた場所へ出たかと思うと，そこには総勢30名ほどの子どもたちが，ラフィアヤシの大きな葉っぱから茎の部分をむしり取ったり，それらを10mほども離れた二本の木の間に渡した紐の上に編み込んだりしながら精霊の衣装を作っており，それと同時に皆が大声で歌いあっていた。その光景は，さながら森の妖精たちが集う縫製工場のようであり，その視覚的インパクトだけで，すでに感動してしまっている自分がいた。

だが，本当に驚いたのはさらに子供たちの中へと入っていったときである。今度は，「耳」にきたのだ。縦15×横3mほどの空間に子供たちが自由に散らばり，自

由に行ったり来たりしながら，各自が精一杯の大声で，まるで士気を高める作業歌を歌うかのように大合唱しているのだが，聴覚的に何やら不思議な感覚を覚えるのである。というのも，森という音響空間で，子供たちの甲高い歌声が，大音量の高周波で鳴く虫たちの合唱と共鳴しあい，そこにまたあちこちから生まれる話し声や笑い声が絡みあい，たしかに可愛い音色だがしかし今までに聞いたことのないような強烈な空気の「うねり」を生み出しているのだ。時にその「うねり」は耳をつんざき，頭が少し，じーんと痺れてしまうほどである。「うねり」といっても決して比喩的表現ではなく，聴覚的に知覚できる，はっきりとした「音」。ただしかし，今まで一度として聞いたことのない音。いや，何かの「声」といってしまったほうが，むしろ適切な気さえしてくるほど生気が宿ったうねりが，耳の内外をムズムズと舞う。

しばらくの間，聴覚的感動にひたった後，ふと，「いや，しかし，この『うねり』，似たものを感じたことがある。そうだ，2台のムビラ（ジンバブエに住むショナの人々に伝わる親指ピアノ）でポリフォニーを奏でる際，二つのメロディーが絶妙に空気中で交差したときのみに聞こえるあの『うねり』だ」と気がついた。ショナの人びとのあいだでは，それを「精霊の声」といったりするらしいと，日本でムビラを弾く友人たちに聞かされたことも同時に思い出した。また，その「声」は，合奏する人の組み合わせにより異なったものになるということも。日本の子供たちがこの同じ場所・同じ状況・同じメロディーで歌いあうことをイメージしても，たしかにそこで生まれる「声」は，いま，目の当たりにしている森の妖精たちのそれとは異なったものになるような気がした。

2年半前に森を訪れた際，モロンゴと呼ばれる森の中での移動生活中，森の外の集落にいる時と比べ，子供たちが即興で歌い遊んだり，遠くの友達を呼びあい，じっと耳を澄ませたりする光景がより多く見られた。たしかに，音響空間として見た際，森の中と外では明らかな違いがあり，子供たちは森での残響を利用して遊ぶことを心底楽しんでいるように映った。心地よく声が遠くまで響き渡り，波紋状に音が拡散していく森という音響空間，特に周りを木々に囲まれ，様々な音の残響が集まり交錯しやすい小さな広場のようなところでは，外では感じられないような音の感じ方，音との遊び方が可能となるのだろう。また森では，早朝から深夜まで，絶えず変わりばんこに無数の鳥や虫たちの鳴き声が登場する。夢の中で成人男性が授かるという新たな精霊のメロディーも，実は，就寝中，無意識のうちに聞いている森の歌からインスピレーションを受けているではと推測してしまうほどの大音量だ。

森の縫製工場に到着してから約30分後，どうやら子供たちの大仕事がようやく一段落したらしく，年長の若者が精霊の衣装を担ぎ，皆で列をなし，今度は，森の外へと大行進が始まった。もちろん，森に元気いっぱいに響き渡る大合唱つきで。

森から集落沿いの通りまで出てきたかれらは，いつものシャイな表情とは打って変わって，誠に凛として見えた。いままで見たことのないほどに子供たちが「格好いい」のだ。私は，バカが育んできた文化の力強さや大きさのようなものをこのとき真に感じた。そして，子供たちの行進は，かれらがまだ入ることを許されていない「ンジャンガ」と呼ばれる聖域の前で止まった。その晩の盛り上がりは先述したとおりである。

　明くる朝，ディマコを発ち，さらに3日後，ようやく私の調査集落マラパに帰郷することができた。2年半前までは，まだ歩くことさえできなかったホームステイ先の赤子も大きくなっており，いつの間に覚えたのか，立派に乱れないリズムでンドゥームを叩き続けて見せてくれた。その光景をビデオカメラでじっと撮影している間中，私は，この子や新しく生まれた彼の弟，今後，誕生してくる未来の森の民たちがいつまでも森と音で遊び，かれらの文化を学び続けてくれること，かれらが「森の妖精の声」を唯一奏でることができる，この音楽的にも豊かな森がかれらと共にあり続けてくれることを切に願った。

森と子どもたちは精霊の声を奏でる

第Ⅴ部

見えない世界

第 **16** 章

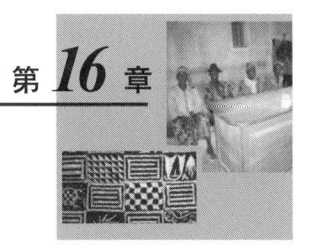

佐々木重洋

音声の優越する世界
―― 仮面結社の階梯と秘密のテクスト形態 ――

16-1 ▶ 熱帯雨林における生活と人間の五感

　熱帯雨林を生活の場とすることは，人間の五感にどのように作用するのだろうか。熱帯雨林の中で，人間はいかなる感覚をより鋭敏にするのだろうか。そしてそれは，熱帯雨林に住む人びとのコミュニケーションのあり方に，何らかの影響を及ぼしているだろうか。

　本章は，こうした問題意識を念頭に置きながら，カメルーン南西部からナイジェリア南東部，そして西アフリカの熱帯雨林に居住する人びとの事例を中心に，共同体を統制するうえでの重要な機密事項がしばしば音声の操作[1]，つまり聴覚に訴えるものとなっている事実に注目し，これらの人びとの感性と，そのコミュニケーション上の特質の一端を，熱帯雨林という生態環境との関連において考察することを目的とする。

　サハラ以南のアフリカには，血縁や地縁に基づいた集団とは別の，何らかの特定の目的を共有し，地域社会の文化的，政治的，経済的活動において重要な役割を担っている任意加入の集団が存在する。こうした集団は一般的には結社と総称されるが，成人儀礼を担当し，少年少女を共同体の一員として組み込むとともに，成人

---

1) アフリカの音表象について，これらを「音楽」と「言語」という近代西欧的な概念上の区別でとらえることは不適切であり，人工音の総体を分節的（segmental），韻律的（prosodic）な側面に分け，その対立と重なりあいとして捉えようとする考え方（川田 1992: 15-17）は示唆に富んでいる。本章で「音声」と呼んでいるものは，基本的に人間がつくり出し操作する音のことである。紙数の関係もあり，本章ではそれらの具体的な手段（たとえば声，笛，太鼓など）の内実や，学術的な分析概念上の分類には言及できていないが，本章の目的は，むしろそれらを生み出し使用している人びとの感覚や「感性」（Sasaki 2008，佐々木 2008）と，それらの形成に生態環境としての熱帯雨林がどのように関与しているかといった点を考察することにある。

構成員の社会的地位の決定と密接に関与している場合が少なくない。

このような結社はしばしば階梯を備えており，それぞれの階梯に固有の知識や技術が存在し，加入者は階梯を昇進するたびに新しい知識や技術を入手する。これらの知識や技術は，結社に入社しない場合は当然として，入社後もそれぞれ相応の階梯に達しないかぎりは秘密にされており，こうした特質からこれらの結社は入社的秘密結社と称されることがある[2]。入社的秘密結社においては，結社の成員と非成員を区別することがまず何よりも重要であるが，結社内部においては，階梯に応じた明確な身分の序列化が重視される。すなわち，高位階梯成員になればなるほど，開示される知識や技術は増大するのであり，この点において秘密は階梯に直結するといえる[3]。

サハラ以南アフリカの熱帯雨林地域は，このような結社の宝庫である。こうした結社の中には，仮面を保持・使用するものがみられ，それらは研究者によって仮面結社と呼ばれてきた[4]。熱帯雨林地域に居住する農耕民の社会すべてが仮面結社を持っているわけではない。しかし，少なくともこれがもっぱら熱帯雨林地域の農耕民のあいだで見られるという事実を考慮する限り，アフリカの仮面結社の誕生と普及は，端信行が指摘していたとおり，生態環境としての熱帯雨林と何らかの深い関連を有していると考えて差し支えないだろう（端 1991a: 69-71）。

本章では，特にカメルーン・ナイジェリア国境のクロス・リヴァー諸社会における「豹」結社の事例を中心に，カメルーン以西のアフリカ熱帯雨林において仮面結社を創出し，あるいは近隣の人びとから受け継いでそれぞれに発達させてきた人びととの事例の検討から，人間が熱帯雨林の中で育んできた特有の思考と感性の一端に迫ってみたい。

2）「入社的秘密結社」と「政治的秘密結社」をはじめとする結社の便宜上の分類，それぞれの性格や機能，結社における秘密の問題に関する一般的な整理としては，たとえばユタン（1972），ジンメル（1979），綾部（1988）などを参照。ちなみに，「豹」結社においても，秘密とされているのは各階梯に応じた知識や技術であり，階梯，メンバーシップそのものは非成員に対しても秘密化されてはいない。

3）それぞれの階梯に応じて開示される固有の知識は，その階梯に達した者以外には開示されないという点で「秘密化」の対象となっている。このような理解に基づいて，厳密にいえばエジャガム語には英語でいう secret に相当するような一般名詞は存在しないにもかかわらず，本章ではそれぞれの階梯に固有の知識や技術のことを指すのに秘密という語を用いている。

4）ここでは，アフリカの諸社会における祖霊や精霊が表象されたものを「仮面」と総称している。本章で紹介する「豹」結社でも，「豹」の姿をしたオクム・ンベという仮面が使用されるが，このオクム・ンベは西欧の研究者によって英語の mask や masquerade のほかに，image という語で言及されることもある（Talbot 1912; Thompson 1974; Leib & Romano 1984; Ottenberg & Knudsen 1985）。エジャガム語のオクム（*okum*）は，「仮面」を着用した人物，その踊り，「仮面」を保持する社会組織も広く包括する概念であり，英語でいう mask や，とりわけ persona とは明らかに異なる。「妖術」や「邪術」などと同様，アフリカにおけるこの種の存在を「仮面」と訳すことが適当かどうか，議論の余地はある。その意味で，「仮面」はあくまでも記述と分析のために研究者が用いる便宜的な用語である。私もこのような認識のもとに「仮面」という語を用いている。

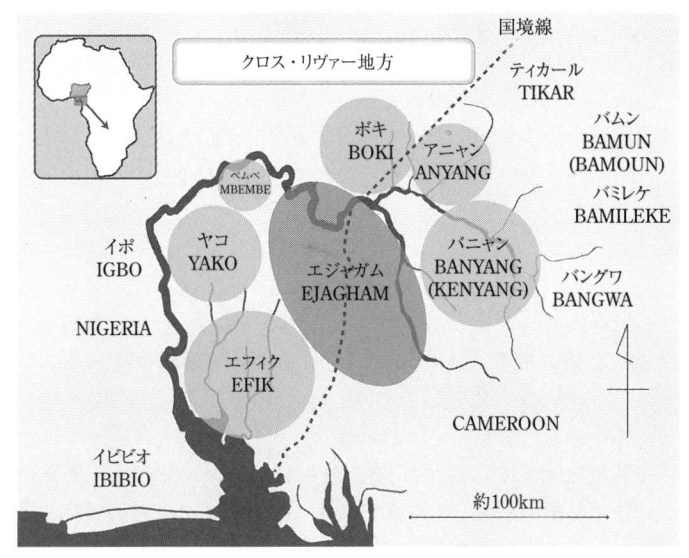

図 16-1　クロス・リヴァー地方

16-2 ▶ クロス・リヴァー諸社会の「豹」結社

　カメルーン南西部からナイジェリア南東部，クロス川の流域一帯は，アフリカでも最古の一つといわれるうっそうとした熱帯雨林に覆われている。この地域は，バントゥー系諸民族の源流の地ともいわれるが（Greenberg 1963），その川の名前を取って「クロス・リヴァー地方（Cross River region）」と呼ばれ，ここではエジャガム，ケニャン，アニャン，ボキ，エフィク，イビビオなど多様な民族集団が居住している（図 16-1）。この川の流域一帯では，古くから川伝いに船を使った交易が盛んに行われてきた。とりわけ奴隷貿易時代には，奴隷や象牙，ヤシ油などを西欧人に売りさばくためのネットワークが整備され，カラバーからカメルーン・グラスランドに至るまで人びととの往来が盛んにみられた。

　こうした歴史的背景もあり，この地域の人びとは民族集団を超えてある程度共通する文化を育んできた。それぞれの母語は民族集団によって異なるが，かれらは共通の商業語でもあるピジン・イングリッシュを日常的に話す。また，地域的バリエーションは存在するものの，政治的には特定の個人に政治的権力が集中しないような仕組みを維持し，また祖霊および様々な精霊との相互交渉を生活の基軸としている点はおおむね共通している。

　この地域では立法，司法，行政の面で共同体や民族集団の枠をこえて作用するような力をもつ社会組織が存在する。エジャガム語でンベ（*Ngbe*），エフィク語でエク

ペ (*Ekpe*)、ピジン・イングリッシュでエグボ (*Egbo*) などと呼ばれる、いずれも「豹」の名前を冠した組織は、成人男性のみによって構成され、複雑に細分化された階梯を備え、その階梯に応じて固有の知識や技術が順次開示される結社である。この結社の階梯は共同体や民族集団を超えて通用するが、それと関連して、結社は単一の共同体内では手に負えない問題を解決したり、共同体どうしの軋轢を調停したりするような力ももっている。

「豹」結社が持つこうした特徴は、奴隷貿易時代の先のような商業ネットワークの構築とも関連しているとされる。この地域の人びとにとって、結社に入社することは広域での通商に参与できる資格を得ることにつながったし、奴隷をはじめとする物品の調達、負債の取立てなどにおいても、結社が果たす役割は小さくなかった。クロス・リヴァー地方において、「豹」結社のような社会組織が単一の共同体や民族集団の枠を超えて広がっているのは、こうした事情と無関係ではない。

このような特徴に加えて、現在の「豹」結社はクロス・リヴァー諸社会における多種多様な結社のなかでもっとも権威があり、かつ他のそれらの結社を統括していることもあって、同地方における「ガヴァメント（政府）のようなものだ」といわれている。今日のエジャガム社会でも、かれらのンベ結社は、それぞれの村落や町における民間レベルで最高の意思決定機関であり、それぞれに異なる社会的機能を担う他の結社を統括する存在である。

この「豹」結社に限らず、クロス・リヴァー諸社会でみられる様々な結社の多くは、エジャガム起源であるという伝承がある。エジャガムは、とりわけ強力な「霊力」や「呪力」を持つ人びととして、またかつては勇猛な戦士であった人びととして、近隣諸民族のあいだでよく知られているが、「豹」結社もエジャガムが創出したものとされる。エジャガムのンベ結社は近隣諸民族にも購入され、やがてクロス・リヴァー地方に広がっていったのである (Ottenberg & Knudsen 1985; 佐々木 2000)。

今日、クロス・リヴァー地方の村落や町でこの結社を購入したところでは、それぞれ一つずつ「豹」結社の集会所である「豹が集う場所 (*Ocham Ngbe*)」が見られる。ある村落で入社儀礼を受けて成員になった者は、他の村落や町でも「豹が集う場所」に自由に出入りできるし、集会に参加して飲食のサービスを受けることもできる。階梯は民族集団をこえて広域で通用するため、たとえばあるエジャガムの村Aで認定された階梯をもつエジャガムの成員が、別のエフィクの村Bの「豹」結社の集会に飛び入り参加しても、基本的に彼はA村で得た階梯のままで、B村の集会に受け入れられるのである。

こうした特徴は、西欧にもあった「秘密結社のロッジ」をまさにイメージさせるものであったためか、19世紀にこの地域にやってきたイギリスの植民地行政官は、この組織のことを「クラブ」と呼んだ。タルボットによれば、かつて奴隷貿易時代

には通商ネットワークとして機能したこの「エグボ・クラブ」は，植民地化後も在来の政治組織として植民地政府以上の影響力を地域住民に対して持ち続け，それがこの地域に勤務する植民地行政官たちに果てしない困難をもたらしていたという (Talbot 1912)。

今日の「豹」結社は，成人男性―実質的には，18歳程度以上の男性―のみが任意で加入できる組織である。結社への入社，そして入社後も階梯の昇進の際には，その都度きわめて莫大な量のヤシ酒（あるいはビールやスピリッツ類），獣肉，ヤシ油，コラ・ナッツ，タバコなどを供して「ンベの酒」と称する宴を開き，成員たちを饗応しなければならない。もちろん，これらの準備はとうていひとりでできるものではなく，経済的にある程度裕福であることと，多くの人びとの協力を得られるような人間関係を日ごろから構築している必要がある。したがって，ンベ結社の高位階梯成員は，自ずと所属する共同体において社会的に信用され，経済的にも恵まれたいわば「地域の名士」である[5]。

それを裏付けるように，規則として特に明文化されてはいないものの，「豹」結社の高位階梯成員たちは，そのまま村や町の「評議会 (council)」の構成員となっている。「評議会」は，そのほかに首長や村区，街区などの代表からなり，政府（身近にはディヴィジョナル・オフィス）との交渉窓口ともなる重要な組織である。そうしたこともあって，任意加入とはいえ，共同体の社会関係の中で重要な地位を求める者はみな積極的に「豹」結社に加入しようとするし，重要な地位にふさわしいと考えられる者は，たとえ本人にその気があまりなくても，周囲からの推奨に応えるかのように莫大な量の飲食を提供しつつ，高位階梯へ昇進していくのである。

16-3 ▶「豹」結社における階梯と秘密のテクスト形態

結社の階梯 (ngimi)

クロス・リヴァー地方の「豹」結社が，いずれも任意加入の成人男性からなる，複雑な階梯制度を備えた組織であることは共通しているものの，結社が持つ政治的機能の強弱や，階梯の種類，階梯に応じて開示される固有の知識や技術に関して

---

5) とりわけ，奴隷貿易時代，港のあったカラバーを拠点としていたエフィクは，西欧人との取引で莫大な利益を上げ，かれらがエジャガムから購入したンベ結社は，経済的な成功度が階梯により強く反映されるエクペ結社へと姿を変えていったと考えられる（佐々木 2000）。エユモジョック近辺のエジャガムのあいだでは，「ンベは何かと高くつく。昔のンベはそれほど複雑ではなく，高価でもなかった。いまのンベは，カラバー（エフィク）から入ってきたものだ」といった語りが広く聞かれる。エジャガムのンベ結社に，エクペ・エフィクなる階梯が存在することは，それを多少なりとも裏付けるものである。

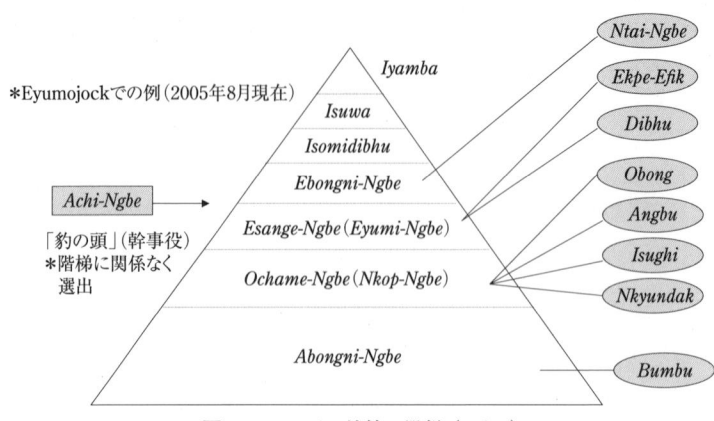

図 16-2　Ngbe 結社の階梯（*ngimi*）

は，地域によって若干のバリエーションがあるようである[6]。ここで紹介するのは，私が1993年以来調査を継続している，カメルーン南西部州のエユモジョックにおけるンベ結社の事例である。

エユモジョックおよびその近辺では，エクウェ・エジャガム（Ekwe Ejagham）が居住しているが[7]，ンベ結社の階梯はンギミ（*ngimi*）と称される。まず，階梯の全体構造を見てみよう（図16-2）。基本的に七つの階梯があり，それぞれの階梯によっては，そのなかにさらに細かい階梯が設定されている。たとえば，オチャメ・ンベ（*Ochame-Ngbe*, *Nkop Ngbe* とも称される）の階梯には，さらに下からそれぞれンキュンダク，イスギ，アンブ（後述のアンブ結社と関連），オボンといった個々の知識を得る段階がある。

入社から最高位のイヤンバに至るまでの過程についてはすでに別稿（佐々木 2000）でも述べたとおりである。これらの情報は結社の集会の場で得た最大公約数的なものであり，結社公認のものといえるが，実際に存在する階梯の数に関しては成員のあいだでも諸説あるのが実情である。ここで図示しているのは，現在のエユ

---

[6]　たとえば，現在のナイジェリアのオバン（Oban）近辺で情報を収集したと思われるタルボットによれば，「エグボ・クラブ」は七つの階梯を備えており，下から順にエクビリ・ンベ，エブ・ンコ，ムバウカウ，ディブ，オク・アカマ，エトゥリないしエフィク・オクポゴ，ンカンダである（Talbot 1912: 41-42）。一方，カメルーン南西部のケニャン社会で調査を行ったルエルによれば，やはりンベ結社の階梯は七つで，下から順にエカット，ベクンディ，エソン，ンベ・エバ（「ンベのブッシュ」），ムボコ，ムタンダ，ンタエ・ンベ（「ンベの石」）である。これとは別に，ンカンダという重要なセクションもあり，そこにはンシビリ・ンカンダとオトン・ンジョムが含まれるという（Ruel 1969: 219-220）。

[7]　エジャガムは，従来研究者によって「類バントゥー（Bantoid）」と分類されてきた言語系統に属する（Murdock 1959; Greenberg 1963）。エジャガムは Ejaham, Ekoi, Etung, Ekwe, Edjagam, Keaka, Kwa, Obang などの別称で呼ばれることもある（佐々木 2000）。

モジョックの摂政（代理のほうがニュアンスとしては近い）首長（regent chief）であり，ンベ結社の事情に最もよく精通している人物のひとりとされる，アグボー・アタ・ヘンリー（Agbor Atta Henry）氏から得た情報によるものである。同じ階梯の成員どうしでも，別々に聞き取りを行うと異なる解答が得られることもある。そして，そのどちらもが，「自分こそがよく知っている」ことを主張する。こうした事態が生じるのは，秘密化という仕掛け自体が，成員のあいだにもこのような無数の語りを生み出すことにつながっているためであろう。後述するように，秘密化はそれぞれの対人関係の，それも場面に応じて常に新たにつくりだされる必要があるからだ。

開示される秘密のテクスト形態

　各階梯に固有の秘密の知識は，それぞれに何らかの意味，つまり伝えられ，読み取られる内容をもつ一種のテクストと考えることができる。実際，それらには必ず，与えられる釈義的意味があり，同じ階梯以上の成員間ではそれらの意味をやりとりできる。これらのテクスト形態は様々である。具体的には，「豹」結社の秘密の知識は，図像テクスト，身体所作テクスト，音声テクストからなっているが，このテクスト形態という観点にのみ注目して，これらの諸テクストと結社の階梯の相関を示したものが図16-3である。

　クロス・リヴァー諸社会の「豹」結社の秘密といえば，ンシビディ（nsibidhi）と称する図像（ないし記号文字）の存在が研究者にもよく知られている（図16-4）。このンシビディは，パントマイムで表現される身体所作と関連しており，その身体所作もンシビディと呼ばれることがある。結社の高位階梯成員のみに開示されるンシビディには様々なものがあり，階梯に比例してその知識は増大していく。結社の集会においては，しばしば成員どうしがこのンシビディの知識比べを行うことがある。このンシビディの他にも，それぞれの階梯にしか許されていないような踊り方，発話のしかたもある（佐々木2000）。

　さて，ここで注目したいのは，結社の最高機密はこれらの図像テクストでも身体所作テクストでもなく，音声テクストだということである。「豹の声（eyumi Ngbe）」と称する独特の音の出し方こそが，この結社において最も厳重に秘密化され，ごくかぎられた高位階梯成員か，選ばれたごく一部の家系の者にしかその知識は開示されていないのである。

　「豹の声」は，「豹の集う場所」の奥，扉の向こうの部屋（ekat Ngbe）から発せられるが，この「声」を出す装置はここから持ち出されることはない。「豹の声」は常にこの奥の部屋から発せられるが，その音量はかなり大きいため，その「声」は結社の成員のみならず「豹の集う場所」の外にいる一般の人びとにもよく聞こえる。この「声」は，「豹」の精霊 —— 野生動物の豹とは異なる「超自然的」存在 —— が「豹

```
*Eyumojockでの例（2005年8月現在）

              Iyamba
             Isuwa
           Isomidibhu
          Ebongni-Ngbe
        Esange-Ngbe (Eyumi-Ngbe)
       Ochame-Ngbe (Nkop-Ngbe)
          Abongni-Ngbe
```

音声テクスト　図像テクスト　身体所作テクスト

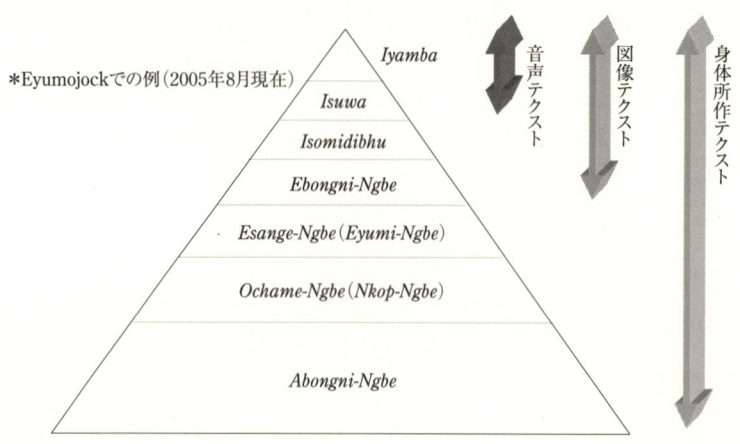

図 16-3　階梯と開示される秘密のテクスト形態の相関

の集う場所」にやってきていることを示唆するものであるが，結社の成員以外の人びとや結社の低位階梯成員にとってはその姿を見ることができず，ただ「声」だけがその聴覚に印象を残すことになる。

　この「豹の声」以外の秘密は，ンシビディにせよ，独特の身体所作にせよ，聴覚よりは視覚にまず訴えるものである。つまり，この結社においては，聴覚に訴える秘密が視覚に訴えるそれらよりも上位に位置付けられているのである。

16-4 ▶ 音声の優越，生態環境としての熱帯雨林

音声の優越

　エジャガム社会では，音声の操作方法が最高機密とされているのは実は「豹」結社だけではない。共同体の社会統制を担当するアンブ結社，女性版「豹」結社ともいうべきエクパ結社においても，最も重要な秘密となっているのは音声の操作方法なのである。非常に興味深いのは，エジャガム社会の場合，共同体の社会統制に関与するような活動を行っている結社では，妖術や妖術師の摘発を目的としているオバシンジョム結社を除くと，いずれも何らかの音声の操作方法を最高機密としているということである。

　アンブ結社の場合は，「アンブのパイプ（*nsikon Angbu*）」と呼ばれる「声」が，社会統制に重要な役割を果たしている。アンブ結社に関するこれまでの民族誌的情報は非常に乏しいが，その強力な「声」が夜間に，共同体の規則に従わない者に警告を与えるという報告は見られる（Koloss 1985: 99）。私は，1993 年にアンブ結社の入

図 16-4 ンシビディ
(「豹」結社特有の藍染の布，ウカラ・クロスより)

社儀礼を観察する機会に恵まれたが，そのとき，儀礼の手順について指示を出し，場を取り仕切っていたのは壁の向こうから響いてくる「声」であった。

　私が調査を行ったエユモジョック近辺の伝承によれば，かつては悪霊が出現したり，疫病が流行ったりしたとき，夜中にアンブの「声」が共同体に警告を発し，そのあいだ住民は家の中でじっとしていなければならなかった。その「声」とともにアンブ結社が活動しているあいだ，人びとはそれを視ることができない。これまでアンブ結社の活動について参与観察を行った私の経験からいえば，「アンブのパイプ」の音源は「豹の声」と同様，結社の成員にも隠されている。その「声」に関与できるのは一握りの長老たちだけである。一方，エクパ結社の場合，その最高機密たる音声は，雷の轟くような音で表現される。この「音」はエクパ結社が持つ「超自然的力」と関連づけて説明される。この音声の出し方も，エクパの結社の内部でもごくかぎられた一部の者以外はあずかり知り得ないものであり，結社の成員でない者，成員であっても低位階梯の者は，ただその音を聞くだけである。

　このような音声の優越は，何もエジャガム社会やクロス・リヴァー諸社会だけにかぎって見られることではない。隣接するカメルーン・グラスランドでは，姿のない"crying juju"に特別な地位が与えられている。この"crying juju"は数種類あるが，いずれも祖霊の存在や力を示唆するものであるとされる。グラスランドでは多種多様な仮面が用いられており，祖霊の存在や力を示唆するという点では，"crying juju"も，仮面衣装で表象されるものも，何ら変わりはない。しかし，この「声」による表象のほうが，仮面衣装で表象されるそれらよりも強力なものとして位置付けられ，その秘密性とタブー性はより一層高いという[8]。

　同じく，カメルーン・グラスランドのマンコン社会では，時として法律そのものとも表現され，王権による社会統制に最も強く関与するクウィ・フォという仮面も，ンドンという鉦による独特のメロディーと共に現れ，そのとき関係者以外は家の中に身を隠さなければならず，これを見ることは禁じられている。つまり，一般の人びとにとっては，クウィ・フォは音として現前する存在なのであり，「タブー性と音の伝達とが，みごとに統合されている」(端 1991b: 100)。

　一方，さらに西のシェラレオネ近辺に分布するポロ結社，コートジボワール近辺に分布するゴ結社などでも，精霊の「声」には特別重要な地位が与えられている (Harley 1941; Harley 1950)。ポロ結社では，成員は結社の秘密を漏らすことが固く禁じられているのはもちろんだが，とりわけその「声」については真似することすら厳禁で，死をもって償わなければならないという報告もある (Little 1949)。その禁を破った者に対して実際に死がもたらされたかどうかは別として，これらの報告は，少なくとも「声」の出し方を秘密化することにはとりわけ厳重な注意が払われてい

---

[8] カメルーン・グラスランドのンカンベ (Nkambe) 首長制社会で調査を行っている名古屋大学大学院の後藤澄子氏の情報による。

ることを示唆する。

　これらの民族誌的事実からは，西アフリカの熱帯雨林において，それぞれの地域社会の文化活動や政治経済活動において重要な役割を担っている仮面結社では，その力や権威を保証する基となるものとして，しばしば特殊な音声の出し方，その音源の秘密化がとりわけ重要視されていることがうかがえる。「声」の所在は，それほど厳重に隠蔽されなければならない対象なのである。

　結社の政治的力，権威の基盤としては，造形表象や身体表象もさることながら，それ以上に音声が重要な役割を演じている事例が少なくないということは注目に値する。音声を操る知識や技術は，明らかに権力と結びついている。そして，それらの社会では聴覚に訴えるものがとりわけ重視されていることを示唆しているからである。

生態環境としての熱帯雨林

　これまでに紹介してきた事例は，クロス・リヴァー諸社会の人びと，ひいては西アフリカの熱帯雨林に居住する人びとが，音声を重視する感性，つまり人間の五感の中でも，とりわけ聴覚を優先するような感性の持ち主である可能性を示唆する。

　興味深いことに，エジャガムでは「聴く」(*eyuk* あるいは *ayuk*) という動詞から転じたアユク (Ayuk) という名前をもつ人物が少なくない。このアユクは，ファミリー・ネームにもファースト・ネームにも用いられるため，単純に日本の氏名と対照させることはできないが，直訳すればさしずめ「聴さん」とでもいったところであり，エジャガムでは日本でいうところの「鈴木さん」や「山田さん」なみに一般的である。しかしながら，それでは同様に他の四感に関係するような名前があるかといえば，私はこれまでそのような名前を持つ人物に出会ったことはない。

　生態環境としての熱帯雨林が，そこに暮らす人びとがこのような聴覚優先の感性を育む大きな要因となったという可能性は十分に考えられる。たとえば海岸部，乾燥地帯，あるいは都市部などにそれぞれ特有の環境上の特徴がみられるように，熱帯雨林にも特有の環境上の諸特徴がある。アフリカで熱帯雨林の中を歩いた経験のある人なら，薄暗く視界をふさがれた光景と，どこからともなく聞こえてくる鳥や野生動物の声，風になびく木々の音，涼しく湿っぽい空気の感触と臭いなどを想い出すことだろう。

　熱帯雨林に特有の生態環境のなかでも，私が特に注目しているのは，熱帯雨林の中では自ずと視界が制限されるということである。熱帯雨林の中では，視界はせいぜい数メートルから数十メートルといったところであり，とりわけ深い一次林の中

では、目の前には数本の巨大な木の幹ぐらいしか見えない[9]。そのことと関連して、こうした環境で生活をするためには、視覚以外の感覚を鋭敏化させる必要がある。天候の微妙な変化や、危険な野生動物の接近など、聴覚や、ほかにも嗅覚などを十分に働かせていないと、致命的な失敗や、運が悪ければ命を落とすことにつながりかねないからだ。

実際、当然といえば当然だが、私はエジャガムの友人たちと森の中を歩いていて、我々の視界にはまったく入っていないのにもかかわらず、かれらが発揮する他の人間や動物の気配の感じ取り方の速さ、鋭さには常に驚かされる。一例を挙げると、森の中を一緒に歩いていて、彼なり彼女なりが突然大声で叫ぶと、遠くの畑から、そして時にはごく近くの茂みの中から大声で返事が返ってきて、私にとっては、ああ、そこに人がいたのかとなる。

同様に、おそらくは臭いやかすかに聞こえる声、足音などから、近くにどのような野生動物がいるか（いたか）ということに対する理解も正確無比であり、かれらの予言どおりにその動物の姿を遠くに認めることもしばしばであった。かれらによれば、それは「見えているわけではない」が、ただ「分かる」そうである。こうした鋭敏な感性は、もちろん一朝一夕に身につくものではない[10]。私自身はそうした感性を、熱帯雨林を日常生活の拠点としているような人びとと同程度に持ちあわせているわけではないが、少なくともかれらと共に森の中にいたときは、いやおうなく視覚以外の感覚、特に聴覚や嗅覚を鋭敏化させる必要に迫られたことは確かである。

16-5 ▶ 熱帯雨林におけるコミュニケーション形態

生態環境としての熱帯雨林が持つこうした特徴が、そこに移動し暮らす人びとに特有のコミュニケーション形態を生み出したことは想像に難くない。

太鼓通信に代表されるように、視界が限定された熱帯雨林では、音によるコミュニケーションが発達することは自然のなりゆきと思われる。エジャガム社会でも、大型のスリット・ドラム（*egyuk*）やダブルゴングを用いた太鼓言葉が発達している。いまは皆すべて亡くなってしまったが、私が1994年に聞き取りを行ったとき、エユモジョックには、自称では80歳以上の長老が4名、元気に存命していた。そ

---

[9] エジャガムおよびクロス・リヴァー諸社会における妖術摘発の仮面として名高いオバシンジョムの力が、ありとあらゆるところを見とおす千里眼的な「視る」力にあること（佐々木2000、Sasaki 2008）は、熱帯雨林という視界の制限された環境に暮らす人びとの願望と無関係ではないだろう。

[10] 熱帯雨林に居住する狩猟採集民が持つ独自の「鋭敏な感受性」については、たとえばムブティに関する市川の民族誌的報告においても言及されている（市川1982、1996）。

の4名が口を揃えて語ったのは，エジャガムにおける太鼓通信の発達の理由は，かつて戦いが絶えなかった時代，森に散らばっている仲間たちを迅速に呼び寄せるためだったというものだった。

長老たちの語りを引き合いに出すまでもなく，視界が開けた環境下であれば，狼煙火を上げるとか，何か遠くからでも見えるしるしを掲げるという方法もあるだろうが，視界の閉ざされた熱帯雨林では，音によるやり方のほうがメッセージをはるかに遠くまで送ることができるのは確かである。トランシーバーや衛星電話といった機器を持たない人びとにとっては，いまなお太鼓通信はより遠くの人びとと交信するための重要な手段なのである。

太鼓通信を使わないまでも，日常生活において，熱帯雨林の中では声のみによるコミュニケーションがしばしば観察される。森の中を歩く時，あるいは狩猟を行っているとき，あるいは畑で仕事をするとき，しばしば人びとはどこか遠くにいる，見えない相手と大声でやりとりをする。大声で発話し，しばらく待つ。すると遠くから声が返ってくる。それに対してまた大声で発話する。1993年に住み込みを開始した当初，これは私には不思議な光景だったが，こんな「会話」は日常茶飯事である。

本章の事例とは地域は異なるが，同じアフリカの熱帯雨林で生活するバントゥー系農耕民ボンガンドのコミュニケーション形態に関する木村大治の報告をみても，森を歩くと人びとの声があちこちで響くこと（森は音がよく響き渡る環境である），太鼓通信が非常に発達していること，またボンガンドの中には，視覚的距離からいえば遠い場所にいる人に対しても「一緒にいる」という感覚を持つ人がいることなどが指摘されている（木村 1996，2003）。

本章との関連から私が注目したいのは，この「一緒にいる」感覚が，遠くまで響き渡るような声によって強化されているのではないかという木村の推測である（木村 2003: 108）。木村が「投擲的発話」と名づけたような，ボンガンドに特徴的な発話形態はエジャガムのあいだには見られないが，必ずしも視覚に頼らないようなコミュニケーションのあり方と，それを可能にする人びとの感覚は注目に値するものである[11]。

---

11) 木村は，このボンガンドのみならず，バントゥー系農耕民ではないバカ・ピグミーの事例もあわせて，熱帯雨林で生活する人びとのあいだに「非対面的に行われる音声コミュニケーション」がしばしば見られることに注目し，その場を「拡散的会話場」と呼んでいる（木村 2003: 212-213）。これも，こうした熱帯雨林で生活する人びとに特有の感覚と不可分のものであろう。このような感覚に対する十分な考察を欠いては，たとえばボンガンドやバカなどの相互交渉において，関連性を相互に持ったり，それらを切ったりするそのあり方について，多分に普遍主義的な志向を持つコミュニケーションモデルの成果を援用して解釈しようとしても自ずと限界がある。そもそもかれらの「会話」というもののとらえ方，関連性に対する構え，それらを支える身体感覚などが，コミュニケーションモデルの前提と根本的に異なっている可能性があるからだ。

このような「会話」のあり方は，かつて伊谷純一郎が指摘していた，霊長類の「長距離間の呼びかけ (long distance call)」という発話形態と類似点を持っているといえる。この発話形態は，霊長類が長いあいだ主な生息地としてきたと考えられるところの，生態環境としての熱帯雨林が生み出したものであろう。伊谷は，この「長距離間の呼びかけ」は，やがて人類進化の過程において，視覚によるコミュニケーションの発達とともに衰退したと推測している (Itani 1963)。

　これは，定住生活による集落の規模の拡大とともに，人びとの生活の拠点がよりいっそう集落——開墾され，視界が開けた場所——に移り，集約的な生業形態の発達とともに，対面コミュニケーションの重要性が増した頃までという時代的限定をつけるなら，ある程度は妥当な推測といえそうである。工業化社会に入り，コミュニケーションの距離が飛躍的に広がり，無線や電話，インターネットなどが発達すると，視覚によるコミュニケーションとはまた別の，新しい種類のコミュニケーション形態が登場してくるからだ。

　アフリカの熱帯雨林で生活する人びとのあいだでは，「長距離間の呼びかけ」的なコミュニケーション形態と，その母胎となる身体的な感覚は特徴的である。もちろん，これを霊長類からの遺産と位置付けるには，まだ多くの例証を必要とする。しかし，仮にそうした進化論的な観点に立たなくとも，そもそも人類の社会において視覚優先の価値観が支配的になったのは，実はそれほど昔のことではないのである[12]。

　以上から，熱帯雨林地域に特有のコミュニケーション様式とは，近距離よりはむしろ遠距離に及ぶ，それも聴覚に頼ったコミュニケーションといえる。そして，それらは熱帯雨林という生態環境に住む人びとが独自に発達させてきた，聴覚に鋭敏な独特の感性と不可分であると考えられる。

16-6 ▶ 視覚の制限と想像力

　ここでやや見方を変え，動物としての人間に備わっている能力に目を向けてみよ

---

[12] 視覚が人間の五感の中でもとりわけ特権的な位置を占めるようになったのは，せいぜい19世紀のそれも西欧においてであろう。19世紀は，いわゆる視覚芸術の大衆化，印象派絵画の流行，写真の登場，ジオラマやパノラマの誕生など，まさに「視覚の世紀」であった。この時代，視覚がいかに特権的位置を占めていたかという点については，たとえばフーコーが「まなざし」を権力装置としてあえて問題化しているところからもうかがえる（フーコー 1977）。19世紀以降の人文科学や社会科学の分野でも視覚は優越してきたといえるが，最近では視覚以外の感覚に注目する研究が現われ始めている。一例を挙げると，西アフリカのハウカと称する憑依儀礼を取り上げたストーラーの「感知する民族誌学」(Stoller 1995) や，19世紀フランスにおける嗅覚などの近接感覚や情動を主題化したコルバンの「感性の歴史学」(Corbin 1991, 2001, 2005) などがある。

う。人間には，一度感知したものを鮮明に持続して記憶する能力が備わっており，それは想像力の豊かさに直結するものだという。直感像と呼ばれるこの能力は，人間の五感に関与しており，現在の文明社会でも幼児には豊かに備わっているものの，かれらが文字言語を覚え始めると，これらは失われていく（久保 1996）。進化論的な観点からは，このことから，霊長類から人間に進化し，言語を習得していくことと引き換えに，この直観像能力は失われていったのではないかという考え方がある[13]。この考え方に立脚すると，人間でも無文字社会における想像力の豊かさは文字社会より上である可能性があるということになろう。

　ンシビディなどを発達させたエジャガムは，完全な無文字社会とはいえないものの，無文字社会に近い世界で生きてきた。これはあくまで，動物としての人間が持つ共通の能力が地域や歴史をこえてあまねく存在するという立場に立った場合の話にかぎられるが，クロス・リヴァー諸社会の人びと，さらにはアフリカ熱帯雨林で生活する人びとには，それゆえ直観像能力と関連するような類の想像力が強く備わっていると考えることができる。

　さて，視覚が制限された状態で，つまり対象の姿が見えず，ただ音声のみを聞かされた人間は，ただでさえその想像力をいっそう搔き立てられることであろう。いったい，そこには「何」がい（あ）るのか。それはどのような姿をした，いかなる存在なのか。ましてや，聴覚に関する独特の感性を持つ人びとにとっては，それは何らかの「超自然的存在」のなかでも，ことによると目に見える存在である「仮面」よりも気にかかる，いっそう不可解な，それゆえ関心の的であると同時に畏怖の対象となりうるのではないだろうか。

　情報の秘密化という観点からいえば，人の想像力を刺激し，その「正体」に関する果てしない類推に人びとを引き込むようなものは，その目的によく適合している。いまさらいうまでもないことであるが，人びとのあいだにそれを知りたいという欲求が失われれば，秘密は秘密でなくなり，その意義は消滅してしまう。したがって，秘密においては，人間の知りたいという欲求を刺激し続けることこそが重要なのである。このため，情報の秘密化にあたっては，一部の情報を開示しつつ，肝心なところは隠蔽し続けなければならないが，姿の見えない音というテクスト形態は，こうした目的を達成するうえで実に都合がよい。

　もちろん，何やら意味ありげな図像や身体所作もまた，それを知りたいという人間の欲求を刺激するであろう。中に入る人間の姿を隠しつつ，何者かを表象する仮面も同様である。これらも，「見せながら隠している」からだ。一方，姿が一向に

---

[13] 直観像能力と想像力やイメージング能力との関係については，科学的にもまだ十分に解明されているわけではないので，ここで述べていることはまだ粗い推論の段階にとどまる。なお，進化論的な観点もふまえたチンパンジーの直感像と人間のそれを比較した実験に関しては，たとえば最近の松沢らの研究を参照のこと（Inoue & Matsuzawa 2007）

見えないにもかかわらず「そこにい（あ）る」ものは，そもそもそれがどのような外見をしているのかということも不明瞭である。こうした「音」のみを聴くとき，長いあいだ「無文字社会」で生活し，音声への豊かな感性を発達させてきた人びとの想像力は，その外見が判明しているものを前にしたとき以上に活発化し，未知のものへの関心を増大させるのではないだろうか。

これまでに見てきたように，熱帯雨林の中で生活する人びとは，鋭敏な聴覚を発達させているし，音声に対して鋭敏な感性の持ち主である。そうした人びとの視覚を制限し，つまり五感の一部を封じ，入力される情報量を制限しておいて，音声のみを聴かせる。知りたいという欲求を刺激するうえで，これは実に巧みな「発明」ではないだろうか。いうまでもなく，秘密を握ることは対人関係において有利に作用し，それゆえ権力に結びつく。かくして，もっとも巧妙かつ洗練された「発明」が，こうして共同体における最高機密となるにいたったのだと考える。

ただ，クロス・リヴァー諸社会でも学校教育，特に初等教育は普及しており，今日では，特に40歳代以下の比較的若い世代の人びとは，もはや「無文字社会」に暮らしているとはいえなくなっていることにも留意しておく必要はあるだろう。エユモジョック近辺では，結社の資金管理状況などがノートに記録されていることもいまや決して珍しくない。儀礼の過程を詳細に書いて，手紙や電子メールで私に教えてくれる者もいる。かれらがいずれ結社の高位階梯を占め，さらにその中の数名が階梯の頂点に達したとき，こうしたかつての「発明」がどうなっていくのか，引き続き注視していきたい[14]。

16-7 ▶ 音声の優越する世界

クロス・リヴァー諸社会で社会を統制する役割を持つ社会組織は，その権威の妥当性を，祖霊や精霊と特別に交渉できる力の共同体（地域社会）内での占有に託してきた。かれらだけが祖霊や精霊と特権的に交流できることが，かれらに祖霊や精霊の力を借りた社会統制を可能とする根拠となる。そのためには，かれらだけが，そしてその中でも高位階梯の者だけが祖霊や精霊と交流できることを示すために，

---

14) 加えて，アフリカにおける携帯電話の急激な普及も，本章で熱帯雨林地域に暮らす人びとに特有と考察してきた感性やコミュニケーション形態に何らかの影響を及ぼす可能性はある。2008年現在，カメルーンでは村落部でも携帯電話を持つ人は珍しくなく，また通話場所や天候によっては，同国内の村落間や村落―都市間はもとより，名古屋とエユモジョック近辺の間で携帯電話を使って会話することも可能になりつつある。ただ，興味深いことに，いまのところ若い世代の人びとも携帯メールをまったくといってよいほど使用せず，相手とあくまで会話を交わそうとする。学校教育の普及によって高い識字率を有するかれらのあいだでも，文字を使用した視覚によるコミュニケーションよりも聴覚に頼ったコミュニケーションのほうが，依然として馴染み深く一般的なのだろうか。

「豹」(「豹結社」)なり「祖霊」(アンブ結社)なり「雷」(エクパ結社)の存在を隠しながら示さなければならない。

　生態環境としての熱帯雨林は，そこに暮らす人びとの視覚を制限し，それとともにかれらの聴覚を鋭敏にし，長距離間の呼びかけや，太鼓通信などに代表されるような特徴的な聴覚コミュニケーションを発達させたと考えられる。逆にいえば，人間はそうした環境で生活するために，熱帯雨林との相互交渉の過程で独特の感性とコミュニケーション形態を発達させていったのである。

　熱帯雨林という生態環境に暮らす人びとにとっては，祖霊や精霊の存在を示唆するうえで，造形表象や身体表象もさることながら，とりわけ音声がもっとも効果的な手段であり，それゆえにそうした音声を操作する知識や技術を占有することが政治的権力の保持に結びつき，その秘匿に細心の注意を払う。鋭敏な聴覚を発達させている人びとに，視覚を制限したうえで音声のみを聴かせる方法は，その想像力を最大限に活発化させ，秘密の所在に人びとの関心を引きつけるうえでもっとも適しているからである。本章は，民族誌的事実を出発点としてこのような考察を試みた。

　私たちは，人間の五感のうち，視覚以外の感覚にもっと注目する必要がある。このことは，視界が制限された熱帯雨林に暮らす人びとの場合にはなおさらである。私自身，仮面と仮面結社の研究を進めるため，調査地に入った当初はもっぱら造形表象や身体表象に目を向けていた。しかし，仮面結社の秘密に関する資料を収集するうちに，次々と最高機密としての「声」に出会うこととなり，思いがけず音声による表象の重要性に気づかされたのである。

　本章で見てきたように，結社の階梯に応じた秘密のテクスト形態のあり方は，このことをよく示していると考える。クロス・リヴァー諸社会の人びと，そして西アフリカの熱帯雨林で生活する人びとが，聴覚によるコミュニケーションを盛んに活用していると指摘するだけでは十分ではない。かれらは，いわば音声が優越する世界に生きているのである。

第17章

澤田昌人

エフェにおける死生観の変遷を考える

17-1 ▶ 死後の世界

　エフェはコンゴ民主共和国北東部のイトゥリ地方に住み，バレセ[1]という民族と経済的，社会的に密接な関係を保っている。バレセが熱帯雨林における焼畑農耕を中心的な生業としているのに対して，エフェは熱帯雨林で狩猟採集を行ったり，バレセの農作業を手伝ったりして生活の糧を得ている。エフェは「ピグミー」とも呼ばれることのある集団であり，スワヒリ語では「バンブティ」とも呼ばれている。アフリカ各地における「ピグミー」が熱帯雨林の先住民であると考えている研究者は多い。コンゴのバンブティは成人男子の平均身長が150cmに満たず，「ピグミー」の名前の由来である身長の低さのみならず，四肢の短さ，童顔，肌の色がそれほど黒くない等，近隣の他民族とは明確に異なる身体的な特徴を持っている[2]。
　私は1985年から1998年にかけて7回，イトゥリ地方のマンバサ県にあるアディリ[3]村を中心に調査を行い（図17-1），エフェの会話のパターンや歌と踊りなどを研究してきた。近年はかれらの夢や体験談から死生観を探る研究を行っている。この10年以上のあいだこの国を襲った不幸な出来事のためにしばらく調査を行うことができなくなってしまったが，ようやく国情も落ちつき始め調査を再開することができそうな状況となっている。そこで，これまでの調査結果を簡潔にまとめ，今後の調査研究の方向を検討しておくべき時期に来ていると考えた。そのため本章はこれまでの調査結果に基づいた部分と，研究の方向を探るためのスペキュレーションの部分からなっていることをあらかじめお断りしておく。

---

1) 寺嶋（生態誌第9章）では「レッセ」と記されている。
2) エフェとバレセに関する生態人類学的な解説は，（寺嶋1997）に詳しい。
3) 寺嶋（生態誌第9章）では「アンディーリ」と記されている。

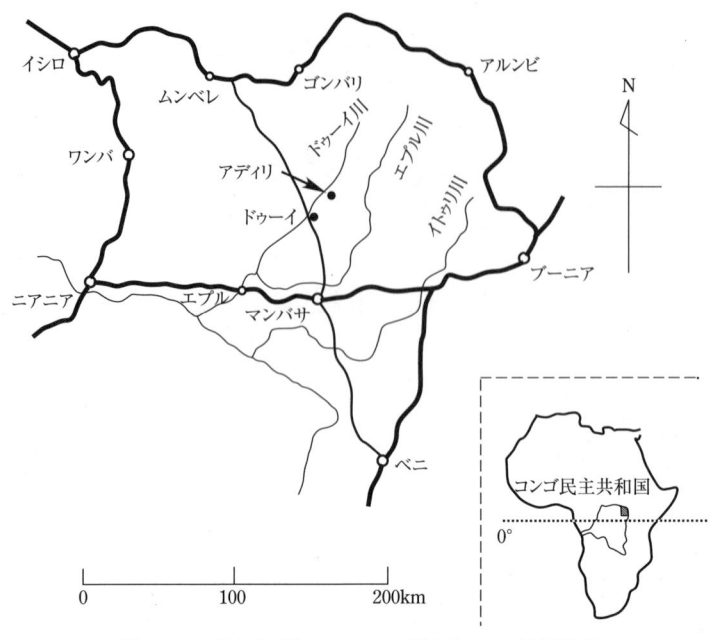

図 17-1 調査地（特にアディリ村とドゥーイ村周辺）

　本章では，まずエフェにとっての死後の世界を，かれらの歌の歌詞，夢見，および体験談を資料として探る。これらの内容の多くはすでにいくつかの論文や記事として発表してきた（澤田 1989, 1998a, 1999, 2000, 2001, 2002; Sawada 1990, 1997, 2001, 2002）。これらの資料をもとにエフェの死後の世界の特質を理解しておく。次に植民地時代前後からエフェの生活空間がどのように変化し，そうした変化がかれらの精神にどのような影響を与えてきたのか，また与えようとしているのかを考察する。これらをもとにかれらの死生観が現在どのような変化を迫られているのか，そのような変化はかれらの精神にとってどのような意味を持つのか，について考えを巡らしてみたい。

夢，歌，体験談から

　「エフェ」という集合的な固有名詞を使用すると，「エフェの死生観」という言葉は，「エフェ全員が同じ死生観を共有している」というような印象を与えてしまう。そもそも個人の死後の世界を客観的に記述し，それを他者による同様の経験と比較することはできないのであるから，「死生観」は徹頭徹尾主観的な思い込みである，という考え方もできるであろう。現代の日本においては職場の隣の同僚が，「死後

は創造神のもとに行く」と思っているのか,「極楽浄土に行く」と思っているのか,それとも「千の風になる」と思っているのか,分からないのが普通ではないだろうか。一つ屋根の下に住む夫婦,親子のあいだでも相手の行き場所は分からないかも知れない。

　このような状況に比べてエフェにおける死生観は,より公の場で歌われ,語られ,また体験談として再生産されてもいる。それらの断片的な語りからでもエフェにとっての死後の世界をある程度推測できるのである。もちろんエフェ一人ひとりが本音のところ,死後の世界をどのように考えているのかはうかがい知ることは出来ない。したがって本章で私が「エフェの死生観」,「エフェの死後の世界」などの言葉を用いるとき,必ずしもエフェの各人が同一のイメージを持っているということを意味しているのではない。そもそもそんなことを確かめようもない。むしろ,日常的に歌われている歌詞,夢見の語り,あるいは森の奥での体験談として繰り返し示される「死後の世界」,そしてそれを通じて推測される「死生観」を記述の対象としている。このような「死後の世界」を語るエフェが幾人もいて,それを聞く人びとはその語りの内容を当然のこととして受けとめているのである。このようなテーマについて調査をしたり,考えたりしたことのある人にとって,以上のような説明は自明のことであるかも知れないが,ここで改めて確認しておきたい。

　死生観を探究するにあたっては埋葬について触れておかなければならないが,私はエフェの死に居あわせることがなかったので,以下は私が直接観察したことがらではないことを断っておく。エフェは死ぬと住んでいたキャンプ地の外に埋葬されることが多いようだ。埋葬する際には布で遺体を包むが,遺体を包めるほどの大きな布が手に入ることはほとんどないので,そういう時はクズウコン科植物の葉を編んだもので遺体を包む。

　注意しておきたいのは,埋葬した場所を示すような目印を残すことはほとんどないということである。キャンプ地は頻繁に移動するので埋葬した正確な場所はすぐ分からなくなってしまう。もちろん遺族や知人が定期的に墓を訪れることもない。昔のキャンプ地は数年で木が生い茂り森に戻っていくので,エフェの墓は文字通り森と一体化して森に還っていくのである。

夢で会う死者

　エフェは夢でよく死者に会うようだ。夢の話を聞かせて欲しいと頼むと,死者と出会った話がよく出てくる。たとえば次のような話である。(以下の事例では,読みやすさを考慮して内容の一部を適宜省略してある。またすべての事例はアディリ村周辺のエフェから得られたものである。)

(事例1) エフェの女が夢の中で故人の家を訪れた

「私は夢の中で亡くなった両親のところへ行った。両親は私を見ると『おまえは何をしにきたの？　誰がおまえを呼んだというの？』といったが、私は両親に近づいた。私の父親は『ここに何をしにきたのか？』と私に問い、母親も『ここに何をしにきたのか？』と尋ねた。

そこに、すでに亡くなっていた父方の祖父がやってきた。祖父も『ここに何をしにきたのか？』という。かれらの家の中に私は入ることができなかった。

家の中で、かれらは非常に明るい灯をつけていた。それは焚き火ではないが、まるで月が出てきたときのように明るかった。私は怖かった。私は家の外に立ちつくしていた。

かれらは『家に入るな。いますぐここを離れ、帰りなさい。』といった。

そこで目がさめた。」

この事例の語り手は、エフェの故人すなわち死者たちが生前と同様、家族、親族と共に暮らしており、暮らしている家も生前と同様の家であると説明していた。このようなイメージは広く受け入れられており、後述するいくつかの事例の中にも繰り返し現れる。

この事例に出てくる死者たちは生者の訪問を必ずしも喜んでいないようである。生者に対して「帰れ」と命じる死者は、死者の世界と生者の世界を峻別しようとしているようにも思える。

次の事例は、死後の生活が現在の生活と同じか、やや「古風」である可能性を示唆している。

(事例2) 亡父の戒め

「今日亡くなった父を夢にみた。彼は青年時代の姿で弓矢を持ち、樹皮を叩いてなめしたふんどしをつけ、ひとりで出てきた。夢の中で亡父は私たちのキャンプを訪れた。夜だった。

彼は私たちすべてにこういった。『なぜおまえたちは獲物を狩りに行かないのか。私は他のキャンプの者ばかりが狩りをしているのを見かける。私たち、エフェの生活の道は森で狩りをすることしかない。おまえたち、キャンプの子供らは森を歩くことなくいつもキャンプに留まっている。』

そこで私たちは狩りに出かけた。……(以下略)」

事例2では死後の世界を垣間見ることはできないが、亡父が生者に対して「伝統的な生業」である狩猟採集に戻るべきであり、焼畑農耕民バレセの手伝いばかりをしていることを批判している。また亡父が樹皮のふんどしというきわめて「伝統的な」出で立ちをしていることにも注意しよう。現在エフェの男の多くは、化繊の短

パンを着用している。語り手の年齢から推測するに，彼の亡父が存命中にすでに樹皮のふんどしは一般的な服装でなくなっていた可能性が高い。したがって夢の中での亡父の出で立ちは，彼の生前の姿そのものを再現したものというより，死後の生活が生前の生活よりも「より伝統的」「より古風」である可能性を示唆しているのである。

次の事例では，死者の助言は具体的な生活技術に関するものである。死者の生活は生者のそれより「より伝統的」「より古風」であるのみならず，「より叡知に満ちたもの」であるように思われる。

(事例3) エフェの男が夢で知った矢毒の製法（夢見た本人は故人であるが，その娘婿が著者に語った）

> 「私の義父は夢の中で製法を学び矢毒を作っていた。ほかの人にはその製法を教えることはなかった。ただほかの人の矢に彼の作った矢毒を塗ってあげていた。
> 彼は『亡父が夢に出てきて矢毒の製法を教えてくれた』といっていた。」

このように夢の中で矢毒の製法が伝授されるのは一般的であると考えられている。実際，「矢毒の製法と，ヤシ酒を豊富に出すための薬は，夢の中で死者に教えられるか，お金を払って人に教えてもらうしか知るすべがない。」と格言のように語られる。つまりこの2種の技術は，そもそも夢の中で死者によって教えられることで初めて獲得されるのである。

歌に歌われる死者

エフェにとっての歌と踊り（踊りを伴う歌，あるいは歌を伴う踊り）は「文化的な中核」とでも呼ぶことができる。歌と踊りはエフェの興味関心の中心である（図17-2）。多数のパートからなる濃密な合唱は技術的にも高度であり，近隣他民族のみならず音楽学者などからも高い評価を得ている。エフェに限らずアフリカのピグミー音楽は，現代の商業音楽においても様々な形で利用されている[4]。かれら自身も他の民族の歌と踊りに比べて自らのそれを誇っているようである（Sawada 1990, pp. 171-172）。意外なことはこれらの歌と踊りが昔から受け継がれてきたものではなく，そのほとんどが近年始められたものだということである。そしてその起源が記憶さ

---

[4] アフリカのピグミー音楽学者の研究としてはたとえば，(Arom 1985b) がある。手っ取り早く知るには，英語版の Wikipedia で Pygmy music の項目にジャズやワールドミュージックに用いられたピグミー音楽に関する説明がある。ニューギニアの民族音楽を研究した高名な民族音楽学者スティーブン・フェルド Steven Feld から，彼が当初はイトゥリのピグミー音楽を研究するつもりであったと聞いたことがある。彼の論文 (Feld 1996) では，商業音楽のスターたちが，ピグミー音楽を一方的に利用しその利益をほとんど還元していない事実を，粘り強く解き明かしている。

図17-2　エフェの歌と踊り

れている歌と踊りは，すべて何らかのかたちで死者から教えられた，とされているのである。典型的な事例を二つあげておこう。

(事例4) 亡くなった兄弟から教えてもらった歌と踊り (夢見た本人はすでに亡くなっていて，本人の縁者が著者に語った話)

「アビオンの実の兄弟であるパムカバが亡くなった。その時彼の家族は喪に服し，2週間小屋の外で寝ていた。その後，喪が明けて小屋の中で寝るようになったある夜に，アビオンの夢の中にパムカバとその他の死者が現れた。
かれらはアビオンが聞いたことのない曲を歌い踊った。
アビオンは夢を見てすぐ目覚め，夜中にキャンプの人びとを起こして，この歌と踊りを教えた。」

この曲はイエレと呼ばれており，私が調査していたときにはそれほどポピュラーな曲ではなかった。しかしこの曲が，ある特定のキャンプで近年誕生したものであることは広く知られていたし，それが夢に見られたものであることも当然のこととして受け取られていた。

事例4で死者が集団で暮らしている点は事例1と共通している。また死後の世界でも歌と踊りを行っている点を，事例1での親族と共に居住する点，事例2での「伝

統的」なふんどしを身につけている点とあわせて考えると，死後においても生前とほぼ同様か，生前よりも古風な生活を送っているとイメージされていることが改めて理解されよう。

それでは，死者はどこにいるのだろうか。次の事例では死後の世界のありかが示されている。

(事例5) ウワラという有名な曲の誕生

> 「ずいぶん昔のことになる。私の祖父が早朝の森へひとりで猟に出かけた。彼は樹上に足場を作ってそこに座り，地上に落ちた木の実を食べにくる獲物を弓で射ようと待ち構えていた。
> 獲物をじっと待っていると，木を叩く音が聞こえ，歌声も聞こえた。声だけで姿は見えなかったが，聞いているうちにこれは死者の歌声だと悟り，怖くなって木を下りキャンプに逃げ帰った。
> 彼はキャンプで息子，つまり私の父にこのことを伝え，その歌を教えた。父はさらに私に伝えた。」

この事例ではこの曲は，もともと死者が歌っていた曲であるとされている。それを聴いた生者が曲を憶え，それを周囲に教えた，という点も事例4と共通している。事例4と異なる点は死者が夢に出てきたのではない，という点だけである。

この事例で，姿を目にしてもいないのに死者の声であると悟ったのは，死者が森に暮らしていると人びとが信じているからである。死者は夢の中に出てくるが，夢の中でだけ森に住んでいるのではなく現実の森の中に住んでいると思われているのである。

曲が死者から与えられることになっているためか，歌詞の中に死者を表す言葉がちりばめられていることが多い。もともとは個人的な体験であったこれまでの事例と異なり，人びとが口にする歌詞は死者に対するエフェ一般の見方を示していると考えられる。

(事例6)「マクコボドゥ」という歌の歌詞（抜粋，括弧内は著者による注）

> オベ（歌と踊りのこと）の声，アフィデイ（死者を意味する）
> アフィメリ（森の人，すなわち死者のこと）
> 誰が私の声に応唱してくれるのか？
> 私は（他の人にオベに参加するよう）呼びかける
> オベを演じに私たちは森のなかへやってきた
> マトゥ（死者を意味する）のオベは森のなかで盛り上がる
> 森のなかでの男の遊び（ゾウ狩りなどを指しているとのこと）は，恐ろしいものだ

オベをやりにおいでなさい
誰が私の声に応唱してくれるのでしょう？

　事例6において歌と踊りに参加するよう呼びかけられているのは，様々な異名が用いられている死者のようにも思われる。そして歌と踊りが盛り上がる場所は森の中なのである。「森の人」が死者を意味するのは，上述したように死者は森に住んでいると信じられているからであるに違いない。
　このように死者は現実の森の中に住んでいるとされている。それを示す事例を次節で紹介する。

死者との遭遇

　エフェの死生観を調査していて興味深かったことは，実際にこの目で，あるいはこの耳で死者を見た，あるいは声を聞いた，と主張する人の話を聞くことであった。実際私はいくらか眉につばをつけてかれらの語りを聞き，記録をとっていたのだが，かれらの演技力が真に迫っているせいなのか，聞いているうちに鳥肌の立つ思いをすることがあった。

(事例7) エフェの男による死者の目撃談

　「まだ結婚していなかったころだからずいぶん以前のことだ。あるときサルを射止めるために一人で森に出かけた。朝の7時ころであったが，知らない男がひとり，目の前を通り過ぎた。一瞬の後，風が吹いて，その姿は森の木々のあいだに消えてしまった。
　その男はエフェであり，我々と同じ肌の色をしていて，樹皮のふんどしのようなものをはいていた。自分は森に住む死者が偶然現れたのだと信じている。」

　この事例の語り手に「見知らぬ男を死者であると思ったのはなぜか」と尋ねたところ，「近辺のエフェはすべて顔見知りであるし，出会った場所の近くにほかのエフェのキャンプがないことも分かっていた。そのため，森に住む死者が出てきたのだなあ，と思った。」との答えであった。
　事例1では夢の中で死者は家族と暮らしていたが，これを裏付けるような経験談が次の事例である。

(事例8) 死者が住む山

　「アドゥという山がある。アディリ村を未明に出発して懸命に歩けば，午後1時くら

いに着くはずだ。
　山の上の方は下からは見えないが，人びとの声やニワトリの声などが上から聞こえてくる。下にいる者（生者）に向かって，山の上から名を問うこともある。
　アドゥ山やアロ山は死後に死者が行くところで，近隣の地域から死者が集まってくる。
　どこかで人が死ぬと，その山からビーンという音が聞こえ，亡くなった人が戸を開けてその山の家に入ったことを私たちは知るのである。
　ある男の妻が死んだとき，その知らせがこのキャンプに届く前に，アドゥ山のほうからビーンという音が聞こえたこともある。
　私たちはアドゥ山の麓にときどき蜂蜜を取りに行くので，山の上から人びとの話し声がするのを聞いたことがある。またかれらが築いた石垣もその山の近くにある。山に向かう道をふさぐように石垣がある。
　人びとはこの山には決して登らない。もし登ったら山の上の住人は石を落として私たちを殺してしまうだろう。
　その山を指さすと森の物，すなわち蜂蜜や獲物などがまったく捕れなくなるといわれている。」

　アドゥ山の上から呼びかけられたり，脅かされたりする例はこのほかにも数多く集めることができた。このように多くの人びとが繰り返し死者の声を聞いた話を語っており，アドゥ山の上で死者が集団生活を送っていることは，自明の事実として受け止められているのである。
　死者は森の中あちこちに出没するが，少なくとも死者たちの住処のいくつかはアドゥ山やアロ山にあるとされているのである。

まとめ：死後の世界の特徴

　エフェは埋葬後の遺体が骨となることを知っている。しかしこの事実は，森の中に住んでいる死者，肉体を持っているかのように生活を営み，生者に呼びかける死者の存在と矛盾するのではないだろうか。あるいは肉体が滅びた後，「魂」のようなものが残ると考えられているのだろうか。もしそうだとすると人間から肉体を取り去った後の「魂」が，肉体を持ったその姿を目撃されているというのは，矛盾なのではないだろうか。
　私はこのような疑問をエフェに問いかけ，回答を求めるようなことはしなかった。「肉体」，「魂」，「物質」，「心」といった私たちの概念と，エフェの使用する単語の意味とを比較検討することは私の語学能力，論理構成能力をはるかにこえている。そもそも私たちの概念の前提となっている心身二元論そのものが，エフェの世界観に含まれていないかもしれないではないか。

したがってかれらの説明の一部が私たちにとって矛盾しているように感じられようとも、私たちにとって気になる論理的な結着はひとまず棚上げにしておく。ここではまず、かれら自身の考える死後の世界の具体的なイメージを把握するようにつとめておきたい。死後の世界のイメージのうち二つの点が重要である。

①死者は生前とほぼ同様、あるいは生前よりも「伝統的」な生活を送っていると考えられている。死後の生活は生前の生活の繰り返しとも考えられるのである。

②死後の世界は現実の森の中にある、と考えられている。死後の世界は天上や地下にあるのではないし、現世と隔絶された別の世界なのでもない。特定の名前を持つ山の上にあり、その麓までは誰でも行くことができるが登ってはいけないことになっている。

これら二つの特徴を挙げてみるとエフェの死後の世界は、生前とどこが違うのか、ほとんど同じではないか、と思われるかも知れない。私もそう思うのだが、むしろ死後の世界が生前の世界とほとんど同じという点に、エフェの死生観の持つ大きな特徴があるのだと考える。ただし死者と生者が混じりあって暮らすということにはなっていない。事例1や8のように両者の境界は双方の努力によって画然と区切られているようである。

17-2 ▶死者との距離

植民地時代から1980年代までの居住パターン

本書第1章で小松が概観したように、1960年に独立するまでコンゴ民主共和国はベルギーの植民地であった。その時代に調査地周辺で行われた植民地政府による事業をまとめた資料があるのか否か、寡聞にして知らない。植民地時代には自動車道が縦横に作られたが、イトゥリ地方でも重要な道路がいくつかできた。私の調査地では、マンバサからドゥーイを通ってイシロまでの道が作られた。独立後ドゥーイから北北東にも道を延ばし、ゴンバリまで開通させる計画もあったようだが結局アディリ村にさえ達することはなかった（図17-1を参照）。

自動車道が開通するとその道路沿い、あるいはその近くに移動するよう植民地政府から命令されたという。現在のアディリ村のバレセとエフェの多くは、植民地時代末期にこうして移動してきたのである。それ以前はアディリ村より北東の方角、少なくとも数十キロメートル離れた森にエフェとバレセは共に暮らしていたという。そのあたりをエフェンガットゥと呼ぶらしいが、そこにはバレセの集落が点

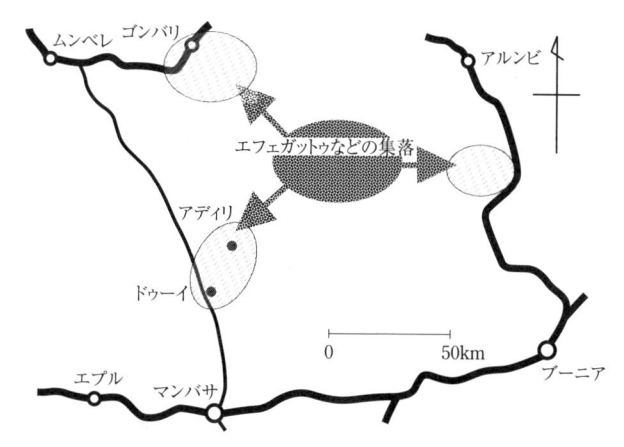

図17-3 エフェンガットゥ周辺から自動車道路沿いへの移住

在しその周辺にエフェのキャンプが分布していたのだそうだ[5]。またエフェンガットゥ周辺にもバレセの小規模な集落がいくつかあったといわれている。エフェンガットゥは現在では無人の森であり集落の痕跡は全くないが，森を旅するバレセやエフェによって野営地として利用されているらしい。アディリ村からエフェンガットゥへ行くには，少なくとも途中で2泊が必要であるといわれている。

　エフェンガットゥのエフェとバレセは自動車道近くに出てくるよう命令され，3方向に分かれて移住することになった。ある人びとは北方に出来た道路沿いに移住した。他の人びとは東に進んで現在のブニア北方の，森林と草原の境界地帯に移住し，残りは現在のアディリ村やドゥーイ村周辺に移住したのである。それぞれの移住先には，元来そこに住んでいた人びとがいたが，そこに加わるかたちで移住が行われたのであった。したがってアディリ村周辺にはエフェンガットゥ周辺出身の多数のエフェ，バレセと，元来この地に住んでいたエフェ，バレセが混在して住んでいることになる。移住先の三つの地方に住むエフェンガットゥとその周辺の出身者，あるいはその子孫であるエフェ，バレセは，現在も互いに行き来をしている（図17-3）。

　エフェ，バレセの居住パターンを概観しておこう。バレセは上述のように焼畑農耕を主生業としている。基本的には自動車道や，そこから派生する道（徒歩や自転車でしか通れない小径）の沿道に集落を作る。屋根を葉やトタンで葺き，壁に泥を塗った矩形の家が数メートルから数十メートルおきに道沿いに並んでいる，というのがバレセ集落の基本的なパターンである。集落の家の数はドゥーイなど大きな村では100軒以上，小さな集落になると2, 3軒しかないこともある。集落どうし

---
[5]　寺嶋（1997：38-39）にも同様の記述がある。

の間は数百メートルから数キロメートルも離れている。かれらの焼畑は集落の周辺3km 程度の距離以内に作られることが多い。

　他方エフェは，バレセ集落から 1-2km 程度離れた森林の中に数家族から 10 家族程度のキャンプを作っている。バレセ集落近くのキャンプはベースキャンプとでもいうべきもので，そこにいるエフェは主にバレセの焼畑を手伝ったり，自らも小さな畑を作ったりして食料を得ている。ここから季節によっては数十キロメートル離れた森の中にキャンプを作って移住し狩猟採集を行うこともある。

　つまり 1980 年代までのバレセとエフェは自動車道やその他の道沿いに集落，ベースキャンプがあり，エフェは季節によって森の奥深くのキャンプに移動する，というのが基本的な居住パターンだったのである。

1990 年代前半の居住パターン

　それでは自動車道路などの沿道に移住するよう指示される前はどのような居住パターンをとっていたのだろうか。その当時は当然大きな道路などなかったわけだから，イトゥリ地方の森林地帯には森林以外の要素として，踏み分け道とバレセ，エフェの家々，そしてバレセの焼畑しか無かったはずである。踏み分け道と言っても下生えに隠れることもあり，日本の田んぼのあぜ道より細い幅のものである。踏み分け道は集落と集落，あるいは家と家を往来するうちに自然とできるものであって，道沿いに集落が形成されるような自動車道とはでき方が逆である。

　まずバレセとエフェの集落がどのように形成されていたのかを推測してみよう。ここでは時期的に連続する二つの時代のバレセとエフェの居住パターンを参考にしたい。一つ目は 1990 年代前半，この国の国力が低下していった時代である。コンゴ民主共和国は当時ザイール共和国という名前であった。それまで強大な権力を誇っていたザイールの統治機構は，民主化運動の高まりとともにその力を失いつつあった。ザイールの警察，軍隊を筆頭にした統治機構は，国民から直接搾取する権限を持つことで維持されていて，国民に「寄生」しているというより国民を「捕食する者」として行動していた (Young & Turner 1985)。バレセを道路沿いに住まわせておくのは統治のためというより，捕食に便利な状態，すなわち食料などの物品の徴発，労働力の徴用を容易に行えるような状態にしておくためのものであった。注意しておきたいのはこのようなザイールの統治構造とその機能は，ベルギーによる植民地時代のそれをそのまま引き継いだものであるということだ (Young & Turner 1985: 78-99; Young 1994: 1-12; Hochschild 1998)。

　このような統治機構から逃れられる可能性が 90 年代前半の民主化の時期に出てきたのであった。ドゥーイ村やアディリ村周辺でも役人たちは民主化が達成された後，これまでの国民への行いに対して処罰されることを恐れ始めた。権力の空白が

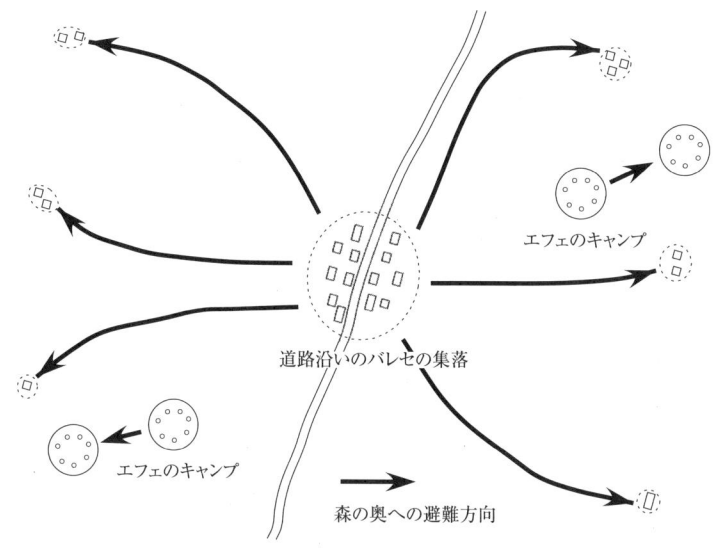

図 17-4 道路沿いの集落が森の中に散開していく様子（模式図）

生まれつつあった。人びとはようやく統治機構からの自由を獲得し，道路沿いに住まなくてもよいと思い始めたのであった。

同時にこの時期は政治的混乱のため経済活動が急速に低下していった時代でもあった。具体的には急速なインフレのため商業活動が停滞した。商品を運ぶ自動車は来ないし，土地の産物を買いつける商人も来ない。またかれらがもたらす都会の情報も来ない。つまり道路沿いに住む経済的な理由もなくなったのであった。経済の停滞は役人の生活をも圧迫し，まだ道路沿いに残っていた人びとは以前にも増してかれらの「捕食」に悩まされるようになった。

ドゥーイ村でもアディリ村でもバレセは自動車道路や，大きな踏み分け道の沿道から，自分たちの焼畑のそばに家を移し始めた。焼畑は個人単位，あるいは家族単位で所有しているから，かれらは親子や兄弟姉妹で作る小集落に住むようになった。一軒家という住み方もまれではなかった。この時期はバレセの知人の住処を尋ねあてるのに苦労したものである。頻繁に居所を移し，そのたびに道路からどんどん森の奥の方へ移動していったからである。元来同じ集落のメンバーでも，互いに現在の住処を知らない場合もあった（図17-4）。

エフェはもともと道路沿いからやや森へ入ったところにキャンプを作っていたのだが，この時期もほぼ同じ居住パターンをとっていた。以前のようにバレセが集住していないので，個々のバレセの家にキャンプ地から出かけていきそこで畑の手伝いなどをしていたようだ。ただバレセが道路沿いから森の奥に移動するにつれてかれらもまた森の奥の方へキャンプ地を移していったのではないかと思う。

1990年代後半から2000年前後までの居住パターン

　この時期はザイール共和国がコンゴ民主共和国に変わり，また隣国の介入もあって戦乱が各地で延々と続いた時代であった[6]。イトゥリ地方は特にその東部で激しい戦いや殺戮が長期にわたって続き，国連憲章第7章に基づく武力行使が認められた国連軍が派遣されるまでは手のつけられない状態であった。ドゥーイ村，アディリ村はそのような戦乱に巻き込まれることは少なかったが，政府軍と反政府軍，反政府軍と別の反政府軍との戦いが周辺の町で起こり，そのたびに兵士たちが進撃し，あるいは敗走して村を通っていった。政府軍，反政府軍を問わずかれらは現地調達でしか生活できない。ありていにいえば食料を略奪し，金品を強奪し，婦女子を陵辱するのである。

　ドゥーイ村やアディリ村のバレセやエフェにとって，どちらの側の勝利が望ましいのか，そういうことは問題にはならない。なぜなら結局兵士たちのやることはどちらの側も同じことであり，下手をすると命さえ奪われかねないのである。したがって，バレセやエフェが道路沿いから森の中へ隠れ住むようになったことは当然である。この時期にバレセやエフェがどのような居住パターンをとっていたのか，現地調査ができなかった私には分からない。伝え聞くところによると，1990年代前半よりもさらにバレセは森の奥深くに移住し散開して居住していたらしい。エフェもそれに対応してかなり森の奥深くにキャンプを移したことであろう。

　注意しておきたいことは，かれらが居住地を離れて国内避難民として漂泊することはなかった，という点である。森の奥深くに，ほとんど家族単位でひっそりと暮らし，隣の集落までは何キロメートルも離れている，という状態であっても暮らしていけたということに着目しておきたい。この居住パターンはエフェやバレセにとって，植民地時代以前，道路がなかった時代の居住パターンに近かったのではないかと考えられる。バレセは森の中で小規模な集落に分かれて住み，エフェはその手伝いと狩猟採集を行う，という暮らし方は数十年前までのかれらの暮らし方であり，したがってかれらは国内避難民として流浪することなく森で避難生活を続けることができたのであろう。

6）ザイール共和国が潰えた戦争，およびその後のコンゴ民主共和国をめぐる戦争は本書第1章の小松論文で触れられているが，あまりにも大規模で複雑なためかその全体像を記述した日本語の文献はない。平和構築に向けての国際社会の対応については，篠田（2006）に詳しい。他に，武内編（2000a）があり，この本の序章で編者がコンゴ民主共和国での戦争について触れている。また，武内（2007）も参考になる。コンゴ民主共和国の戦争が徐々に収まっていくプロセスを詳述したものとして，武内（2008b）がある。

死者の住む山

　事例7, 事例8では森の中で死者と遭遇した経験が語られているが, いずれも森の奥での経験である。ところでアディリ村のエフェが村から遠く離れた森に入る場合, 北西から北東にかけて森に入る場合がほとんどで, 南方の森の奥深く入っていくことは聞いたことがなかった。なぜならそちらの方角は「かれらの森」ではないからである, と説明された。北方がかれらのテリトリーである, と考えてよいであろう。アディリ村周辺のエフェは, 上述のように北方のエフェンガットゥ周辺からこの地に移住してきたのであった。したがってかれらにとってアディリ村から遙か北方の森の奥は, かれらやその親たちがエフェンガットゥとその周辺に住んでいたときによく利用していた土地のはずなのである。もともと利用していた地域, 慣れ親しんだ森林を現在も利用し続けているということに過ぎないのであるが, アディリ村から見るとその地域は現在では「遠い森」, 「森の奥」となってしまったのである。

　事例8のアドゥ山は, アディリ村から北方の森の奥にある。アドゥ山周辺の土地は, エフェンガットゥ周辺にいたエフェがしばしば利用する地域だったのであろう。事例には挙げなかったが, アルカンギという山も死者の集まる山として有名である。このアルカンギ山はまさしくエフェンガットゥに位置するといわれている。アディリ村にいる現在のエフェにとってアルカンギ山は森の奥にあるが, 数十年前まではかれらの居住地はこの山の近くにあった (具体的な位置はまだ分からないが) と考えられるのである。

　まとめておこう。アディリ村周辺のエフェによって死者が住んでいると考えられている場所は, 現在のエフェの居所からは北方に遠く離れた森の奥である。この北方の森林は, アディリ村周辺のエフェが移住してくる前に住んでいた地域かその周辺にある。つまり現在は遠い森, 森の奥に住んでいるといわれているエフェの死者は, 植民地時代以前には生者の住む土地からそれほど遠くない距離, おそらく日帰りできたり, あるいはその日のうちに着いたりできた距離の山の上などに住んでいるとされていたのであろう。現在よりも生者と死者の物理的距離は近かったと推測されるのである。しかし現在のアディリ村のエフェは死んだ後, 父祖の土地である遠い森へはるばる還っていくことになっているわけである。

17-3 ▶ 死生観のゆくえ

　植民地時代以前のエフェにとって死者の世界は日常的に利用する森の中に位置していたのではないか, というのがこれまでの推測であった。あくまで推測であるか

ら，さらに具体的な情報が調査で得られないかぎり，仮説として提出することもできないのはもちろんである。しかしこの推測がこれまで得られている資料から導き出されたものであることも指摘しておきたい。そこでこの章ではこの推測をいったん前提にしてみた場合，エフェの死生観に関してどのようなことが考えられるのかを追究することにする。

遠くなる死者の世界

　自動車道路ができ，そこに沿って植民地行政を担う役人が展開する以前，バレセの大きな村（たとえば現在のドゥーイやアディリのような村）が自然発生的に森林の中にできていたとは考えられない。したがって現在の道路沿いの大きな村や町，そしてそれに伴う交通，経済，行政などの機能は，道路とその沿線への強制的な人口移動によって形成されたと考えるのが自然であろう。「森」という環境でのみ生活を営んでいたエフェは，「森」と「道路（あるいは大きな村や町）」という二つの環境で生活を営むようになったのであった。たとえていえば「森」という座標軸しかなかったエフェの生活空間が，「道路（あるいは大きな村や町）」とそこから離れた「森」という二つの座標軸を持った生活空間になったとも言えよう。そして道路沿いへ移住させられた人びとは「森」を自らの生活舞台であり自らを包み込むユニバースとしてではなく，客観的な対象として認識するようになったであろう。

　ピグミー研究の先駆けの一人 C. M. ターンブルが印象的な話を書き残している。彼はあるピグミーを自動車に乗せて一緒に旅をしたのだが，森林とサバンナの境目に来たときそのピグミーがはるかな草原のバッファローを虫と見まちがえたのだという (Turnbull 1961: 227)。森の中ではせいぜい 2-30m 先しか見えないので，ずっと森の中での生活を送ってきたピグミーの遠近感が狂ったというのである。にわかには信じられないかも知れないが，開けた場所に出てきたエフェが遠くの山の山頂に人が見える，と言う場に著者も居あわせたことがある。もちろん山頂に人がいたとしても見える距離ではないし，そもそも人などいない。山頂の樹々をそう見まちがえたのであろう。森の中に住み続けるということは，人の感覚に大きな影響を及ぼしているのである。「森」という世界でだけ生活をしていたエフェが，私たちとどれほどかけ離れたものの見方，考え方をしていたのかを想像させるエピソードといえよう。

　死者が住むという「森」が生者にとって持つ意味は，「道路」の開通以後決定的に変化した。「道路」以前は，死者が住むという「森」は生者の生活空間とまったく重なっていたと考えられるが，「道路」以後は，生活空間が「道路」と「森」の二つの部分から構成されるようになった。死者が住む「森」は，生者にとって重要ではあるがもはやその生活空間のすべてではなく，一部になってしまったのである。

さらにアディリ村周辺のエフェのように，もともとの居住地から数十キロメートルも離れた場所に移住させられた人びとは，先祖である死者が住む土地と遠く離れた場所で生活することになってしまった。かれらは二重の意味で先祖から「遠く離れて」生きることになったのである。すなわち先祖の生活空間の座標軸からの乖離と，先祖が暮らし，また死後暮らしているはずの森からの物理的な距離の増大，という二つの意味である。

死生観への衝撃：「道路」のもたらしたもの

　「道路」という座標軸が生活の中に入ってきたことは，単に道路沿いも生活空間に含まれるようになったということを意味しているのではない。自動車道路は，政治，経済，そしてキリスト教の宣教を地域にもたらした。その影響のうちここではエフェの生活にとって具体的に重要な点を二つ挙げておこう。一つは外部からの魅力的な物品，たとえばプリント生地の布（エフェの女性にとって垂涎の的である），食塩，石鹸などが容易に流入するようになり，それを手に入れるために蜂蜜，野生動物の肉等，特に象牙を売るようになったということである。つまり日常的な交易が始まったということである。もう一つはキリスト教の宣教であるがこれについては次節で検討することにする。

　植民地時代以前も物品の交易はおそらく行われていたのであろう。矢尻や槍の穂先に用いる鉄製品などは植民地時代以前から交易の対象となっていたようだ。しかし「道路」は，交易をより大規模により恒常的に行えるようにしたのであった。そのため象牙を売ることを前提としたゾウ狩りがよく行われるようになった。

　交易は，エフェの生活が「森」と「道路」というかれらの生活空間内部だけで完結しないということを意味している。プリント生地の生産地と流通，そして販売の長い連鎖の末端にかれらは位置している。また象牙の需要は日本やアラブ諸国で生まれ，流通ルートをさかのぼって最終的にエフェが供給することになる。つまりエフェの需要は外部世界が供給する商品によって喚起されるし，逆に外部世界の需要によってエフェによる供給が活発になるという仕組みになっている。植民地時代以前は「森」が供給してくれるものでエフェの需要はほとんど満たされていたが，現在では外部世界の物品を抜きにしてエフェの生活は成り立たない。しかも外部世界から今後何がもたらされ，それがエフェの生活をどのように変えていくのかは，エフェ自身にも，そして他の誰にも予想できることではない。

　このようにエフェの生活が外部との交流を抜きにしては考えられないようになってきた現在，かれらの生業である狩猟採集を棄ててしまう選択もありうる。狩猟採集を行わず砂金採取をもっぱらにするピグミーのグループがイトゥリ地方の南部にいると聞いたのは1990年の頃である。かれらが森の中で採取した砂金はもち

ろん「道路」を通って地方都市に運ばれ，そこから複雑な流通ルートをたどって世界の市場に流れていく。砂金採取を主生業とするピグミーは，砂金を売って手に入れる現金でパンや缶詰を買って暮らしているという。そういう意味では「森」に住んでいてもその生活は，都市生活者とほとんど変わるところはない。かれらにとって「森」は現金収入のために働く職場に変化しつつあるのであった。いったんこの生活になじんでしまえば働く場所と働く内容が変わっても適応しやすくなるであろう。つまり「道路」を通ってピグミーが都市に漂流していき，たとえば都市の下層労働者となっていくという事態も十分ありうるだろう。

こうした生活様式の激変がもしエフェに起こったとしたら，エフェの死生観に対して致命的な打撃となるであろう。先祖たちは「森」で狩猟採集を行っていたし，死後もそうしているとされているが，砂金採取を主として行っている者たちは死後どこで何をすればよいのだろうか。生前は砂金採取を行ったにもかかわらず，死後は狩猟採集に従事する，ということを想像するのはエフェにとっても困難であろう。では死後も砂金採取を続けるのだろうか。しかしそれではかれらがかれらの先祖と死後の世界を共有することにはならないし，かれらの子孫が親の生業を引き継いで砂金採取を続け，死後も同じ生業を営んでくれる保証もない。なぜならかれらの子孫は，「道路」がもたらしてくれる別の生業に従事しているかも知れないからである。

「道路」が可能にしてくれる生計に依存すればするほど，エフェの死生観がそのまま受け継がれることは困難になる。なぜならエフェは伝統的な死後の世界のイメージ，すなわち「森」での狩猟採集生活というイメージにリアリティを感じることができなくなってしまうからである。

17-4 ▶ 死生観の激変

私の調査地近辺でカトリックの教会ができたのは1950年代になってからのことである。近辺の行政の中心地で，自動車道路沿いのドゥーイ村に，ひとりのイタリア人神父が建てたものである。カトリック教会は当初から「ピグミー」の「生活改善」を重要な目標としてきたので，ドゥーイ村の教会のミサに参加するエフェも少なくないが，出席者の中心は地元の農耕民であるバレセや他の民族出身で当地に赴任している官吏や教員が占めている。

私がアディリ村で調査を行っていたあいだにも時たまドゥーイ村の教会から神父やシスターがやってきた。村の粗末な集会所でミサをあげたり，エフェのキャンプに行って宣教をしたり生活改善の指導を行ったりしていた。しかし正直にいってカトリック教会の努力は，アディリ村周辺のエフェに関するかぎりうまくいっている

とは思えなかった。アディリ村は自動車道路沿いのドゥーイ村から北東方向に森の中を約20km歩いたところに位置しており，しかもエフェのキャンプは近いものでもアディリ村からさらに1-2km踏み分け道を歩かなければ行くことができないからである。つまり教会から距離が離れすぎているのである。ドゥーイ村のエフェも村から1-2km離れたところにキャンプを作っているが，教会から物理的に近いこともありアディリ村のエフェに比べればカトリック教会により親しんでいる，といえよう。

それでも，アディリ村周辺のエフェに対するキリスト教の宣教は最終的には成功していくのではないかと私は思う。しかしその成功は宣教師たちの努力によるというよりも，「道路」によってもたらされるエフェの死生観の危機によるところが大きいと思う。「道路」の開通とその近辺への強制移住によって，アディリ村周辺のエフェは死後の世界と空間的にも，心理的にも隔てられたのではないかとの推測はすでに述べた。さらに「道路」がもたらした外部世界との交易の拡大によって，「森の中で生前と同様狩猟採集を行いながら暮らす」という死生観が現実味を失いつつあることを指摘した。1990年代初頭から10年間におよぶこの国の混乱は，「道路」を通じた政治，経済をマヒさせ，人びとを「森」の中に追いやった。その意味で，この混乱はかれらの死生観を存続させる方向に働いたかも知れない。しかし戦いには終わりがある。平和な時代の到来とともに政治，経済面での大変化がこの地域にも訪れるに違いない。従来のエフェの死生観がかれら自身に対する説得力を失うという状況の中で，エフェの精神が危機的な状況を迎えつつあることは確かだと思う。

上述の砂金採取を主生業としたピグミーたちはプロテスタントに改宗し，あれほど好んでいた酒，タバコを見事に断ったという（市川光雄 私信）。強い依存性のある嗜好品を諦めてまでプロテスタントに改宗しなければならなかった理由は何か。死生観に空いた大きな穴，精神のよりどころを失いつつある恐ろしさからの解放は，新たな状況の下でも説得力のある死生観，世界観の獲得によってしか達成されないと私は思う。それがプロテスタントであろうが，カトリックであろうが，はたまたイスラームであろうが，代替となる死生観，世界観を得てピグミーたちは安心して砂金採取にいそしむことができるのであろう。

コンゴ民主共和国は「捕食者」である政府によるお粗末な統治，およびその後の戦乱によって長いあいだ森林の伐採が大規模に行われることはなかった。しかし2000年代に入ってから木材の輸出がイトゥリ地方でも見られるようになった。他方森林を守る動きとして，イトゥリ地方の熱帯林の大半を含む地域がCBFP (Congo Basin Forest Partnership) により"Conservation Landscape"の一つとして指定された。CBFPはコンゴ盆地の「持続可能な森林管理」を目指す多国間，多組織間パートナーシップであり，その重点的な活動対象としてイトゥリの森を選定したもので

ある[7]。実際指定された地域ではエフェ以外による狩猟活動などが禁止されつつあると聞いた。いまやイトゥリの森はエフェやバレセにとっての生活空間であるのみならず，地球温暖化防止の最前線，遺伝子資源の宝庫，保護されるべき貴重な動植物相のゆりかごとして注目されている。「森」はグローバル・コミュニティによって徹底的に記録され，管理される対象となったのである。

このような国際的な取り組みの長所もある。かれらの目論見どおり森林外からの人口移入を制限することができたならば，エフェやバレセの社会的地位は守られるかも知れない。なぜなら移住者の増加によってエフェやバレセが社会経済面のみならず人口上もマイノリティになっていき，また森林伐採によって生活の基盤を破壊されて貧窮化していく可能性が十分あるからである。

もちろんコインには裏がある。CARPE (Central African Regional Program for the Environment) はCBFPと協力しているUSAID（アメリカ合衆国国際開発庁）のプログラムであるが，「持続可能な森林管理」のために地域の住民，特にエフェなどに「文化的に受け入れ可能な森へのアクセスコントロール」を奨めると述べている[8]。「森」が生前と死後の生活のほとんどすべてを意味していた時代は遠く去り，「森」は生活空間の一部として認識されるようになった。そして将来「森」は，食料や燃料など生活のための最小限の資源を利用するだけの空間，言い換えれば大規模な農場のように管理され，手入れされる空間として認識されるようになるだろう。すでに欧米の諸団体は「森」をそのようなものとして認識しており，その認識を地域住民にも浸透させようとしているのである。エフェはそのような森林資源管理組織の末端メンバーとして，「森」の利用を制限つきで許されるのであろうか。こうしたことは熱帯林の保護のために避けては通れない道なのかも知れない。

しかし「森」を徘徊していた死者の影は，確実に見かけられなくなっていき，エフェは生と死の意味を見失うことになるだろう。この精神的な危機をキリスト教への改宗で乗り越えていくのか，それとも死後の世界の新しいありかを自らの力で探し当てるのか，それは定かではない。しかしエフェの精神史が，新たなページを記そうとしていることだけは確かである。

---

[7] CBFPのサイト，http://www.cbfp.org/ を参照。このサイトのDocumentsのアーカイブには，イトゥリ地方を含んだ森林保全のための分析と方針が記された文献が含まれる。

[8] CARPEのサイト，http://carpe.umd.edu/を参照。特に，http://carpe.umd.edu/resources/Documents/THE_FORESTS_OF_THE_CONGO_BASIN_State_of_the_Forest_2006.pdfの資料の214ページに森へのアクセスをコントロールすることを奨めている。

あとがき

　本書『森棲みの社会誌』は『森棲みの生態誌』の姉妹編として編集された。『森棲みの生態誌』はアフリカ熱帯林における人間と自然の関係を様々な時間的・空間的スケールで扱ったものであるが，本書では，森の世界を背景として繰り広げられる人間どうしの関係がとりあげられている。そこで用いられている手法は実に多様で，現地の人びととの会話をそのまま転記・分析したり，歌や踊りの進行を分単位で集計するといったミクロな手法から，地域の社会・経済・政治史を扱ったマクロな視点を持つものまでが存在する。とはいえ，本書に収録された諸論文にはひとつの共通点がある。ミクロな分析方法をとっているものはもとより，マクロな研究も，単に文献や統計資料のみに頼るのではなく，長期間のフィールドワークに基づいているということである。執筆者が現地の人びととのやり取りの中でおぼえた共感や違和感をもとにしてアイディアが作られ，そこに現地で丹念に集められたデータと文献資料の分析が肉付けされ，本書の論文ができあがったのである。

　本書および姉妹編の編者は北西と木村の両名であるが，実際には二冊の本は，多くの仲間たちの協力によって編集されている。本書および姉妹編がはじめて話題にのぼったのは，3年前におこなわれた市川光雄さんの還暦パーティの二次会であった。そこに集まった人たちから，このあたりでカメルーンを中心とした近年の熱帯林研究の集大成を出版できたら，という話が持ち上がった。そして，この話し合いの中心メンバーによって，本書の編集委員会が組織されることになった。メンバーは北西，木村のふたりに加えて，小松かおりさん，都留泰作さん，飯田卓さん，分藤大翼さん，亀井伸孝さん，安岡宏和さんの面々である。のちにそこに市川さんも加わることになった。生態誌と社会誌の二分冊にすることや，アフリカ熱帯林地域になじみのない読者のために総説を作るといった本書の構成は，この編集委員会で決められた。

　中でも重要だったのが，若い人たちへのアドバイスである。本書にはアフリカ熱帯林研究に携わる若い人たちが多く執筆している。編集委員会のメンバーは，それぞれ分担して，かれらの論文を読みコメントを返す，ゼミを聞いてアドバイスをする，ということを何度となく繰り返した。もし，本書および姉妹編に収められた論文が一定の研究水準を保っているとするなら，それは執筆者はもちろんのことではあるが，編集委員のみなさんのご尽力に負うところが大きい。

　そのほかにも，本書は多くの方々や諸機関の多大な援助を受けた。ここで感謝の意を表したい。

　本書の執筆に至るまでの，フィールド調査，その結果の整理と分析において，以下の諸経費の援助を受けている。文部科学省・独立行政法人日本学術振興会科

学研究費補助金（研究課題番号 60041006，63043044，02041034，04041062，05710192，06041046，07041039，07710221，08041080，09044027，12371004，12375004，13371005，13371006，14310150，14401013，15405016，16255008，16710172，16720209，17251002，17251013，17251016，17401040，17720228，18201046，18251014，21241057，08J02877），21世紀 COE プログラム「世界を先導する総合的地域研究拠点の形成（フィールド・ステーションを活用した教育・研究体制の推進）」，「魅力ある大学院教育イニシアティブ・プログラム（臨地教育研究による実践的地域研究者の養成）」，グローバル COE 拠点プログラム「親密圏と公共圏の再編成を目指すアジア拠点」，日本学術振興会「特別研究員奨励費」，稲盛財団研究助成金，京都大学後援会（現・京都大学教育研究振興財団）短期派遣助成，京都精華大学創造研究所共同研究。また，以下の諸機関からは現地で調査・研究を進めるにあたってご協力をいただいた。在カメルーン，ガボン，コンゴ民主共和国（旧ザイール）日本大使館，カメルーン共和国森林動物省（旧森林省），同科学技術省，WWF（世界自然保護基金）・カメルーン，GTZ (Deutsche Gesellschaft für Techniche Zusammenarbeit)，カメルーン国立標本館，リンベ (Limbe) 植物園，コンゴ共和国科学省，ザイール自然科学研究センター（CRSN），コンゴ民主共和国生態・森林研究センター（CREF），ザイール科学庁ルウィロ研究所，ガボン国立科学技術研究センター（CENAREST）。これらの諸機関に謝意を表したい。

　本書に寄稿された論文の中で登場するそれぞれの調査地の人びとの協力と寛大な心がなければ，本書のもととなる研究はありえなかった。これらの人びとの個々のお名前をあげられないことをお詫びするとともに，心から感謝したい。

　本書の出版に関しては，京都大学学術出版会の鈴木哲也さんと高垣重和さんに，執筆作業から編集作業にいたるまで多くの場面でお世話になった。執筆者を代表して厚くお礼を申し上げたい。

　以上の方々と諸機関に対して，感謝の意を表したい。

2010 年 3 月
北西功一・木村大治

引用文献

秋道智弥 1976「漁労活動と魚の生態—ソロモン諸島マライタ島の事例」『季刊人類学』7(2): 76-128.

Alexandre, P. & J. Binet 1958. *Le Groupe dit Pahouin (Fang-Boulou-Beti)*. Presses Universitaires de France, Paris.

Althabe, G. 1965. Changements sociaux chez les pygmées Baka de l'est Cameroun. *Cahiers d'Etudes Africaines* 5(20): 561-592.

安渓貴子 1987「中央アフリカ・ソンゴーラ族の酒つくり—その技術史と生活史」『アフリカ—民族学的研究』(和田正平 編) pp. 533-564 同朋舎.

青柳まちこ 1977『「遊び」の文化人類学』講談社.

Aquaron, R. 1990. Oculocutaneous albinism in Cameroon a 15-year follow-up study. *Ophthalmic Genetics* 11(4): 255-263.

アリストテレス 1969『動物誌 動物部分論 (アリストテレス全集 8)』(島崎三郎 訳) 岩波書店.

Arom, S. 1985a. *African Polyphony and Polyrhythm, Musical Structure and Methodology*. Cambridge University Press, Cambridge.

Arom, S. 1985b. *Polyphonies et Polyrythmies Instrumentals d'Afrique Centrale: Structure et Méthodologie (Ethnomusicologie)*. SELAF, Paris.

Arom, S. 1995. Intelligence in traditional music. In Khalfa, J. (ed.) *What is Intelligence?*, pp. 137-160. Cambridge University Press, Cambridge.

Arom, S., S. Bahuchet, E. Motte-Florac & J. M. C. Thomas 1991. *Encyclopédie des Pygmées Aka: Technique, Langage et Société des Chasseurs-Cueilleurs de la Forêt Centrafricaine (Sud-Centrafrique et Nord-Congo) I: Les Pygmées Aka, Fascicule 2, Le Monde des Aka*. SELAF, Paris.

Austen, R. A. & R. Herdrick 1983. Equatorial Africa under colonial rule. In Birmingham, D. & P. M. Martin (eds.) *History of Central Africa* Vol. 2, pp. 27-94. Longman, London and New York.

Axelrod, R. 1984. *The Evolution of Cooperation*. Basic Books, New York (アクセルロッド, R. 1998『つきあい方の科学 バクテリアから国際関係まで』(松田裕之 訳) ミネルヴァ書房).

綾部恒雄 1988『秘密の人類学』アカデミア出版会.

東洋, 小澤俊夫, 宮下孝広 (編) 1996『児童文化入門—子どもと教育』岩波書店.

Bahuchet, S. 1985. *Les Pygmées Aka et la Forêt Centrafricaine*. SELAF, Paris.

Bahuchet, S. 1990. Food sharing among the Pygmies of central Africa. *African Study Monographs* 11(1): 27-53.

Bahuchet, S. 1992. *Dans la Forêt d'Afrique Centrale: Les Pygmées Aka et Baka*. SELAF Paris.

Bahuchet, S. 1993a. *La Rencontre des Agriculteurs: Les Pygmées parmi les Peuples d'Afrique Centrale*. SELAF, Paris.

Bahuchet, S. 1993b. History of the inhabitants of the central African rain forest: Perspective from comparative linguistics. In Hladik, C. M., A. Hladik, O. F. Licares, H. Pagezy, A. Semple & M. Hadley (eds.) *Tropical Forests, People and Food: Biocultural Interactions and Applications to Development*, pp. 37-54. UNESCO, Paris.

Bahuchet, S. 1993c. L'invention des Pygmées. *Cahiers d'Etudes Africaines* 33(1): 153-181.

Bahuchet, S. & H. Guillaume 1982. Aka-farmer relations in the northwest Congo Basin. In Leacock, E. & R. Lee (eds.) *Politics and History in Band Societies*, pp. 189-211. Cambridge University Press, Cambridge.

バランディエ，G. 1971『政治人類学』合同出版 (Balandier, G. 1967. *Anthropologie Politique*. Presses Universitaires de France, Paris).

バーナード，A. 2003「狩猟採集社会の思考モード」『「野生」の誕生―未開イメージの歴史』(スチュアート・ヘンリ 編) pp. 103-136 世界思想社.

Barnard, A. & J. Woodburn 1988. Property, power and ideology in hunting and gathering societies: An introduction. In Ingold, T., D. Riches & J. Woodburn (eds.) *Hunters and Gatherers Vol. 2 Property, Power and Ideology*, pp. 4-31. Berg Publishers Limited, Oxford.

Beckerman, S. 1993. Major patterns in indigenous Amazonian subsistence. In Hladik, C. M., A. Hladik, O. F. Linares, H. Pagezy, A. Semple & M. Hadley (eds.) *Tropical Forests, People and Food: Biocultural Interactions and Applications to Development*, pp. 411-424. UNESCO, Paris.

Berry, S. 1975. *Cocoa, Custom, and Socio-Economic Change in Rural Western Nigeria*. Oxford University Press, Oxford.

Berry, S. 1989. Social institutions and access to resources. *Africa* 59(1): 41-55.

Berry, S. 1993. *No Condition is Permanent: The Social Dynamics of Agrarian Change in Sub-Saharan Africa*. The University of Wisconsin Press, Madison.

Biersbrouck, K. 1999. Agriculture and equatorial African hunter-gatherers and the process of sedentarization: The case of the Bagyeli in Cameroon. In Biesbrouck, K., S. Elders & G. Rossel (eds.) *Central African Hunter-Gatherers in a Multidisciplinary Perspective: Challenging Elusiveness*, pp. 189-206. Research School for Asian, African, and Amerindian Studies, Universiteit Leiden, Leiden.

Blench, R. 1999. Are the African Pygmies an ethnographic fiction? In Biesbrouck, K., S. Elders & G. Rossel (eds.) *Central African Hunter-Gatherers in a Multidisciplinary Perspective: Challenging Elusiveness*, pp. 41-60. Research School for Asian, African, and Amerindian Studies, Universiteit Leiden, Leiden.

Brisson, R. 1981-84. *Contes des Pygmées Baka du Sud-Cameroun: Vol. 1 et 2, Histoire et Contes d'Enfants, Vol. 3 et 4, Contes des Anciens*. Douala.

Brisson, R. 1999. *Mythologie des Pygmées Baka (Est-Cameroun). Mythologie et Contes*. SELAF, Paris.

Brisson, R. & D. Boursier 1979. *Petit dictionnaire: Baka-Français*. Centre Culturel du Collège Libermann, Douala.

Bruel, G. 1910. Les populations de la moyenne Sanga: Les Pomo et les Boumali. *Revue d'Ethnographie et de Sociologie* 1: 3-32.

Bryceson, D. 2000. Peasant theories and smallholder policies: Past and present. In Bryceson, D., C. Kay & J. Mooij (eds.) *Disappearing Peasantries? Rural Labor in Africa, Asia and Latin America*, pp. 1-36. Intermediate Technology Publication, London.

分藤大翼 2001a「バカ・ピグミーの加入儀礼―ジェンギの秘密」『アフリカ狩猟採集社会の世界観』(澤田昌人 編) pp. 10-53 京都精華大学創造研究所.

分藤大翼 2001b「バカ・ピグミーのライフサイクル—日中活動の分析から」『森と人の共存世界(講座 生態人類学 2)』(市川光雄,佐藤弘明 編) pp. 33-60 京都大学学術出版会.

分藤大翼 2007「ポスト狩猟採集社会の文化変容—仮面儀礼の受容と転用」『アジア・アフリカ地域研究』6-2 : 489-506.

Bundo, D. 2001a. The organization of social relationships in singing and dancing performances among the Baka. In Terashima, H. (ed.) *A Study of Multi-Ethnic Societies in the African Evergreen Forest*, pp. 75-81. Kobe Gakuin University.

Bundo, D. 2001b. Social relationship embodied in singing and dancing performances among the Baka. *African Study Monographs*, Suppl. 26: 85-101.

Cavalli-Sforza, L. L. (ed.) 1986. *African Pygmies*. Academic Press, INC., Orlando.

チクセントミハイ 1996『フロー体験—喜びの現象学』(今村浩明 訳) 世界思想社.

中条廣義 1989「西アフリカ・カメルーン南部における熱帯多雨林の類型と降水量について」『アフリカ研究』34 : 23-39.

中条廣義 1997「中部アフリカ・コンゴ北部における熱帯雨林の生態と土地利用 1. 二次遷移」『アフリカ研究』50 : 5-80.

Corbin, A. 1991. *Le Temps, le Désir et l'Horreur: Essais sur le Dix-Neuvième Siècle*. Aubier, Paris (コルバン,A. 1993『時間・欲望・恐怖—歴史学と感覚の人類学』(小倉孝誠,野村正人,小倉和子 訳) 藤原書店).

Corbin, A. 2001. *L'Homme dans le Paysage*. Textuel, Paris (コルバン,A. 2002『風景と人間』(小倉孝誠 訳) 藤原書店).

Corbin, A. 2005. *Le Ciel et la Mer*. Bayard, Paris (コルバン,A. 2007『空と海』(小倉孝誠 訳) 藤原書店).

Darré, E. 1922. Note sur les Kakas de la circonscription de l'Ibenga-Likouala. *Bulletin de la Société des Recherches Congolaise* 1: 11-19.

Darré, E. 1923. La tribu Bondjo. *Bulletin de la Société des Recherches Congolaise* 3: 53-73.

Darré, E. & Le Bourhis 1925. Note sur la tribu Bomitaba. *Bulletin de la Société des Recherches Congolaise* 6: 15-38.

Dasen, V. 1988. Dwarfism in Egypt and classical antiquity: Iconography and medical history. *Medical History* 32: 253-276.

Defo, L., L. Ngono, T. O. Mpele, M. Dandjouma & V. A. Amougou 2005. *Rapport de L'Atelier d'Evaluation des Comités de Valorisation des Ressources Fauniques du Département de la Boumba et Ngoko*. WWF Cameroon, MINFOF, MINEP & GTZ Cameroon, Yaoundé.

Delobeau, J-M. 1989. *Yamonzombo et Yandenga: Les Relations entre les Villages Monzombo et les Campements Pygmées Aka dans la Sous-Préfecture de Mongoumba (Centrafrique)*. SELAF, Paris.

De Waal, F. 1982. *Chimpanzee Politics: Power and Sex Among Apes*. Harper, New York (ドゥ・ヴァール,F. 1994『政治をするサル』(西田利貞 訳) 平凡社).

Douglas, M. 1970. *Natural Symbols: Explorations in Cosmology*. Barrie & Rockliff the Cresset Press, London.

Dowling, J. 1968. Individual ownership and the sharing of game in hunting societies. *American*

Anthropologist 70: 502-507.
Du Chaillu, P. B. 1871. *A Journey to Ashango-Land, and Further Penetration into Equatorial Africa.* D. Appleton and Co., New York.
ダンバー, R. 1998『ことばの起源―猿の毛づくろい, 人のゴシップ』(松浦俊輔, 服部清美 訳) 青土社 (Dunber. R. 1996. *Grooming, Gossip and the Evolution of Language.* Faber and Faber Limited, London).
Eder, J. F. 1984. The impact of subsistence change on mobility and settlement pattern in a tropical forest foraging economy: Some implication for archeology. *American Anthropologist* 86: 837-853.
エリアーデ, M. 1991『石器時代からエレウシスの密儀まで（世界宗教史1）』(荒木美智男, 中村恭子, 松村一男 訳) 筑摩書房 (Eliade, M. 1976. *De l'Âge de la Pierre aux Mystères d'Éleusis (Histoire des Croyances et des Idées Religieuses 1).* Payot, Paris).
Faivre, S. & A. Faivre 1929. Les "Bondongos". *Bulletin de la Société des Recherches Congolaise* 8: 21-26.
Feld, S. 1995. Pygmy POP, a genealogy of schizophonic mimesis. *Yearbook for Traditional Music* 28: 1-35.
Flower, W. H. 1888. The Pygmy race of men. *Nature (London)* 38: 44-46, 66-69.
フォーテス, M. & E. E. エヴァンス＝プリッチャード 1972「序論」『アフリカの伝統的政治体系』(フォーテス, M. & E. E. エヴァンス＝プリッチャード 編, 大森元吉 訳) pp. 19-43 みすず書房 (Fortes, M. & E. E. Evans-Pritchard 1940. Introduction. In Fortes, M. & E. E. Evans-Pritchard (eds.) *African Political Systems.* Oxford University Press, Oxford).
フーコー, M. 1977『監獄の誕生―監視と処罰』(田村俶 訳) 新潮社 (Foucalt, M. 1975. *Surveiller et Punir: Naissance de la Prison.* Gallimard, Paris).
藤本浩之輔 1985「子ども文化論序説」『京都大学教育学部紀要』31：1-31.
Gray, C. J. 2002. *Colonial Rule and Crisis in Equatorial Africa: Southern Gabon, ca. 1850-1940.* University of Rochester Press, Suffolk.
Greenberg, J. 1963. *The Languages of Africa.* Indiana University Press, Bloomington.
Grinker, R. R. 1994. *Houses in the Rainforest: Ethnicity and Inequality among Farmers and Foragers in Central Africa.* University of California Press, Berkeley.
Grinker, R. R. & C. B. Steiner (eds.) 1997. *Perspectives on Africa: A Reader in Culture, History and Representation.* Blackwell Publishers, Oxford.
Guthrie, M. 1967, 1970, 1971. *Comparative Bantu: An Introduction to the Comparative Linguistics and Prehistory of the Bantu Languages,* Vol. 1-4. Gregg Press LTD., Hants.
Guyer, J. I. 1980. Food, cocoa, and the division of labour by sex in two west African societies. *Comparative Studies in Society and History* 22(3): 355-373.
ホール, E. T. 1983『文化としての時間』(宇波彰 訳) TBSブリタニカ (Hall, E. T. 1983. *The Dance of Life: The Other Dimension of Time.* Anchor Press, New York).
Halle, B. 2000. *Résumé des Données Socio-économiques du Milieu Rural au Sud-Est du Cameroun.* GTZ Cameroon, Yokadouma.
塙狼星 2003『コンゴ盆地西部熱帯雨林における地域社会編成に関する人類学的研究』学位申請

論文，京都大学大学院理学研究科．

塙狼星 2004「コンゴ共和国北部における焼畑農耕民と狩猟採集民の相互関係の動態」『アフリカ研究』64：19-42．

塙狼星 2008「中部アフリカの生態史」『朝倉世界地理講座—12 大地と人間の物語—アフリカⅡ』(池谷和信，武内進一，佐藤廉也 編) pp. 452-46 朝倉書店．

塙狼星 2009「アフリカの里山—熱帯林の焼畑と半栽培」『半栽培の環境社会学—これからの人と自然』(宮内泰介 編) pp. 94-116 昭和堂．

原ひろ子 1979『子どもの文化人類学』晶文社．

原ひろ子 1989『ヘヤー・インデイアンとその世界』平凡社．

原子令三 1980「狩猟採集民の成長段階と遊び：ムブティ・ピグミーの事例から」『明治大学教養論集』137：1-44．

原子令三 1984「ムブティ・ピグミーの宗教的世界—モリモとバケティ」『アフリカ文化の研究』(伊谷純一郎，米山俊直 編) pp. 137-164 アカデミア出版会．

Harley, G. W. 1941. *Notes on the Poro of the Liberia*. Peabody Museum, New Haven.

Harley, G. W. 1950. *Masks as Agents of Social Control in Northeast Liberia*. Peabody Museum, New Haven.

Hart, J. A. 1978. From subsistence to market: A case study of the Mbuti net hunters. *Human Ecology* 6(3)：325-353.

端信行 1991a「アフリカ文化史における仮面の諸相」『赤道アフリカの仮面』(端信行，吉田憲司 編) pp. 68-73 国立民族学博物館．

端信行 1991b「王制と秘密結社」『赤道アフリカの仮面』(端信行，吉田憲司 編) pp. 96-101 国立民族学博物館．

服部志帆 2004「自然保護計画と狩猟採集民の生活—カメルーン東部州熱帯林におけるバカ・ピグミーの例から」『エコソフィア』13：113-127．

服部志帆 2007「狩猟採集民バカの植物名と利用法に関する知識の個人差」『アフリカ研究』71：21-40．

服部志帆 2008『熱帯雨林保護と地域住民の生活・文化の両立に関する研究—カメルーン東南部の狩猟採集民バカの事例から』学位申請論文，京都大学大学院アジア・アフリカ地域研究研究科．

林耕次 2000「カメルーン南東部バカ (Baka) の狩猟採集活動—その実態と今日的意義」『人間文化』14：27-38．

ヘランダー，B. 2006「治癒不可能な病いとしての障害—南部ソマリアにおける健康，プロセス，人であること」(イングスタッド，B. & S. R. ホワイト 編)『障害と文化—非欧米世界からの障害観の問い直し』(中村満紀男，山口恵里子 訳) pp. 131-166 明石書店 (Helander, B. 1995. Disability as incurable illness: Health, process, and personhood in Southern Somalia. In Ingstad, B. & S. R. Whyte (eds.) *Disability and Culture*, pp. 73-93. University of California Press, Berkeley).

Hewlett, B. S. 1996. Cultural diversity among African Pygmies. In Kent, S. (ed.) *Cultural Diversity among Twentieth-Century Foragers: An African Perspective*, pp. 215-244. Cambridge University Press, Cambridge.

Hewlett, B. S. 2000. Central African government's and international NGOs' perceptions of Baka Pygmy development. In Schweitzer, P. P., M. Biesele & R. K. Hitchcock (eds.) *Hunter and Gatherers in the Modern World: Conflict, Resistance and Self-Determination*, pp. 380–390. Berghahn Books, New York.

Hill, P. 1963. *Migrant Cocoa Farmers of Southern Ghana*. Cambridge University Press, Cambridge.

Hirschfeld, L. A. 2002. Why don't anthropologists like children? *American Anthropologist* 104(2): 611–627.

Hitchcock, R. K. 1982. Patterns of sedentism among the Basarwa of eastern Botswana. In Leacock, E. & R. B. Lee (eds.) *Politics and History in Band Societies*, pp. 223–267. Cambridge University Press, Cambridge.

Hitchcock, R. K. 1999. Introduction: Africa. In Lee, R. B. & R. Daly (eds.) *The Cambridge Encyclopedia of Hunters and Gatherers*, pp. 175–184. Cambridge University Press, Cambridge.

Hochschild, A. 1998. *King Leopold's Ghost: A Story of Greed, Terror and Heroism in Colonial Africa*. Macmillan, London.

ホメロス　1992『イリアス（上）』（松平千秋 訳）岩波書店．

星加良司　2007『障害とは何か―ディスアビリティの社会理論に向けて』生活書院．

ユタン，S. 1972『秘密結社』（小関藤一郎 訳）白水社（Hutin, S. 1952. *Les Sociétés Secrètes*. Presses Universitaires de France, Paris）．

市川光雄　1977「"kweri"と"ekoni"―バンブティ・ピグミーの食物規制」『人類の自然誌』（伊谷純一郎，原子令三 編）pp. 135–166　雄山閣．

市川光雄　1978「ムブティ・ピグミーの居住集団」『季刊人類学』9(1)：3–85．

市川光雄　1982『森の狩猟民―ムブティ・ピグミーの生活』人文書院．

市川光雄　1991a「ザイール，イトゥリ地方における物々交換と現金取引―交換体系の不整合をめぐって」『文化を読む　フィールドとテクストの間』（谷泰 編）pp. 48–77　人文書院．

市川光雄　1991b「平等主義の進化史的考察」『ヒトの自然誌』（田中二郎，掛谷誠 編）pp. 11–34　平凡社．

市川光雄　1996「文化の変異と社会統合―イトゥリの森の植物利用」『続 自然社会の人類学―変貌するアフリカ』（田中二郎，掛谷誠，市川光雄，太田至 編）pp. 409–437　アカデミア出版会．

市川光雄　1999「内陸アフリカの生態」『〈地域間研究〉の試み（上）』（高谷好一 編）pp. 271–284　京都大学出版会．

市川光雄　2001「森の民へのアプローチ」『森と人の共存世界（講座 生態人類学 2）』（市川光雄，佐藤弘明 編）pp. 3–31　京都大学学術出版会．

市川光雄　2002「『地域』環境問題としての熱帯雨林破壊―中央アフリカ・カメルーンの事例から」『アジア・アフリカ地域研究』2：292–305．

Ichikawa, M. 1981. Ecological and sociological importance of honey to the Mbuti net hunters, eastern Zaire. *African Study Monographs* 1: 55–69.

Ichikawa, M. 1983. An examination of the hunting-dependent life of the Mbuti Pygmies, *African Study Monographs* 4: 55–76.

Ichikawa, M. 1986. Economic bases of symbiosis, territoriality and intra-band cooperation of the Mbuti Pygmies. *Sprache und Geschichte in Afrika* 7(1): 161-188.

Ichikawa, M. 1991. The impact of commoditisation on the Mbuti of eastern Zaire. In Peterson, N. & T. Matsuyama (eds.) *Cash, Commoditisation and Changing Foragers*, Senri Ethnological Studies 30: 135-162.

Ichikawa, M. 2000. "Interest in the present" in the nationwide monetary economy: The case of Mbuti hunters in Zaire. In Schweitzer, P. P., M. Biesele & R. K. Hitchcock (eds.) *Hunter and Gatherers in the Modern World: Conflict, Resistance and Self-Determination*, pp. 263-274. Berghahn Books, New York.

Ichikawa, M. 2005. Food sharing and ownership among central African hunter-gatherers: An evolutionary perspective. In Widlok, T. & W. G. Tadesse (eds.) *Property and Equality Vol. 1: Ritualisation, Sharing, Egalitarianism*, pp. 151-164. Berghahn Books, New York.

Idiata, D. F. 2008. *Une Autre Culture Menace d'Extinction. Les Choses du Monde Telles Qu'elles Étaient Perçues et Vécues par les Bantu-Masangu du Gabon.* Les Editions du CENAREST, Libreville.

Ingold, T. 1986. *The Appropriation of Nature: Essays on Human Ecology and Social Relations.* Manchester University Press, Manchester.

Ingstad, B. 1991. The myth of the hidden disabled: A study of community-based rehabilitation in Botswana. *Working Paper. Section for Medical Anthropology.* University of Oslo, Oslo.

イングスタッド，B. & S. R. ホワイト（編）2006『障害と文化—非欧米世界からの障害観の問いなおし』（中村満紀男，山口惠里子 訳）明石書店（Ingstad, B. & S. R. Whyte (eds.) 1995. *Disability and Culture.* University of California Press, Berkeley）.

Inoue, S. & T. Matsuzawa 2007. Working memory of numerals in chimpanzees. *Current Biology* 17(23): R1004-R1005.

石川栄吉，梅棹忠夫，大林太良，蒲生正男，佐々木高明，祖父江孝男（編）1994『文化人類学事典』弘文堂．

伊谷純一郎 1988「〈シンポジウム〉コミュニケーションの進化—サルから人への連続性と非連続性について：コメント 2 新しいコミュニケーション論にむけて」『季刊人類学』19(1)：95-111.

伊谷純一郎，田中二郎 編 1986『自然社会の人類学—アフリカに生きる』アカデミア出版会．

Itani, J. 1963. Vocal communication of the wild Japanese monkey. *Primates* 4(2): 11-66.

岩田明久，大西信弘，木口由香 2003「南部ラオスの平野部における魚類の生息場所利用と住民の漁労活動」『アジア・アフリカ地域研究』3：51-86.

Jewsiewicki, B. 1983. Rural society and the Belgian colonial economy. In Birmingham, D. & P. M. Martin (eds.) *History of Central Africa* Vol. 2, pp. 95-125. Longman, London and New York.

Joiris, D. V. 1993. Baka Pygmy hunting rituals in southern Cameroon: How to walk side by side with the elephant. *Civilizations* 41(1-2), *Mélanges Pierre Salmon, Vol. 2: Histoire et Ethnologie Africaine*, pp. 51-81. Institut de Sociologie de l'Université Libre de Bruxelles, Bruxelles.

Joiris, D V. 1996. A comparable approach to hunting rituals among Baka. In Kent, S. (ed.) *Cultural*

Diversity among 20th Century Foragers: An African Perspevtive, pp. 245-275. Cambridge University Press, Cambridge.
Joiris, D. V. 1998. *La Chasse, la Chance, le Chant: Aspects du Système Rituel des Baka du Cameroun*. Thèse de Doctrat, Université Libre de Bruxelles, Bruxelles.
Joiris, D. J. 2003. The framework of central African hunter-gatherers and neighbouring societies. *African Study Monographs,* Suppl. 28: 57-79.
掛谷誠 1983「妬みの生態人類学―アフリカの事例を中心に」『生態人類学（現代のエスプリ別冊 現代の人類学）』（大塚柳太郎 編）至文堂.
掛谷誠 1998「焼畑農耕民の生き方」『アフリカ農業の諸問題』（高村泰雄，重田眞義 編）pp. 59-86 京都大学学術出版会.
掛谷誠 1999「『内的フロンティア世界』としての内陸アフリカ」『〈地域間研究〉の試み（上）』（高谷好一 編）pp. 285-302 京都大学学術出版会.
亀井伸孝 2001「狩猟採集民バカにおけるこどもの遊び」『森と人の共存世界（講座 生態人類学 2）』（市川光雄，佐藤弘明 編）pp. 93-139 京都大学学術出版会.
亀井伸孝 2006『アフリカのろう者と手話の歴史―Ａ・Ｊ・フォスターの「王国」を訪ねて』明石書店.
亀井伸孝 2008「途上国障害者の生計研究のための調査法開発―生態人類学と『障害の社会モデル』の接近」『障害者の貧困削減：開発途上国の障害者の生計 中間報告』（森壮也 編）pp. 31-47 日本貿易振興機構アジア経済研究所.
亀井伸孝 2009『手話の世界を訪ねよう』岩波書店.
亀井伸孝 2010a『森の小さな〈ハンター〉たち―狩猟採集民の子どもの民族誌』京都大学学術出版会.
亀井伸孝 2010b「実感されるろう文化」『インタラクションの境界と接続―サル・人・会話研究から』（木村大治，中村美知夫，高梨克也 編）pp. 110-121 昭和堂.
亀井伸孝（編）2009『遊びの人類学ことはじめ：フィールドで出会った〈子ども〉たち』昭和堂.
Kamei, N. 2005. Play among Baka children in Cameroon. In Hewlett, B. S. & M. E. Lamb (eds.) *Hunter-Gatherer Childhoods: Evolutionary, Developmental & Cultural Perspectives*, pp. 343-359. Transaction Publishers, New Brunswick.
川端有子，戸苅恭紀，難波博孝（編）2002『子どもの文化を学ぶ人のために』世界思想社.
川田順造 1992『口頭伝承論』河出書房新社.
Kelly, R. L. 1995. *The Foraging Spectrum: Diversity in Hunter-Gatherer Lifeways*. Smithsonian Institution Press, Washington, D. C.
Kenrick, J. 2005. Equalising processes, processes of discrimination and the forest people of Central Africa. In Widlok, T. & W. G. Tadesse (eds.) *Property and Equality Vol. 2: Encapsulation, Commercialisation, Discrimination*, pp. 104-128. Berghahn Books, New York.
Killick, T. 1966. Labour: A general survey. In Birmingham, W., I. Neustadt & E. N. Omaboe (eds.) *The Economy of Ghana (A Study of Contemporary Ghana. Vol. 1)*. Northwestern University Press, Evanston.
木村大治 1987「小集団社会における『集まり』の構成―トカラ列島の事例」『季刊人類学』18(2)：172-216.

木村大治 1995「バカ・ピグミーの発話重複と長い沈黙」『アフリカ研究』46：1-19.
木村大治 1996「ボンガンドにおける共在感覚」『コミュニケーションとしての身体』(野村雅一，菅原和孝 編) pp. 316-314 大修館書店.
木村大治 2001「『語る身体の民族誌—ブッシュマンの生活界 (1)』『会話の人類学—ブッシュマンの生活世界 (2)』(菅原和孝 著) 書評」『アフリカ研究』58：95-98.
木村大治 2003『共在感覚—アフリカの二つの社会における言語的相互行為から』京都大学学術出版会.
木村大治 2006a「生態人類学・体力・探検的態度」『アフリカ研究』91-99.
木村大治 2006b「フィールドにおける会話データの収録と分析」『講座・社会言語科学 第6巻「方法」』(伝康晴，田中ゆかり 編) pp. 128-144 ひつじ書房.
木村大治 2006c「平等性と対等性をめぐる素描 (私にとっての「伊谷学」—その継承と展開)」『人間文化』21：40-43.
Kimura, D. 1992. Daily activities and social association of the Bongando in central Zaire. *African Study Monographs* 13(1): 1-33.
Kimura, D. 2001 Utterance overlap and long silence among the Baka Pygmies: Comparison with Bantu farmer and Japanese university students. *African Study Monographs,* Suppl. 26: 103-121.
Kimura, D. 2003 Bakas' mode of co-presence. *African Study Monographs,* Suppl. 28: 25-35.
北村光二 1986「ピグミーチンパンジー—集まりにおける「仮」の世界」『自然社会の人類学—アフリカに生きる』(伊谷純一郎，田中二郎 編) アカデミア出版会.
北西功一 1997「狩猟採集民アカにおける食物分配と居住集団」『アフリカ研究』51：1-28.
北西功一 2001「分配者としての所有者—狩猟採集民アカにおける食物分配」『森と人の共存世界 (講座　生態人類学2)』(市川光雄，佐藤弘明 編) pp. 61-91 京都大学学術出版会.
北西功一 2002「中央アフリカ熱帯雨林の狩猟採集民バカにおけるバナナ栽培の受容」『山口大学教育学部研究論叢』52(1)：51-69.
北西功一 2003「カメルーン南東部の狩猟採集民バカにおける貨幣経済の浸透」『山口大学教育学部研究論叢』53(1)：51-65.
北西功一 2004a「狩猟採集社会における食物分配と平等—コンゴ北東部アカ・ピグミーの事例」『平等と不平等をめぐる人類学的研究』(寺嶋秀明 編) pp. 53-91 ナカニシヤ出版.
北西功一 2004b「狩猟採集民バカにおける学校教育の導入—カメルーン南東部ドンゴ村の事例から」『英語教育学研究』(岡紘一郎 編) pp. 239-256 渓水社.
Kitanishi, K. 1994. The exchange of forest products (*Irvingia* nuts) between the Aka hunter-gatherers and the cultivators in northeastern Congo. *TROPICS* 14(1): 79-92.
Kitanishi, K. 1995. Seasonal changes in the subsistence activities and food intake of the Aka hunter- gatherers in northeastern Congo. *African Study Monographs* 16(2): 73-118.
Kitanishi, K. 1996. Variability in the subsistence activities and distribution of food among different aged males of the Aka hunter-gatherers in northeastern Congo. *African Study Monographs* 17(1): 73-118.
Kitanishi, K. 2003. Cultivation by the Baka hunter-gatherers in the tropical rain forest of central Africa. *African Study Monographs,* Suppl. 28: 143-157.

Kitanishi, K. 2006. The impact of cash and commoditization on the Baka hunter-gatherer society in southeastern Cameroon. *African Study Monographs,* Suppl. 33: 121-142.

Klieman, K. 1999. Hunter-gatherer participation in rainforest trade-systems: A comparative history of forest vs. ecotone societies in Gabon and Congo, c. 1000-1800 A. D. In Biesbrouck, K., S. Elders & G. Rossel (eds.) *Central African Hunter-Gatherers in a Multidisciplinary Perspective: Challenging Elusiveness,* pp. 89-104. Research School for Asian, African, and Amerindian Studies, Universiteit Leiden, Leiden.

Knight, J. 2003. Relocated to the roadside: Preliminary observations on the Forest Peoples of Gabon. *African Study Monographs,* Suppl. 28: 81-121.

Köhler, A. 2005. Money makes the world go round? Commodity sharing, gifting and exchange in the Baka (Pygmy) economy. In Widlok, T. & W. G. Tadesse (eds.) *Property and Equality Vol. 2: Encapsulation, Commercialisation, Discrimination,* pp. 32-55. Berghahn Books, New York.

Koloss, H. J. 1985. Obasinjom among the Ejagham. *African Arts* 18(2): 63-65, 98-101, 103.

Kopytoff, I. 1987. The internal African frontier: The making of African political culture. In Kopytoff, I. (ed.) *The African Frontier: The Reproduction of Traditional African Societies,* pp. 3-86. Indiana University Press, Bloomington and Indianapolis.

Kroeber, A. & C. Kluckhohn 1952. *Culture: A Critical Review of Concepts and Definitions.* Meridian Books, New York.

久保正敏 1996『マルチメディアの起点』日本放送出版協会.

Kuper, A. 1982. Lineage theory: A critical retrospect. *Annual Review of Anthropology* 11: 71-95.

桑山敬己 2008『ネイティヴの人類学と民俗学—知の世界システムと日本』弘文堂.

リーチ,E. R. 1990『人類学再考 新装版』(青木保, 井上兼行 訳) 思索社 (Leach, E. R. 1961. *Rethinking Anthropology.* Athlone Press, London).

Leacock, E. & R. Lee 1982. Introduction. In Leacok, E. & R. Lee (eds.) *Politics and History in Band Societies,* pp. 1-20. Cambridge University Press, Cambridge.

Leib, E. & R. Romano 1984. Reign of the Leopard: Ngbe Ritual. *African Arts* 18(1): 48-57, 94-96.

レヴィ-ストロース, C. 1970『今日のトーテミスム』(仲沢紀雄 訳) みすず書房 (Lévi-Strauss, C. 1962. *Le Totémisme Aujourd'hui.* Presses Universitaires de France, Paris).

Lewis, J. 2002. *Forest Hunter-Gatherer and Their World: A Study of the Mbendjele Yaka Pygmies of Congo-Brazzaville and Their Secular and Religious Activities and Representations.* Doctoal dissertation, University of London, London.

Lewis, J. 2005. Whose forest is it anyway? Mbendjele Yaka pygmies, the Ndoki forest and the wider world. In Widlok, T. & W. Tadesse (eds.) *Property and Equality Vol. 2: Encapsulation, Commercialization, Discrimination,* pp. 56-78. Berghahn Books, New York.

Lewis, M. P. (ed.) 2009. *Ethnologue: Languages of the World,* 16th edition. SIL International, Dallas.

Little, K. 1949. The role of the secret society in cultural specialization. *American Anthropologist* 51(2): 199-212.

Losch, B. 1995. Cocoa production in Cameroon: A comparative analysis with the experience of Cote d'Ivoire. In Ruf F. & P. S. Siswoputranto (ed.) *Cocoa Cycles: The Economics of Cocoa Supply,* pp. 161-178. Woodhead, Cambridge.

松田素二 1999「民族紛争の深層―アフリカの場合」『世界の民族―「民族」形成と近代』(原尻英樹 編) pp. 231-253 日本放送出版協会.
松井健 1998「マイナー・サブシステンスの世界―民俗世界における労働・自然・身体」『民俗の技術』(篠原徹 編) pp. 247-268 朝倉書店.
松浦直毅 2007「ガボン南部バボンゴ・ピグミーと農耕民マサンゴの儀礼の共有と民族間関係」『アフリカ研究』70：1-13.
Matsuura, N. 2006. Sedentary lifestyle and social relationship among Babongo in southern Gabon. *African Study Monographs,* Suppl. 33: 71-93.
Matsuura, N. 2009. Visiting patterns of two sedentarized central African hunter-gatherers: Comparison of the Babongo in Gabon and the Baka in Cameroon. *African Study Monographs* 30(3): 137-159.
松園万亀雄 1972「養取の比較研究―グディ論文をめぐる覚書き」『天理大学おやさと研究所研究報告』2：22-31.
Mbembe, A. 1996. *La Naissance du Maquis dans le Sud-Cameroun (1920-1960)*. Karthala, Paris.
M'Bokolo, E. 1998. Comparisons and contrasts in equatorial Africa: Gabon, Congo and the Central African Republic. In Birmingham, D. & P. M. Martin (eds.) *History of Central Africa: The Contemporary Years Since 1960*, pp. 67-95. Addison Wesley Lingman Limited, Essex.
峯陽一 1999『現代アフリカと開発経済学―市場経済の荒波のなかで』日本評論社.
Ministry of Economy and Finances, Republic of Cameroon. 2000. *Cameroon Statistical Yearbook.*
箕浦康子 1990『文化の中の子ども（シリーズ人間の発達6)』東京大学出版会.
MINAS (République du Cameroun) 2006. *Plan d'Action National pour la Promotion des Personnes Handicapées*. Ministère des Affaires Sociales, Yaoundé.
MINAS (République du Cameroun) 2008. *CNInv Etat Détaille de Délivrance*. Ministère des Affaires Sociales, Yaoundé.
宮本正興，松田素二 編 1997『新書アフリカ史』講談社.
水月昭道 2007「フィールドワークの技法と作法：子どもを対象としたフィールドにおける問題点を手がかりに」『立命館人間科学研究』14：27-40.
モルガン，L. H. 1958『古代社会』(青山道夫 訳) 岩波書店 (Morgan, L. H. 1877. *Ancient Society*. World Publishing, New York).
Morris, P. 1969. *Put Away: A Sociological Study of Institutions for the Mentally Retarded*. Routledge & Kegan Paul, London.
Mosco, M. S. 1987. The symbol of "forest": a structural analysis of Mbuti culture and social organization. *American Anthropologist* 89(4): 896-913.
Murdock, G. P. 1959. *Africa: Its Peoples and Their Culture History*. McGraw-Hill Book Company, New York.
マーフィー，R. F. 1997『ボディ・サイレント―病いと障害の人類学』(辻信一 訳) 新宿書房 (Murphy, R. F. 1987. *The Body Silent*. H. Holt, New York).
Ngolet, F. 2000. Ideological manipulations and political longevity: The power of Omar Bongo in Gabon since 1967. *African Studies Review* 43(2): 55-71.
長瀬修 1999「障害学に向けて」『障害学への招待―社会，文化，ディスアビリティ』(石川准，

長瀬修 編) pp. 11-40 明石書店.
中西由紀子 2008「途上国での自立生活運動発展の可能性に関する考察」『障害と開発―途上国の障害者当事者と社会』(森壮也 編) pp. 229-256 日本貿易振興機構アジア経済研究所.
西田正規 1984「定住革命―新石器時代の人類史的意味」『季刊人類学』15(1):3-27.
Noss, A. J. 1997. The economic importance of communal net hunting among the BaAka of the Central African Republic. *Human Ecology* 25(1): 71-89.
小田英郎 1986『アフリカ現代史Ⅲ 中部アフリカ』山川出版社.
大石高典 2008「モノノケの民族生態学―国家に抗するモノノケたち」『あらはれ』11:142-165.
Oliver, M. 1983. *Social Work with Disabled People*. Macmillan, London.
Oliver, M. 1990. *The Politics of Disablement: A Sociological Approach*. Macmillan, London (オリバー, M. 2006『障害の政治―イギリス障害学の原点』(三島亜紀子, 山岸倫子, 山森亮, 横須賀俊司 訳) 明石書店).
Oliver, M. 1996. A sociology of disability or a disablist sociology? In Barton, L. (ed.) *Disability and Society: Emerging Issues and Insights*, pp. 18-42. Longman, London.
Olivier, E. & S. Furniss 1999. Pygmy and bushman music: A new comparative study. In Biesbrouk, K., S. Elders & G. Rossel (eds.) *Central African Hunter-Gatherers in Multidisciplinary Perspective: Challenging Elusiveness*, pp. 117-132. Research School for Asian, African, and Amerindian Studies, Universiteit Leiden, Leiden.
大村敬一 2005「差異の反復:カナダ・イヌイトの実践知にみる記憶と身体」『文化人類学』70(2):247-270.
Ottenberg, S. & L. Knudsen 1985. Leopard society masquerades: Symbolism and diffusion. *African Arts* 18(2): 37-44, 93-95, 103-104.
Pagezy, H. 2000. Les campements de pêche chez les Ntomba du lac Tumba (RDC ex Zaïre). In Brun, B., A-H. Dufour, B. Picon, M-D. Ribéreau-Gayon (eds.) *Cabanes, Cabanons et Campements: Formes Sociales et Rapports à la Nature en Habitat Temporaire*, pp. 183-194. Édition de Bergier, Châteauneuf de Grasse.
Patin, E., L. Guillaume, L. B. Barreiro, A. Salas, O. Semino, S. Santachiara-Benerecetti, K. K. Kidd, J. R. Kidd, L. Van der Veen, J.-M. Hombert, A. Gessain, A. Froment, S. Bahuchet, E. Heyer & L. Quintana-Murci 2009. Inferring the demographic history of African famers and Pygmy hunter-gatherers using a multilocus resequencing data set. *Plos Genetics* 5 (4): e1000448. doi: 10. 1371/journal. pgen. 1000448.
Peterson, N. 1993. Demand sharing: Reciprocity and the pressure for generosity among the foragers. *American Anthropologist* 95(4): 860-874.
プリニウス 1986『プリニウスの博物誌』(中野定雄, 中野里美, 中野美代 訳) 雄山閣出版社.
Ponte, S. 2000. From social negotiation to contract: Shifting strategies of farm labor recruitment in Tanzania under market liberalization. *World Development* 28(6): 1017-1030.
Quatrefage, A. de 1887. *Les Pygmées*. Baillère, Paris (1969. *The Pygmies*. translated by F. Starr, Negro University Press, New York).
Quintana-Murci, L., H. Quach, C. Harmant, F. Luca, B. Massonnet, E. Patin, L. Sica, P.

Mouguiama-Daouda, D. Comas, S. Tzur, O. Balanovsky, K. K. Kidd, J. R. Kidd, L. van der Veen, J-M. Hombert, A. Gessain, P. Verdu, A. Froment, S. Bahuchet, E. Heyer, J. Dausset, A. Salas & D. M. Behar 2008. Maternal traces of deep common ancestry and asymmetric gene flow between Pygmy hunter-gatherers and Bantu-speaking farmers. *Proceedings of National Academy of Science of the United States of America* 105: 1596−1601.

Ravenstein, E. G. (ed.) 1901. *The Strange Adventures of Andrew Battell of Leigh, in Angola and the Adjoining Regions.* Reprinted from *Purchas his Pilgrimes,* with Notes and a Concise History of Kongo and Angola. The Hakluyt Society, London.

République du Cameroun. 1982. *Décret No, 82/412 du 9 Septembre 1982. Fixant les Modalités d'Octroi des Secours de l'Etat aux Indigent et aux Nécessiteux.* République du Cameroun, Yaoundé.

République du Cameroun. 1983. *Loi No, 83/013 du 21 Juillet 1983. Relative. A la Protection des Personnes Handicapées.* République du Cameroun, Yaoundé.

République du Cameroun. 1993. *Décret No, 90/1516 du 26 Novembre 1990. Fixant les Modalités d'Application de la Loi No, 83/013 du Relative. A la Protection des Personnes Handicapées.* République du Cameroun, Yaoundé.

Richards, A. I. 1941. A problem of anthropological approach. *Bantu Studies* 15(1): 45−52.

Robineau, C. 1971. *Evolution Economique et Sociale en Afrique Centrale: L'Exemple de Souanke (République Populaire du Congo).* O. R. S. T. O. M., Paris.

Roussel, L. 1971. Employment problems and policies in the Ivory Coast. *International Labour Review* 104: 505−525.

Ruel, M. 1969. *Leopards and Leaders: Constitutional Politics among a Cross River People.* Tavistock Publications, London.

Ruf, F. 1995. *Booms et Crises du Cacao: Les Vertiges de l'Or Brun.* Ministère de la Coopération Cirad-Sar et Karthala, Paris.

Ruf, F. & G. Schroth 2004. Chocolate forests and monocultures: A historical review of cocoa growing and its conflicting role in tropical deforestation and forest conservation. In Schroth G., G. A. B. da Fonseca, C. A. Harvey, C. Gascon, H. L. Vasconcelos & A-M. N. Izac (eds.) *Agroforestry and Biodiversity Conservation in Tropical Landscapes,* pp. 107−134. Island Press, Washington, D. C.

Rupp, S. 2001. *I, You, We, They: Forests of Identity in Southeastern Cameroon.* Ph. D. Dissertation, Yale University, New Haven.

Rupp, S. 2003. Interethnic relations in southeastern Cameroon: Challenging the "hunter-gatherer" − "farmer" dichotomy. *African Study Monographs,* Suppl. 28: 37−56.

Sahlins, M. 1972. *Stone Age Economics.* Aldine Publishing Co., Chicago.

サイード, E. W. 1993『オリエンタリズム (上) (下)』(今沢紀子 訳) 平凡社 (Said, E. W. 1978. *Orientalism.* Pantheon Books, New York).

坂梨健太 2009「カメルーン南部熱帯雨林におけるファンの農耕と狩猟活動」『アフリカ研究』74：37−50.

Salas, A., M. Richards, T. De la Fe, M-V. Lareu, B. Sobrino, P. Sánchez-Diz, V. Macaulay & Á.

Carracedo 2002. The making of the African mtDNA landscape. *The American Journal of Humman Genetics* 71: 1082-1111.

佐々木重洋 2000『仮面パフォーマンスの人類学―アフリカ，豹の森の仮面文化と近代』世界思想社．

佐々木重洋 2008「感性という領域への接近―ドイツ美学の問題提起から感性を扱う民族誌へ」『文化人類学』73(2): 200-220.

Sasaki, S. 2008 'Obhasinjom didn't choose him': Ritual, performance, human physical ability and sense. In Wazaki, H. (ed.) *Multiplicity of Meaning and the Interrelationship of the Subject and the Object in Ritual and Body Texts, 21st Century COE Program International Conference Series No. 11*, pp. 27-53. Graduate School of Letters, Nagoya University, Nagoya.

佐藤弘明 2001「森と病い―バカ・ピグミーの民俗医学」『森と人の共存世界（講座 生態人類学2)』(市川光雄・佐藤弘明 編) pp. 187-222 京都大学学術出版会．

Sato, H. 1992. Notes on the distribution and settlement pattern of hunter-gatherers in northwestern Congo. *African Study Monographs* 13(4): 203-216.

Sato, H. 2006. A brief report on a large mountain-top community of *Dioscorea praehensilis* in the tropical rainforest of southern Cameroon. *African Study Monographs,* Suppl. 33: 21-28.

澤田昌人 1989「夢にみた歌―エフェ・ピグミーにおける超自然的存在と歌」『民族藝術』5: 76-84.

澤田昌人 1991「エフェ・ピグミーの合唱におけるクライマックスへのプロセス―かれらが歌を愛する理由」『環境と音楽』(藤井知昭 監修) pp. 135-168 東京書籍．

澤田昌人 1998a「森の死者と家の精」『住まいをつむぐシリーズ（建築人類学 世界の住まいを読む 第一巻)』(佐藤浩司 編) pp. 29-48 学芸出版社．

澤田昌人 1998b「コンゴ民主共和国」『民族遊戯大事典』(大林太良・寒川恒夫・岸野雄三・山下晋司編) pp. 609-613 大修館書店．

澤田昌人 1999「生前の生活と死後の生活―アフリカ熱帯雨林における死生観の一事例」『ひとの数だけ文化がある―第三世界の多様性を知る』(楠瀬佳子，洪炯圭 編) pp. 25-46 第三書館．

澤田昌人 2000「葬送儀礼と合唱における死者の音声―アフリカ熱帯雨林での事例」『自然の音・文化の音―環境との響きあい（講座 人間と環境 11)』(山田陽一 編) pp. 133-156 昭和堂．

澤田昌人 2001「ムブティ・ピグミーにおける「創造神」問題―宗教人類学的覚書」『アフリカ狩猟採集社会の世界観』(澤田昌人 編) pp. 129-196 京都精華大学創造研究所．

澤田昌人 2002「世界観の植民地化と人類学―コンゴ民主共和国，ムブティ・ピグミーにおける創造神と死者」『現代アフリカの社会変動―ことばと文化の動態観察』(宮本正興，松田素二 編) pp. 346-366 人文書院．

Sawada, M. 1990. Two patterns of chorus among the Efe, forest hunter-gatherers in northeastern Zaire-why do they love to sing? *African Study Monographs* 10 (4): 159-195.

Sawada, M. 1997. Shamanic and animistic aspects of African Pygmies' cultures. In Yamada, T. & T. Irimoto (eds.) *Circumpolar Animism and Shamanism*, pp. 128-48. Hokkaido University Press, Sapporo.

Sawada, M. 1998. Encounters with the dead among the Efe and the Balese in the Ituri Forest. *African Study Monographs*, Suppl. 25: 85–104.
Sawada, M. 2001. Rethinking methods and concepts of anthropological studies on African Pygmies' world view: The creator-god and the dead. *African Study Monographs*, Suppl. 27: 29–42.
Sawada, M. 2002. How to make up the creator-god of the Efe in the Democratic Republic of Congo: A common mistake by researchers with monotheistic background? Read at *45th annual meeting of the African Studies Association, 5–8 December, 2002* at Marriott Wardman Park Hotel, Washington, D. C.
Schebesta, P. 1933. *Among Congo Pygmies*. Hutchinson and Co., London.
Schweinfurth, G. A. 1874. *The Heart of Africa: Three Year's Travels and Adventures in the Unexplored Regions of Central Africa*. (Translated by E. Frewer) Harper, New York.
四方篝 2004「二次林におけるプランテインの持続的生産―カメルーン東南部の熱帯雨林帯における焼畑農耕システム」『アジア・アフリカ地域研究』4(1)：4-35.
四方篝 2007「伐らない焼畑―カメルーン東南部の熱帯雨林におけるカカオ栽培の受容にみられる変化と持続」『アジア・アフリカ地域研究』6(2)：257-278.
島田周平 1977「ナイジェリアのココアベルト形成過程」『アジア経済』18(4)：55-69.
篠田英朗 2006「人間の安全保障の観点からみたアフリカの平和構築―コンゴ民主共和国の『内戦』に焦点をあてて」『人間の安全保障の射程―アフリカにおける課題』(望月克哉 編) pp. 23-62 アジア経済研究所.
Sigha-Nkamdjou, L. 1994. *Fonctionnement Hydrochimique d'un Écosystème Forestier de l'Afrique Centrale: la Ngoko à Moloundou (Sud-est du Cameroun)*. Thèse de Doctrat, Université Paris XI (Orsay), Collogne TDM no. 111, ORSTOM, Paris.
ジンメル，G. 1979『秘密の社会学』(居安正 訳) 世界思想社 (Simmel, G. 1908. *Soziologie: Untersuchungen über die Formen der Vergesellschaftung*. Duncker & Humblot, Leipzig).
Siroto, L. 1969. *Mask and Social Organization among Bakwele People of Western Equatorial Africa*. University of Wisconsin Press, Madison.
Soret, M., R. Diziain & A. Hallaire 1961. *Carte Ethnique de L'Afrique Equatoriale: Feuille No. 4, Ouesso*. O. R. S. T. M., Paris.
Soret, M. et al. 1962. *Esquisse Ethnique Generale, Afrique Centrale*. Institut Geographique Nationale, Paris.
Sperber, D. 1996. *Explaining Culture: A Naturalistic Approach*. Blackwell, Oxford.
Stiker, H. J. 1982. *Corps Infirmes et Sociétés*. Auber Montaigne, Paris.
Stoller, P. 1995. *Embodying Colonial Memories: Spirit Possession, Power, and the Hauka in West Africa*. Routledge, New York.
Stone, D. A. 1984. *The Disabled State*. Temple University Press, Philadelphia.
菅原和孝 1993『身体の人類学―カラハリ狩猟採集民グウィの日常行動』河出書房新社.
菅原和孝 1998『会話の人類学―ブッシュマンの生活世界 (2)』京都大学学術出版会.
Sugawara, K. 1988. Visiting relations and social interactions between residential groups of the Central Kalahari San: Hunter-gatherer camp as a micro-territory. *African Study Monographs*

8(4): 173-211.
杉村和彦 1997「ザイール川世界」『新書アフリカ史』（宮本正興，松田素二 編）pp. 64-91 講談社．
杉野昭博 2007『障害学：理論形成と射程』平分社．
杉山祐子 1997「ベンバの人たちの食べる虫」『虫を食べる人びと』（三橋淳 編）pp. 234-270 平凡社．
高田明 2009「赤ちゃんのエスノグラフィ：乳児及び乳児ケアに関する民族誌的研究の新機軸」『心理学評論』52(1): 140-151.
高根務 1999『ガーナのココア生産農民―小農輸出作物生産の社会的側面』アジア経済研究所．
Takeda, J. & H. Sato 1993. Multiple subsistence strategies and protein resources of horticulturalists in the Zaire basin: the Ngandu & the Boyela. In Hladik, C. M., A. Hladik, O. F. Linares, H. Pagezy, A. Semple & M. Hadley (eds.) *Tropical Forests, People and Food: Biocultural Interactions and Applications to Development*, pp. 497-504. UNESCO, Paris.
竹内潔 1994「コンゴ東北部の狩猟採集民アカにおける摂食回避」『アフリカ研究』44：1-28.
竹内潔 1995a「狩猟活動における儀礼性と楽しさ―コンゴ北東部の狩猟採集民アカのネット・ハンティングにおける協同と分配」『アフリカ研究』46：57-76.
竹内潔 1995b「アフリカ熱帯森林のサブシステンス・ハンティング―コンゴ北東部の狩猟採集民アカの狩猟技術と狩猟活動」『動物考古学』4：27-52.
竹内潔 1998「コンゴ共和国」『民族遊戯大事典』（大林太良，寒川恒夫，岸野雄三，山下晋司 編）pp. 605-609 大修館書店．
竹内潔 2001「「彼はゴリラになった」―狩猟採集民アカと近隣農耕民のアンビバレントな共生関係」『森と人の共存世界（講座 生態人類学 2）』（市川光雄，佐藤弘明 編）pp. 223-253 京都大学学術出版会．
竹内潔 2004「分かちあう世界―アフリカ熱帯森林の狩猟採集民アカの分配」『カネと人生（くらしの文化人類学 5）』（小馬徹 編）pp. 24-52 雄山閣．
武内進一 編 2000a『現代アフリカの紛争―歴史と主体』アジア経済研究所．
武内進一 2000b「ルワンダのツチとフツ―植民地化以前の集団形成についての覚書」『現代アフリカの紛争―歴史と主体』pp. 247-292 アジア経済研究所．
武内進一 2007「コンゴの平和構築と国際社会―成果と難題」『アフリカレポート』44：3-9.
武内進一 2008a「コンゴ民主共和国の戦争と平和」『朝倉世界地理講座―12 大地と人間の物語―アフリカⅡ』（池谷和信，武内進一，佐藤廉也 編）pp. 615-628 朝倉書店．
武内進一 2008b「コンゴ民主共和国の和平プロセス」『戦争と平和の間』（武内進一 編）pp. 125-62 アジア経済研究所．
武内進一 2009a『現代アフリカの紛争と国家』明石書店．
武内進一 2009b「アフリカ講座 現代アフリカの紛争」『アフリカ研究』74：51-61.
Talbot, P. A. 1912. *In the Shadow of the Bush*. William Heinemann, London.
田中二郎 1971『ブッシュマン―生態人類学的研究』思索社．
田中雅一，松田素二（編）2006『ミクロ人類学の実践―エイジェンシー／ネットワーク／身体』世界思想社．
丹野正 1984「ムブティ・ピグミーの植物利用―特に彼らの物質文化と野生植物性食物の利用

を中心に」『アフリカ文化の研究』(伊谷純一郎, 米山俊直 編) pp. 43-112 アカデミア出版会.

寺嶋秀明 1991「森と村と蜂蜜と―狩猟採集民と農耕民のインタラクションの諸相」『ヒトの自然誌』(田中二郎, 掛谷誠 編) pp. 465-486 平凡社.

寺嶋秀明 1996「エフェ・ピグミーの女性と結婚制度」『アフリカ女性の民族誌』(和田正平 編) pp. 27-53 明石書店.

寺嶋秀明 1997『共生の森 (熱帯雨林の世界 6)』東京大学出版会.

寺嶋秀明 2001「地域社会における共生の論理―熱帯多雨林と外部社会の交渉史より」『現代アフリカの民族関係』(和田正平 編) pp. 223-243 明石書店.

寺嶋秀明 2002「フィールドの科学としてのエスノ・サイエンス―序にかえて」『エスノ・サイエンス (講座 生態人類学 7)』(寺嶋秀明, 篠原徹 編) pp. 3-12 京都大学学術出版会.

寺嶋秀明 2004「人はなぜ, 平等にこだわるのか」『平等と不平等をめぐる人類学的研究』(寺嶋秀明 編) pp. 3-52 ナカニシヤ出版.

Terashima, H. 1987. Why Efe girls marry farmers?: Socio-ecological backgrounds of inter-ethnic marriage in the Ituri forest of central Africa. *African Study Monographs,* Suppl. 6: 65-83.

Thompson, R. F. 1974. *African Art in Motion: Icon and Act*. University of California Press, Los Angels.

都留泰作 1996「バカ・ピグミーの精霊儀礼」『アフリカ研究』49: 53-76.

都留泰作 1998「カメルーン, 狩猟採集民バカの精霊パフォーマンス―とくに精霊のキャラクター表現についての考察―」『動物考古学』10: 57-76.

都留泰作 2000『バカ・ピグミーの儀礼パフォーマンスに関する行動人類学的研究』学位申請論文, 京都大学大学院理学研究科.

都留泰作 2001「『メ』とは何か?―バカ・ピグミーの「精霊」観念に関する考察」『森と人の共存世界 (講座 生態人類学 2)』(市川光雄, 佐藤弘明編) pp. 141-185 京都大学学術出版会.

Tsuru, D. 1998. Diversity of ritual spirit performances among the Baka Pygmies in southeastern Cameroon. *African Study Monographs*, Suppl. 25: 47-84.

Tsuru, D. 2001. Generation and transaction processes in the spirit ritual of the Baka Pygmies in southeastern Cameroon. *African Study Monographs*, Suppl. 27: 103-124.

Turnbull, C. M. 1955. Pygmy music and ceremonial. *Man* 55: 23-24.

Turnbull, C. M. 1957. Initiation among the BaMbuti pygmies of the central Ituri. *Journal of Royal Anthropological Institute Great Britain & Ireland*. 87(2): 191-216.

Turnbull, C. M. 1961. *The Forest People*. Simon and Schuster, New York (ターンブル, C. M. 1976『森の民―コンゴ・ピグミーとの三年間』(藤川玄人 訳) 筑摩書房).

Turnbull, C. M. 1965.*Wayward Servants: The Two Worlds of the African Pygmies*. Natural History Press, New York.

Turnbull, C. M. 1983. *The Mbuti Pygmies: Change and Adaptation*. Holt, Rinehart and Winston, New York.

Van de Sandt, J. 1999. Struggle for control over natural resources in Bagyeli-Fang relations: Five ways of coping with changing relations. In Biesbrouck, K., S. Elders & G. Rossel (eds.) *Central African Hunter-Gatherers in a Multidisciplinary Perspective: Challenging Elusiveness*, pp. 221-239. Research School for Asian, African, and Amerindian Studies, Universiteit Leiden, Leiden.

ヴァンシナ, J. 1992「赤道アフリカとアンゴラ―民族移動と最初の国家の出現」『ユネスコ・アフリカの歴史 第4巻 下巻』(ニアヌ, D. T. 編) pp. 797-835 同朋社 (Vansina, J. 1984. Equatorial Africa and Angola: Migrations and the emergence of the first states. In Niane, D. T. (ed.) *General History of Africa IV: Africa from the Twelfth to the Sixteen Century*, pp. 551-577. UNESCO, Paris).

Vansina, J. 1983. The peoples of the forest. In Birmingham, D. & P. M. Martin (eds.) *History of Central Africa* Vol. 1, pp. 75-117. Longman, London and New York.

Vansina, J. 1990. *Paths in the Rainforests: Toward a History of Political Tradition in Equatorial Africa*. The University of Wisconsin Press, Madison.

Vansina, J. 1995. The roots of African cultures. In Curtin, P., S. Feierman, L. Thompson & J. Vansina (eds.) *African History from Earliest Times to Independence* 2nd ed., pp. 1-28. Longman, Essex.

Vennetier, P. 1977. *Atlas de la République Populaire du Congo*. Éditions Jeune Afrique, Paris.

渡辺仁 編 1977『生態(人類学講座12)』雄山閣出版.

Wæhle, E. 1999. Introduction. In Biesbrouck, K., S. Elders & G. Rossel (eds.) *Central African Hunter-Gatherers in a Multidisciplinary Perspective: Challenging Elusiveness*, pp. 3-17. Research School for Asian, African, and Amerindian Studies, Universiteit Leiden, Leiden.

ホワイト, S. R. 2006「言説と経験の間にある障害」『障害と文化―非欧米世界からの障害観の問い直し』(イングスタッド, B., S. R. ホワイト 編, 中村満紀男, 山口恵里子 訳) 明石書店 (Whyte, S. R. 1995. Disability between discourse and experience. In Ingstad, B. & S. R. Whyte (eds.) *Disability and Culture*, pp. 267-292. University of California Press, Berkeley).

Widlok, T. & W. G. Tadesse 2005. *Property and Equality* Vol. 1 & Vol. 2. Berghahn Books, New York.

Wilkie, D. S. & B. Curran 1993. Historical trends in forager and farmer exchange in the Ituri forest of northeastern Zaire. *Human Ecology* 21(4): 389-417.

ウォールド, B. 2000「サハラ以南のアフリカ」『世界民族言語地図』(アシャー, R. E. & C. モーズレイ 編, 福井正子 訳) pp. 251-277 東洋書林.

Woodburn, J. 1982. Egalitarian society. *Man* (*N. S.*) 17(3): 431-451.

Woodburn, J. 1998. 'Sharing is not a form of exchange': An analysis of property-sharing in immediate-return hunter-gatherer societies. In Hann, C. M. (ed.) *Property Relations: Renewing the Anthropological Tradition*, pp. 48-63. Cambridge University Press, Cambridge.

Wu Leung, W-T. 1968. *Food Composition Table for Use in Africa*. U. S. Department of Health, Education, and Welfare, USA. and FAO, Rome.

山田秀雄 1969「ガーナにおける伝統的社会経済構造の変容」『植民地社会の変容と国際関係』(山田秀雄 編) pp. 3-54 アジア経済出版会.

山本真知子 1997「南東カメルーンのバカ・ピグミーの子どもたち:集い・遊び・採集・家事」『人間文化』9:53-63.

安岡宏和 2004「コンゴ盆地北西部に暮らすバカ・ピグミーの生活と長期狩猟採集行(モロン

ゴ）—熱帯雨林における狩猟採集生活の可能性を示す事例として」『アジア・アフリカ地域研究』4(1): 36-85.

安岡宏和 2007「アフリカ熱帯雨林の狩猟採集生活—その生態基盤の再検討」学位申請論文，京都大学大学院アジア・アフリカ地域研究研究科．

Yasuoka, H. 2006. The sustainability of duiker (*Cephalophus* spp.) hunting for the Baka hunter-gatherers in southeastern Cameroon. *African Study Monographs,* Suppl. 33: 95-120.

吉田憲司 1992『仮面の森—アフリカ・チェワ社会における仮面結社，憑霊，邪術』講談社．

吉田憲司 編 1994『仮面は生きている』岩波書店．

Young, C. 1994. *The African Colonial State in Comparative Perspective*. Yale University Press, New Haven.

Young, C. & T. Turner 1985. *The Rise and Decline of the Zairian State*. The University of Wisconsin Press, Madison.

引用ウェブサイト

Gockowski, J. & J. M. Mva. *Labor Practices in the Cocoa Sector of Cameroon with a Special Focus on the Role of Children*. Sustainable Tree Crops Program.
 http://www.treecrops.org/links/publications/Labor_practices_Cameroon.pdf

James, J. A Pygmy conference in the rainforest. *BBC News,* 12 May 2007.
 http://news.bbc.co.uk/2/hi/programmes/from_our_own_correspondent/6646115.stm

Organisation Africaines des Pygmées.
 http://www.pygmee.org/

Sinior, S. The Plight of Albinos in Cameroon. *L'Effort Camerounais.com: Newspaper of the National Bishops' Conference of Cameroon*, 24 June 2006.
 http://www.leffortcamerounais.com/2006/06/the_plight_of_a.html

索　　引

凡例：
事項間の参照で，矢印の意味は以下のとおり
↗：矢印の先の項目は当該項目の上位分類
⇒：矢印の先の項目は当該項目と関係のある項目

■事項索引

【英字】
CFA フラン　17
WWF　185，249，259 ↗自然保護団体

【ア行】
アイデンティティ　20，78，93-94，154
　エスニック・アイデンティティ　78，94 ⇒エスニシティ
アグロフォレストリー　130
アソシエーション　11 ⇒結社
遊び　50-51，53-54，282-292，294
　遊び＝教育論　283
　遊びの精神　288
　遊び場　288
　運転ごっこ　287，289
　おもちゃ　282，287
集まり　65，300
網猟　33，53，265，267，300 ↗狩猟
アンブ結社　336，338，345 ↗結社
イェ　302
異性関係　114，116
一般狩猟区　200-201 ⇒観光狩猟会社，森林管理
イトゥリ
　イトゥリの森　iii，23，67，70，151，365-366
　イトゥリ地方　347，360
医療モデル　209-210，217 ⇒障害
インタラクション・スクール　58-69
請負労働　139-141，143 ↗労働
歌と踊り　51-53，59-61，64-65，231，234-235，297，300，307，314-315，324，347，351-354
　円舞パフォーマンス　307-308，313-315
　合唱　303，325，351
　精霊パフォーマンス　307，309-313
　ナ・スエ (na sue)　304-306
　ベ　60，303
　ポリフォニー　231，323
　ンガンガのパフォーマンス　308，315-316
うつろな眼差し　181-182，253 ⇒森林保護プロジェクト
運転ごっこ　287，289 ↗遊び
エクパ結社　336，338，345 ↗結社
エコトーン　108，124
エスニシティ　4，8-9，11，14，18-20，77，79-81
　エスニシティの政治化　14
　エスニック・アイデンティティ　78，94 ↗アイデンティティ，⇒エスニシティ
　エスニック集団競合理論　19-20
エスノ・サイエンス　47
円舞パフォーマンス　307-308，313-315 ↗歌と踊り
おもちゃ　282，287 ⇒遊び
オリエンタリズム　284
音声　62，335-336，338-339
　音声テクスト　62，335 ↗テクスト

【カ行】
階層性　7-8，95-96 ⇒不平等
掻い出し漁　90-91，106-107，114-115，125，190 ↗漁撈
階梯　62，330，332-336，344-345 ⇒仮面結社
外部社会　34，36，182-183，197-198，201-205，258，272，285
会話分析　51，71，239，242 ⇒日常会話
隠された障害者　208 ↗障害者
かけこみの森　124

学校教育　182，203，282，294，344
合唱　303，325，351 ⇒歌と踊り
カトリック　364-365 ⇒キリスト教
　カトリック・ミッション　216-218 ⇒キリスト教
加入儀礼　11，43，61-62，64，166 ⇒儀礼
金のなる木　149 ⇒カカオ（動植物名索引）も参照
カフェオレ　172 ⇒民族カテゴリー
ガボン（共和国）　16，159
カメルーン（共和国）　14，16-18
　カメルーン東南部　72，97，171-173，179，207，240，302，323
　カメルーン南部　129
　カメルーン連邦共和国　16
仮面　61-62，330
　仮面結社　62，330 ⇒階梯，結社
観光狩猟会社　185，200-201 ⇒一般狩猟区
「考えるのに適している」　291
感性　329-330，339-340，342-345 ⇒五感
聞き書き主義　69-72
擬制的親族関係　34，39-42，45，87-88，161 ⇒ピグミーと農耕民の関係
キャンプ　33，89-91，104，151-152，164，174-176，188，246-247，266-267，269-270，350，357-360 ⇒居住パターン
　漁撈キャンプ　89-90，108，111-112，114-117，120-127，248 ⇒漁撈
　採集キャンプ　104，188-189 ⇒採集
　狩猟キャンプ　33，104，200 ⇒狩猟
　モロンゴ　188-189，191-192，200-201，325
教育人類学　281
共生関係（共生的関係，共生的な関係）　33，88，161 ⇒ピグミーと農耕民の関係
行政サービス　217-218 ⇒障害
共同管理狩猟区　199-200 ⇒森林管理
共同体　64，329，331-333，344
居住パターン　356-360 ⇒キャンプ，道路
魚毒漁　90，108，190 ⇒漁撈
漁撈　5，89，97，138，164，190
　魚毒漁　90，108，190
　漁撈キャンプ　89-90，108，111-112，114-117，120-127，248 ⇒キャンプ
　掻い出し漁　90-91，106-107，114-115，125，190
　梁（やな：ルビ）漁　89-90，93
キリスト教　13，58，83，365-366

カトリック　364-365
　カトリック・ミッション　216-218
　プロテスタント　365
規律　65，298
儀礼　43-44，61-62，64，166-169，271，301
　加入儀礼　11，43，61-62，64，166 ⇒結社
　入社儀礼　332 ⇒結社
キングダム　11
キンバンギズム運動　15
空腹感　105
クラスター　10-11
グルーペ　139-141，143 ⇒労働
クロス・リヴァー
　クロス・リヴァー諸社会　331
　クロス・リヴァー地方　62，332
経済的な格差　39，171，203 ⇒ピグミーと農耕民の関係
契約労働　131，140-147 ⇒労働
結社　11，43，62，166，229 ⇒アソシエーション
　アンブ結社　336 ⇒祖霊
　エクパ結社　336 ⇒「豹」結社
　仮面結社　62，330 ⇒仮面
　秘密結社　61，330 ⇒秘密
　「豹」（ンベ，エクペ，エグボ）結社　332
権威　6-7，41，177，204，298，339，344
　権威発生の心理的抑制　279
現金収入　104，135，194，196，202，221-223，364
現在への関心　181，241 ⇒即時リターンシステム
交換
　シェアリング　266，272-275，277-280
　商品交換　272，278
　贈与交換
　物々交換　34-36
五感　329，339，343-345 ⇒感性
国立公園　106，199，258-259 ⇒自然保護，森林管理
個人主義　298
子ども像　284，292
子どもの民族誌　51，281，292-296
雇用　131-132，139-143，147，149，198-199，215 ⇒労働
コングロマリット　10
コンゴ自由国　13-15 ⇒コンゴ民主共和国
コンゴ共和国　16，32，77，266
コンゴ人民共和国　16 ⇒コンゴ共和国
コンゴ民主共和国　18，67-68，72-73，239，

244, 360 ⇒ザイール共和国
コンゴ川 10-15, 126
コンゴ動乱 17-18 ⇒コンゴ民主共和国

【サ行】
採集 iii, 25, 91, 117, 138, 190, 247, 289
　採集キャンプ 104, 188-189 〃キャンプ
ザイール共和国 17, 67, 72, 358 ⇒コンゴ民主共和国
砂金採取 363-365
酒 32, 35, 151, 196-198, 215, 250-251, 365
　蒸留酒 140-142, 191, 225
　ヤシ酒 89-90, 138, 141-142, 145-148, 152, 333, 351
　「ンベの酒」 333 ⇒「豹」結社
サル学 299 ⇒霊長類学
参与観察 282, 293-294
シェアリング 266, 272-275, 277-280 ⇒交換
ジェネラリスト iv, 100, 112
ジェンギ 44, 64-65, 324 〃精霊
至高存在 57 ⇒創造神
死後の生活 350, 356, 366 ⇒生前の生活
死後の世界 58, 347-350, 352-353, 355-356, 364-366
死者 58, 349-356, 361-363, 366
死生観 58, 347-349, 364-365
自然保護 106, 258 ⇒森林管理
　自然保護団体 182, 185, 203-205
　　WWF 185, 249, 259
嫉妬 114
自文化人類学 296
ジャー川 97, 102
社会化 154, 283, 289
社会的な静かさ 123, 126
社会モデル 209, 228 ⇒障害
周辺化 83, 203-205
狩猟 iii, 25, 50, 89, 105, 135, 164, 188, 246, 289
　網猟 33, 53, 265, 267, 300
　狩猟規制 106, 179 ⇒自然保護
　狩猟キャンプ 33, 104, 200 〃キャンプ
　ゾウ狩り 25, 191, 246-247, 271, 353, 363
　罠猟 5, 215, 267
　　跳ね罠猟 105, 138, 164, 190
　槍猟 164, 190, 267-271, 286
狩猟採集民研究 47, 71
障害 208-209, 211, 228, 295

医療モデル 209-210, 217
社会モデル 209, 228
障害観 208-211, 226-228
障害者 37, 209
　隠された障害者 208
　病気と障害の区別 211, 216, 228
上下関係 41-42, 45, 160-162, 176-178, 265, 271, 279 ⇒ピグミーと農耕民の関係
商品交換 272, 278 〃交換
蒸留酒 140-142, 191, 225 〃酒
植民地 13-16, 356
　植民地化 14, 36, 77, 82-84
　植民地政府 83, 210, 333, 356
食物規制 49-50, 85, 94
食物分配 iv, 263-269 〃分配
所有 120, 122-124, 263
　所有者 84, 88, 126, 263, 268-271
　土地所有 91, 93-94
　農地の所有 223, 227
親族労働 139-141 ⇒労働
身体所作 335
　身体所作テクスト 335 〃テクスト
森林管理 365-366 →自然保護
森林保護 162, 179-182, 199 ⇒自然保護
　森林保護プロジェクト 199-200 ⇒うつろな眼差し
水系のネットワーク 123
スケッチ 294
図像 335 ⇒ンシビディ
　図像テクスト 335 〃テクスト
スリット・ドラム 340
生活空間 362-363, 366
生活の変容 183, 204
生業活動 50-51, 124, 188-194, 215, 222-226, 282-283, 285, 291
制裁 42, 65
生前の生活 350, 356 ⇒死後の生活
生態人類学 iii, 47, 67, 69-70, 296
性別の行動選択 290
性別役割 289
精霊 44, 57-60, 127, 165, 288, 307, 324, 335, 345
　ジェンギ 44, 64-65, 324
　精霊パフォーマンス 307, 309-313 〃歌と踊り
　ムイリ 165
　メ 59, 307
世界観 49, 365

セルフイメージ　101, 114, 125
先住民　26, 205, 253
　　先住民運動　26, 30, 205, 258
　　先住民支援団体　205
ゾウ狩り　25, 191, 246-247, 271, 353, 363 ⇗狩猟，⇒ゾウ（動植物名索引）も参照
象牙　12, 14-15, 28, 83, 363 ⇒狩猟，ゾウ（動植物名索引）も参照
相互依存関係　33-34, 165, 176, 228 ⇒ピグミーと農耕民の関係
相互行為　iv, 67, 69-73
創造神　57, 349 ⇒至高存在
贈与交換　34-37, 272, 276-279 ⇗交換
即時リターンシステム　241 ⇒現在への関心
ソシエテ　139-141 ⇒労働
祖霊　338

【タ行】
大西洋交易　11-13
ダイナスティ　10
ダブルゴング　340
秩序　56, 62, 64, 270-271, 298-300, 317-320 ⇒無秩序
聴覚　329, 336, 339-340, 342-345 ⇗五感
超自然的存在　57-58, 310, 335
直感像　343 ⇒五感
通婚　37-39, 80-81, 83, 95, 170-171, 175-176, 215
　　通婚指数　170
　　通婚率　176
ディカンダ　84-88, 90-95 ⇒ハウス
定住化　83-84, 162, 174-177, 182-183, 201-204, 302
　　定住化政策　64, 162, 184, 214-215
ディストリクト　10
出稼ぎ商業民（漁民）　102, 107
テクスト　335
　　音声テクスト　62, 335
　　身体所作テクスト　335
　　図像テクスト　335
トゥトゥ（寄り物）　120-121
動物行動学　65, 300
動物資源管理委員会（COVAREF）　199-200 ⇒森林管理
道路　58, 133-134, 162-163, 202-203, 219, 356-360, 362-365 ⇒居住パターン
トーテミズム　290

都市化　19
土地所有　91, 93-94 ⇗所有
奴隷貿易　12
　　奴隷貿易時代　331-332

【ナ行】
内的フロンティア論　7 ⇗フロンティア
ナ・スエ（na sue）　304-306 ⇗歌と踊り
日常会話　51, 53, 239-241, 260-261 ⇒会話分析
入社儀礼　332 ⇗儀礼
農業労働をめぐる闘争　148 ⇒労働
農耕化　162, 164, 192, 201-202, 204
農地の所有　223, 227 ⇗所有
呪い　116, 251-252

【ハ行】
バイ（bai）　246-247
ハウス　7-11, 13, 41, 95-96
　　ハウス理論　8
蜂蜜　32, 100-101, 190-193, 245-248, 265, 355
伐採会社　34, 36, 102, 113, 185, 197-199, 219-220, 249
パトロン―クライアント関係　143-144, 147
跳ね罠猟　105, 138, 164, 190 ⇗狩猟
ピグミーと農耕民の関係　21, 160-161 ⇒擬制的親族関係，共生関係，経済的な格差，上下関係，相互依存関係，両義的（アンビバレント）
秘密　62, 330
　　秘密結社　61, 330 ⇗結社
「豹」（ンベ，エクペ，エグボ）結社　332 ⇗結社
「豹の声（eyumi Ngbe）」　335
「豹の集う場所（ocham Ngbe）」　332
病気と障害の区別　211, 216, 228 ⇗障害
「評議会 council」　333
平等主義　iv, 41, 52-53, 71, 78, 95, 161-162, 177, 181-182, 298-299, 319
平等分配　71 ⇗分配
ファーム　13
部族　15, 18, 78, 95
　　部族社会　79, 94
物質文化　287
物々交換　34-36 ⇗交換
仏領赤道アフリカ　13-14, 19
不平等　78, 88, 95 ⇒階層性
フリー・アクセス　123

プリンシパリティ 10-11
プロテスタント 365 ⇗キリスト教
フロンティア 7-8
　内的フロンティア論 7
　ローカル・フロンティア 7-8, 94-96
文化の定義 293
分節社会 78
分節リネージシステム 6-7, 78
紛争 17-19
　紛争の大衆化 19
　紛争の民営化 19
分配 91, 111-112, 118, 121, 222-225, 227-228, 263
　食物分配 iv, 263-269
　平等分配 71
　分配論 iv
ベ 60, 303 ⇗歌と踊り
ベルギー領コンゴ 14 ⇒コンゴ民主共和国
ベルリン会議 13-14
母系夫方居住 165, 177
ポリフォニー 231, 323 ⇗歌と踊り

【マ行】
マイナー・サブシステンス 100, 124-125
民主化運動 358
民族音楽 351
　民族音楽学 55, 297
民族カテゴリー 171-172, 176-177
民族関係 160-161, 178, 181-183, 201-205
民族主義運動 16
ムイリ 165 ⇗精霊
無国家社会 6
無秩序 56 271, 300-301, 315, 317-319 ⇒秩序
メ 59, 307 ⇗精霊
モタバ川 8, 32, 79-84, 266
森の奥 349, 358-361
モロンゴ 188-189, 191-192, 200-201, 325 ⇒キャンプ

【ヤ行】
焼焼畑農耕 89, 104, 135, 164, 215, 347

ヤシ油 80, 112, 190, 333 ⇒アブラヤシ（動植物名索引）も参照
ヤシ酒 89-90, 138, 141-142, 145-148, 152, 333, 351 ⇗酒, ⇒アブラヤシ, ラフィアヤシ（動植物名索引）も参照
梁（やな：ルビ）漁 89-90, 93 ⇗漁撈
槍猟 164, 190, 267-271, 286 ⇗狩猟
夢 54, 301, 347-354 酒

【ラ行】
ラポール 295
リグループメント政策 163, 174-175 ⇒植民地政府
離合集散 iv, 71, 273-274, 298, 302, 318
リネージ 78, 85, 94-95
両義的（アンビバレント） 46, 125, 161, 183 ⇒ピグミーと農耕民の関係
霊長類学 68, 72 ⇒サル学
労働→雇用
　請負労働 139-141, 143
　グルーペ 139-141, 143
　契約労働 131, 140-147
　親族労働 139-141
　ソシエテ 139-141
　農業労働をめぐる闘争 148
労働力 32, 129-132, 190-192, 222, 226, 228
ローカル・フロンティア 7-8, 94-96 ⇗フロンティア

【ワ行】
罠猟 5, 215, 267 ⇗狩猟

【ン行】
ンガンガのパフォーマンス 308, 315-316 ⇗歌と踊り
ンシビディ 335 ⇗図像
ンダコ 84-85, 90, 94-95 ⇒ハウス
「ンベの酒」 333 ⇗酒

■民族名・言語名索引

アカ　23, 61, 73, 80-81, 170, 177, 266 ⇒ピグミー
エジャガム　62, 331
　エジャガム語　331
エフェ　8, 23, 57-58, 67, 151, 169, 171 ⇒ピグミー
カコ　215
　カコ語　212
コナベンベ　179, 197-200
サン　24, 264 ⇒ブッシュマン
ハウサ　102, 256
バカ　23, 50-51, 53, 58-59, 64-65, 72-73, 102, 171-174, 184, 214-215, 231, 240, 281, 302, 323 ⇒ピグミー
バギエリ　23, 40-41, 162, 183 ⇒ピグミー
バクウェレ　103, 251-255
　バクウェレ語　103
　バクウェレの生業形態　104
バボンゴ　22-23, 159, 163 ⇒ピグミー
バンガンドゥ　44, 173, 214, 222
バントゥー　v, 3
　西バントゥー　3-7, 9, 80-82, 95-96
　東バントゥー　4
　北バントゥー　5
　プロト・バントゥー　4
ピグミー　iii, 23-30
　アカ　23, 61, 73, 80-81, 170, 177, 266
　　アカ語　31
　　アカの食物分配　267 →食物分配（事項索引）も参照
　　アカの生活　266
　エフェ　8, 23, 57-58, 67, 151, 169, 171
　バカ　23, 50-51, 53, 58-59, 64-65, 72-73, 102, 171-174, 184, 214-215, 231, 240, 281, 302, 323
　　バカの子供　282-289
　　バカ語　31, 211, 255, 294
　　バカの労働力　132 ⇒労働力（事項索引）を参照
　　バカの会話　240 ⇒日常会話（事項索引）を参照
　　バカの生活　186
　バギエリ　23, 40-41, 162, 183
　バボンゴ　22-23, 159, 163
　　バボンゴ語　32, 165, 174-175
　　バボンゴの生活　164
　　ボンゴの定住化　175 →定住化（事項索引）を参照
　　バボンゴの訪問活動　172
　ピグミー語　31
　ピグミーの言語　23, 32
　ムブティ　iii, 23, 56, 61, 67, 70, 169
ピジン・イングリッシュ　331
ファン　36, 132
ブッシュマン　71-72 ⇒サン
フランス語　179, 203
ボンガンド　68, 72, 244
マサンゴ　165
　マサンゴ語　165
　マサンゴの生活　165
　マサンゴの社会　165
ムブティ　iii, 23, 56, 61, 67, 70, 169 ⇒ピグミー
リンガラ語　15, 103, 255
レッセ（バレセ）　23, 34-35, 37-38, 43, 347
　レッセ語　31

■動植物名索引

アブラヤシ（*Elaeis guineensis*）　5, 14, 32, 112
　アブラヤシ林　89-90
イルビンギア・ナッツ　32, 104
　Irvingia gabonensis　188, 245
カカオ（*Treobroma cacao*）　14, 104, 129, 223-224, 256
　カカオ収穫期　133
カカオ生産　135
カカオ畑　135, 222, 256
キャッサバ（*Manihot esculenta*）　11, 33, 80, 104, 135-136, 192, 225, 287
コラ・ナッツ（*Cola* sp.）　333
ゴリラ（*Gorilla gorilla gorilla*）　115, 121
ゾウ（マルミミゾウ　*Loxodonta africana cyclotis*）

111, 246-247
トウモロコシ（*Zea mays*）　11, 135-136
バナナ　*Musa* spp. 6, 190, 192, 286-287
ハリナシバチ　247-248
ヒレナマズ　110, 112
　大型ヒレナマズ（*Heterobranchus longifilis*）　113
　小型ヒレナマズ（*Clarias* spp.）　114
プランテン・バナナ　90, 104, 117, 135-136, 214-215
ピーターズダイカー（*Cephalophus callipygus*）121, 190, 245
ヤム（栽培，*Dioscorea* spp.）　5, 33
　Dioscorea alata　117
ヤム（野生，*Dioscorea* spp.）　117-120, 190-193, 225, 247-248
　Dioscorea praehensilis　118, 188
ラフィアヤシ（*Raphia* sp.）　32, 103, 194, 287, 324
ラフィアヤシ林　89

■人名索引

アヒジョ　16
伊谷純一郎　68-69, 342
ヴァンシナ，J.　3-5, 41, 81-82, 95-96
ウッドバーン，J.　264-265
エヴァンス=プリッチャード，E. E.　6, 77-78
エリアーデ，M.　48
掛谷誠　22, 96, 100
カビラ，ジョゼフ　18
カビラ，ローラン=デジレ　18
グリーンバーグ，J.　22
グリンカー，R. R.　8, 41
コピトフ，I.　7, 95-96
サスー=ンゲソ　16
シェベスタ，P.　56-57
シュヴァインフルト，G.　28, 56
菅原和孝　51, 72
スタンレー，H. M.　13, 29, 56
ターンブル，C. M.　21-22, 43, 48, 52, 56, 70, 152, 241, 283, 298, 310, 362
ダグラス，M.　61
竹内潔　33, 38, 40-41, 50-51, 53, 101
武内進一　19-20
丹野正　iii-iv, 49, 67
デュ・シャーユ，P. B.　28, 177
バーナード，A.　241, 264-265
バウシェ，S.　31
バジュジー，H.　126
原子令三　iii, 50, 57, 59, 67, 283
バランディエ，G.　78
ヒューレット，B. S.　25, 30
フォーテス，M.　6, 77-78
ベリー，S.　130, 148
ボンゴ　16
松井健　100
リスバ　16
レヴィ=ストロース，C.　154, 290-291

【執筆者紹介】

市川光雄（いちかわ　みつお）
京都大学大学院アジア・アフリカ地域研究研究科教授
1946年生まれ，京都大学大学院理学研究科博士課程単位取得退学，理学博士。
主な著書に，『森の狩猟民―ムブティ・ピグミーの生活』（人文書院），『人類の起源と進化』（有斐閣，共著），『森と人の共存世界』（京都大学学術出版会，共編著）など。

大石高典（おおいし　たかのり）
京都大学こころの未来研究センター特定研究員
1978年生まれ，京都大学大学院理学研究科博士後期課程研究指導認定退学，修士（理学）。
主な著作に，「モノノケの民族生態学―国家に抗するモノノケたち―」『あらはれ』11: 142-165。

亀井伸孝（かめい　のぶたか）
東京外国語大学アジア・アフリカ言語文化研究所研究員
1971年生まれ，京都大学大学院理学研究科博士後期課程修了，博士（理学）。
主な著作に，『森の小さな〈ハンター〉たち―狩猟採集民の子どもの民族誌』（京都大学学術出版会），『アフリカのろう者と手話の歴史―Ａ・Ｊ・フォスターの「王国」を訪ねて』（明石書店），『遊びの人類学ことはじめ―フィールドで出会った〈子ども〉たち』（昭和堂，編著）。

北西功一（きたにし　こういち）
山口大学教育学部准教授
1965年生まれ，京都大学大学院理学研究科博士後期課程修了，博士（理学）。
主な著書に，『森と人の共存世界』（京都大学学術出版会，共著），『平等と不平等をめぐる人類学的研究』（ナカニシヤ出版，共著）。

木村大治（きむら　だいじ）
京都大学大学院アジア・アフリカ地域研究研究科准教授
1960年生まれ，京都大学大学院理学研究科博士課程修了，理学博士。
主な著書に，『ヒトの自然誌』（平凡社，共著），『人間性の起源と進化』（昭和堂，共著），『共在感覚―アフリカの二つの社会における言語的相互行為から』（京都大学学術出版会）。

小松かおり（こまつ　かおり）
静岡大学人文学部准教授
1966 年生まれ，京都大学大学院理学研究科博士課程単位取得退学，博士（理学）。
主な著作に，『沖縄の市場〈マチグヮー〉文化誌』(ボーダーインク)，「バナナ栽培文化のアジア・アフリカ地域間比較」『アジア・アフリカ地域研究』6 (1): 77-119 (共著)，『朝倉世界地理講座—大地と人間の物語—12　アフリカⅡ』(朝倉書店，共著)。

坂梨健太（さかなし　けんた）
京都大学大学院農学研究科博士課程
1981 年生まれ，京都大学大学院農学研究科修士課程修了，修士（農学）。
主な著作に，「カメルーン南部熱帯雨林におけるファンの農耕と狩猟活動」『アフリカ研究』74: 37-50

佐々木重洋（ささき　しげひろ）
名古屋大学大学院文学研究科准教授
1966 年生まれ，京都大学大学院人間・環境学研究科博士後期課程修了，博士（人間・環境学）。
主な著作に，『仮面パフォーマンスの人類学—アフリカ，豹の森の仮面文化と近代』(世界思想社)，「感性という領域への接近—ドイツ美学の問題提起から感性を扱う民族誌へ」『文化人類学』73 (2): 200-220，『現代アフリカの民族関係』(明石書店，共著)。

澤田昌人（さわだ　まさと）
京都精華大学人文学部教授
1958 年生まれ，京都大学大学院理学研究科博士後期課程修了，理学博士。
主な著作に，『民族音楽叢書 7　環境と音楽』(東京書籍，共著)，『アフリカ狩猟採集社会の世界観』(京都精華大学創造研究所，編著)，『現代アフリカの社会変動—ことばと文化の動態観察』(人文書院，共著)。

都留泰作（つる　だいさく）
富山大学人文学部准教授
1968 年生まれ，京都大学大学院理学研究科博士課程単位取得退学，博士（理学）。
主な著作に，『アフリカ狩猟採集社会の世界観』(京都精華大学創造研究所ライブラリー，共著)，『森と人の共存世界』(京都大学学術出版会，共著)，「バカ・ピグミーの精霊儀礼」『アフリカ研究』49: 53-76。

戸田美佳子（とだ　みかこ）

京都大学大学院アジア・アフリカ地域研究研究科博士課程／日本学術振興会特別研究員（DC1）
1983年生まれ，神戸大学理学部卒業。
主な著作に，『カメルーンの「障害者」—生活実践とその社会的コンテクスト』（京都大学大学院アジア・アフリカ地域研究研究科博士予備論文），『ケアをめぐる実践（2008年度大学院教育改革支援プログラム院生発案型共同研究報告書）』（京都大学大学院アジア・アフリカ地域研究研究科大学院教育改革支援プログラム支援室，共著）。

服部志帆（はっとり　しほ）

京都大学大学院理学研究科／日本学術振興会特別研究員（PD）
1977年生まれ，京都大学大学院アジア・アフリカ地域研究研究科博士課程修了，博士（地域研究）。
主な著作に，「自然保護計画と狩猟採集民の生活—カメルーン東部州熱帯林におけるバカ・ピグミーの例から」『エコソフィア』13: 113-127，「狩猟採集民バカの植物名と利用法に関する知識の個人差」『アフリカ研究』71: 21-40。

塙　狼星（はなわ　ろうせい）

空堀ことば塾主宰
1963年生まれ，京都大学大学院理学研究科博士課程単位取得退学，博士（理学）。
主な著作に，『続 自然社会の人類学－変貌するアフリカ』（アカデミア出版会，共著），『エスノ・サイエンス』（京都大学学術出版会，共著），『半栽培の環境社会学—これからの人と自然』（昭和堂，共著）。

分藤大翼（ぶんどう　だいすけ）

信州大学全学教育機構准教授
1972年生まれ，京都大学大学院アジア・アフリカ地域研究研究科博士課程修了，博士（地域研究）。
主な著作に，『森と人の共存世界』（京都大学学術出版会，共著），『見る，撮る，魅せるアジア・アフリカ！—映像人類学の新地平』（新宿書房，共著），『インタラクションの境界と接続』（昭和堂，共著）。

松浦直毅（まつうら　なおき）

京都大学大学院理学研究科研究員
1978年生まれ，京都大学大学院理学研究科博士後期課程修了，博士（理学）。
主な著作に，"Visiting patterns of two sedentarized central African hunter-gatherers: Comparison of the Babongo in Gabon and the Baka in Cameroon" African Study Monographs 30(3): 137-159,

「ガボン南部バボンゴ・ピグミーと農耕民マサンゴの儀礼の共有と民族間関係」『アフリカ研究』70: 1-13。

矢野原佑史（やのはら　ゆうし）
京都大学大学院アジア・アフリカ地域研究研究科博士課程
1981年生まれ，立命館大学国際関係学部卒業。
主な著作に，『カメルーン都市部においてアングロフォンの若者が実践するヒップホップ・カルチャーに関する研究』（京都大学大学院アジア・アフリカ地域研究研究科博士予備論文）。

森棲みの社会誌――アフリカ熱帯林の人・自然・歴史 II
　　　　　　　　　　　　Ⓒ D. Kimura & K. Kitanishi 2010

2010 年 3 月 25 日　初版第一刷発行

　　　　　　　編　者　　木　村　大　治
　　　　　　　　　　　　北　西　功　一

　　　　　　　発行人　　加　藤　重　樹

　　　発行所　京都大学学術出版会
　　　　　　　京都市左京区吉田河原町 15-9
　　　　　　　京 大 会 館 内（〒606-8305）
　　　　　　　電　話（075）761-6182
　　　　　　　F A X（075）761-6190
　　　　　　　U R L　http://www.kyoto-up.or.jp
　　　　　　　振　替　01000-8-64677

ISBN 978-4-87698-953-9　　印刷・製本　㈱クイックス東京
Printed in Japan　　　　　　定価はカバーに表示してあります